全国高等院校土木与建筑专业十二五创新规划教材

工 程 估 价

黄昌铁　齐宝库　主　编

清华大学出版社
北　京

内 容 简 介

本书以《高等学校工程造价管理本科指导性专业规范》为编写指南，根据近两年颁布的“计价与计量规范”“混凝土结构设计规范”“101 平法图集”以及相关的工程造价构成文件等最新规范编写而成。

本书内容以工程造价全过程管理为主线，系统地介绍了工程估价的基本原理和方法，主要内容包括：工程造价总论、工程造价构成、工程定额基本原理、工程量清单编制、工程量清单计价以及投资估算、设计概算、招标控制价、投标报价、竣工结算等内容。全书结构层次分明、重点突出、实例及工程图片丰富，具有较强的实用性和系统性。

本书可作为高等学校工程造价、工程管理、土木工程、房地产经营与管理、建筑装饰等专业的教材或学习参考书，亦可作为建筑设计及施工、工程造价咨询、建设监理、财政金融、工程审计等部门从事工程造价、经济核算和工程招投标等工作人员的学习参考书或培训教材。

图书在版编目(CIP)数据

工程估价/黄昌铁，齐宝库主编. --北京：清华大学出版社，2016（2022.12 重印）
(全国高等院校土木与建筑专业十二五创新规划教材)
ISBN 978-7-302-41484-1

Ⅰ. ①工… Ⅱ. ①黄… ②齐… Ⅲ. ①建筑造价—估价—高等学校—教材 Ⅳ. ①TU723.3

中国版本图书馆 CIP 数据核字(2015)第 212542 号

责任编辑：桑任松
装帧设计：刘孝琼
责任校对：周剑云
责任印制：朱雨萌

出版发行：清华大学出版社
网　　址：http://www.tup.com.cn, http://www.wqbook.com
地　　址：北京清华大学学研大厦 A 座　　邮　　编：100084
社 总 机：010-83470000　　邮　　购：010-62786544
投稿与读者服务：010-62776969, c-service@tup.tsinghua.edu.cn
质量反馈：010-62772015, zhiliang@tup.tsinghua.edu.cn
课件下载：http://www.tup.com.cn, 010-62791865
印 装 者：北京鑫海金澳胶印有限公司
经　　销：全国新华书店
开　　本：185mm×260mm　　**印　张**：24　　**字　数**：584 千字
版　　次：2016 年 1 月第 1 版　　**印　次**：2022 年12月第 11 次印刷
定　　价：69.00 元

产品编号：055274-02

新中国成立以来，我国工程造价管理一直实行以预算定额为核心的定额计价模式。进入 20 世纪 90 年代后，为了适应社会主义市场经济发展需要，我国工程造价管理体制推行了一系列的改革措施，“统一量”“指导价”“竞争费”是改革过渡时期的基本方针，并确立了建立以市场为主导的价格机制的最终改革目标。2003 年，《建设工程工程量清单计价规范》(GB 50500—2003)的颁布实施标志着工程量清单计价模式的正式建立。推行工程量清单计价是我国加入 WTO 后，建设工程造价管理与国际接轨，融入世界市场，参与国际竞争的需要。

随着我国工程造价管理体制改革的不断深入，高校承担起为国家、社会培养大量应用型、复合型工程造价管理人才的使命。本书编者参与了由住建部工程管理和工程造价学科专业指导委员会组织的高等学校工程造价管理本科指导性专业规范的编写工作，在编写过程中深深感到工程造价人才培养目标应该是既应具有较扎实的基础理论又应具有较强的实践动手能力。因此，编写一本通俗易懂、理论与实践紧密结合、内容符合最新的工程造价管理文件及相关规范规定的教材是我们教学工作者的责任和义务。

本书以工程造价的多次性计价特点为主线，重点介绍了建设项目投资估算、设计概算、工程项目招标控制价及投标报价编制、工程承发包合同价及工程结算等确定及控制过程。教材内容既有基本理论，又有操作方法，内容深入浅出、图文并茂、条理清楚，适应多层次读者的需求。本书既可作为高校工程造价管理专业的教学用书，也可作为工程审计、工程造价管理部门、建设单位、施工企业、工程造价咨询机构等从事造价管理工作的人员学习的参考用书。

本书由黄昌铁、齐宝库担任主编，具体分工如下：第 1 章由齐宝库、黄昌铁编写，第 2 章由齐宝库编写，第 3 章由黄昌铁编写，第 4 章由战松、陆征然编写，第 5 章由殷朋、郭飞编写，第 6 章由白庶、郭飞编写，第 7 章由黄昌铁、王晓薇编写，第 8 章由赵亮编写，第 9 章由李丽红编写，第 10 章由汪博、张海军、王晓薇编写。

本书在编写过程中，参阅和引用了不少专家、学者论著中的相关资料，不再一一枚举，在此表示衷心感谢。

限于编者的理论水平及实践经验的不足，成书付梓过程中，虽经仔细核对修改，疏漏与不足之处仍然在所难免，恳请各位专家及读者批评指正。

编　者

第1章 工程造价总论

1.1 基本建设

1.1.1 基本建设的含义

基本建设就是形成固定资产的生产活动，或是对一定固定资产的建筑、购置、安装，以及与此相关联的其他经济活动的总称。

固定资产是指在其有效使用期内重复使用而不改变其实物形态的主要劳动资料，它是人们生产生活的必要物质条件。固定资产按照它在生产和使用过程中所处的地位和作用的社会属性，可分为生产性固定资产和非生产性固定资产两大类。前者是指在生产过程中发挥作用的劳动资料，如工厂、矿山、油田、电站、铁路、水库、海港码头、路桥工程等。后者是指在较长时间内直接为人们的物质文化生活服务的物质资料，如住宅、学校、医院、体育活动中心和其他生活福利设施等。

人类要生存和发展，就必须进行简单再生产和扩大再生产。前者是指在原来的规模上重复进行；后者是指扩大原来的规模，使生产能力有所提高。从理论上讲，这种生产活动包括固定资产的新建、扩建、改建、恢复建、迁建等多种形式。每一种形式又包含了固定资产形成过程中的建筑、安装、设备购置，以及与此相关联的其他生产和管理活动等工作内容。

固定资产的简单再生产是通过固定资产的大修理和固定资产的更新改造等形式来实现的。大修理和更新改造是为了恢复原有性能而对固定资产的主要组成部分进行修理和更换，是对固定资产的某些部分进行修复和更新。固定资产的扩大再生产则是通过新建、改建、扩建、迁建、恢复建等形式来实现的。

固定资产的这类生产活动属于基本建设。虽然固定资产的简单再生产和扩大再生产有不同的含义和形式，但在现实经济生活中它们是相互交错、紧密联系的统一体。

由此可见，基本建设是发展和扩大社会生产、增强国民经济实力的物质技术基础，是改善和提高人民群众物质生活水平和文化水平的重要手段，是实现社会扩大再生产的必要条件。基本建设就是固定资产的建设。

基本建设主要内容包括：工厂、矿井、铁路、桥梁、港口、电站、医院、学校、住宅和商店等的新建、改建、扩建和恢复工程，以及机器设备、车辆等的购置与安装。通常，我们将基本建设对象称为建设项目。

1.1.2 基本建设的分类

按照不同的标准，基本建设可以有不同的分类。

1. 按建设性质分类

按照建设性质划分，基本建设可以分为以下几类。

(1) 新建项目，是指原来没有现在开始建设的项目，或对原有规模较小的项目，扩大建设规模，其新增固定资产价值超过原固定资产价值 3 倍以上的项目。

(2) 扩建项目，是指原企事业单位，为扩大原有主要产品的生产能力或增加新产品生产能力，在原有固定资产的基础上，兴建一些主要车间或工程的项目。

(3) 改建项目，是指原有企事业单位，为了改进产品质量或产品方向，对原有固定资产进行整体性技术改造的项目。此外，为提高综合生产能力，增加一些附属辅助车间或非生产性工程，也属于改建项目。

(4) 恢复项目，是指对因重大自然灾害或战争而遭受破坏的固定资产，按原来规模重新建设或在重建的同时进行扩建的项目。

(5) 迁建项目，是指为改变生产力布局或由于其他原因，将原有单位迁至异地重建的项目，不论其是否维持原来规模，均称为迁建项目。

2. 按建设项目用途分类

按建设项目用途划分，基本建设可以分为生产性基本建设和非生产性基本建设。

(1) 生产性基本建设是用于物质生产和直接为物质生产服务的项目的建设，包括工业、农业、林业、邮电、通信、气象、水利、商业和物资供应设施建设、地质资源勘探建设等。

(2) 非生产性基本建设是用于人们物质和文化生活项目的建设，包括住宅、学校、医院、托儿所、影剧院以及国家行政机关和金融保险业的建设等。

3. 按建设规模分类

按建设项目总规模和投资的多少划分，基本建设可以分为大型项目、中型项目、小型项目。其划分的标准各行业不相同，一般情况下，生产单一产品的企业，按产品的设计能力来划分；生产多种产品的，按主要产品的设计能力来划分；难以按生产能力划分的，按其全部投资额划分。

4．按建设阶段分类

按建设阶段划分，基本建设可以分为预备项目、筹建项目、在建项目、投产项目、收尾项目等。

(1) 预备项目，是指按照中长期投资计划拟建而又未立项的工程项目，只做初步可行性研究，不进行实际建设准备工作。

(2) 筹建项目，是指经批准立项正在进行建设准备，还未开始施工的项目。

(3) 在建项目，是指计划年度内正在建设的项目，包括新开工项目和续建项目。

(4) 投产项目，是指计划年度内按设计文件规定建成主体工程和相应配套工程，经验收合格并正式投产或交付使用的项目，包括全部投产项目、部分投产项目和建成投产单项工程。

(5) 收尾项目，以前年度已经全部建成投产，但尚有少量不影响正常生产或使用的辅助工程或非生产性工程，在本年内继续施工的项目。

1.1.3　基本建设程序

基本建设程序是指建设项目从策划、评估、决策、设计、施工到竣工验收、投入生产或交付使用的整个建设过程中各项工作必须遵循的先后次序。这是人们在认识客观规律的基础上制定出来的，是建设项目科学决策和顺利进行的重要保证。按照建设项目发展的内在联系和发展过程，将建设项目分成若干阶段，这些发展阶段有严格的先后次序，不能随意颠倒。为规范建设活动，国家通过监督、检查、审批等措施加强工程项目建设程序的贯彻和执行力度。除了对项目建议书、可行性研究报告、初步设计等文件的审批外，对项目建设用地、工程规划等实行审批制度，对建筑抗震、环境保护、消防、绿化等实行专项审查制度。项目建设程序及其管理审批制度如图 1-1 所示。

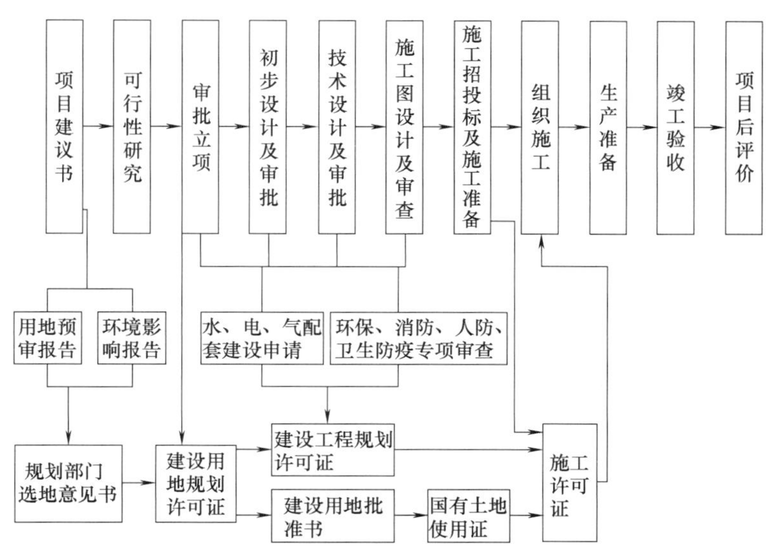

图 1-1　建设项目基本建设程序

1．项目建议书阶段

项目建议书是业主向国家提出的要求建设某一建设项目的建设文件。它是对建设项目的轮廓设想，是从拟建项目的必要性和大的方面的可能性加以考虑，因此，对拟建项目要论证兴建的必要性、可行性以及兴建的目的、要求、计划等内容，并写成报告，建议上级批准。客观上，建设项目要符合国民经济长远规划，同时符合部门、行业和地区规划的要求。

2．可行性研究阶段

项目建议书批准后，应紧接着进行可行性研究。可行性研究是对建设项目技术上和经济上是否可行而进行科学分析和论证，是技术经济的深入论证阶段，为项目决策提供依据。

可行性研究的内容可概括为市场(供需)研究、技术研究和经济研究 3 项。具体来说，工业项目可行性研究内容包括：项目提出的背景、必要性、经济意义、工作依据与范围；需求预测；拟建规模；建厂条件及厂址方案；资源材料和公用设施情况；进度建议；投资估算和资金筹措；社会效益及经济效益等。在可行性研究的基础上，编制可行性研究报告。可行性研究报告批准后，是初步设计的依据，不得随意修改或变更。项目可行性研究经过评估审定后，按项目隶属关系，由主管部门组织，计划和设计等单位编制设计任务书。

项目建议书阶段和可行性研究阶段称为“设计前期阶段”或决策阶段。

3．设计阶段

设计文件是安排建设项目和组织施工的主要依据。一般建设项目按初步设计和施工图设计两个阶段进行。对于技术复杂而又缺乏经验的项目，增加技术设计阶段，即按初步设计、技术设计和施工图设计 3 个阶段进行。

初步设计是设计工作的第一阶段，它是根据批准的可行性研究报告和必要的设计基础资料，对项目进行系统研究，对拟建项目的建设方案、设备方案、平面布置等方面做出总体安排。其目的是阐明在指定的时间、地点和投资控制数额内，拟建项目在技术上的可能性和经济上的合理性，并通过对工程项目所做出的基本技术经济规定，编制项目总概算。初步设计可作为主要设备的订货、施工准备工作、土地征用、控制基本建设投资、施工图设计或技术设计、编制施工组织总设计和施工图预算等的依据。

技术设计是进一步解决初步设计的重大技术问题，如工艺流程、建筑结构、设备选型及数量确定等，同时对初步设计进行补充和修正，编制修正总概算。

施工图设计是在批准的初步设计的基础上编制的，是初步设计的具体化。施工图设计的详细程度应能满足建筑材料、构配件及设备的购置和非标准设备的加工、制作要求；满足编制施工图预算和施工、安装、生产的要求，并编制施工图预算。因此，施工图预算是在施工图设计完成后及在施工前编制的，是基本建设过程中重要的经济文件。

4. 招投标及施工准备阶段

为了保证施工顺利进行，必须做好以下各项工作。

(1) 根据计划要求的建设进度和工作实际情况，决定项目的承包方式，确定项目采用自主招标或委托招标公司代理招标的方式，完成项目的施工委托工作，择优选定承包商，成立企业或建设单位建设项目指挥部门，负责建设准备工作。

(2) 建设前期准备工作的主要内容包括：征地、拆迁和场地平整；完成施工用水、电、路等工程；组织设备、材料订货；准备必要的施工图纸；组织施工招标投标，择优选定施工单位；报批开工报告等。

(3) 根据批准的总概算和建设工期，合理地编制建设项目的建设计划和建设年度计划。计划内容要与投资、材料、设备和劳动力相适应，配套项目要同时安排，相互衔接。

5. 建设实施阶段

建设项目经批准新开工建设，项目即进入了建设实施阶段。新开工建设的时间是指建设项目设计文件中规定的任何一项永久性工程破土开始施工的日期。不需要开槽的，正式开始打桩的日期就是开工日期；需要进行大量土石方工程的，以开始进行土石方工程的日期作为正式开工日期；分期建设项目，分别按各期工程开工日期计算。

建设实施阶段是项目决策的实施、建成投产发挥投资效益的关键环节。施工阶段一般包括土建、给排水、采暖通风、电气照明、工业管道及设备安装等。施工活动应按设计要求、合同条款、预算投资、施工程序和顺序、施工组织设计、施工验收规范进行，确保工程质量。对未达到质量要求的，要及时采取措施，不留隐患。不合格的工程不得交工。

在实施阶段还要进行生产准备。生产准备是项目投产前由建设单位进行的一项重要工作，是建设阶段转入生产经营的必要条件。它一般包括的内容有：组织管理机构，制定有关制度和规定，招收培训生产人员，组织生产人员参加设备的安装、调试设备和工程验收，签订原料、材料、协作产品、燃料、水、电等供应运输协议，进行工具、器具、备品、备件的制造或订货，进行其他必需的准备。

6. 竣工验收阶段

当建设项目按设计文件的内容全部施工完成后，达到竣工标准要求，便可组织验收，经验收合格后，移交给建设单位。这是建设程序的最后一步，是投资成果转入生产或服务的标志。通过竣工验收，可以检查建设项目实际形成的生产能力或效益，也可避免项目建成后继续消耗建设费用。竣工验收时，建设单位还必须及时清理所有财产、物资和未花完或应回收的资金，编制工程竣工决算，分析预(概)算执行情况，考核投资效益报主管部门审查。编制竣工决算是基本建设管理工作的重要组成部分，竣工决算是反映建设项目实际造价和投资效益的文件，是办理交付使用新增固定资产的依据，是竣工验收报告的重要组成部分。

1.1.4 基本建设项目划分

一个基本建设项目往往规模大，建设周期长，影响因素复杂。因此，为了便于编制基本建设计划和工程造价，组织招投标与施工，进行质量、工期和投资控制，拨付工程款项，实行经济核算和考核工程成本，需对一个基本建设项目进行系统的逐级划分，使之有利于工程造价的编审，以及基本建设的计划、统计、会计和基建拨款贷款等各方面的工作，也是为了便于同类工程之间进行比较和对不同分项工程进行技术经济分析，使编制工程造价项目时不重不漏，保证质量。基本建设工程通常按项目本身的内部组成，将其划分为基本建设项目、单项工程、单位工程、分部工程和分项工程，如图 1-2 所示。

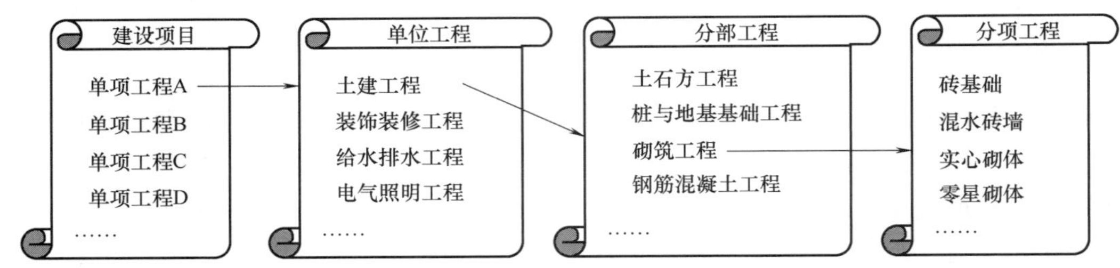

图 1-2 基本建设项目划分

1. 建设项目

建设项目，又称基本建设项目，是指在一定场地范围内具有总体设计和总体规划、行政上具有独立的组织机构，经济上进行独立核算的基本建设单位。例如，一座工厂、一座独立大桥、一条铁路或公路、一所学校、一所医院等都可称为一个建设项目。组建建设项目的单位称为建设单位(或业主)。

2. 单项工程

单项工程又称工程项目，是建设项目的组成部分。一个建设项目可以是一个单项工程，也可能包括几个单项工程。单项工程是指具有独立的设计文件和独立的施工条件，建成后能够独立发挥生产能力或效益的工程。例如，一座工厂建设项目中，办公楼、生产车间、原材料仓库、食堂、宿舍等独立的单体建筑都可称为单项工程。

3. 单位工程

单位工程是单项工程的组成部分，是指具有独立的设计文件和独立的施工条件，但建成以后不能独立发挥生产能力或效益的工程。在民用建筑中，一般可按照专业的不同划分单位工程，如一座教学楼可划分为建筑与装饰工程、给排水工程、采暖、燃气工程、电气工程、消防工程等。

4. 分部工程

分部工程是单位工程的组成部分，一般是按单位工程的各个部位、使用材料、主要工种或设备种类等的不同而划分的。例如，土建单位工程一般可划分为土石方工程、基础工程、砌筑工程、脚手架工程、混凝土与钢筋混凝土工程、门窗及木结构工程、楼地面工程、屋面工程、金属结构工程、防腐和保温、隔热工程等。

5. 分项工程

分项工程是分部工程的组成部分。分项工程是指通过较为简单的施工过程可以生产出来、用一定的计量单位可以进行计量计价的最小单元(被称为“假定的建筑安装产品”)。例如，给排水工程可分为：给排水管道、支架及其他、管道附件、卫生器具、给排水设备等。

1.2 工程估价与工程造价

1.2.1 工程估价

1. 工程估价的含义

“工程估价”一词起源于国外，在国外的基本建设程序中，可行性研究阶段、方案设计阶段、技术设计阶段、详细设计阶段及开标前阶段对建设项目投资所做的测算统称为“工程估价”，但在各个阶段，其详细程度和精度是有差别的。

按照我国的工程项目建设程序，在项目建议书及可行性研究阶段，对建设项目投资所做的测算称为“投资估算”；在初步设计、技术设计阶段，对建设项目投资所做的测算称为“设计概算”；在施工图设计阶段，根据设计图纸、施工方案计算的工程造价称为“施工图预算”；在工程招投标阶段，承包商与业主签订合同时形成的价格称为“合同价”；在合同实施阶段，承包商与业主结算工程价款时形成的价格称为“结算价”；工程竣工验收后，实际的工程造价称为“决算价”。投资估算、设计概算、施工图预算、合同价、结算价、决算价等都符合工程造价的两种含义，因此均可称为“工程造价”。

为了便于理解工程估价的概念，我们将“工程估价”理解为工程项目不同建设阶段所对应的工程造价的估算、确定、控制的结果及其过程。

2. 工程估价的历史发展

1) 国际工程估价历史发展

在国外，工程估价在英国的发展最具代表性，其工程估价与估价师的历史可以追溯至16世纪左右。英国在17世纪之前，大多数建筑物的设计都比较简单，业主往往聘请当地的手工艺人(即工匠)负责建筑物的设计和施工。随着资本主义社会化生产的发展，以及建筑物设计的复杂化，设计和施工开始逐步分离并形成两个独立的行业。工匠们不再负责房屋的设计工作，而是专门从事房屋的施工营造工作；建筑物的设计工作则由建筑师来完成。工匠们在与建筑师协商建筑物的造价时，为了能够与建筑师相匹敌，往往雇佣一些受过教育、有技术的专业人员帮助他们对已完成的工程量进行测量和估价，以弥补自己的不足，这些专业人员就是受雇于承包商的估价师。在19世纪初期，工程建设项目的招标投标开始在英国军营建设过程中推行。竞争性招标需要每个承包商在工程开始前根据图纸计算工程量，然后根据工程情况做出估价。参与投标的承包商往往雇佣一个估价师为自己做此工作，而业主(或代表业主利益的工程师)也需要雇佣一个估价师为自己计算拟建工程的工程量，为承包商提供工程量清单。这样在估价领域里有了两种类型的估价师，一种受雇于业主或作为业主代表的建筑师；另一种则受雇于承包商。从此，工程估价逐渐形成了独立的专业。

到了19世纪30年代，计算工程量、提供工程量清单发展成为业主估价师的职责。所有的投标都以业主提供的工程量清单为基础，从而使投标结果具有可比性。当发生工程变更后，工程量清单就成为调整工程价款的依据与基础。1881年，英国皇家特许测量师协会(RICS)成立，这个时期完成了工程估价的第一次飞跃。至此，工程项目业主能够在工程开工之前，预先了解到需要支付的投资额，但是他还不能做到在设计阶段就对工程项目所需的投资进行准确的预计，并对设计进行有效的监督、控制。因此，往往在招标时或招标后才发现，根据当时完成的设计，工程费用过高、投资不足，不得不中途停工或修改设计。业主为了使投资花得明智和恰当，为了使各种资源得到最有效的利用，迫切要求在设计的早期阶段以至在做投资决策时，就开始进行投资估算，并对设计进行控制。

1922年，英国的工程估价领域出版了第一本标准工程量计算规则，使得工程量计算有了统一的标准和基础，加强了工程量清单的使用，进一步促进了竞争性投标的发展。

“二战”结束后，大量在战争中遭到破坏的建筑亟待整修和重建，造成建筑材料紧缺、资金紧张，从而使业主更加注意控制工程造价，使得估价工作得到迅速的发展，并且限制建筑师只能在适当的造价范围内进行设计。

1950年，英国教育部为了控制大型教育设施的成本，采用了分部工程成本规划法(Elemental Cost Planning)。随后英国皇家特许测量师协会(RICS)的成本研究小组(RICS Cost Research Panel)也提出了其他的成本分析和规划方法，如比较成本规划法等。成本规划法的提出大大地改变了估价工作的意义，使估价从原来一种被动的工作转变成一种主动的工作，从原来设计结束后做估价转变成与设计工作同时进行，甚至在设计之前即可做出估算，并可根据工程项目业主的要求使工程造价控制在限额以内。这样，从20世纪50年代开始，一个“投资计划和控制制度”就在英国等经济发达的国家应运而生，完成了工程估价的第二次飞跃。

总结国际工程估价的历史发展，可以归纳出以下几个主要特点。

(1) 从事后算账发展为事先算账。

(2) 从依附于工匠小组和建筑师发展为一门独立的行业。

(3) 从被动地反映设计和施工价格发展为能动地影响设计和施工过程。

2) 我国工程估价历史发展

工程估价在我国具有悠久的历史，早在北宋时期，我国土木建筑家李诫编修的《营造法式》，可谓工料计算方面的巨著。《营造法式》共有三十四卷，分为释名、各作制度、功限、料例和图样五个部分。其中，“功限”就是现在的劳动定额；“料例”就是材料消耗定额。

公元 1009 年，北宋大臣丁谓负责修建被火灾烧毁的皇宫，营造时遇到 3 个难题：一是盖皇宫要很多泥土，可是京城中空地很少，取土要到郊外去挖，路很远，需要大量劳力；二是修建皇宫还需要大批建筑材料，都需要从外地运来，而汴河在郊外，离皇宫很远，从码头运到皇宫还得找很多人搬运；三是工程上原有很多碎砖破瓦等垃圾需要清运出京城，同样很费事。经过周密思考，丁谓制定出科学的施工方案：第一步，从施工现场向外挖了若干条大深沟，把挖出来的土作为施工需要的新土备用，以解决新土问题。第二步，从城外把汴水引入所挖的大沟中，利用木排及船只运送木材石料，解决了木材石料的运输问题。第三步，等到材料运输任务完成之后，再把沟中的水排掉，把皇宫烧毁后的垃圾和工地上剩余的废料填入沟内，使沟重新变为平地。一举三得，不仅节约了时间和经费，而且使工地秩序井然，使城内的交通和生活秩序不受施工太大的影响。工程原先估计用 15 年时间建成，而丁谓征集动用数万工匠，严令日夜不得停歇，结果只用了 7 年时间便建成。“丁谓造宫”成为我国古代工程营造管理的一个经典案例。

清代为加强建筑业的管理，于雍正十二年(1734 年)由工部编定并刊发了一部《工程做法》的术书，作为控制官工预算、做法、工料的依据。书中包括有土木瓦石、搭材起重、油画裱糊等 17 个专业的内容和 27 种典型建筑的设计实例。

可见，我国古代已有了工程造价管理的雏形，并创造了光辉的工程案例。

中华人民共和国成立以后，我国长期实行计划经济体制。在工程造价管理方面，我国引进了苏联的概预算定额管理制度，设立了概预算管理部门，建立了概预算制度，同时对概预算的编制原则、内容、方法和审批、修正办法、程序等做出了明确规定。在这一阶段，工程造价的管理主要体现在对概预算、定额管理方面。

改革开放以来，随着社会主义市场经济体制的逐步确立，我国工程建设中传统的工程概预算和定额管理模式已无法适应优化资源配置的需求，将计划经济条件下的工程造价管理模式转变为市场经济条件下的工程造价管理模式已成为必然趋势。从 20 世纪 90 年代开始，我国工程造价管理进行了一系列重大变革。为了适应社会主义市场经济体制的要求，按照量价分离的原则，原建设部在 1995 年发布了《全国统一建筑工程基础定额》(土建工程)，同时还发布了《全国统一建筑工程预算工程量计算规则》。上述文件的施行，在全国范围内统一了项目的费用组成，统一了定额的项目划分，统一了工程量的计算规则，使计价的基础性工作得到了统一。“统一量”“指导价”“竞争费”成为我国工程造价管理体制改革过渡时期的基本方针。1996 年《造价工程师执业资格制度暂行规定》的颁布，明确了我国在工程造价领域实施造价工程师执业资格制度。2003 年《建设工程工程量清单计价规范》(GB 50500—2003)的颁布及实施，标志着我国工程造价管理体制改革——“建立以市场为主导的价格机制”最终目标的实现，同时也意味着工程承发包国内市场与国际市场的融合，并为我国工程造价行业的发展带来了历史性的机遇。2008 年、2013 年又先后颁布了新的《建设工程工程量清单计价规范》(GB 50500—2013)(以下简称《计价规范》)。与原规范相比，新规范增加了大量的与合同价和工程结算相关的内容，从技术层面上来讲，可防止或避免出现虚假施工合同、工程款拖欠和工程结算难等现象。同时该规范中新设置的内容或规定，是建立解决工程估价诸多问题长效机制的要求，规范作为参与建设各方估价行为的准则，对于规范建设市场的估价活动将产生长远的影响。

在我国建设市场逐步放开的改革中，虽然已经制定并推广了工程量清单计价，但由于各地实际情况的差异，目前的工程造价计价方式不可避免地出现了双轨并行的局面——在保留传统定额计价方式的基础上，又参照国际惯例引入了工程量清单计价方式。目前，我国的建设工程定额还是工程造价管理的重要手段。随着我国工程造价管理体制改革的不断深入以及对国际管理的深入了解，市场自主定价模式必将逐渐占据主导地位。

3. 工程估价工作内容

工程估价的工作内容涉及工程项目建设的全过程，根据估价师的服务对象不同，工作内容也有不同的侧重点。

1) 受雇于业主的估价师的工作内容

受雇于业主的估价师负责以下工作内容。

(1) 项目的财务分析。在工程项目的提出和规划阶段，业主通常要求估价师对项目在财务上是否可行做出预测，对项目的现金流量、盈利能力和不确定性做出分析，以利于业主进行投资与否的决策。

(2) 合同签订前的投资控制。工程合同尚未签订的项目初期，估价师按业主要求，初步估算出工程的大致价格，使业主对可能的工程造价有一个大致的了解。在项目的设计过程中，估价师应不断地向设计师提供有关投资控制方面的建议，对不同的建设方案进行投资比较，以投资规划控制设计，选择合理的设计方案。

(3) 融资与税收规划。估价师可按业主要求，就项目的资金来源和使用方式提供建议，并凭借自己对国家税收政策和优惠条件的理解，对错综复杂的工程税收问题提供税收规划。

(4) 选择合同发包方式，编制合同文件。随着建筑业的不断发展，发包方式也越来越多。工程条件和业主要求不同，所适用的发包方式也不同。所有的业主，都非常关心工程的进度、投资和质量问题，但他们在这 3 个方面的要求程度往往各有不同。如果业主最为关心的是投资问题，那么，应该选择投资能够确定的投标者而不是目前标价最低的投标者。估价师可以利用在发包方面的专业知识帮助业主选择合适的发包方式和承包商。

合同文件的编制是估价师的主要工作内容。合同文件编制的内容根据项目性质、范围和规模的不同而不同，一般包括工程量清单、单价表、技术说明书和成本补偿表 4 个方面的内容。

(5) 编制工程量清单。业主在工程招标前，估价师需要编制工程量清单，以便于承包商在公平的基础上进行竞争，同时使得承包商的报价更具有可比性，有利于业主的评标工作。编制工程量清单是业主估价师应从事的主要工作之一。

(6) 投标分析。投标分析是选择承包商的关键步骤。估价师在此阶段起着重要作用，除了检查投标文件中的错误之处外，往往还在参与业主与承包商的合同谈判中，起着为业主确定合同单价或合同总价的顾问作用。

(7) 工程结算及决算。项目完成后，估价师应及时办理与承包商的工程结算，并按业主要求完成工程竣工决算文件的编制。

2) 受雇于承包商的估价师的工作内容

受雇于承包商的估价师负责以下工作内容。

(1) 投标报价。承包商在投标过程中，工程量的计算与相应的价格确定是影响能否中标的关键。在这一阶段出现错误，特别是出现主要项目的报价错误，其损失是难以弥补的。成功的报价依赖于估价师对合同和施工方法的熟悉、对市场价格的掌握和对竞争对手的了解。

(2) 谈判签约。承包商的估价师要就合同所涉及的项目单价、合同总价、合同形式、合同条款与业主的估价师谈判协商，力争使合同条款对承包商有利。

(3) 现场测量、财务管理与成本分析。为了及时进行工程的中期付款(结算)与企业内部的经济核算，估价师应到施工现场实地测量，编制真实的工程付款申请；同时，定期编制财务报告，进行成本分析，将实际值与计划值相比较，判断企业的盈亏状况，分析原因，避免企业合理利润的损失。

(4) 工程竣工结算。工程竣工时，如果承包商觉得根据合同条款，未得到应该得到的付款的话，竣工结算就会比中期付款花更多的时间和精力，因为双方往往会对合同条款的理解不同而产生分歧，这需要承包商的估价师与业主(或业主估价师)经过协商，完成竣工结算。

4．主要的国际工程估价组织

目前，主要的国际工程估价组织包括：国际咨询工程师联合会(Fédération Internationale Des Ingénieurs Conseils)、英国皇家特许测量师学会(Royal Institute of Chartered Surveyor，RICS)、美国(American Association of Cost Engineers)。

国际咨询工程师联合会(FIDIC)是国际上最有权威的被世界银行认可的咨询工程师组织，目前有 80 多个成员国，分属于 4 个地区性组织，即 ASPAC(亚洲及太平洋地区成员协会)、CEDIC(欧共体成员协会)、CAMA(非洲成员协会集团)和 RINORD(北欧成员协会集团)。

FIDIC 总部设在瑞士日内瓦，FIDIC 主要编制了各种合同条件，包括：《土木工程施工合同条件》(红皮书)、《业主/咨询工程师标准服务协议书》(白皮书)、《电气和机械工程合同条件》(黄皮书)、《工程总承包合同条件》(橘黄皮书)等。

英国皇家特许测量师学会是由社会俱乐部形式发展起来的，最早可以追溯到 1792 年成立的测量师俱乐部、1834 年成立的土地测量师俱乐部以及 1864 年成立的测量师协会。1868 年成立的测量师学会即现在学会的前身。1881 年学会被准予皇家注册，并于 1930 年再次更名为特许测量师学会，1946 年启用皇家特许测量师学会(RICS)的名称至今。过去 100 多年来，学会相继合并了许多相近的组织，如爱尔兰土地代理人协会、爱尔兰测量师协会、苏格兰房地产协会、苏格兰测量师学会、矿业测量师学会，以及近年并入的 3 个皇家注册的土地协会和 1 个测量师学会。

测量师在一般情况下有以下几种专业分类。

(1) 土地测量(Land Surveying)。

(2) 产业测量(Estate and Valuation Surveying)或称综合实务测量(General Practice Surveying)。

(3) 建筑测量(Building Surveying)。

(4) 工料测量(Quantity Surveying)。

(5) 其他包括矿业测量、农业测量等专业。

此外还有从上述专业中派生的新专业，如住宅、商业设施(购物中心)，以及海洋测量等。

英国的工料测量师是独立从事建筑造价管理的专业，也称为预算师。其工作领域包括房屋建筑工程、土木及结构工程、电力及机械工程、石油化工工程、矿业建设工程、一般工业生产、环保经济、城市发展规划、风景规划、室内设计等。工料测量师服务的对象，有房地产发展商、政府地政及公有房屋管理等部门、厂矿企业、金融机构等。

1.2.2 工程造价

1. 工程造价的含义

工程造价直接的理解就是一项工程的建造价格，从不同的角度出发，工程造价有两种含义。

第一种含义，从投资者——业主的角度而言，工程造价是指进行某项工程建设，预期或实际花费的全部建设投资。投资者为了获得投资项目的预期效益，就需要进行项目策划、决策及实施，直至竣工验收等一系列投资管理活动。在上述活动中所花费的全部费用，就构成了工程造价。

从上述意义来讲，工程造价的第一种含义就是指建设项目总投资中的建设投资费用，包括工程费用、工程建设其他费用和预备费 3 个部分。其中，工程费用由设备及工器具购置费用和建筑安装工程费用组成；工程建设其他费用由土地使用费、与工程建设有关的其他费用和与未来企业生产经营有关的其他费用组成；预备费包括基本预备费和涨价预备费；如果建设投资的部分资金是通过贷款方式获得的，还应包括贷款利息。

第二种含义，从市场交易的角度而言，工程造价是指为完成某项工程的建设，预计或实际在土地市场、设备市场、技术劳务市场以及工程承发包市场等交易活动中所形成的土地费用、建筑安装工程费用、设备及工器具购置费用以及技术与劳务费用等各类交易价格。这里“工程”的概念和范围具有很大的不确定性，既可以是涵盖范围很大的一个建设项目，也可以是其中的一个单项工程，甚至可以是整个建设工程中的某个阶段，如土地开发工程、建筑安装工程、装饰工程，或者是其中的某个组成部分，如土方工程、防水工程、电气工程等。随着经济发展中的技术进步、分工细化和市场完善，工程建设的中间产品也会越来越多，商品交换会更加频繁，工程价格的种类和形式也会更为丰富。

通常，人们将工程造价的第二种含义理解为建筑安装工程费用。这是因为，第一，建筑安装工程费用是在建筑市场通过招投标，由需求主体(投资者)和供给主体(承包商)共同确定价格；第二，建筑安装工程费用在项目建设总投资中占有 50%～60%以上的份额，是建设项目投资的主体；第三，建筑安装施工企业是工程建设的实施者，并具有重要的市场主体地位。因此，将建筑安装工程费用界定为工程造价的第二种含义，具有重要的现实意义。但同时需要注意的是，这种对工程造价含义的界定是一种狭义的理解。

工程造价的两种含义是以不同的角度把握同一事物的本质。对建设工程投资者来说，面对市场经济条件下的工程造价就是项目投资，是“购买”项目要付出的价格；同时也是投资者在作为市场供给主体“出售”项目时定价的基础。对承包商、供应商和规划、设计等机构来说，工程造价是他们作为市场供给主体出售商品和劳务的价格的总和，或者是特指一定范围的工程造价，如建筑安装工程造价。

2. 工程造价计价特点

工程建设活动是一项环节多、影响因素多、涉及面广的复杂活动，因此，工程造价会随项目进行的深度不同而发生变化，即工程造价的确定与控制是一个动态过程。工程造价计价特点是由建设产品本身固有特点及其生产过程的生产特点决定的。

1) 单件性计价

每个建设工程产品都有其特定的用途、功能、规模。每项工程的结构、空间分割、设备配置和内外装饰都有不同的要求。建设工程还必须在结构、造型等方面适应工程所在地的气候、地质、水文等自然条件，这就使工程项目的实物形态千差万别。因此，工程项目只能通过特殊的程序(编制估算、概算、预算、合同价、结算价及最后确定竣工决算等)，就每个项目在建设过程中不同阶段的工程造价进行单件性计价。

2) 多次性计价

建设项目生产过程是一个周期长、资源消耗数量大的生产消费过程。从建设项目可行性研究开始，到竣工验收交付生产或使用，项目是分阶段进行建设的。根据建设阶段的不同，对同一工程的造价，在不同的建设阶段，有不同的名称、内容。为了适应工程建设过程中各方经济关系的建立，适应项目的决策、控制和管理的要求，需要对其进行多次性计价。

建设项目处于项目建议书阶段和可行性研究报告阶段，拟建工程的工程量还不具体，建设地点也尚未确定，工程造价不可能也没有必要做到十分准确，该阶段的造价定名为投资估算；在设计工作初期，对应初步设计的是设计概算或设计总概算，当进行技术设计或扩大初步设计时，设计概算必须做调整、修正，反映该阶段的造价名称为修正设计概算；进行施工图设计后，工程对象比初步设计时更为具体、明确，工程量可根据施工图和工程量计算规则计算出来，对应施工图的工程造价名称为施工图预算。通过招投标由市场形成并经承发包方共同认可的工程造价是承包合同价，其中投资估算、设计概算、施工图预算都是预期或计划的工程造价。工程施工是一个动态系统，在建设实施阶段，有可能存在设计变更、施工条件变更和工料价格波动等影响，所以竣工时往往要对承包合同价做适当调整，局部工程竣工后的竣工结算和全部工程竣工合格后的竣工决算，是建设项目的局部和整体的实际造价。因此，建设项目工程造价是贯穿项目建设全过程的概念。

根据项目基本建设程序，我们将把工程造价的性质总结为 4 个部分，即：决策、设计阶段对应于工程成本规划；交易阶段对应于工程估价；施工阶段对应于合同管理；项目运营阶段对应于设施管理。工程造价的形成过程在各个阶段有不同的表现形式，如图 1-3 所示。

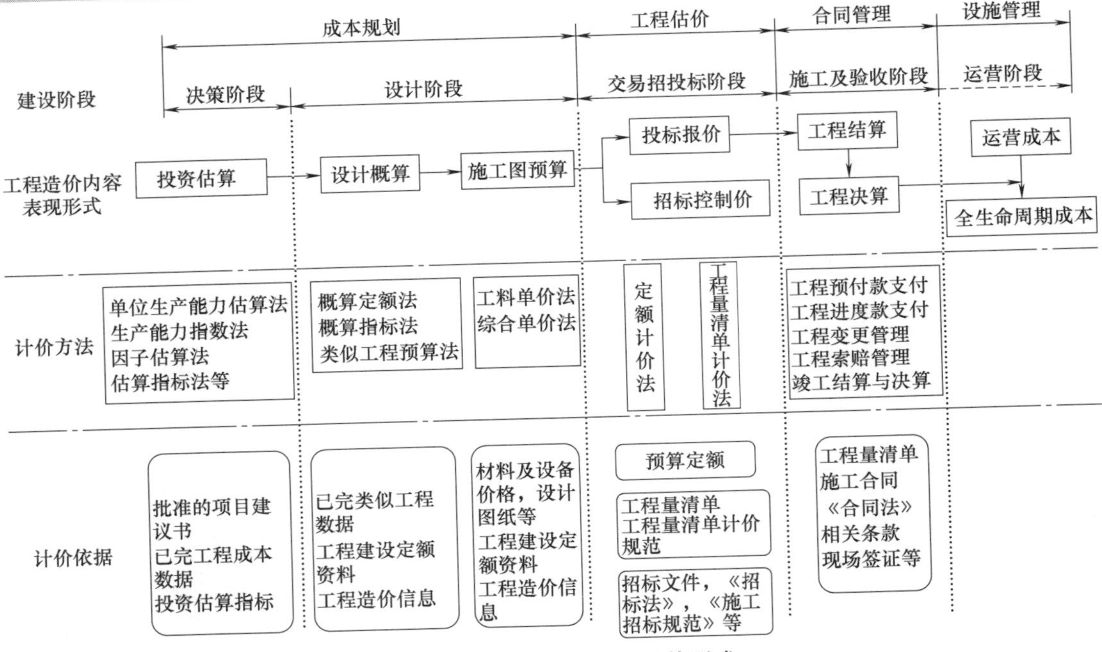

图 1-3　工程造价全过程计价形式

3) 分解组合计价

任何一个建设项目都可以分解为一个或多个单项工程；任何一个单项工程都是由一个或多个单位工程所组成的，作为单位工程的各类建筑工程和安装工程仍然是一个比较复杂的综合实体，还需要进一步分解；就建筑工程来说，又可以按照施工顺序细分为土石方工程、砖石砌筑工程、混凝土及钢筋混凝土工程、木结构工程、楼地面工程等分部工程；分解成分部工程后，虽然每一部分都包括不同的结构和装修内容，但是从工程计价的角度来看，还需要把分部工程按照不同的施工方法、不同的构造及不同的规格，加以更为细致的分解，划分为更为简单细小的部分。这样逐步分解到分项工程后，就可以得到建设项目的基本构造要素了。然后再选择适当的计量单位并根据当时当地的单价，采取一定的计价方法，进行分项分部组合汇总，便能最终计算出工程总造价了。

分解组合计价是工程计价最基本的原理，就是将建设项目细分至最基本的构成单位(如分项工程)(见图 1-4)，用其工程量与相应单价相乘后汇总，即为整个建设工程造价(见图 1-5)。

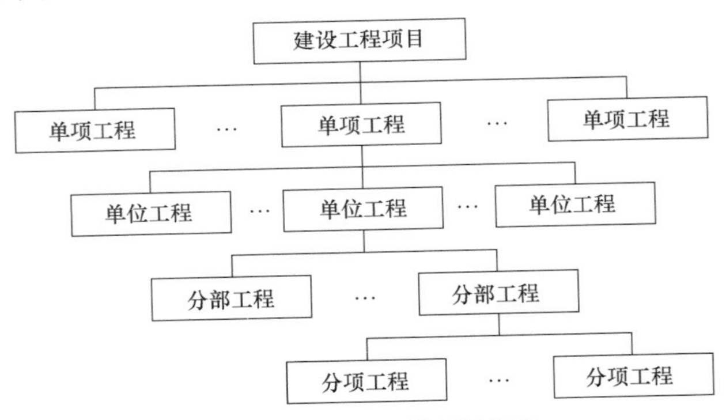

图 1-4　建设项目的层级划分

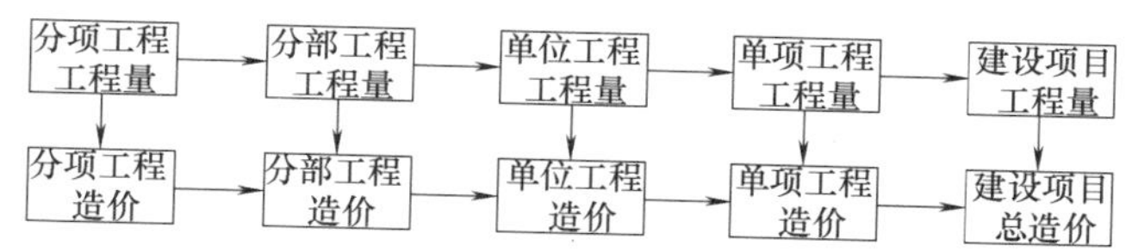

图 1-5　建设项目分解组合计价过程

4) 计价依据复杂

影响造价的因素很多、计价依据复杂、种类繁多，主要可分为以下几类。

(1) 计算设备和工程量的依据，包括项目建议书、可行性研究报告、设计文件等。

(2) 计算人工、材料、机械等实物消耗量的依据，包括投资估算指标、概算定额、预算定额等。

(3) 计算工程单价的价格依据，包括人工单价、材料价格、机械台班价格等。

(4) 计算设备单价的依据，包括设备原价、设备运杂费、进口设备关税等。

(5) 计算措施费、间接费和工程建设其他费用的依据，主要是相关的费用定额和指标。

(6) 政府规定的税、费等。

(7) 物价指数和工程造价指数。

工程造价计价依据的复杂性不仅使计算过程复杂，而且要求计价人员熟悉各类依据，并能够加以正确利用。

1.2.3　工程造价全生命周期造价管理

传统的工程造价管理理论，人们往往将注意力集中在通过哪些途径来降低建设项目工程造价，但随着建设项目的日益繁杂和工程管理思维的转变，人们对工程造价的理解也发生了变化，从项目建造、运营使用到报废拆除所发生的费用都归算在工程造价内，追求全生命周期(Life Cycle)内工程造价的管理。更进一步的是，人们将建设项目不再单纯地看成建设活动的静态产品，而是拥有未来收入或收益的动态产品，人们思考如何在全生命周期成本最低的基础上追求整个项目的价值，这完全是一次工程造价管理思维的重大转变。

项目的全生命周期不仅包括建造阶段，还包括未来的运营维护以及翻新拆除阶段，一般将建设项目全生命周期划分为建造(Creation)阶段、使用(Use)阶段和废除(Demolition)阶段，其中建造阶段又进一步细分为开始(Inception)、设计(Design)和施工(Implementation)，如图 1-6 所示。实际上建设项目的未来运营和维护成本要远远大于它的建设成本，但先期建设成本的高低对未来的运营和维护成本会产生很大的影响。因此，实施全生命周期造价管理，使自决策阶段开始，将一次性建设成本和未来的运营、维护成本，乃至拆除报废成本加以综合考虑，取得两者之间的最佳平衡。从建设项目全生命周期角度出发去考虑造价问题，实现建设项目整个生命周期总造价的最小化是非常必要的。

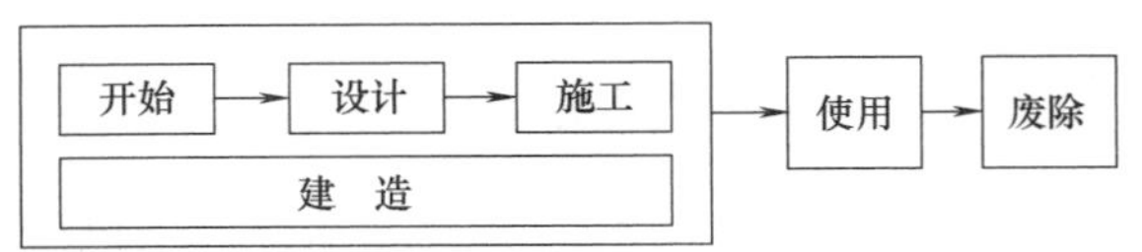

图 1-6 建设项目全生命周期

1. 全生命周期造价管理理论的产生与发展

全生命周期造价管理(Life Cycle Costing，LCC)主要是由英、美两国的一些造价界的学者 20 世纪七八十年代提出的，后来在英国皇家特许测量师学会(RICS)的直接组织和大力推动下，逐步形成较为完整的理论和方法体系。应该说，全生命周期工程造价管理在很大程度上是由英国 RICS 的学者们以及工料测量师们提出、创立和推广的一种全新的工程造价管理的思想理论方法，目前在发达国家已经被普遍采用。

传统的工程造价管理模式只涉及基本建设程序各阶段工程造价的核算与控制，不能在项目策划阶段提供一个建设期项目管理与运营期设施管理介入的环境，做到从项目全生命周期角度来降低总造价。而全生命周期造价管理着眼于全生命周期成本，追求的是在全生命周期内，建设项目具有最低的平均成本，两者管理模式思维区别如图 1-7 所示。

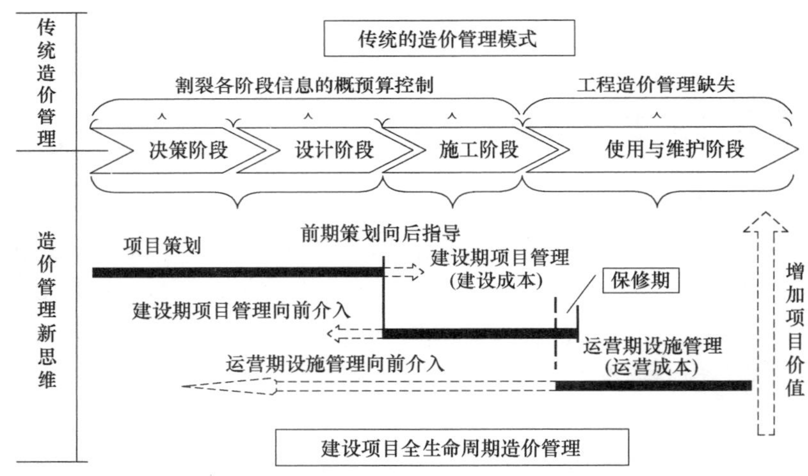

图 1-7 工程造价管理传统思维与新思维对比示意

需要注意的是，项目的建设成本与运营维护成本不是独立变量，前期发生的建设成本对建设项目实体的形成和功能水平有决定性影响，同时也由于项目功能水平的确定而极大地影响到项目使用阶段的运营与维护成本。若将两者独立核算其成本最小值，则全生命周期成本不一定能够最优。显然在项目决策与设计阶段选中的方案决定了项目的建设成本与运营维护成本及项目功能水平，而建设成本通过对功能水平的影响又在一定程度上决定了未来的运营维护成本。同时，若在决策与设计阶段就考虑到运营、维护成本，则势必也会影响到建设成本。从某种意义上说，建设项目的建设成本与运营成本之间存在着此消彼长的关系。综合考虑建设项目整个生命周期内各阶段成本间的相互制约关系，才有可能实现全生命周期成本的最优。

从长远观点来看，项目未来运营维护成本要远远大于其建设成本，而且先期的建设成本的高低对未来运营维护成本的高低会产生很大影响，高的建设成本可能会带给未来运营维护成本的大幅度降低，从而带给建筑物在整个生命周期的成本降低。如果只考虑一次性建设成本，而不考虑未来运营维护成本，这样容易造成在项目资金充足时不考虑服务年限和使用标准，过度投资，造成不必要的浪费；而在项目资金短缺时，片面地降低建设成本，致使未来运营维护成本大幅度提高，造成全生命周期造价的增加，并且这同样加大了项目质量下降的风险。

2．全生命周期成本的构成

成本内容的构成是研究全生命周期成本的基础。对于特定的项目，需要构建相应的全生命周期成本体系，在项目决策时应该综合考虑项目的资金成本、环境成本以及社会成本。

通常在项目决策时往往对货币化的资金成本格外关注，而对于建设项目的环境和社会成本，由于主、客观等多方面原因，加上难以定量体现为货币值，这给项目决策带来很大的难度，而从全生命周期成本的角度出发，这部分成本在整个项目的生命周期内是不可忽视的重要内容。特别是对于能对环境和社会产生影响的重大项目(如大型水利项目、城市交通项目等)，必须将这类成本包括进来，进行综合决策，以实现公共项目的全生命周期成本最优。

1) 资金成本

资金成本即经济成本，是指在工程项目整个生命周期内所发生的一切可直接体现为资金耗费的投入总和。

(1) 初始建造成本。初始建造成本即一般项目的固定资产投资部分或工程造价。工程造价的构成按工程项目建设过程中各类费用支出或花费的性质、途径来确定，是通过费用划分和汇集所形成的工程造价的费用分解结构。在工程造价基本构成中，包括用于购买工程项目所含各种设备的费用，用于建筑施工和安装施工的费用，用于委托工程勘察设计应支付的费用，用于购置土地所需的费用，也包括用于建设单位自身进行项目筹建和项目管理所花费的费用等，是按照确定的建设内容、建设规模、建设标准、功能要求和使用要求等全部建成并验收合格交付使用所需的全部费用。

(2) 未来运营成本。工程项目未来运营成本，是指该项目建成交付使用以后，为了维持项目的正常运行和发挥项目设计使用功能而必须支付的维持运行费用。对于不同性质的工程项目，运营成本会有所差别，一般包括运营管理费、维护修理费、环境保护费、能源消耗费等。

2) 环境成本

随着“绿色”、可持续发展等理念对经济活动的影响日益扩大，环境保护在各国愈来愈受到重视，我国在环境保护方面每年也投入大量的资金。体现在工程建设方面，我国 2003

年 9 月 1 日开始实施的《中华人民共和国环境影响评价法》规定：建设项目开发建设必须编制环境影响评价文件，并且要得到有关审批部门的批准。环境影响评价文件包括对可能导致的环境影响进行分析、预测和评估，制定相关的环境保护措施并进行技术、经济论证，对环境影响进行经济损益分析等内容。可见，将项目环境成本纳入项目成本核算是大势所趋。

3) 社会成本

社会成本是指工程产品从项目构思、建成投入使用直至报废的全过程中对社会的不利影响。这种影响可以是正面的，也可以是负面的。一方面，如果某工程项目建设可以增加社会就业率，有助于社会安定，这种影响就不应计为成本。另一方面，如果一个工程项目的建设会增加社会的运行成本，如由于工程建设引起大规模的移民，可能增加社会的不安定因素，这种影响就应计为社会成本。

在全生命周期成本中，环境成本和社会成本都是隐性成本，它们不直接表现为量化成本，而必须借助于其他方法转化为可直接计量的成本，这就使得它们比经济成本更难以计量。但在工程建设及运行的全过程中，这类成本是始终发生的。目前，在我国工程建设实践中，往往只偏重于资金成本的管理，而对于环境成本和社会成本则考虑得较少。这也是我国在造价管理上与西方发达国家差距较大的一个地方。

3. 全生命周期造价管理的内容与方法

在工程项目全生命周期的各个阶段，都要以全生命周期费用最小化为目标，尤其是在项目的决策和设计阶段。项目决策的正确与否和设计方案的优劣直接影响项目的其他阶段，进而影响到全生命周期的造价。

1) 投资决策阶段

在投资决策阶段，从多个可行性方案中选择全生命周期造价最小化的投资方案，实现科学合理的投资决策。资金时间价值理论，成本效益分析、规划理论在投资项目评价时起着重要作用，这些构成了项目投资决策分析的基础理论，并在实践中得到了普遍运用。

在决策阶段，建设规模的论证、建设标准的确定、融资方案的研究、经营方案的研究、建设投资与经营的关系、建设期的投资控制等都是需要考虑的具体问题。另外，论证和研究者的知识和经验、主观的判断还是客观的论证、信息源的广泛性、数据的可靠性、论证和研究的深入程度、论证和研究的科学性等都直接影响决策的结果。

2) 设计阶段

建设项目全生命周期造价管理的思想和方法可以指导设计者系统地、全面地从项目全生命周期出发，综合考虑工程项目的建造费用和运营与维护费用，从而实现更科学的工程设计方案、建筑材料和装备水平的选择，以便在确保设计质量的前提下，实现降低项目全生命周期费用的目标。在设计阶段，要进行全生命周期造价分析和估算，包括对初始建设成本、运营维护成本的计算。

3) 招投标阶段

应根据不同的项目，选择适当的合同方式和适当的承发包模式。目前，我国提倡以设计单位为龙头进行工程总承包和以大型施工企业为主体的工程总承包公司进行总承包，在这两种模式下，施工单位在设计阶段就可以参与项目的实施，有利于开展施工可行性研究。在评标阶段，在进行技术标的评价的时候，不仅要考虑建设方案，还要考虑未来的运营和维护方案，这两者均优的方案才是最好的技术方案；在评价商务标的的时候，评价的依据应该由原先的合理的建设成本最低变为合理的建设项目生命周期造价最低。

4) 施工阶段

强调科学管理的重要性，使施工组织设计方案的评价和工程施工方案的确定等方面科学合理，在施工阶段进行质量、造价、工期的三大控制，注重事前控制，发现问题及时解决，对工程的目标实行动态控制，进行风险管理、合同管理、信息管理等来保证项目按预定工期、预算目标造价、优质地完成。在此阶段，必须严把质量关，工程质量的好坏会直接影响到工程建成后的运营使用，在工期与质量相矛盾时，应首先抓好工程质量。所以在施工阶段不仅要做好工程的成本核算，更要注重工程质量，这样也为运营费用的节约打下了坚实的基础。

5) 运营和维护阶段

要以全生命周期造价最低为目标制订合理的运营和维护方案。运用现代经营手段和修缮技术，按合同对已投入使用的各类设施实施多功能、全方位的统一管理，为设施的产权人和使用人提供高效、周到的服务，以提高设施的经济价值和实用价值，降低运营和维护费用。

1.3 我国造价工程师执业资格制度

执业资格制度是市场经济国家对专业技术人才管理的通用规则。随着我国市场经济的发展和经济全球化进程的加快，我国的执业资格制度得到了长足的发展，其中建筑行业涉及的执业资格主要有建筑师、规划师、结构工程师、设备监理师、建造师、监理工程师、造价工程师、房地产估价师等多个执业资格制度，形成了具有中国特色的建筑行业执业资格体系。

《中华人民共和国建筑法》第十四条规定：从事建筑活动的专业技术人员，应当依法取得相应的执业资格证书，并在执业资格证书许可的范围内从事建筑活动。这从法律规定上推动了我国建筑行业执业资格制度的发展。目前，我国已经建立的与建筑行业相关的执业资格如表 1-1 所示。

表 1-1 我国目前建筑行业主要执业资格制度

序号	名　称	考试科目	成绩滚动年限	管理部门	承办机构	实施时间
1	监理工程师	建设工程合同管理，建设工程质量、投资、进度控制，建设工程监理基本理论，建设工程监理案例分析	2	建设部	中国建设监理协会	1992.07
2	房地产估价师	房地产基本制度与政策，房地产投资经营与管理，房地产估价理论与实务，房地产估价案例与分析	2	建设部	建设部注册中心	1995.03
3	资产评估师	资产评估，经济法，财务会计，机电设备评估基础，建筑工程评估基础	3	财政部	中国资产评估协会	1996.08
4	造价工程师	工程造价管理基础理论与相关法规，工程造价计价与控制，建设工程技术与计量(分土建和安装两个专业)，工程造价案例分析	2	建设部	中国建设工程造价管理协会	1996.08
5	咨询工程师(投资)	工程咨询概论，宏观经济政策与发展规划，工程项目组织与管理，项目决策分析与评价，现代咨询方法与实务	3	国家发展和改革委员会	中国工程咨询协会	2001.12
6	一级建造师	建设工程经济，建设工程法规与相关知识，建设工程项目管理，专业工程管理与实务	2	建设部	建设部注册中心	2003.01
7	设备监理师	设备工程监理基础及相关知识，设备监理合同管理，质量、投资、进度控制，设备监理综合实务与案例分析	2	国家质量监督检验检疫总局	中国设备监理协会	2003.10
8	投资建设项目管理师	宏观经济政策，投资建设项目决策，投资建设项目组织，投资建设项目实施	2	国家发展和改革委员会	中国投资协会	2005.02
9	土地估价师	土地管理基础知识，土地估价理论与方法，土地估价相关经济理论与方法，土地估价实务	3	国土资源部	中国土地估价师协会	2007.01
10	招标师	招标采购法律法规与政策，项目管理与招标采购，招标采购专业实务，招标采购案例分析	2	人事部、国家发展和改革委员会	人事部人事考试中心、中国招标投标协会	2007.01

1.3.1 我国造价工程师执业资格制度

我国每年基本建设投资达几十万亿元，从事工程造价业务活动的人员近 100 万人，这支队伍在专业和技术方面对管好用好基本建设投资发挥了重要的作用。为了加强建设工程造价专业技术人员的执业准入管理，确保建设工程造价管理工作的质量，维护国家和社会公共利益，1996 年 8 月，国家人事部、建设部联合发布了《造价工程师执业资格制度暂行规定》，明确了国家在工程造价领域实施造价工程师执业资格制度。凡从事工程建设活动的建设、设计、施工、工程造价咨询、工程造价管理等单位和部门，必须在计价、评估、审查(核)、控制及管理等岗位配备有造价工程师执业资格的专业技术人员。

在实施全国统一考试之前，国家建设部和人事部联合对已从事工程造价管理工作并具有高级专业技术职务的人员，分别于 1997 年和 1998 年分两批通过考核认定了 1 853 名工程造价管理专业人员具有造价工程师执业资格。同时，于 1997 年组织了 9 省市试点考试。全国造价工程师执业资格统一考试从 1998 年开始，除 1999 年外，2000 年及其以后的各年均举行了全国统一考试。截至 2013 年年底，全国注册造价工程师达到 13 万人。

为了加强对造价工程师的注册管理，规范造价工程师的执业行为，建设部颁布了《注册造价工程师管理办法》，中国建设工程造价管理协会制定了《造价工程师继续教育实施办法》和《造价工程师职业道德行为准则》，使造价工程师执业资格制度得到逐步完善，如图 1-8 所示。

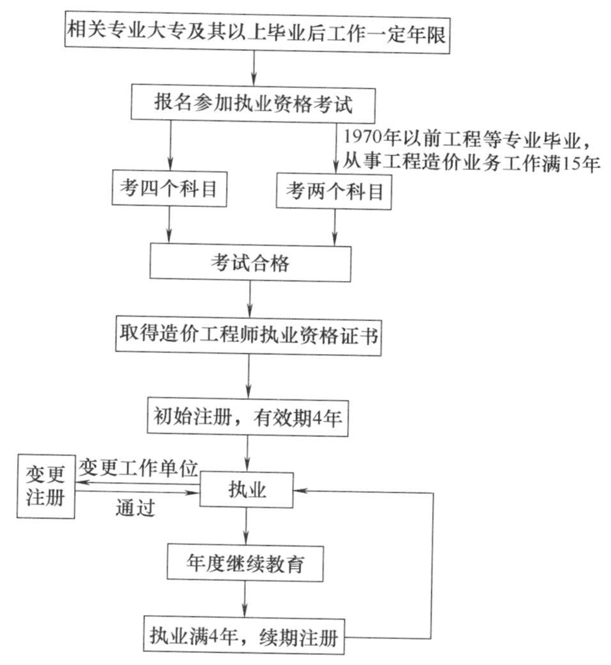

图 1-8 造价工程师执业资格制度简图

1.3.2 造价工程师的执业资格考试

造价工程师执业资格考试实行全国统一考试大纲、统一命题、统一组织的办法，原则上每年举行一次。

(1) 报考条件。凡中华人民共和国公民，工程造价或相关专业大专及其以上学历毕业，从事工程造价业务工作一定年限后，均可申请参加造价工程师执业资格考试。

(2) 考试科目。造价工程师执业资格考试分为4个科目：“建设工程造价管理”“建设工程计价”“建设工程技术与计量”(土建或安装)和“工程造价案例分析”。

对于长期从事工程造价业务工作的专业技术人员，符合一定的学历和专业年限条件的，可免试“工程造价管理基础理论与相关法规”“建设工程技术与计量”两个科目，只参加“工程造价计价与控制”和“工程造价案例分析”两个科目的考试。

造价工程师4个科目分别单独考试、单独计分。参加全部科目考试的人员，须在连续的两个考试年度通过；参加免试部分考试科目的人员，须在一个考试年度内通过应试科目。

(3) 证书取得。造价工程师执业资格考试合格者，由省、自治区、直辖市人事(职改)部门颁发国家人事部统一印制、国家人事部和建设部统一用印的造价工程师执业资格证书，该证书全国范围内有效，并作为造价工程师注册的凭证。

1.3.3 造价工程师执业权利和义务

《造价工程师注册管理办法》对造价工程师执业权利和义务规定如下。

(1) 造价工程师只能在一个单位执业。

(2) 造价工程师的执业范围包括：①建设项目投资估算的编制、审核及经济评价；②工程概算、工程预算、工程结算、竣工决算、工程招标标底价、投标报价的编制、审核；③工程变更及合同价款的调整索赔费用的计算；④建设项目各阶段的工程造价控制；⑤工程经济纠纷的鉴定；⑥工程造价计价依据的编制、审核；⑦与工程造价业务有关的其他事项。

(3) 造价工程师享有下列权利：①使用造价工程师名称；②依法独立执行业务；③签署工程造价文件，加盖执业专用章；④申请设立工程造价咨询单位；⑤对违反国家法律、法规的不正当计价行为，有权向有关部门举报。

(4) 造价工程师应履行下列义务：①遵守法律、法规，恪守职业道德；②接受继续教育，提高业务技术水平；③在执业中保守技术、经济秘密；④不得允许他人以本人名义执业；⑤按照有关规定提供工程造价资料。

1.3.4　英国工料测量师执业资格制度简介

造价工程师在英国称为工料测量师。特许工料测量师的称号是由英国测量师学会(RICS)经过严格程序而授予该会的专业会员(MRICS)和资深会员(FRICS)的，整个程序如图 1-9 所示。

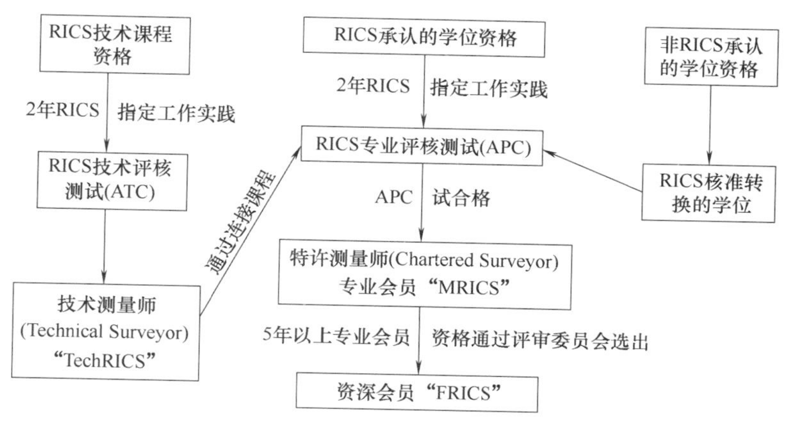

图 1-9　英国工料测量师授予程序图

注：① RICS：The Royal Institution of Chartered Surveyors.
② APC：Assessment of Professional Competence.
③ ATC：Assessment of Technical Competence.

工料测量专业本科毕业生可直接取得申请工料测量师专业工作能力培养和考核的资格。而对一般具有高中毕业水平的人员，或学习其他专业的大学毕业生，可申请技术员资格培养和考核的资格。

对工料测量专业本科毕业生(含硕士、博士学位获得者)以及经过专业知识考试合格的人员，还要通过皇家测量师学会组织的专业工作能力的考核，即通过 2 年以上的工作实践，在学会规定的各项专业能力考核科目范围内，获得某几项较丰富的工作经验，经考核合格后，即由皇家测量师学会发给合格证书并吸收为学会会员(MRICS)，也就是有了特许工料测量师资格。

特许工料测量师(工料估价师)可以签署有关估算、概算、预算、结算、决算文件，也可独立开业，承揽有关业务，再从事 12 年本专业工作，或者在预算公司等单位中承担重要职务(如董事)5 年以上者，经学会的资深委员评审委员会批准，即可被吸收为资深会员(FRICS)。

英国的工料测量师被认为是工程建设经济师。全过程参与工程建设造价管理，按照既定工程项目确定投资，在实施的各阶段、各项活动中控制造价，使最终造价不超过规定的投资额。英国的工料测量师被称为“建筑业的百科全书”，享有很高的社会地位。

复习思考题

1. 简述建设项目基本建设程序。
2. 什么是工程造价？什么是工程估价？
3. 简述工程估价的历史发展特点。
4. 综述工程造价计价的特点。
5. 简述我国工程估价的发展历史特点。
6. 简述全生命周期工程造价管理的主要内容。
7. 简述造价工程师的执业权利和义务。

第 2 章　工程造价构成

价格是商品同货币交换比例的指数，或者说，价格是价值的货币表现。价格是商品的交换价值在流通过程中所取得的转化形式。在现代社会的日常应用之中，价格一般是指进行交易时，买方所需要付出的代价或货币。

工程造价直接的理解就是一项“工程”的建造价格。这里的“工程”是指一个完整的建筑安装产品，即单项工程，如一幢教学楼、一幢住宅楼等。同时，随着经济发展中技术的进步、分工的细化和市场的完善，工程建设中的中间产品会越来越多，商品交换会更加频繁，工程价格的种类和形式也会更为丰富。实际工作中，“工程”又经常表现为一个单项工程中的某个单位工程。例如，一幢教学楼的土建工程、装饰工程、配电工程等，或者一个单位工程中的分部(分项)工程，例如，土建工程中的土方工程、防水工程、保温工程等。这些都可以成为生产交易的对象，对应着相应的交易价格，即工程造价。

工程造价有两种含义。第一种含义，从投资者——业主的角度而言，工程造价是指进行某项工程建设，预期或实际花费的全部建设投资。第二种含义，从市场交易的角度而言，工程造价是指为完成某项工程的建设，预计或实际在土地市场、设备市场、技术劳务市场以及工程承发包市场等交易活动中所形成的各类交易价格。

建设项目总投资由建设投资(固定资产投资)、建设期贷款利息和流动资产投资 3 个部分组成。工程造价基本构成中，包括用于购买工程项目所含各种设备的费用，用于建筑施工和安装施工所需支出的费用，用于委托工程勘察设计应支付的费用，用于购置土地所需的费用，也包括用于建设单位自身进行项目筹建和项目管理所花费的费用等。总之，工程造价是工程项目按照确定的建设内容、建设规模、建设标准、功能要求和使用要求等全部建成并验收合格交付使用所需的全部费用，其具体构成内容如图 2-1 所示。

建设投资是以货币表现的基本建设完成的工作量，是指利用国家预算内拨款、自筹资金、国内外基本建设贷款以及其他专项资金进行的，以扩大生产能力(或新增工程效益)为主要目的的新建、扩建工程及有关的工作量。它是反映一定时期内基本建设规模和建设进度的综合性指标。建设投资包括工程费用、工程建设其他费用和预备费。其中工程费用是指一个单项工程能够完全发挥生产能力或生产效益所需要的全部投资，包括设备及工、器具购置费用和建筑安装工程费用。

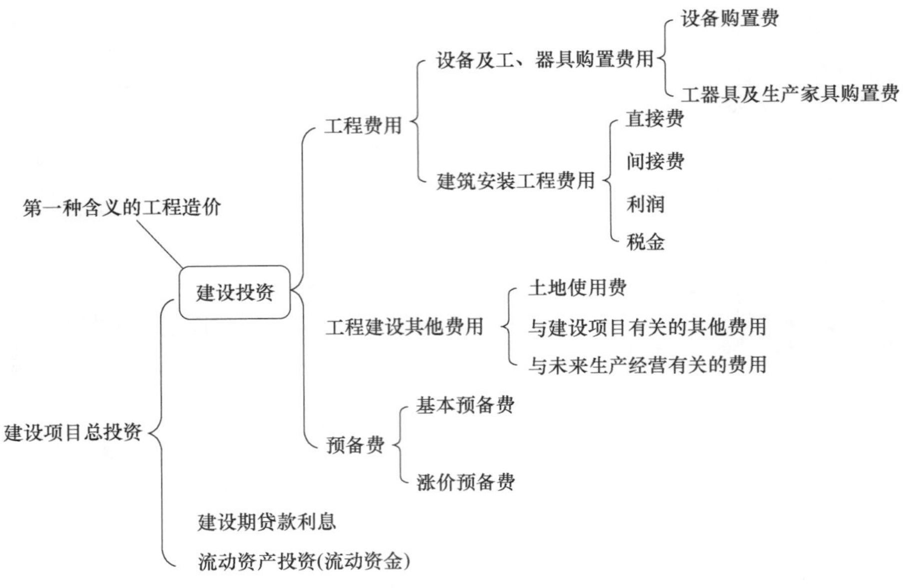

图 2-1 我国现行建设项目投资构成

2.1 设备及工具、器具购置费

设备及工、器具购置费用是由设备购置费和工具、器具及生产家具购置费组成的，它是固定资产投资中的积极部分。在生产性工程建设中，设备及工、器具购置费用占工程造价比重的增大，意味着生产技术的进步和资本有机构成的提高。

2.1.1 设备购置费的构成及计算

设备购置费是指为建设项目购置或自制的达到固定资产标准的各种国产或进口设备、工具、器具的购置费用。它由设备原价和设备运杂费构成。

$$设备购置费=设备原价+设备运杂费 \tag{2-1}$$

式中，设备原价是指国产设备或进口设备的原价；设备运杂费是指除设备原价之外的关于设备采购、运输、途中包装及仓库保管等方面支出费用的总和。

1. 国产设备原价的构成及计算

国产设备原价一般是指设备制造厂的交货价，或订货合同价。它一般根据生产厂或供应商的询价、报价、合同价确定，或采用一定的方法计算确定。国产设备原价分为国产标准设备原价和国产非标准设备原价。

1) 国产标准设备原价

国产标准设备是指按照主管部门颁布的标准图纸和技术要求，由我国设备生产厂批量生产的，符合国家质量检测标准的设备。国产标准设备原价有两种，即带有备件的原价和不带有备件的原价。在计算时，一般采用带有备件的原价。

2) 国产非标准设备原价

国产非标准设备是指国家尚无定型标准，各设备生产厂不可能在工艺过程中采用批量生产，只能按一次订货，并根据具体的设计图纸制造的设备。非标准设备原价有多种不同的计算方法，如成本计算估价法、系列设备插入估价法、分部组合估价法、定额估价法等。

2. 进口设备原价的构成及计算

进口设备的原价是指进口设备的抵岸价，即抵达买方边境港口或边境车站，且交完关税等税费后形成的价格。进口设备抵岸价的构成与进口设备的交货类别有关。

1) 进口设备的交货类别

进口设备的交货类别可分为内陆交货类、目的地交货类和装运港交货类。

(1) 内陆交货类，即卖方在出口国内陆的某个地点交货。在交货地点，卖方及时提交合同规定的货物和有关凭证，并负担交货前的一切费用和风险；买方按时接受货物，交付货款，负担接货后的一切费用和风险，并自行办理出口手续和装运出口。货物的所有权也在交货后由卖方转移给买方。

(2) 目的地交货类，即卖方在进口国的港口或内地交货，有目的港船上交货价、目的港船边交货价(FOS)和目的港码头交货价(关税已付)及完税后交货价(进口国的指定地点)等几种交货价。它们的特点是：买卖双方承担的责任、费用和风险是以目的地约定交货点为分界线，只有当卖方在交货点将货物置于买方控制下才算交货，才能向买方收取货款。这种交货类别对卖方来说承担的风险较大，在国际贸易中卖方一般不愿采用。

(3) 装运港交货类，即卖方在出口国装运港交货，主要有装运港船上交货价(FOB)，习惯称离岸价格；运费在内价(C&F)和运费、保险费在内价(CIF)，习惯称到岸价格。它们的特点是：卖方按照约定的时间在装运港交货，只要卖方把合同规定的货物装船后提供货运单据便完成交货任务，可凭单据收回货款。

装运港船上交货价(FOB)是我国进口设备采用最多的一种货价。采用船上交货价时卖方的责任是：在规定的期限内，负责在合同规定的装运港口将货物装上买方指定的船只，并及时通知买方；负担货物装船前的一切费用和风险，负责办理出口手续；提供出口国政府或有关方面签发的证件；负责提供有关装运单据。买方的责任是：负责租船或订舱，支付运费，并将船期、船名通知卖方；负担货物装船后的一切费用和风险；负责办理保险及支付保险费，办理在目的港的进口和收货手续；接受卖方提供的有关装运单据，并按合同的规定支付货款。

2) 进口设备抵岸价的构成及计算

进口设备采用最多的是装运港船上交货价(FOB)，其抵岸价的构成可概括为

$$进口设备抵岸价=货价+国际运费+运输保险费+银行财务费+外贸手续费+关税+增值税+消费税+海关监管手续费+车辆购置附加费 \tag{2-2}$$

(1) 货价，一般是指装运港船上交货价(FOB)。设备货价分为原币货价和人民币货价。原币货价一律折算为美元表示；人民币货价按原币货价乘以外汇市场美元兑换人民币中间价确定。进口设备货价按有关生产厂商询价、报价、订货合同价计算。

(2) 国际运费，即从装运港(站)到达我国抵达港(站)的运费。我国进口设备大部分采用海洋运输，小部分采用铁路运输，个别采用航空运输。进口设备国际运费计算公式为

国际运费(海、陆、空)=原币货价(FOB)×运费率

或　　国际运费(海、陆、空)=运量×单位运价　　(2-3)

其中，运费率或单位运价参照有关部门或进出口公司的规定执行。

(3) 运输保险费，是指对外贸易货物运输保险是由保险人(保险公司)与被保险人(出口人或进口人)订立保险契约，在被保险人交付议定的保险费后，保险人根据保险契约的规定对货物在运输过程中发生的承保责任范围内的损失给予经济上的补偿。这是一种财产保险。其计算公式为

$$运输保险费=\frac{原币货价(FOB)+国外运费}{1-保险费率}\times保险费率 \tag{2-4}$$

其中，保险费率按保险公司规定的进口货物保险费率计算。

(4) 银行财务费，一般是指中国银行手续费，可按下式简化计算。

银行财务费=人民币货价(FOB)×银行财务费率　　(2-5)

(5) 外贸手续费，是指按对外经济贸易部规定的外贸手续费率计取的费用，外贸手续费率一般取 1.5%。其计算公式为

外贸手续费=[装运港船上交货价(FOB)+国际运费+运输保险费]×外贸手续费率　(2-6)

(6) 关税，是由海关对进出国境或关境的货物和物品征收的一种税。其计算公式为

关税=到岸价格(CIF)×进口关税税率　　(2-7)

其中，到岸价格(CIF)包括离岸价格(FOB)、国际运费、运输保险费，它作为关税完税价格。进口关税税率分为优惠税率和普通税率两种。优惠税率适用于与我国签订关税互惠条款的贸易条约或协定的国家的进口设备；普通税率适用于与我国未签订关税互惠条款的贸易条约或协定的国家的进口设备。进口关税税率按我国海关总署发布的进口关税税率计算。

(7) 增值税，是对从事进口贸易的单位和个人，在进口商品报关进口后征收的税种。我国增值税条例规定，进口应税产品均按组成计税价格和增值税税率直接计算应纳税额，即：

进口产品增值税额=组成计税价格×增值税税率

组成计税价格=关税完税价格+关税+消费税　　(2-8)

增值税税率根据规定的税率计算。

(8) 消费税，对部分进口设备(如轿车、摩托车等)征收，一般计算公式为

$$应纳消费税额=\frac{到岸价+关税}{1-消费税税率}\times消费税税率 \tag{2-9}$$

其中，消费税税率根据规定的税率计算。

(9) 海关监管手续费，是指海关对进口减税、免税、保税货物实施监督、管理、提供服务的手续费。对于全额征收进口关税的货物不计本项费用。其计算公式如下。

海关监管手续费=到岸价×海关监管手续费率(一般为 0.3%) (2-10)

(10) 车辆购置附加费，即进口车辆需缴进口车辆购置附加费。其计算公式如下。

进口车辆购置附加费=(到岸价+关税+消费税+增值税)×进口车辆购置附加费率 (2-11)

3. 设备运杂费的构成及计算

1) 设备运杂费的构成

设备运杂费通常包括下列各项。

(1) 运费和装卸费。国产设备由设备制造厂交货地点起至工地仓库(或施工组织设计指定的需要安装设备的堆放地点)止所发生的运费和装卸费；进口设备则由我国到岸港口或边境车站起至工地仓库(或施工组织设计指定的需安装设备的堆放地点)止所发生的运费和装卸费。

(2) 包装费。在设备原价中没有包含的，为运输而进行的包装支出的各种费用。

(3) 设备供销部门的手续费。按有关部门规定的统一费率计算。

(4) 采购与仓库保管费。它是指采购、验收、保管和收发设备所发生的各种费用，包括设备采购人员、保管人员和管理人员的工资、工资附加费、办公费、差旅交通费，设备供应部门办公和仓库所占固定资产使用费、工具用具使用费、劳动保护费、检验试验费等。这些费用可按主管部门规定的采购与保管费费率计算。

2) 设备运杂费的计算

设备运杂费按设备原价乘以设备运杂费率计算，其公式为

设备运杂费=设备原价×设备运杂费率 (2-12)

其中，设备运杂费率按各部门及省、市等的规定计取。

2.1.2 工具、器具及生产家具购置费的构成及计算

工具、器具及生产家具购置费，是指新建或扩建项目初步设计规定的，保证初期正常生产必须购置的没有达到固定资产标准的设备、仪器、工卡模具、器具、生产家具和备品备件等的购置费用。一般以设备购置费为计算基数，按照部门或行业规定的工具、器具及生产家具费率计算。其计算公式为

工具、器具及生产家具购置费=设备购置费×定额费率 (2-13)

2.2 建筑安装工程费用构成

建筑安装工程费用是指建筑安装施工企业在完成建筑安装施工任务过程中，发生在现场的各种直接工程费用、管理费用、间接费用、企业为自己创造的利润以及企业需上缴的各种税、费的总和。

根据住房和城乡建设部、财政部颁布的《建筑安装工程费用项目组成》(建标〔2013〕44 号)文件的规定，我国现行建筑安装工程费用可以按照费用构成要素和造价形成形式两种方式划分，并规定了以下内容。

(1) 建筑安装工程费用项目按费用构成要素组成划分为人工费、材料费、施工机具使用费、企业管理费、利润、规费和税金。

(2) 建筑安装工程费用按工程造价形成划分，可分为分部分项工程费、措施项目费、其他项目费、规费和税金。

(3) 依据国家发展改革委、财政部等 9 部委发布的《标准施工招标文件》的有关规定，将工程设备费列入材料费；原材料费中的检验试验费列入企业管理费。

(4) 将仪器仪表使用费列入施工机具使用费；大型机械进出场及安拆费列入措施项目费。

(5) 按照《中华人民共和国社会保险法》的规定，将原企业管理费中劳动保险费中的职工死亡丧葬补助费、抚恤费列入规费中的养老保险费；在企业管理费中的财务费和其他中增加担保费用、投标费、保险费。

(6) 按照《中华人民共和国社会保险法》《中华人民共和国建筑法》的规定，取消原规费中危险作业意外伤害保险费，增加工伤保险费、生育保险费。

(7) 按照财政部的有关规定，在税金中增加地方教育附加。

2.2.1 建筑安装工程费用内容

1. 建筑工程费用内容

建筑工程费用包括以下内容。

(1) 各类房屋建筑工程和列入房屋建筑工程预算的供水、供暖、卫生、通风、煤气等设备费用及其装设、油饰工程的费用，列入建筑工程预算的各种管道、电力、电信和电缆导线敷设工程的费用。

(2) 设备基础、支柱、工作台、烟囱、水塔、水池、灰塔等建筑工程以及各种炉窑的砌筑工程和金属结构工程的费用。

(3) 为施工而进行的场地平整，工程和水文地质勘查，原有建筑物和障碍物的拆除以及施工临时用水、电、气、路和完工后的场地清理，环境绿化、美化等工作的费用。

(4) 矿井开凿、井巷延伸、露天矿剥离，石油、天然气钻井，修建铁路、公路、桥梁、水库、堤坝、灌渠及防洪等工程的费用。

2. 安装工程费用内容

安装工程费用包括以下内容。

(1) 生产、动力、起重、运输、传动和医疗、实验等各种需要安装的机械设备的装配费用，与设备相连的工作台、梯子、栏杆等设施的工程费用，附属于被安装设备的管线敷设工程费用，以及被安装设备的绝缘、防腐、保温、油漆等工作的材料费和安装费。

(2) 为测定安装工程质量，对单台设备进行单机试运转、对系统设备进行系统联动无负荷试运转工作的调试费。

2.2.2 建筑安装工程费用项目组成(按费用构成要素划分)

建筑安装工程费按照费用构成要素划分：由人工费、材料(包含工程设备，下同)费、施工机具使用费、企业管理费、利润、规费和税金组成。其中人工费、材料费、施工机具使用费、企业管理费和利润包含在分部分项工程费、措施项目费、其他项目费中(见图 2-2)。

1. 人工费

人工费是指按工资总额构成规定，支付给从事建筑安装工程施工的生产工人和附属生产单位工人的各项费用。其具体内容如下。

(1) 计时工资或计件工资：是指按计时工资标准和工作时间或对已做工作按计件单价支付给个人的劳动报酬。

(2) 奖金：是指对超额劳动和增收节支支付给个人的劳动报酬。如节约奖、劳动竞赛奖等。

(3) 津贴补贴：是指为了补偿职工特殊或额外的劳动消耗和因其他特殊原因支付给个人的津贴，以及为了保证职工工资水平不受物价影响支付给个人的物价补贴，如流动施工津贴、特殊地区施工津贴、高温(寒)作业临时津贴、高空津贴等。

(4) 加班加点工资：是指按规定支付的在法定节假日工作的加班工资和在法定日工作时间外延时工作的加点工资。

(5) 特殊情况下支付的工资：是指根据国家法律、法规和政策规定，因病、工伤、产假、计划生育假、婚丧假、事假、探亲假、定期休假、停工学习、执行国家或社会义务等原因按计时工资标准或计时工资标准的一定比例支付的工资。

2. 材料费

材料费是指施工过程中耗费的原材料、辅助材料、构配件、零件、半成品或成品、工程设备的费用。其具体内容如下。

(1) 材料原价。是指材料、工程设备的出厂价格或商家供应价格。

(2) 运杂费。是指材料、工程设备自来源地运至工地仓库或指定堆放地点所发生的全部费用。

(3) 运输损耗费。是指材料在运输装卸过程中不可避免的损耗。

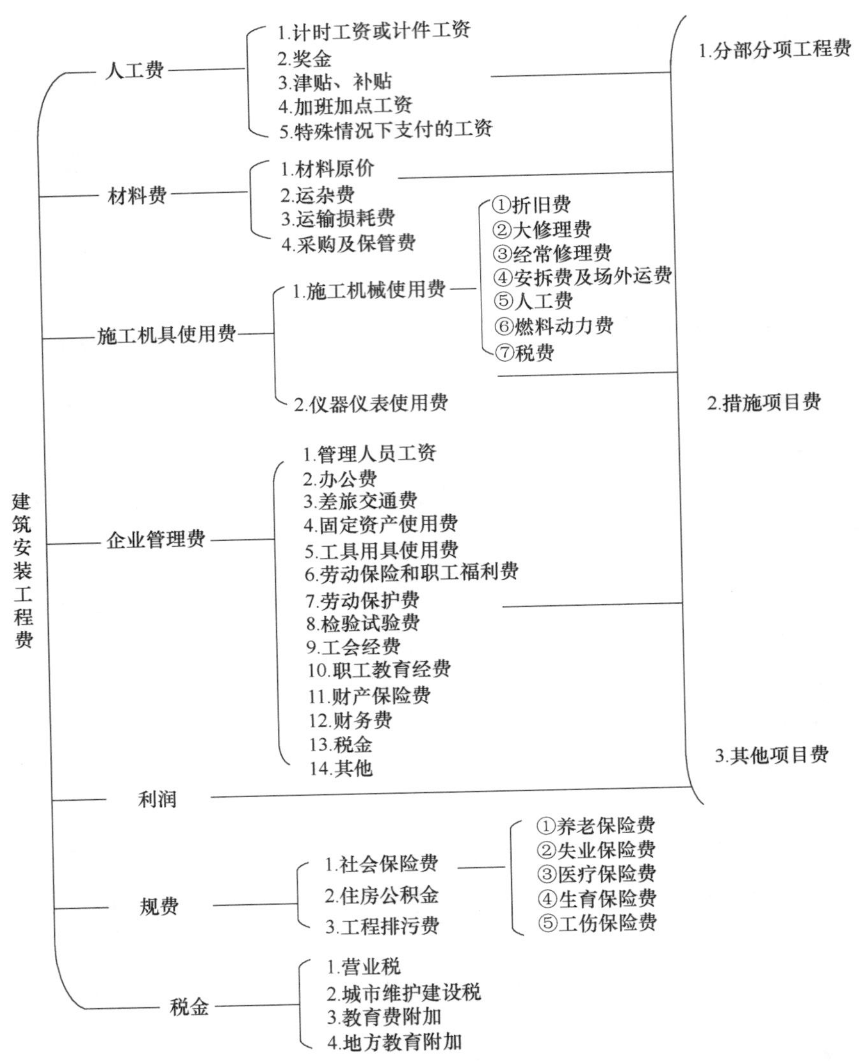

图 2-2 建筑安装工程费用构成(按费用构成要素划分)

(4) 采购及保管费：是指为组织采购、供应和保管材料、工程设备的过程中所需要的各项费用，包括采购费、仓储费、工地保管费、仓储损耗。

工程设备是指构成或计划构成永久工程一部分的机电设备、金属结构设备、仪器装置及其他类似的设备和装置。

3. 施工机具使用费

施工机具使用费是指施工作业所发生的施工机械、仪器仪表使用费或其租赁费，包括施工机械使用费和仪器仪表使用费。

1) 施工机械使用费

施工机械使用费是以施工机械台班耗用量乘以施工机械台班单价表示，施工机械台班单价应由下列 7 项费用组成。

(1) 折旧费：是指施工机械在规定的使用年限内，陆续收回其原值的费用。

(2) 大修理费：是指施工机械按规定的大修理间隔台班进行必要的大修理，以恢复其正常功能所需的费用。

(3) 经常修理费：是指施工机械除大修理以外的各级保养和临时故障排除所需的费用。包括为保障机械正常运转所需替换设备与随机配备工具附具的摊销和维护费用，机械运转中日常保养所需润滑与擦拭的材料费用及机械停滞期间的维护和保养费用等。

(4) 安拆费及场外运费：安拆费是指施工机械(大型机械除外)在现场进行安装与拆卸所需的人工、材料、机械和试运转费用以及机械辅助设施的折旧、搭设、拆除等费用；场外运费是指施工机械整体或分体自停放地点运至施工现场或由一施工地点运至另一施工地点的运输、装卸、辅助材料及架线等费用。

(5) 人工费：是指机上司机(司炉)和其他操作人员的人工费。

(6) 燃料动力费：是指施工机械在运转作业中所消耗的各种燃料及水、电等。

(7) 税费：是指施工机械按照国家规定应缴纳的车船使用税、保险费及年检费等。

2) 仪器仪表使用费

仪器仪表使用费是指工程施工所需使用的仪器仪表的摊销及维修费用。

4．企业管理费

建筑安装企业组织施工生产和经营管理所需的费用。其具体内容如下。

(1) 管理人员工资：是指按规定支付给管理人员的计时工资、奖金、津贴补贴、加班加点工资及特殊情况下支付的工资等。

(2) 办公费：是指企业管理办公用的文具、纸张、账表、印刷、邮电、书报、办公软件、现场监控、会议、水电、烧水和集体取暖降温(包括现场临时宿舍取暖降温)等费用。

(3) 差旅交通费：是指职工因公出差、调动工作的差旅费、住勤补助费，市内交通费和误餐补助费，职工探亲路费，劳动力招募费，职工退休、退职一次性路费，工伤人员就医路费，工地转移费以及管理部门使用的交通工具的油料、燃料等费用。

(4) 固定资产使用费：是指管理和试验部门及附属生产单位使用的属于固定资产的房屋、设备、仪器等的折旧、大修、维修或租赁费。

(5) 工具用具使用费：是指企业施工生产和管理使用的不属于固定资产的工具、器具、家具、交通工具和检验、试验、测绘、消防用具等的购置、维修和摊销费。

(6) 劳动保险和职工福利费：是指由企业支付的职工退职金、按规定支付给离休干部的经费，集体福利费、夏季防暑降温、冬季取暖补贴、上下班交通补贴等。

(7) 劳动保护费：是企业按规定发放的劳动保护用品的支出，如工作服、手套、防暑降温饮料以及在有碍身体健康的环境中施工的保健费用等。

(8) 检验试验费：是指施工企业按照有关标准规定，对建筑以及材料、构件和建筑安装物进行一般鉴定、检查所发生的费用。包括自设试验室进行试验所耗用的材料等费用；不包括新结构、新材料的试验费，对构件做破坏性试验及其他特殊要求检验试验的费用和建设单位委托检测机构进行检测的费用，对此类检测发生的费用，由建设单位在工程建设其他费用中列支。但对施工企业提供的具有合格证明的材料进行检测不合格的，该检测费用由施工企业支付。

(9) 工会经费：是指企业按《中华人民共和国工会法》规定的全部职工工资总额比例计提的工会经费。

(10) 职工教育经费：是指按职工工资总额的规定比例计提，企业为职工进行专业技术和职业技能培训，专业技术人员继续教育、职工职业技能鉴定、职业资格认定以及根据需要对职工进行各类文化教育所发生的费用。

(11) 财产保险费：是指施工管理用财产、车辆等的保险费用。

(12) 财务费：是指企业为施工生产筹集资金或提供预付款担保、履约担保、职工工资支付担保等所发生的各种费用。

(13) 税金：是指企业按规定缴纳的房产税、车船使用税、土地使用税、印花税等。

(14) 其他：包括技术转让费、技术开发费、投标费、业务招待费、绿化费、广告费、公证费、法律顾问费、审计费、咨询费、保险费等。

5. 利润

施工企业完成所承包工程获得的盈利。

6. 规费

规费是指按国家法律、法规规定，由省级政府和省级有关权力部门规定必须缴纳或计取的费用。其具体内容如下。

1) 社会保险费

(1) 养老保险费：是指企业按照规定标准为职工缴纳的基本养老保险费。

(2) 失业保险费：是指企业按照规定标准为职工缴纳的失业保险费。

(3) 医疗保险费：是指企业按照规定标准为职工缴纳的基本医疗保险费。

(4) 生育保险费：是指企业按照规定标准为职工缴纳的生育保险费。

(5) 工伤保险费：是指企业按照规定标准为职工缴纳的工伤保险费。

2) 住房公积金

住房公积金是指企业按规定标准为职工缴纳的住房公积金。

3) 工程排污费

工程排污费是指按规定缴纳的施工现场工程排污费。

其他应列而未列入的规费，按实际发生的计取。

7. 税金

税金是指《中华人民共和国税法》规定的应计入建筑安装工程造价内的营业税、城市维护建设税、教育费附加以及地方教育附加。

1) 营业税

营业税是按营业额乘以营业税税率确定。其中建筑安装企业营业税税率为 3%。其计算公式为

$$应纳营业税=营业额\times 3\% \tag{2-14}$$

营业额是指从事建筑、安装、修缮、装饰及其他工程作业收取的全部收入，还包括建筑、修缮、装饰工程所用原材料及其他物资和动力的价款。当安装的设备的价值作为安装工程产值时，亦包括所安装设备的价款。但建筑安装工程总承包方将工程分包或转包给他人的，其营业额中不包括付给分包或转包方的价款。

2) 城市维护建设税

城市维护建设税是指为筹集城市维护和建设资金，稳定和扩大城市、乡镇维护建设的资金来源，而对有经营收入的单位和个人征收的一种税。

城市维护建设税是按应纳营业税额乘以适用税率确定。其计算公式为

$$应纳税额=应纳营业税额\times 适用税率 \tag{2-15}$$

城市维护建设税的纳税人所在地为市区的，其适用税率为营业税的 7%；所在地为县镇的，其适用税率为营业税的 5%，所在地为农村的，其适用税率为营业税的 1%。

3) 教育费附加

教育费附加是按应纳营业税额乘以 3%确定。其计算公式为

$$应纳税额=应纳营业税额\times 3\% \tag{2-16}$$

建筑安装企业的教育费附加要与其营业税同时缴纳。即使办有职工子弟学校的建筑安装企业，也应当先缴纳教育费附加，教育部门可根据企业的办学情况，酌情返还给办学单位，作为对办学经费的补助。

4) 税金的综合计算

在税金的实际计算过程，通常是 3 种税金一并计算，又由于在计算税金时，往往已知条件是税前造价，因此税金的计算公式可以表达为

$$税金=税前造价\times 综合税率(\%) \tag{2-17}$$

综合税率的计算因企业所在地的不同而不同。

(1) 纳税地点在市区的企业综合税率的计算公式为

$$综合税率(\%)=\frac{1}{1-3\%-(3\%\times 7\%)-(3\%\times 3\%)-(3\%\times 2\%)}-1 \tag{2-18}$$

(2) 纳税地点在县城、镇的企业综合税率的计算公式为

$$综合税率(\%)=\frac{1}{1-3\%-(3\%\times 5\%)-(3\%\times 3\%)-(3\%\times 2\%)}-1 \tag{2-19}$$

(3) 纳税地点不在市区、县城、镇的企业综合税率的计算公式为

$$综合税率(\%)=\frac{1}{1-3\%-(3\%\times 1\%)-(3\%\times 3\%)-(3\%\times 2\%)}-1 \tag{2-20}$$

(4) 实行营业税改增值税的，按纳税地点现行税率计算。

2.2.3 建筑安装工程费用项目组成(按工程造价形成划分)

建筑安装工程费按照工程造价形成由分部分项工程费、措施项目费、其他项目费、规费、税金组成，分部分项工程费、措施项目费、其他项目费包含人工费、材料费、施工机具使用费、企业管理费和利润。其具体构成如图 2-3 所示。

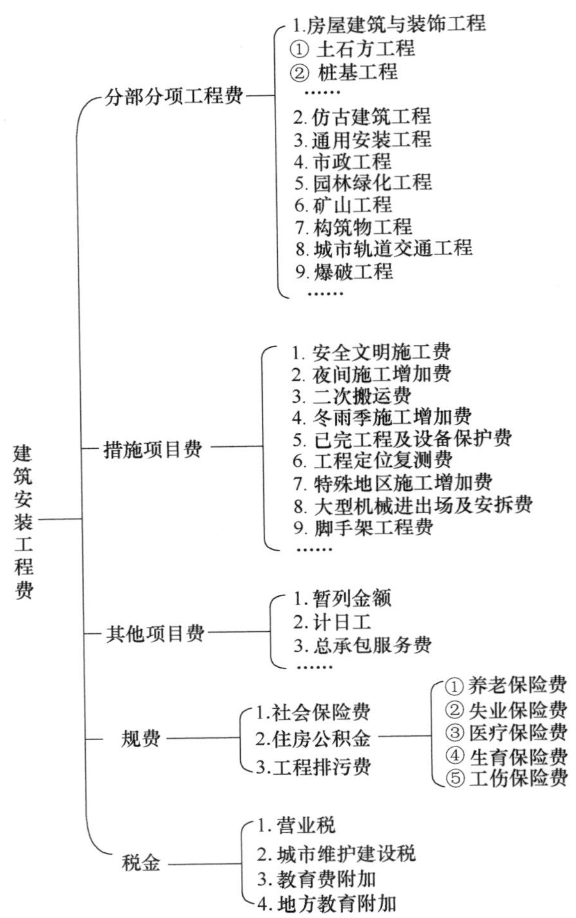

图 2-3 建筑安装工程费用构成(按工程造价形成划分)

1. 分部分项工程费

分部分项工程费是指各专业工程的分部分项工程应予列支的各项费用。

(1) 专业工程：是指按现行国家计量规范划分的房屋建筑与装饰工程、仿古建筑工程、通用安装工程、市政工程、园林绿化工程、矿山工程、构筑物工程、城市轨道交通工程、爆破工程等各类工程。

(2) 分部分项工程：是指按现行国家计量规范对各专业工程划分的项目。如房屋建筑与装饰工程划分的土石方工程、地基处理与桩基工程、砌筑工程、钢筋及钢筋混凝土工程等。

各类专业工程的分部分项工程划分见现行国家或行业计量规范。

2. 措施项目费

措施项目费是指为完成建设工程施工，发生于该工程施工前和施工过程中的技术、生活、安全、环境保护等方面的费用。其具体内容如下。

(1) 安全文明施工费。

① 环境保护费：是指施工现场为达到环保部门要求所需要的各项费用。

施工现场环境保护措施主要有：现场施工机械设备降低噪声、防扰民措施；水泥和其他易飞扬细颗粒建筑材料密闭存放或采取覆盖措施等；工程防扬尘洒水；土石方、建渣外运车辆防护措施等；现场污染源的控制、生活垃圾清理外运、场地排水排污措施；其他环境保护措施。

② 文明施工费：是指施工现场文明施工所需要的各项费用。

文明施工措施包括："五牌一图"；现场围挡的墙面美化(包括内外粉刷、刷白、标语等)、压顶装饰；现场厕所便槽刷白、贴面砖，水泥砂浆地面或地砖，建筑物内临时便溺设施；其他施工现场临时设施的装饰装修、美化措施；现场生活卫生设施；符合卫生要求的饮水设备、淋浴、消毒等设施；生活用洁净燃料；防煤气中毒、防蚊虫叮咬等措施；施工现场操作场地的硬化；现场绿化、治安综合治理；现场配备医药保健器材、物品和急救人员培训；现场工人的防暑降温、电风扇、空调等设备及用电；其他文明施工措施。

③ 安全施工费：是指施工现场安全施工所需要的各项费用。

安全施工措施：安全资料、特殊作业专项方案的编制，安全施工标志的购置及安全宣传；"三宝"(安全帽、安全带、安全网)、"四口"(楼梯口、电梯井口、通道口、预留洞口)、"五临边"(阳台围边、楼板围边、屋面围边、槽坑围边、卸料平台两侧)，水平防护架、垂直防护架、外架封闭等防护；施工安全用电，包括配电箱三级配电、两级保护装置要求、外电防护措施；起重机、塔吊等起重设备(含井架、门架)及外用电梯的安全防护措施(含警示标志)及卸料平台的临边防护、层间安全门、防护棚等设施；建筑工地起重机械的检验检测；施工机具防护棚及其围栏的安全保护设施；施工安全防护通道；工人的安全防护用品、用具购置；消防设施与消防器材的配置；电气保护、安全照明设施；其他安全防护措施。

④ 临时设施费：是指施工企业为进行建设工程施工所必须搭设的生活和生产用的临时建筑物、构筑物和其他临时设施费用。它包括临时设施的搭设、维修、拆除、清理费或摊销费等。

(2) 夜间施工增加费：是指因夜间施工所发生的夜班补助费、夜间施工降效、夜间施工照明设备摊销及照明用电等费用。

夜间施工措施主要包括：①夜间固定照明灯具和临时可移动照明灯具的设置、拆除；②夜间施工时，施工现场交通标志、安全标牌、警示灯等的设置、移动、拆除；③包括夜间照明设备及照明用电、施工人员夜班补助、夜间施工劳动效率降低等。

(3) 二次搬运费：是指因施工场地条件限制而发生的材料、构配件、半成品等一次运输不能到达堆放地点，必须进行二次或多次搬运所发生的费用。

(4) 冬雨季施工增加费：是指在冬季或雨季施工需增加的临时设施、防滑、排除雨雪，人工及施工机械效率降低等费用。

冬雨季施工主要措施包括：①冬雨(风)季施工时增加的临时设施(防寒保温、防雨、防风设施)的搭设、拆除；②冬雨(风)季施工时，对砌体、混凝土等采用的特殊加温、保温和养护措施；③冬雨(风)季施工时，施工现场的防滑处理、对影响施工的雨雪的清除；④冬雨(风)季施工时增加的临时设施、施工人员的劳动保护用品、冬雨(风)季施工劳动效率降低等。

(5) 已完工程及设备保护费：是指竣工验收前，对已完工程及设备采取的必要保护措施所发生的费用。

(6) 工程定位复测费：是指工程施工过程中进行全部施工测量放线和复测工作的费用。

(7) 特殊地区施工增加费：是指工程在沙漠或其边缘地区、高海拔、高寒、原始森林等特殊地区施工增加的费用。

(8) 大型机械设备进出场及安拆费：是指机械整体或分体自停放场地运至施工现场或由一个施工地点运至另一个施工地点，所发生的机械进出场运输及转移费用及机械在施工现场进行安装、拆卸所需的人工费、材料费、机械费、试运转费和安装所需的辅助设施的费用。

(9) 脚手架工程费：是指施工需要的各种脚手架搭、拆、运输费用以及脚手架购置费的摊销(或租赁)费用。

措施项目及其包含的内容详见各类专业工程的现行国家或行业计量规范。

3. 其他项目费

其他项目费包括暂列金额、计日工和总承包服务费。

(1) 暂列金额：是指建设单位在工程量清单中暂定并包括在工程合同价款中的一笔款项，用于施工合同签订时尚未确定或者不可预见的所需材料、工程设备、服务的采购，施工中可能发生的工程变更、合同约定调整因素出现时的工程价款调整以及发生的索赔、现场签证确认等的费用。

暂列金额是招标人暂定并包括在合同中的一笔款项。不管采用何种合同形式，其理想的标准是，一份合同的价格就是其最终的竣工结算价格，或者至少两者应尽可能接近。我国规定对政府投资工程实行概算管理，经项目审批部门批复的设计概算是工程投资控制的刚性指标，即使商业性开发项目也有成本的预先控制问题；否则，无法相对准确预测投资的收益和科学合理地进行投资控制。但工程建设自身的特性决定了工程的设计需要根据工程进展不断地进行优化和调整，业主需求可能会随工程建设进展出现变化。工程建设过程还会存在一些不能预见、不能确定的因素。消化这些因素必然会影响合同价格的调整，暂列金额正是为这类不可避免的价格调整而设立，以便达到合理确定和有效控制工程造价的目标。

(2) 计日工：是指在施工过程中，施工企业完成建设单位提出的施工图纸以外的零星项目或工作所需的费用。

(3) 总承包服务费：是指总承包人为配合、协调建设单位进行的专业工程发包，对建设单位自行采购的材料、工程设备等进行保管以及施工现场管理、竣工资料汇总整理等服务所需的费用。

4．规费

同上。

5．税金

同上。

2.3　工程建设其他费用构成

工程建设其他费用，是指从工程筹建起到工程竣工验收交付使用止的整个建设期间，除建筑安装工程费用和设备及工、器具购置费用以外的，为保证工程建设顺利完成和交付使用后能够正常发挥效用而发生的各项费用。

工程建设其他费用，按其内容大体可分为 3 类：一是土地使用费；二是与工程建设有关的其他费用；三是与未来企业生产经营有关的其他费用。

2.3.1　土地使用费

任何一个建设项目都固定于一定地点与地面相连接，必须占用一定量的土地，也就必然要发生为获得建设用地而支付的费用，这就是土地使用费。它是指通过划拨方式取得土地使用权而支付的土地征用及迁移补偿费，或者通过土地使用权出让方式取得土地使用权而支付的土地使用权出让金。

土地征用及迁移补偿费，是指建设项目通过划拨方式取得无限期的土地使用权，依照《中华人民共和国土地管理法》等规定所支付的费用。土地使用权出让金，是指建设项目通过土地使用权出让方式，取得有限期的土地使用权，依照《中华人民共和国城镇国有土地使用权出让和转让暂行条例》规定，支付的土地使用权出让金。

2.3.2　与项目建设有关的其他费用

根据项目的不同，与项目建设有关的其他费用的构成也不尽相同，一般包括以下各项，在进行工程估算及概算中可根据实际情况进行计算。

1．建设单位管理费

建设单位管理费是指建设单位从项目立项、筹建、建设、联合试运转、竣工验收交付使用及后评估等全过程管理所需费用。

$$建设单位管理费=工程费用\times建设单位管理费费率 \quad (2\text{-}21)$$

其中，

$$工程费用=建筑安装工程费用+设备及工器具购置费 \tag{2-22}$$

建设单位管理费费率按照建设项目的不同性质、不同规模确定。一般取 1.5%～2.5%

2. 勘察设计费

勘察设计费是指为本建设项目提供项目建议书、可行性研究报告及设计文件等所需费用。其具体内容如下。

(1) 编制项目建议书、可行性研究报告及投资估算、工程咨询、评价以及为编制上述文件所进行勘察、设计、研究试验等所需费用。

(2) 委托勘察、设计单位进行初步设计、施工图设计及概预算编制等所需费用。

(3) 在规定范围内由建设单位自行完成的勘察、设计工作所需费用。

勘察设计费中，项目建议书、可行性研究报告按国家颁布的收费标准计算，设计费按国家颁布的工程设计收费标准计算；勘察费一般民用建筑 6 层以下的按 3～5 元/m^2 计算，高层建筑按 8～10 元/m^2 计算，工业建筑按 10～12 元/m^2 计算。

3. 研究试验费

研究试验费是指为建设项目提供和验证设计参数、数据、资料等所进行的必要的试验费用以及设计规定在施工中必须进行试验、验证所需费用。它包括自行或委托其他部门研究试验所需人工费、材料费、试验设备及仪器使用费等。这项费用按照设计单位根据本工程项目的需要提出的研究试验内容和要求进行计算。

4. 建设单位临时设施费

建设单位临时设施费是指建设期间建设单位所需临时设施的搭设、维修、摊销费用或租赁费用。

临时设施包括临时宿舍、文化福利及公用事业房屋与构筑物、仓库、办公室、加工厂以及规定范围内的道路、水、电、管线等临时设施和小型临时设施。

5. 工程监理费

工程监理费是指建设单位委托工程监理单位对工程实施监理工作所需费用。根据国家有关文件的规定，选择下列方法或按市场实际价格进行计算。

(1) 一般情况下应按工程建设监理收费标准计算，即按所监理工程概算或预算的百分比计算；通常情况下设计阶段监理收费费率为概(预)算的 0.03%～0.20%，施工阶段监理收费费率为概(预)算的 0.60%～2.5%。

(2) 对于单工种或临时性项目可根据参与监理的年度平均人数按 3 万～5 万元/(人·年)计算。

6. 工程保险费

工程保险费是指建设项目在建设期间根据需要实施工程保险所需的费用。它包括以各种建筑工程及其在施工过程中的物料、机器设备为保险标的的建筑工程一切险，以安装工程中的各种机器、机械设备为保险标的的安装工程一切险，以及机器损坏保险等。根据不

同的工程类别，工程保险费分别以其建筑、安装工程费乘以建筑、安装工程保险费率计算。民用建筑(住宅楼、综合性大楼、商场、旅馆、医院、学校)占建筑工程费的 2‰～4‰；其他建筑(工业厂房、仓库、道路、码头、水坝、隧道、桥梁、管道等)占建筑工程费的 3‰～6‰；安装工程(农业、工业、机械、电子、电器、纺织、矿山、石油、化学及钢铁工业、钢结构桥梁)占建筑工程费的 3‰～6‰。

7. 引进技术和进口设备其他费用

(1) 出国人员费用：是指为引进技术和进口设备派出人员在国外培训和进行设计联络，设备检验等的差旅费、制装费、生活费等。这项费用根据设计规定的出国培训和工作的人数、时间及派往国家，按财政部、外交部规定的临时出国人员费用开支标准及中国民用航空公司现行国际航线票价等进行计算，其中使用外汇部分应计算银行财务费用。

(2) 国外工程技术人员来华费用：是指为安装进口设备，引进国外技术等聘用外国工程技术人员进行技术指导工作所发生的费用。它包括技术服务费、外国技术人员的在华工资、生活补贴、差旅费、医药费、住宿费、交通费、宴请费、参观游览等招待费用。这项费用按每人每月费用指标计算。

(3) 技术引进费：是指为引进国外先进技术而支付的费用。它包括专利费、专有技术费(技术保密费)、国外设计及技术资料费、计算机软件费等。这项费用根据合同或协议的价格计算。

(4) 分期或延期付款利息：是指利用出口信贷引进技术或进口设备采取分期或延期付款的办法所支付的利息。

(5) 担保费：是指国内金融机构为买方出具保函的担保费。这项费用按有关金融机构规定的担保费率计算(一般可按承保金额的 5‰计算)。

(6) 进口设备检验鉴定费用：是指进口设备按规定付给商品检验部门的进口设备检验鉴定费。这项费用按进口设备货价的 3‰～5‰计算。

8. 工程承包费

工程承包费是指具有总承包条件的工程公司，对工程建设项目从开始建设至竣工投产全过程的总承包所需的管理费用。其具体内容包括组织勘察设计、设备材料采购、非标设备设计制造与销售、施工招标、发包、工程预决算、项目管理、施工质量监督、隐蔽工程检查、验收和试车直至竣工投产的各种管理费用。该费用按国家主管部门或省、自治区、直辖市协调规定的工程总承包费取费标准计算。如无规定时，一般工业建设项目为投资估算的 6%～8%，民用建筑(包括住宅建设)和市政项目为 4%～6%。不实行工程总承包的项目不计算本项费用。

9. 市政配套费

市政配套费是指政府为建设和维护管理城市道路、桥涵、给水、排水、防洪、道路照明、公共交通、市容环境卫生、城市燃气、园林绿化、垃圾处理、消防设施及天然气、集中供热等市政公用设施(含附属设施)所开征的费用，是市政基础设施建设资金的补充。某地区市政配套费标准如表 2-1 所示。

表 2-1　某地区市政配套费标准

序　号	住宅标准/(元/平方米)	公建标准/(元/平方米)	厂房标准/(元/平方米)
1	小学校 18	教育附加 18	
2	托儿所 10		
3	活动室 2		
4	居委会、派出所 4		
5	医疗点 2		
6	排水 12	排水 11	排水 9
7	给水 10	给水 12	给水 12
8	污水处理 16	污水处理 12	污水处理 12
9	公共交通 6	公共交通 6	公共交通 6
10	道路 15	道路 15	道路 15
11	绿化 6	绿化 8	
12	环卫 6	环卫 9	
13	路灯 7	路灯 5	
14	邮电所 3	邮电所 3	
15	消防 6	消防 8	消防 6
16	电信工程 4.5		
17	有线电视 1		
18	通邮 0.5		
19	线杆迁移 4.5		
20	水池防疫 0.5		
21	人防 40	人防 40	
22	墙改费 8		
23	散装水泥 1	散装水泥 1	
合计	163	140	60

10．其他

(1) 环境影响评价费是指按照《中华人民共和国环境保护法》《中华人民共和国环境影响评价法》等规定，为全面、详细评价某建设项目对环境可能产生的污染或造成的重大影响所需的费用。它包括编制环境影响报告书(含大纲)、环境影响报告表以及对环境影响报告书(含大纲)、环境影响报告表等进行评估等所需的费用。这项费用可参照《关于规范环境影响咨询收费有关问题的通知》(计价格〔2002〕125 号)的规定计算。

(2) 劳动安全卫生评价费是指按照劳动部《建设项目(工程)劳动安全卫生监察规定》和《建设项目(工程)劳动安全卫生预评价管理办法》的规定，为预测和分析建设项目存在的职业危险、危害因素的种类和危险危害程度，并提出先进、科学、合理可行的劳动安全卫生技术和管理对策所需的费用。它包括编制建设项目劳动安全卫生预评价大纲、劳动安全卫生预评价报告书以及为编制上述文件所进行的工程分析和环境现状调查等所需费用。

此外，有些工程还需根据项目的具体情况结合地方规定确定其他与项目建设有关的费用。

2.3.3　与未来企业生产经营有关的其他费用

1. 联合试运转费

联合试运转费是指新建企业或新增加生产工艺过程的扩建企业在竣工验收前，按照设计规定的工程质量标准，进行整个车间的负荷或无负荷联合试运转发生的费用支出大于试运转收入的亏损部分。其内容包括：试运转所需的原料、燃料、油料和动力的费用，机械使用费用，低值易耗品及其他物品的购置费用和施工单位参加联合试运转人员的工资等。试运转收入包括试运转产品销售和其他收入；不包括应由设备安装工程费项下开支的单台设备调试费及试车费用。联合试运转费一般根据不同性质的项目按需要试运转车间的工艺设备购置费的百分比计算。

2. 生产准备费

生产准备费是指新建企业或新增生产能力的企业，为保证竣工交付使用进行必要的生产准备所发生的费用。其内容包括以下两个方面。

(1) 生产人员培训费，包括自行培训、委托其他单位培训的人员的工资、工资性补贴、职工福利费、差旅交通费、学习资料费、学习费、劳动保护费等。

(2) 生产单位提前进厂参加施工、设备安装、调试等以及熟悉工艺流程及设备性能等人员的工资、工资性补贴、职工福利费、差旅交通费、劳动保护费等。

生产准备费一般根据需要培训和提前进厂人员的人数及培训时间按生产准备费指标进行估算。

3. 办公和生活家具购置费

办公和生活家具购置费是指为保证新建、改建、扩建项目初期正常生产、使用和管理所必须购置的办公和生活家具、用具的费用。改、扩建项目所需的办公和生活用具购置费，应低于新建项目。其范围包括办公室、会议室、资料档案室、阅览室、文娱室、食堂、浴室、理发室、单身宿舍和设计规定必须建设的托儿所、卫生所、招待所、中小学校等家具用具购置费。

2.4 预 备 费

预备费是在编制投资估算或设计概算时，考虑到投资决策阶段或设计阶段与工程实施阶段相比较，可能发生设计变更、工程量增减、价格变化、工程风险等诸因素，而对原有投资的预测预留费用。按我国现行的规定，预备费包括基本预备费和涨价预备费。

1. 基本预备费

基本预备费是指在初步设计及概算内难以预料的工程费用，费用内容包括以下几个方面。

(1) 在批准的初步设计范围内，技术设计、施工图设计及施工过程中所增加的工程费用；设计变更、局部地基处理等增加的费用。

(2) 一般自然灾害造成的损失和预防自然灾害所采取的措施费用。实行工程保险的工程项目费用应适当降低。

(3) 竣工验收时为鉴定工程质量对隐蔽工程进行必要的挖掘和修复费用。

基本预备费=(工程费用+工程建设其他费用)×基本预备费费率 (2-23)

基本预备费费率编制投资估算时的参考费率为10%～15%；编制设计概算时的参考费率为7%～10%。

2. 涨价预备费

涨价预备费是指建设项目在建设期间内由于价格等变化引起工程造价变化的预测预留费用。费用内容包括：人工、设备、材料、施工机械的价差费，建筑安装工程费及工程建设其他费用调整，利率、汇率调整等增加的费用。

$$\mathrm{PF}=\sum_{t=0}^{n} I_t[(1+f)^t-1] \tag{2-24}$$

式中：PF——涨价预备费；

n——建设期年份数；

I_t——建设期中第 t 年的投资计划额，包括设备及工器具购置费、建筑安装工程费、工程建设其他费用及基本预备费；

f——预测年均投资价格上涨率。

【例 2-1】某建设项目计划投资额 2 200 万元人民币(包括工程费用、设备费用、工程建设其他费用、基本预备费)。建设期为 3 年。根据投资计划，3 年的投资比例分别为 40%、40%、20%，预测年均价格上涨率为 6%，试估算该建设项目的涨价预备费。

解：(1) 每年计划投资额：

$$I_1=2\,200\times 40\%=880(\text{万元})$$

$$I_2=2\,200\times 40\%=880(\text{万元})$$

$$I_3=2\,200\times 20\%=440(\text{万元})$$

(2) 第一年涨价预备费:

$$PF_1=I_1[(1+f)-1]=880\times0.6=52.8(\text{万元})$$

第二年涨价预备费:

$$PF_2=I_2[(1+f)^2-1]=880\times(1.062-1)=108.768(\text{万元})$$

第三年涨价预备费:

$$PF_3=I_2[(1+f)^3-1]=3\,600\times(1.063-1)=84.047(\text{万元})$$

所以，建设期的涨价预备费 $PF=PF_1+PF_2+PF_3=52.8+108.768+84.047=245.62$(万元)

2.5　建设期贷款利息

建设期贷款利息包括向国内银行和其他非银行金融机构贷款、出口信贷、外国政府贷款、国际商业银行贷款以及在境内外发行的债券等在建设期内应偿还的借款利息。

国外贷款利息的计算中，还应包括国外贷款银行根据贷款协议向贷款方以年利率的方式收取的手续费、管理费、承诺费，以及国内代理机构经国家主管部门批准的以年利率的方式向贷款单位收取的转贷费、担保费、管理费等。

当总贷款是分年均衡发放时，建设期利息的计算可按当年借款在年中支用考虑，即当年贷款按半年计息，上年贷款按全年计息。其计算公式为

$$q_j=\left(P_{j-1}+\frac{1}{2}A_j\right)i \tag{2-25}$$

式中：q_j——建设期第 j 年应计利息；

P_{j-1}——建设期第$(j-1)$年年末贷款累计金额与利息累计金额之和；

A_j——建设期第 j 年贷款金额；

i——年利率。

【例 2-2】某新建项目，建设期为 3 年，分年均衡进行贷款，第 1 年贷款 300 万元，第 2 年 600 万元，第 3 年 400 万元，年利率为 12%，建设期内利息只计息不支付，计算建设期贷款利息。

解：在建设期，各年利息计算如下：

$$q_1=\frac{1}{2}A_1\cdot i=\frac{1}{2}\times300\times12\%=18(\text{万元})$$

$$q_2=\left(P_1+\frac{1}{2}A_2\right)\cdot i=\left(300+18+\frac{1}{2}\times600\right)\times12\%=74.16(\text{万元})$$

$$q_3=\left(P_2+\frac{1}{2}A_3\right)\cdot i=\left(318+600+74.16+\frac{1}{2}\times400\right)\times12\%=143.06(\text{万元})$$

所以，建设期贷款利息$=q_1+q_2+q_3=18+74.16+143.06=235.22$(万元)

复习思考题

1. 什么是设备及工器具购置费？
2. 什么是进口设备原价？
3. 什么是建筑安装工程费用？它由哪几个部分组成？
4. 什么是规费？规费包括哪些内容？
5. 什么是工程建设其他费用？它由哪几个部分费用组成？
6. 什么是基本预备费？什么是涨价预备费？
7. 什么是建设期贷款利息？如何计算？

第3章　工程定额原理与编制

3.1　工程定额概述

3.1.1　定额的产生及其发展

定额的含义就是规定的额度或者限额。定额是客观存在的，但人们对这种数量关系的认识却不是与其存在和发展同步的，而是随着生产力的发展、生产经验的积累和人类自身认识能力的提高，随着社会生产管理的客观需要由自发到自觉，又由自觉到定额的制定和管理这样一个逐步深化和完善的过程。

在人类社会发展的初期，以自给自足为特征的自然经济其目的在于满足生产者家庭或经济单位(如原始氏族、奴隶主或封建主)的消费需要，生产者是分散的、孤立的，生产规模小，社会分工不发达，这使得个体生产者并不需要什么定额，他们往往凭借个人的经验积累进行生产。随着简单商品经济的发展，以交换为目的进行的商品生产日益扩大，生产方式也发生了变化，出现了作坊和手工场。此时，作坊主或手工场的工头依据他们自己的经验指挥和监督他人劳动和物资消耗。但这些劳动和物资消耗同样是依据个人经验而建立，并不能科学地反映生产和生产消耗之间的数量关系。这一时期是定额产生的萌芽阶段，是从自发走向自觉，形成定额和定额管理雏形的阶段。

19世纪末期20世纪初，随着科学管理理论的产生和发展，定额与定额管理才由自觉管理走向了科学制定与科学管理的阶段。具体来说，定额的制定和管理成为科学始于泰勒制，创始人是美国工程师弗•温•泰勒(F.W.Taylor，1856—1915)。当时，美国资本主义发展正处于上升时期，但受制于原始、传统、简单的管理方法，工人的劳动生产率很低，生产能力得不到充分发挥，劳资双方矛盾激烈。与广阔的工业市场相比，美国最迫切的问题就是缓解企业管理与经济发展不相适应的矛盾——提高劳动生产率。泰勒认为企业管理的根本目的在于提高劳动生产率，他在《科学管理》一书中说过：“科学管理如同节省劳动的机器一样，其目的在于提高每一单位劳动的产量。”而提高劳动生产率的目的是增加企业的利润或实现利润最大化的目标。

泰勒科学管理的特点是从每一个工人抓起，从每一件工具、每一道工序抓起，在科学实验的基础上，设计出最佳的工位设置、最合理的劳动定额、标准化的操作方法、最适合的劳动工具。例如，他在某钢铁公司进行的搬运生铁和铲铁试验中，就具体规定了工人所铲物资的轻重不同，所用的铲子大小也应该不同。为此，他专门设立了一个工具室，存有10种不同的铲子，供工人们在完成不同的作业时使用。

泰勒的科学管理系统将工人的潜能发挥到无以复加的程度。有人形容，在实行泰勒制的工厂里，找不出一个多余的工人，每个工人都像机器一样一刻不停地工作。

泰勒制将整个社会的生产效率提高到前所未有的程度，但是当时却遭到来自各方面的非议，工会和社会工作者说泰勒制把工人变成了奴隶，让资本家最大限度地榨取血汗，而一些依靠经验的管理人员则抱怨科学管理取代了他们的作用，让他们面临失业。尽管有这样那样的不同意见，但是泰勒制还是以不可遏制的势头在全世界推广开来。

此外，泰勒认为科学管理的实质是要求劳资双方在思想上实现“精神革命”：劳资双方不应该把注意力放在盈余的分配上，而应该转到增加盈余上，使盈余增加到使得如何分配盈余的争论成为不必要。正因如此，泰勒被称为“科学管理之父”。

但是泰勒的研究是基于“经济人”的人性假说，完全没有考虑人作为价值创造者的主观能动性和创造性，且研究的范围较小、内容狭窄，具有很大的局限性。继泰勒的科学管理之后，西方管理理论又有了许多新发展。20世纪20年代出现的行为科学，将社会学和心理学引入企业管理的研究领域，从社会学和心理学的角度对工人在生产中的行为以及这些行为产生的原因进行分析研究，强调重视社会环境、人际关系对人的行为的影响。行为科学弥补了以泰勒为代表的科学管理在人性假设上的不足，但它并不能取代科学管理，也不能取消定额。定额符合社会化大生产对于效率的追求。就工时定额而言，它不仅是一种强制力量，也是一种引导和激励的力量。而且定额所包含的信息，对于计划、组织、指挥、协调、控制等管理活动，以至决策都是不可或缺的。同时，一些新的技术方法在制定定额中得到运用，制定定额的范围，大大地突破了工时定额的内容。

综上所述，定额与科学管理是须臾不可分离的。定额伴随着管理科学的产生而产生，伴随着管理科学的发展而发展；定额是管理科学的基础，科学管理的发展又极大地促进了定额的发展。

3.1.2 工程定额与定额水平

1. 工程定额

工程定额是指在一定生产条件下，用科学的方法测定出生产质量合格的单位建筑工程产品所需消耗的人工、材料和机械台班的数量标准。

工程定额是工程估价最重要的依据之一，新中国成立以来，我国曾发布多种用途、各个层次、不同专业的工程定额多部，但就其内容来讲，都是“三量一价”。“三量”是指完成合格单位产品的人工工日、材料、机械台班的消耗量；“一价”是指完成合格单位产品的资金消耗量，也就是人们常说的定额基价。随着我国加入 WTO 以及社会主义市场经济体制的确立和发展，工程定额的这种“三量一价”模式已远远不能适应市场经济体制的要求。1995 年年底，按照我国工程造价管理体制过渡期改革的“统一量、指导价、竞争费”的方针，建设部发布了《全国统一建筑工程基础定额》。定额的内容只有“三量”，属于实物量定额。这部定额的颁发，在全国范围内统一了人工、材料、机械台班的消耗量标准，有利于建筑施工企业跨地区流动及公平竞争，促进了建筑业的体制的进一步改革。由于我国地域辽阔，各地区的物价水平差异较大，因此全国不再编制统一的定额基价，而由各地区依据本地的人工工日单价、材料单价、机械台班单价编制地区统一单位估价表，作为工程造价的指导性价格。

工程造价管理体制改革的最终目标是企业在国家定额的指导下，依据自身的技术、管理水平，建立内部定额；同时依据工程造价管理部门定期发布的工程造价指数和本地区的人工、材料、机械台班单价，建立企业内部的单位估价表；在投标竞争中，企业根据工程项目的具体情况，自主测算及确定各项费用的取费费率，进而形成以市场为主导的工程价格确定机制。

2．定额水平

定额水平是指定额中规定的各项资源消耗数量的多少。定额水平是由生产力水平及定额的用途所决定的，同时定额水平又能够反映出一定时期的生产力水平。拟定定额水平时，除了考虑该时期的社会生产力水平外，还应结合该定额的使用用途及特性。例如，施工定额的定额水平为平均先进水平；预算定额的定额水平为社会平均水平。这是由二者不同的使用用途所决定的。

3.1.3　工程定额作用与特点

1．工程定额的作用

建设工程定额是经济生活中诸多定额中的一类。建设工程定额是一种计价依据，既是投资决策依据，又是价格决策依据，能够从这两个方面规范市场主体的经济行为，对完善我国固定资产投资市场和建筑市场都能起到作用。

在市场经济中，信息是其中不可或缺的要素，它的可靠性、完备性和灵敏性是市场成熟和市场效率的标志。工程建设定额就是把处理过的工程造价数据积累转化成的一种工程造价信息，它主要是指资源要素消耗量的数据，包括人工、材料、施工机械的消耗量。定额管理是对大量市场信息的加工，也是对大量信息进行市场传递，同时也是市场信息的反馈。

在工程承发包过程中，招标投标双方之间存在信息不对称问题，投标者知道自己的实力，而招标者不知道，因此两者之间存在信息不对称问题。根据信息传递模型，投标者可以采取一定的行动来显示自己的实力。然而，为了使这种行动起到信号传递的功能，投标者必须为此付出足够的代价。也就是说，只有付出成本的行动才是可信的。根据这一原理，可以根据甲乙双方的共同信息和投标企业的私人信息设计出某种市场进入壁垒机制，把不合格的竞争者排除在市场之外。这样形成的市场进入壁垒不同于地方保护主义所形成的市场进入壁垒，可以保护市场的有序竞争。

根据工程招投标信息传递模型，造价管理部门一方面要制定统一的工程量清单中的项目和计算规则；另一方面要加强工程造价信息的收集与发布。同时，还要加快建立企业内部定额体系，并把是否具备完备的私人信息作为企业的市场准入条件。施工企业内部定额既可以作为企业进行成本控制和自主报价的依据，也可以发挥企业实力的信号传递功能。

2. 工程定额的特点

1) 科学性

工程建设定额的科学性包括两重含义：其一是指工程建设定额和生产力发展水平相适应，反映出工程建设中生产消费的客观规律；其二是指工程建设定额管理在理论、方法和手段上适应现代科学技术和信息社会发展的需要。

工程建设定额的科学性，第一，表现在用科学的态度制定定额，尊重客观实际，力求定额水平合理；第二，表现在制定定额的技术方法上，利用现代科学管理的成就，形成一套系统的、完整的、在实践中行之有效的方法；第三，表现在定额制定和贯彻的一体化。制定是为了提供贯彻的依据，贯彻是为了实现管理的目标，也是对定额的信息反馈。

2) 系统性

工程建设定额是相对独立的系统。它是由多种定额结合而成的有机整体。它的结构复杂、层次鲜明、目标明确。

工程建设定额的系统性是由工程建设的特点所决定的。按照系统论的观点，工程建设就是庞大的实体系统。工程建设定额是为这个实体系统服务的。因而，工程建设本身的多种类、多层次决定了以它为服务对象的工程建设定额的多种类、多层次。从整个国民经济来看，进行固定资产生产和再生产的工程建设，是一个有多项工程集合体的整体，其中包括农林水利、轻纺、机械、煤炭、电力、石油、冶金、化工、建材工业、交通运输、邮电工程，以及商业物资、科学教育文化、卫生体育、社会福利和住宅工程等。这些工程的建设又有严格的项目划分，如建设项目、单项工程、单位工程、分部分项工程；在计划和实施过程中有严密的逻辑阶段，如规划、可行性研究、设计、施工、竣工交付使用，以及投入使用后的维修。与此相适应必然形成工程建设定额的多种类、多层次。

3) 统一性

工程建设定额的统一性，主要是由国家对经济发展有计划的宏观调控职能所决定的。为了使国民经济按照既定的目标发展，就需要借助于某些标准、定额、参数等，对工程建设进行规划、组织、调节、控制。

工程建设定额的统一性按照其影响力和执行范围来看，有全国统一定额、地区统一定额和行业统一定额等；按照定额的制定、颁布和贯彻使用来看，有统一的程序、统一的原则、统一的要求和统一的用途。

我国工程建设定额的统一性和工程建设本身的巨大投入和巨大产出有关。它对国民经济的影响不仅表现在投资的总规模和全部建设项目的投资效益等方面，还表现在具体建设项目的投资数额及其投资效益方面。

4) 指导性

随着我国建设市场的不断成熟和规范，工程建设定额尤其是统一定额原具备的法令性特点逐渐弱化，转而成为对整个建设市场和具体建设产品交易的指导作用。

工程建设定额的指导性的客观基础是定额的科学性。只有科学的定额才能正确地指导客观的交易行为。工程建设定额的指导性体现在两个方面：第一，工程建设定额作为国家各地区和行业颁布的指导性依据，可以规范建设市场的交易行为，在具体的建设产品定价过程中也可以起到相应的参考性作用，同时统一定额还可以作为政府投资项目定价以及造价控制的重要依据；第二，在现行的工程量清单计价方式下，体现交易双方自主定价的特点，承包商报价的主要依据是企业定额，但企业定额的编制和完善仍然离不开统一定额的指导。

5) 稳定性与时效性

工程建设定额中的任何一种都是一定时期技术发展和管理水平的反映，因而在一段时间内都表现出稳定的状态。稳定的时间有长有短，一般为 5～10 年。保持定额的稳定性是维护定额的权威性所必需的，更是有效地贯彻定额所必要的。如果某种定额处于经常修改变动之中，那么必然造成执行的困难和混乱，使人们感到没有必要去认真对待它，很容易导致定额权威性的丧失。工程建设定额的不稳定也会给定额的编制工作带来极大的困难。

但是工程建设定额的稳定性是相对的。当生产力向前发展时，定额就会与生产力不相适应。这样，它原有的作用就会逐步减弱乃至消失，需要重新编制或修订。

3.1.4　工程定额的分类

工程定额体系涵盖了不同内容、编制程序、专业性质和用途的工程定额。各类建设工程的性质、内容和实物形态有其差异性，建设与管理的内容和要求也不同，工程管理中使用的定额种类也就各有差异。按建设工程定额的内容、编制程序、用途、适用范围、专业性质的不同，可对其进行分类。

1. 按生产要素内容分类

工程定额按照生产要素可分为劳动(人工)定额、材料消耗定额和机械台班使用定额，如图 3-1 所示。

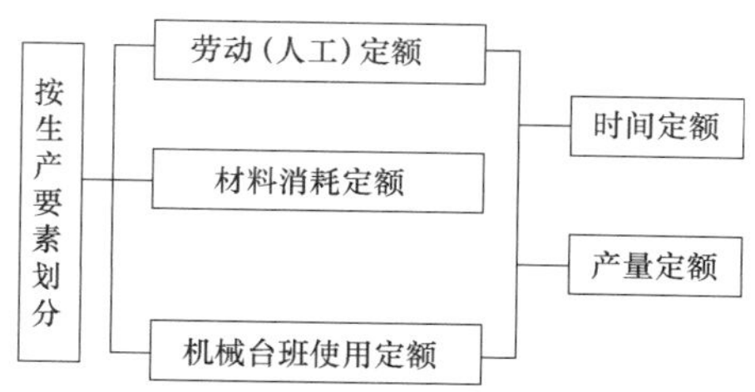

图 3-1　工程定额按生产要素分类

2. 按编制程序和用途分类

工程定额按照编制程序和用途可分施工定额、预算定额、概算定额、概算指标、投资估算指标等，如图 3-2 所示。

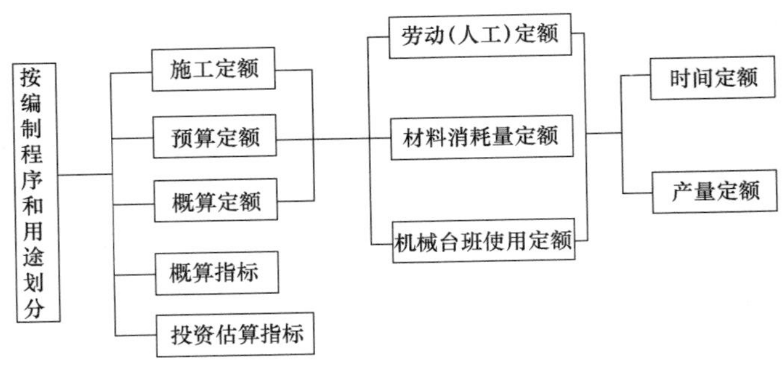

图 3-2　工程定额按编制程序和用途分类

上述各种定额的区别与联系如表 3-1 所示。

表 3-1　各种定额区别与联系比较

	施工定额	预算定额	概算定额	概算指标	投资估算指标
对象	工序	分部分项工程	扩大的分部分项工程	整个建筑物或构筑物	独立的单项工程或完整的工程项目
用途	编制施工预算	编制施工图预算	编制设计概算	编制初步设计概算	编制投资估算
项目划分	最细	细	较粗	粗	很粗
定额水平	平均先进	平均	平均	平均	平均
定额性质	生产性定额	计价性定额			

3. 按编制单位和适用范围分类

工程定额按照编制单位和适用范围可分全国统一定额、行业(专业部委)定额、地方定额、企业定额和临时定额等，如图 3-3 所示。

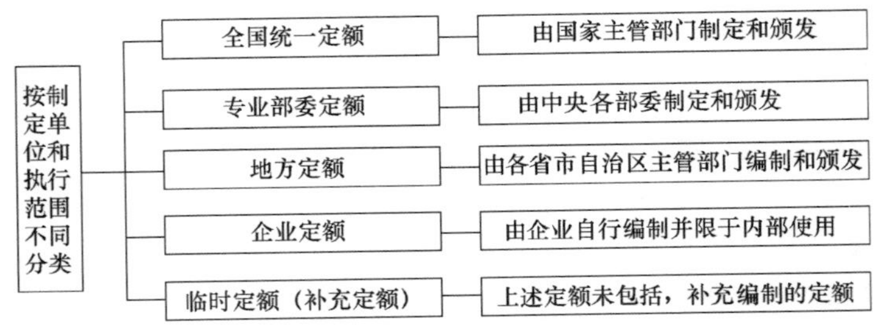

图 3-3　工程定额按照编制单位和适用范围分类

4．按专业性质分类

按照专业性质，工程定额可以分为建筑与装饰工程定额、安装工程定额、市政工程定额、园林与绿化工程定额、修缮工程定额、矿山工程定额、构筑物工程定额、水利工程定额等，如图 3-4 所示。

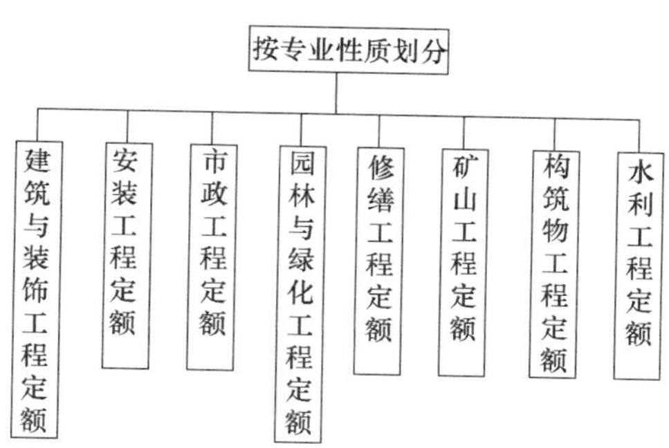

图 3-4　工程定额按专业性质分类

3.1.5　工程定额计价的基本程序

我国在很长一段时间内采用单一的定额计价模式形成工程价格，即按预算定额规定的分部分项子目，逐项计算工程量，套用预算定额单价(或单位估价表)确定直接工程费，然后按规定的取费标准确定措施费、间接费、利润和税金，加上材料调差系数和适当的不可预见费，经汇总后即为工程预算或标底，而标底则作为评标定标的主要依据。

以定额单价法确定工程造价，是我国采用的一种与计划经济相适应的工程造价管理制度。定额计价实际上是国家通过颁布统一的计价定额或指标，对建筑产品价格进行有计划的管理。国家以假定的建筑安装产品为对象，制定统一的预算和概算定额。计算出每一单元子项的费用后，再综合形成整个工程的价格。工程计价的基本程序如图 3-5 所示。

从上述定额计价的过程示意图中可以看出，编制建设工程造价最基本的过程有两个：工程量计算和工程计价。为了统一口径，工程量的计算均按照统一的项目划分和工程量计算规则计算。工程量确定以后，就可以按照一定的方法确定出工程的成本及盈利，最终就可以确定出工程预算造价(或投标报价)。定额计价方法的特点就是量与价的结合。概预算的单位价格的形成过程，就是依据概预算定额所确定的消耗量乘以定额单价或市场价，经过不同层次的计算达到量与价的最优结合过程。

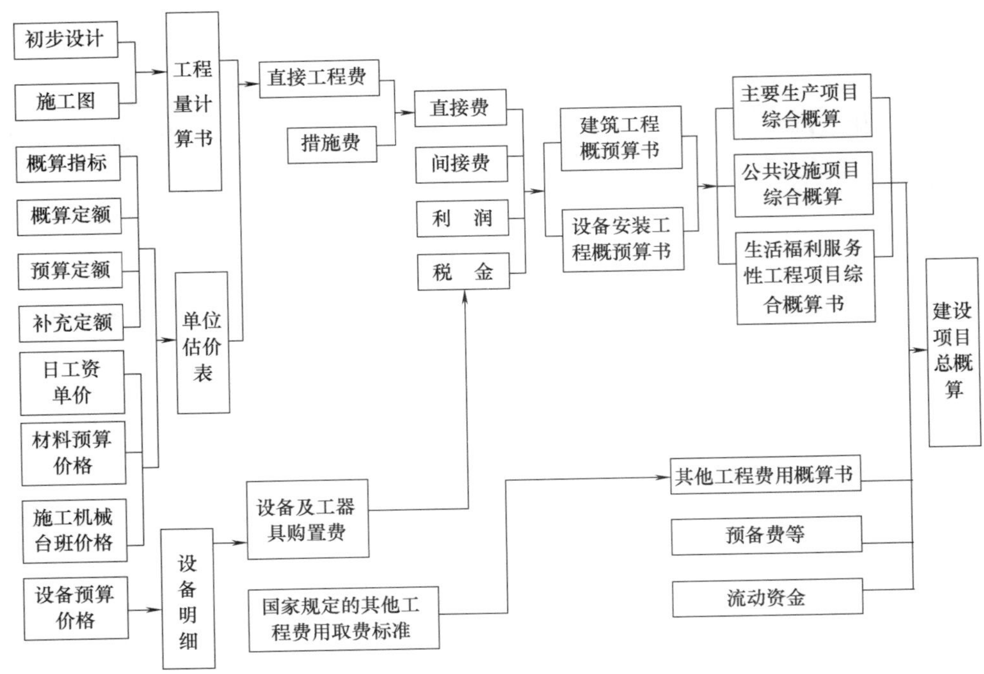

图 3-5 工程造价定额计价程序示意图

我们可以用公式进一步表明确定建筑产品价格定额计价的基本方法和程序。

(1) 每一计量单位建筑产品的基本构造要素(假定建筑产品)的直接工程费单价 = 人工费+材料费+施工机械使用费 (3-1)

式中：

$$人工费=\sum(人工工日数量\times人工日工资标准)$$

$$材料费=\sum(材料用量\times材料预算价格)$$

$$机械使用费=\sum(机械台班用量\times台班单价)$$

(2) 单位工程直接费=$\sum$(假定建筑产品工程量×直接工程费单价)+措施费

(3) 单位工程概预算造价=单位工程直接费+间接费+利润+税金

(4) 单项工程概算造价=$\sum$单位工程概预算造价+设备、工器具购置费

(5) 建设项目全部工程概算造价=$\sum$单项工程的概算造价+预备费+有关的其他费用

3.2 施 工 定 额

施工定额是以同一性质的施工过程和工序为制定对象，规定完成一定计量单位产品与生产要素消耗综合关系的定额，由人工定额、材料消耗定额和机械台班定额所组成。

施工定额是建筑安装施工企业进行施工组织、成本管理、经济核算和投标报价的重要依据。施工定额直接应用于施工项目的施工管理，用来编制施工作业计划、签发施工任务单、签发限额领料单以及结算计件工资或计量奖励工资等。施工定额和施工生产结合紧密，施工定额的定额水平反映企业施工生产与组织的技术水平和管理水平。依据施工定额计算得到的估算成本是企业确定投标报价的基础。

施工定额属于综合性定额，由人工(劳动)定额、材料消耗定额、机械台班使用定额组成。

3.2.1 施工过程分析

施工过程就是在建设工地范围内所进行的生产过程。其最终目的是要建造、恢复、改建、移动或拆除工业、民用建筑物和构筑物的全部或一部分。

建筑安装施工过程与其他物质生产过程一样，也包括生产力三要素，即劳动者、劳动对象、劳动工具。也就是说，施工过程是由不同工种、不同技术等级的建筑安装工人完成的，并且必须有一定的劳动对象——建筑材料、半成品、配件、预制品等，一定的劳动工具——手动工具、小型机具和机械等。

每个施工过程的结束，获得了一定的产品，这种产品或者是改变了劳动对象的外表形态、内部结构或性质(由于制作和加工的结果)，或者是改变了劳动对象在空间的位置(由于运输和安装的结果)。

施工过程包括若干施工工序。工序是在组织上不可分割的，在操作过程中技术上属于同类的施工过程。工序的特征是：工作者不变，劳动对象、劳动工具和工作地点也不变。在工作中如有一项改变，那就说明已经由一项工序转入另一项工序了。

从施工的技术操作和组织观点来看，工序是工艺方面最简单的施工过程。但是如果从劳动过程的观点来看，工序又可以分解为更小的组成部分——操作和动作。例如，弯曲钢筋的工序可分为下列操作：把钢筋放在工作台上，将旋钮旋紧，弯曲钢筋，放松旋钮，将弯好的钢筋搁在一边。操作本身又包括了最小的组成部分——动作。如把“钢筋放在工作台上”这个操作，可以分解为以下“动作”：走向钢筋堆放处，拿起钢筋，返回工作台，将钢筋移到支座前面。而动作又是由许多动素组成的。动素是人体动作的分解。每一个操作和动作都是完成施工工序的一部分。

在编制施工定额时，工序是基本的施工过程，是主要的研究对象。测定定额时只需分解和标定到工序为止。如果进行某项先进技术或新技术的工时研究，就要分解到操作甚至动作为止，从中研究可加以改进操作或节约工时。

工序可以由一个人完成，也可以由小组或施工队内的几名工人协同完成；可以手动完成，也可以由机械操作完成。在机械化的施工工序中，还可以包括由工人自己完成的各项操作和由机器完成的工作两个部分。

以焊接施工为例，施工过程、施工工序之间关系如图 3-6 所示。

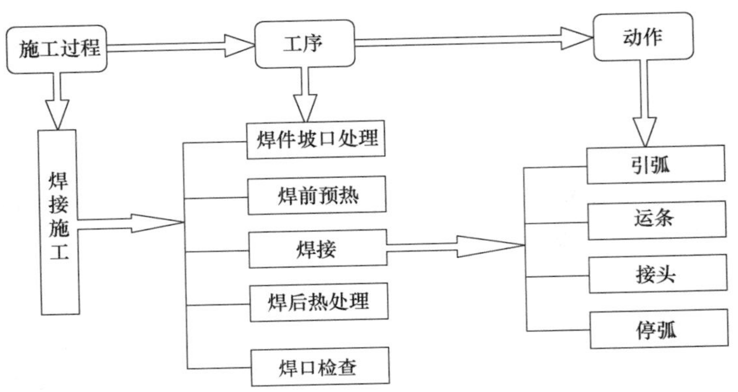

图 3-6　施工过程、工序关系图

3.2.2　人工(劳动)定额

1. 人工(劳动)定额的概念

人工定额，也称劳动定额，是指在正常施工技术和合理的劳动组织条件下，完成合格单位产品所必需的劳动消耗量标准。

人工(劳动)定额的按其表现形式的不同，可分为时间定额和产量定额两种，采用复式表示时，其分子为时间定额，分母为产量定额。

时间定额就是某种专业，某种技术等级工人班组或个人，在合理的生产组织和合理使用材料的条件下，完成单位合格产品所必需的工作时间，包括准备与结束时间、基本生产时间、辅助生产时间、不可避免的中断时间及工人必需的休息时间。时间定额以工日为单位，每一工日按 8 小时计算。

产量定额，是在合理的生产组织和合理使用材料的条件下，某种专业、某种技术等级的工人班组或个人在单位工日中所应完成的合格产品的数量标准。

时间定额与产量定额互为倒数，即，时间定额×产量定额=1。

2. 人工(劳动)定额的作用

人工(劳动)定额的作用如下。

(1) 人工(劳动)定额是施工企业编制施工作业计划的依据。

(2) 人工(劳动)定额是施工企业向工人班组签发施工任务书的依据。

(3) 人工(劳动)定额是施工企业实行内部经济核算，向工人支付劳动报酬的依据。

(4) 人工(劳动)定额是施工企业考核企业劳动生产率高低的依据。

(5) 人工(劳动)定额是确定预算定额中人工消耗量指标的依据。

3. 人工(劳动)定额的编制

建筑安装工程产品由许多不同专业性质的施工项目组成，必须根据平均先进合理的施工条件，对这些单项的施工全过程进行实际观察、研究、分析、对比后，才能制定符合实际水平的劳动定额。

按照使用的机械装备和工具程度，可分为手工施工(或手动施工)、机械施工(机动施工)、半机械施工(机手并动施工)。在测定定额时，手工部分以工日为单位，机动部分以台班为单位。

1) 劳动定额制定方法

劳动定额制定的基本方法，通常有经验估工法、统计分析法、技术测定法 3 种。

(1) 经验估工法：根据有经验的劳动者、施工技术人员、定额编制人员的实践经验，参照有关的技术资料通过座谈、讨论来确定劳动定额的方法。采用这种方法，制定定额的工作过程较短，工作量较小，但往往因参加估工人员的经验有一定的局限性，定额的制定过程较短，准确程度较差。因此，说法一般用于补充定额的编制。

(2) 统计分析法：根据一定时期内实际生产中工作时间消耗和完成产品数量的统计资料，经过整理，并结合目前的生产技术条件，利用对比分析来制定定额的方法。这种方法简便易行，但需有较多的统计资料做依据，才更能反映实际情况。

(3) 技术测定法：根据先进合理的技术条件、组织条件，对施工过程各道工序的时间组成，进行工作日写实、测时观察，分别对每一道工序进行工时消耗测定，将测定结果进行分析、计算来制定定额的方法。该方法通过测定得出结论，具有较高的准确度、较充分的依据，是一种科学方法。

技术测定法是制定新定额和典型定额的主要方法，其核心工作是进行工人工作时间分析。

2) 工人工作时间分析

工作时间分析，是将劳动者整个生产过程中所消耗的工作时间，根据其性质、范围和具体情况进行科学划分、归类，明确规定哪些属于定额时间，哪些属于非定额时间，找出非定额时间损失的原因，以便拟定技术组织措施，消除产生非定额时间的因素，充分利用工作时间，提高劳动生产率。

工人在工作班内消耗的工作时间，按其消耗的性质，基本可以分为两大类：必须消耗的时间和损失时间。

必须消耗的时间是工人在正常施工条件下，为完成一定产品(工作任务)所消耗的时间。它是制定定额的主要根据。

损失时间，是与产品生产无关，而与施工组织和技术上的缺点有关，与工人在施工过程的个人过失或某些偶然因素有关的时间消耗。

工人工作时间的分类如图 3-7 所示。

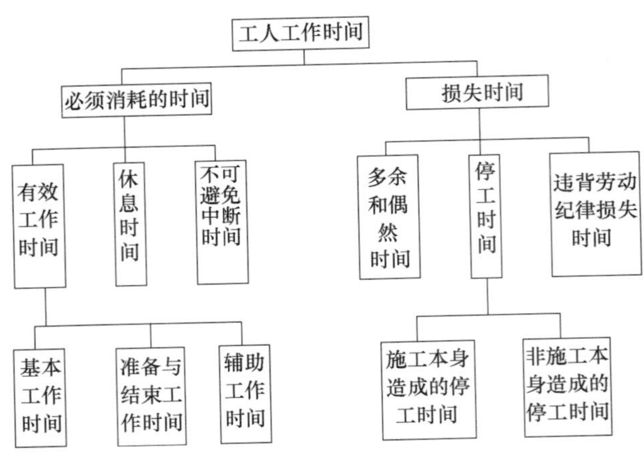

图 3-7　工人工作时间分类图

(1) 必须消耗的工作时间，包括有效工作时间、休息时间和不可避免中断时间的消耗。

① 有效工作时间是从生产效果来看与产品生产直接有关的时间消耗。其中包括基本工作时间、辅助工作时间、准备与结束工作时间的消耗。

a．基本工作时间是工人完成能生产一定产品的施工工艺过程所消耗的时间。通过这些工艺过程可以使材料改变外形，如钢筋揻弯等；可以改变材料的结构与性质，如混凝土制品的养护干燥等，可以使预制构配件安装组合成型；也可以改变产品外部及表面的性质，如粉刷、油漆等。基本工作时间所包括的内容依工作性质各不相同。基本工作时间的长短和工作量大小成正比例。

b．辅助工作时间是为保证基本工作能顺利完成所消耗的时间。在辅助工作时间里，不能使产品的形状大小、性质或位置发生变化。辅助工作时间的结束，往往就是基本工作时间的开始。辅助工作一般是手工操作。但如果在机手并动的情况下，辅助工作是在机械运转过程中进行的，为避免重复则不应再计辅助工作时间的消耗。辅助工作时间长短与工作量大小有关。

c．准备与结束工作时间是执行任务前或任务完成后所消耗的工作时间。如工作地点、劳动工具和劳动对象的准备工作时间，工作结束后的整理工作时间等。准备和结束工作时间的长短与所担负的工作量大小无关，但往往和工作内容有关。这项时间消耗可以分为班内的准备与结束工作时间和任务的准备与结束工作时间。

② 休息时间是工人在工作过程中为恢复体力所必需的短暂休息和生理需要的时间消耗。这种时间是为了保证工人精力充沛地进行工作，所以在定额时间中必须进行计算。休息时间的长短和劳动条件有关，劳动越繁重紧张、劳动条件越差(如高温)，则休息时间需越长。

③ 不可避免的中断所消耗的时间是由于施工工艺特点引起的工作中断所必需的时间。与施工过程工艺特点有关的工作中断时间，应包括在定额时间内，但应尽量缩短此项时间消耗。与工艺特点无关的工作中断所占用时间，是由于劳动组织不合理引起的，属于损失时间，不能计入定额时间。

(2) 损失时间中包括多余和偶然工作、停工、违背劳动纪律所引起的工时损失。

① 多余工作，就是工人进行了任务以外而又不能增加产品数量的工作，如重砌质量不合格的墙体。多余工作的工时损失，一般都是由于工程技术人员和工人的差错而引起的，因此，不应计入定额时间中。偶然工作也是工人在任务外进行的工作，但能够获得一定产品。如抹灰工不得不补上偶然遗留的墙洞等。由于偶然工作能获得一定产品，拟定定额时要适当考虑它的影响。

② 停工时间是工作班内停止工作造成的工时损失。停工时间按其性质可分为施工本身造成的停工时间和非施工本身造成的停工时间两种。施工本身造成的停工时间，是由于施工组织不善、材料供应不及时、工作面准备工作做得不好、工作地点组织不良等情况引起的停工时间。非施工本身造成的停工时间，是由于水源、电源中断引起的停工时间。前一种情况在拟定定额时不应该计算，后一种情况定额中则应给予合理的考虑。

③ 违背劳动纪律造成的工作时间损失，是指工人在工作班开始和午休后的迟到、午饭前和工作班结束前的早退、擅自离开工作岗位、工作时间内聊天或办私事等造成的工时损失，由于个别工人违背劳动纪律而影响其他工人无法工作的时间损失也包括在内。此项工时损失不应允许存在。因此，在定额中是不能考虑的。

3.2.3 材料消耗定额

1．材料消耗定额的概念

材料消耗定额是指在合理和节约使用材料的条件下，完成单位合格产品所需消耗的一定品种、规格的原材料、成品、半成品、配件、燃料等资源的数量标准。

工程材料根据其消耗特性的不同可分为直接性消耗材料和周转性消耗材料两大类。

(1) 直接性消耗材料是指根据工程的需要构成工程实体、一次性消耗掉的材料，如通常所见的砖、砂浆、钢筋等。

(2) 周转性消耗材料是指在施工过程中不是一次性消耗掉的、可多次周转使用的工具性材料，如模板、挡土板、脚手架等。

2．材料消耗定额的作用

材料消耗定额在施工企业的生产经营活动中具有如下重要的作用。

(1) 材料消耗定额是施工企业编制材料需用量的依据。

(2) 材料消耗定额是施工企业向工人班组签发限额领料单的依据。

(3) 材料消耗定额是施工企业编制进度计划、施工备料的依据。

(4) 材料消耗定额是确定预算定额中材料消耗量指标的依据。

3．材料消耗定额的编制

1) 直接性消耗材料消耗定额的制定

直接性消耗材料纳入定额的量为消耗量，由净耗量和损耗量组成。

净耗量是指构成工程实体的部分；损耗量是指施工中不可避免的合理损耗量，包括场内运输损耗、加工制作损耗、施工操作损耗，各类常见建筑材料损耗率如表 3-2 所示。

$$消耗量=净耗量+损耗量 \tag{3-2}$$

$$损耗量=消耗量\times损耗率 \tag{3-3}$$

所以

$$消耗量=净耗量\div(1-损耗率) \tag{3-4}$$

表 3-2　各类常见建筑材料损耗率

材料名称	工程项目	损耗率/%	材料名称	工程项目	损耗率/%
标准砖	基础	0.4	石灰砂浆	抹墙及墙裙	1
标准砖	实砖墙	1	水泥砂浆	抹天棚	2.5
标准砖	方砖柱	3	水泥砂浆	抹墙及墙裙	2
白瓷砖		1.5	水泥砂浆	地面、屋面	1
陶瓷锦砖	(马赛克)	1	混凝土(现制)	地面	1
铺地砖	(缸砖)	0.8	混凝土(现制)	其余部分	1.5
砂	混凝土工程	1.5	混凝土(预制)	桩基础、梁、柱	1
砾石		2	混凝土(预制)	其余部分	1.5
生石灰		1	钢筋	现、预制混凝土	2
水泥		1	铁件	成品	1
砌筑砂浆	砖砌体	1	钢材		6
混合砂浆	抹墙及墙裙	2	木材	门窗	6
混合砂浆	抹天棚	3	玻璃	安装	3
石灰砂浆	抹天棚	1.5	沥青	操作	1

直接性消耗材料消耗定额的编制方法有观测法、试验法、统计分析法和理论计算法。

(1) 观测法是在现场对施工过程进行观察、记录，通过分析与计算，来确定材料消耗指标的方法。

观测法通常用于制定材料的损耗定额。因为只有通过现场观测，获得必要的现场资料，才能测定出哪些材料是施工过程中不可避免的损耗，应该计入定额内；哪些材料是施工过程中可以避免的损耗，不应计入定额内。

(2) 试验法也叫实验室试验法，是在试验室里，用专门的设备和仪器，来进行模拟试验，测定材料消耗量的一种方法，通常用于确定材料的不同强度等级与其材料消耗的数量关系，如混凝土、砂浆等。

(3) 统计分析法，是以长期现场积累的分部分项工程的拨付材料数量、完成产品数量及完工后剩余材料数量的统计资料为基础，经过分析、计算得出单位产品材料消耗量的方法。统计法准确程度较差，应该结合实际施工过程，经过分析研究后，确定材料消耗指标。

(4) 理论计算法，是指有些建筑材料，可以根据施工图中所标明的材料及构造，结合理论公式计算消耗量，适用于板、块类建筑材料消耗定额的制定。

例如，单位体积砌筑工程中砖和砂浆的消耗量可按式(3-5)和式(3-6)计算。

$$A=\frac{2K}{\text{墙厚}\times(\text{砖长}+\text{灰缝})\times(\text{砖厚}+\text{灰缝})} \tag{3-5}$$

$$B=1-\text{砖的净用量}\times\text{标准砖体积} \tag{3-6}$$

式中：A——砖的净用量(块)；

B——砂浆的净用量(m^3)；

K——用砖长倍数表示的墙厚，例如，一砖墙，K=1；一砖半墙，K=1.5。

【例 3-1】某建筑墙面采用的 1∶3 水泥砂浆贴瓷砖，瓷砖尺寸为 150mm×150mm×5mm，水泥砂浆结合层的厚度为 10mm，灰缝宽 2mm，试计算 100m^2 墙面中瓷砖、水泥砂浆的消耗量。(已知：瓷砖损耗率为 3%；水泥砂浆损耗率为 2%)

解：100m^2 墙面瓷砖净耗量=100÷(0.152×0.152)=4 328.3(块)

100m^2 墙面砂浆净耗量=100×0.015−4 328.3×(0.15×0.15×0.005)=1.01(m^3)

所以，瓷砖消耗量=4 328.3÷(1−3%)=4 463(块)

砂浆消耗量=1.01÷(1−2%)=1.03(m^3)

2) 周转性消耗材料消耗定额的制定

周转性消耗材料在施工中不是一次消耗完，而是多次使用，逐渐消耗，并在使用过程中不断补充。周转性材料纳入定额的量应为其摊销量。摊销量是指周转性消耗材料每使用一次在单位合格产品上的消耗量。

摊销量=周转使用量−回收量　　(3-7)

周转使用量是指周转性材料在周转使用和不断补充的前提下，平均一次投入量；回收量是指周转性材料在周转使用和不断补充的前提下，平均一次回收量。

3.2.4　机械台班使用定额

机械台班使用定额是指在正常的施工条件下，完成单位合格产品所需消耗的机械台班数量(时间定额)或单位台班内所应完成的合格产品的数量标准(产量定额)。

机械台班使用定额按其表现形式可分为机械时间定额和机械产量定额两种。一般采用复式形式表示，分子为机械时间定额，分母为机械产量定额。

机械时间定额是指在合理劳动组织和合理使用机械及正常的施工条件下，完成单位合格产品所必须消耗的机械工作时间。其计量单位用“台班”表示。

单位产品的机械时间定额(台班)=1/台班产量　　(3-8)

机械产量定额是指在合理劳动组织与合理使用机械及正常的施工条件下，机械在单位时间(每个台班)内应完成的合格产品数量标准。

1．机械工作时间分析

在机械化施工过程中，对工作时间消耗的分析和研究，除了要对工人工作时间的消耗进行分类研究之外，还需要分类研究机械工作时间的消耗。

机械工作时间的消耗，按其性质可做如下分类，如图 3-8 所示。

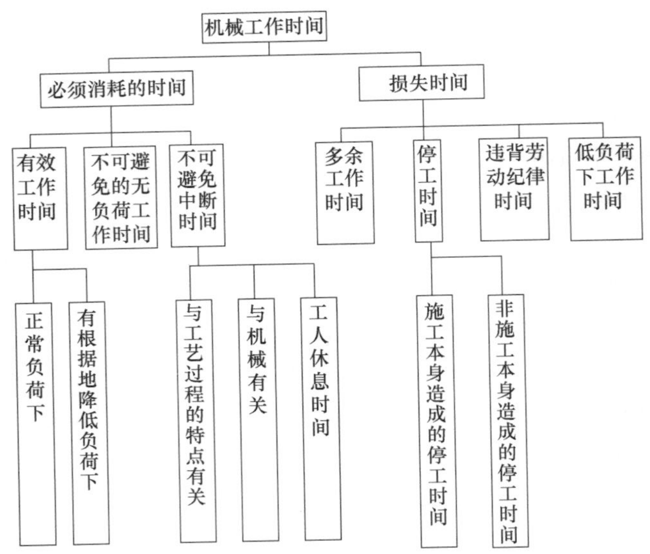

图 3-8　机械工作时间分类图

机械工作时间也分为必须消耗的时间和损失时间两大类。

1) 必须消耗的时间

在必须消耗的工作时间里，包括有效工作、不可避免的无负荷工作和不可避免的中断 3 项时间消耗。

(1) 在有效工作的时间消耗中包括正常负荷下、有根据地降低负荷下和低负荷下工作的工时消耗。

① 正常负荷下的工作时间，是机器在与机器说明书规定的计算负荷相符的情况下进行工作的时间。

② 有根据地降低负荷下的工作时间，是在个别情况下由于技术上的原因，机器在低于其计算负荷下工作的时间。例如，汽车运输重量轻而体积大的货物时，不能充分利用汽车的载重吨位因而不得不降低其计算负荷。

(2) 不可避免的无负荷工作时间，是由施工过程的特点和机械结构的特点造成的机械无负荷工作时间。例如筑路机在工作区末端掉头等，都属于此项工作时间的消耗。

(3) 不可避免的中断工作时间，是与工艺过程的特点、机械的使用和保养、工人休息有关的中断时间，所以它又可以分为以下 3 种。

① 与工艺过程的特点有关的不可避免中断工作时间，有循环的和定期的两种。循环的不可避免中断，是在机械工作的每一个循环中重复一次，如汽车装货和卸货时的停车。定期的不可避免中断，是经过一定时期重复一次，如把灰浆泵由一个工作地点转移到另一工作地点时的工作中断。

② 与机械有关的不可避免中断工作时间，是由于工人进行准备与结束工作或辅助工作

时，机械停止工作而引起的中断工作时间。它是与机械的使用与保养有关的不可避免中断时间。

③ 工人休息时间前面已经做了说明。这里要注意的是，应尽量利用与工艺过程有关的和与机械有关的不可避免中断时间进行休息，以充分利用工作时间。

2) 损失时间

损失的工作时间，包括多余工作、停工、违背劳动纪律所消耗的工作时间和低负荷下的工作时间。

(1) 机械的多余工作时间，是机械进行任务内和工艺过程内未包括的工作而延续的时间，如工人没有及时供料而使机械空运转的时间。

(2) 机械的停工时间，按其性质也可分为施工本身造成和非施工本身造成的停工。前者是由于施工组织得不好而引起的停工现象，如由于未及时供给机械燃料而引起的停工。后者是由于气候条件所引起的停工现象，如暴雨时压路机的停工。上述停工中延续的时间，均为机械的停工时间。

(3) 违反劳动纪律引起的机械的时间损失，是指由于工人迟到早退或擅离岗位等原因引起的机械停工时间。

(4) 低负荷下的工作时间，是由于工人或技术人员的过错所造成的施工机械在降低负荷的情况下工作的时间，如工人装车的砂石数量不足引起的汽车在降低负荷的情况下工作所延续的时间。此项工作时间不能作为计算时间定额的基础。

2. 机械台班使用定额的制定

1) 确定正常的施工条件

拟定机械工作正常条件，主要是拟定工作地点的合理组织和合理的工人编制。

工作地点的合理组织，就是对施工地点机械和材料的放置位置、工人从事操作的场所，做出科学合理的平面布置和空间安排。它要求施工机械和操纵机械的工人在最小范围内移动，但又不阻碍机械运转和工人操作；应使机械的开关和操纵装置尽可能集中地装置在操纵工人的近旁，以节省工作时间和减轻劳动强度；应最大限度发挥机械的效能，减少工人的手工操作。

拟定合理的工人编制，就是根据施工机械的性能和设计能力，工人的专业分工和劳动工效，合理确定操纵机械的工人和直接参加机械化施工过程的工人的编制人数。

2) 确定机械一小时纯工作正常生产率

确定机械正常生产率时，必须首先确定出机械纯工作一小时的正常生产效率。

机械纯工作时间，就是指机械的必须消耗时间。机械一小时纯工作正常生产率，就是在正常施工组织条件下，具有必需的知识和技能的技术工人操纵机械一小时的生产率。

根据机械工作特点的不同，机械一小时纯工作正常生产率的确定方法，也有所不同。对于循环动作机械，确定机械纯工作一小时正常生产率的计算公式如下。

$$\begin{matrix}\text{机械一次循环的}\\\text{正常延续时间}\end{matrix}=\sum\left(\begin{matrix}\text{循环各组成部分}\\\text{正常延续时间}\end{matrix}\right)-\text{交叠时间} \quad (3\text{-}9)$$

$$机械纯工作一小时循环次数=\frac{60\times60(\mathrm{s})}{一次循环的正常延续时间} \tag{3-10}$$

$$\frac{机械纯工作1\mathrm{h}}{正常生产率}=\frac{机械纯工作1\mathrm{h}}{正常循环次数}\times\frac{一次循环生产}{的产品数量} \tag{3-11}$$

对于连续动作机械，确定机械纯工作一小时正常生产率要根据机械的类型和结构特征，以及工作过程的特点来进行。其计算公式为

$$连续动作机械纯工作一小时正常生产率=\frac{工作时间内生产的产品数量}{工作时间(\mathrm{h})} \tag{3-12}$$

工作时间内的产品数量和工作时间的消耗，要通过多次现场观察和机械说明书来取得数据。

3) 确定施工机械的正常利用系数

确定施工机械的正常利用系数，是指机械在工作班内对工作时间的利用率。机械的利用系数和机械在工作班内的工作状况有着密切的关系。所以，要确定机械的正常利用系数。首先要拟定机械工作班的正常工作状况，保证合理利用工时。机械正常利用系数的计算公式如下。

$$\frac{机械正常}{利用系数}=\frac{机械在一个工作班内纯工作时间}{一个工作班延续时间(8\mathrm{h})} \tag{3-13}$$

4) 计算施工机械台班定额

计算施工机械定额是编制机械定额工作的最后一步。在确定了机械工作正常条件、机械一小时纯工作正常生产率和机械正常利用系数之后，采用下列公式计算施工机械的产量定额：

$$\frac{施工机械台班}{产量定额}=\frac{机械1\mathrm{h}纯工作}{正常生产率}\times\frac{工作班纯}{工作时间} \tag{3-14}$$

或

$$\frac{施工机械台班}{产量定额}=\frac{机械1\mathrm{h}纯工作}{正常生产率}\times\frac{工作班}{延续时间}\times\frac{机械正常}{利用系数} \tag{3-15}$$

$$施工机械时间定额=\frac{1}{机械台班产量定额指标} \tag{3-16}$$

【例 3-2】某工程现场采用出料容量 500L 的混凝土搅拌机，每一次循环中，装料、搅拌、卸料、中断需要的时间分别为 1、3、1、1 分钟，机械正常功能利用系数为 0.9，求该机械的台班产量定额。

解：该搅拌机一次循环的正常延续时间=1+3+1+1=6(分钟)=0.1(小时)

该搅拌机纯工作 1h 循环次数=10 次

该搅拌机纯工作 1h 正常生产率=10×500=5000(L)=5(m^3)

该搅拌机台班产量定额=5×8×0.9=36(m^3/台班)

3.3 预 算 定 额

3.3.1 预算定额的概念及作用

1. 预算定额的概念

预算定额是由国家编制的、在正常的施工条件下，完成一定计量单位的分项工程或结构构件所需的人工、材料和机械台班的消耗数量指标。

预算定额是以施工定额为基础编制的，属于综合性计价定额。通过预算定额我们可以获得在当前社会平均生产水平下，完成合格的单位“假定的建筑安装产品”(分项工程或结构构件)所消耗的人工、材料和机械台班消耗数量。

预算定额不仅规定了每项子目的资源消耗标准，还规定了计量单位、工作内容、施工方法、工作范围等，并对应了一定的质量标准，《基础定额》高分子卷材屋面定额如表 3-3 所示。

表 3-3　高分子卷材屋面(三元乙丙防水卷材)定额节选　　计量单位：100m^2

定额编号			9—18	9—19	9—20	9—21
项　目		单位	三元乙丙橡胶卷材冷贴			
			满铺	空铺	点铺	条铺
人工	综合工日	工日	9.22	9.22	9.22	8.11
材料	三元乙丙橡胶卷材	m^2	110.55	112.85	112.85	112.85
	黏结剂 CX-404	kg	40.40	7.89	10.45	14.29
	铁钉	kg	0.23	0.23	0.23	0.23
	钢筋Φ10 以内	kg	4.38	4.38	4.38	4.38
	CSPE 嵌缝油膏 330mL	支	50.28	50.28	50.28	50.28
	107 胶素水泥浆	m^3	0.01	0.01	0.01	0.01
	银色着色剂	kg	20.20	20.20	20.20	20.20
	二甲苯	kg	27.00	27.00	27.00	27.00
	乙酸乙酯	kg	5.05	5.05	5.05	5.05
	丁基黏结剂	kg	9.56	11.85	11.85	11.85
	聚氨酯甲料	kg	16.21	16.21	16.21	16.21
	聚氨酯乙料	kg	31.13	31.13	31.13	31.13

工作内容：(1) 清理基层、找平层分格缝嵌油膏、防水薄弱处刷涂膜附加层。

(2) 刷底胶、铺贴卷材、接缝嵌油膏、做收头。

(3) 涂刷着色剂保护层二遍。

2．预算定额的作用

预算定额规定了生产一个规定计量单位合格结构件、分项工程所需的人工、材料和机械台班的社会平均消耗量标准。预算定额是工程建设中的一项重要的技术经济文件，是编制施工图预算的主要依据，是确定和控制工程造价的基础，预算定额的主要作用有以下几点。

(1) 预算定额是编制施工图预算、确定建筑安装工程造价的基础。

施工图设计一经确定，工程预算造价就取决于预算定额水平和人工、材料及机械台班的价格。预算定额起着控制劳动消耗、材料消耗和机械台班使用的作用，进而起着控制建筑产品价格的作用。

(2) 预算定额是编制施工组织设计的依据。

施工组织设计的重要作用之一，是确定施工中所需的人力、物力的供求量，并做出最佳安排。施工单位在缺乏企业定额的情况下，根据预算定额，亦能够比较精确地计算出施工中各项资源的需要量，为有计划地组织材料采购和预制加工、劳动力和施工机械的调配，提供可靠的计算依据。

(3) 预算定额是工程结算的依据。

工程结算是建设单位和施工单位按照工程进度对已完成的分部分项工程实现货币支付的行为。按进度支付工程款，需要根据预算定额将已完成的分项工程的造价算出。单位工程验收后，再按竣工工程量、预算定额和施工合同规定进行结算，以保证建设单位资金的合理使用和施工单位的经济收入。

(4) 预算定额是施工单位进行经济活动分析的依据。

预算定额规定的物化劳动和劳动消耗指标，是施工单位在生产经营中允许消耗的最高标准。施工单位必须以预算定额作为评价企业工作的重要标准，作为努力实现的目标。施工单位可根据预算定额对施工中的劳动、材料、机械消耗情况进行具体的分析，以便找出并克服低功效、高消耗的薄弱环节，提高竞争力。只有在施工中尽量降低劳动消耗，采用新技术、提高劳动者素质，提高劳动生产率，才能取得较好的经济效益。

(5) 预算定额是编制概算定额的基础。

概算定额是在预算定额的基础上综合扩大编制的。利用预算定额作为编制依据，不但可以节省编制工作的大量人力、物力和时间，收到事半功倍的效果，还可以使概算定额在水平上与预算定额保持一致，以免造成执行中的不一致。

(6) 预算定额是合理编制招标控制价、投标报价的基础。

目前，预算定额的指令性作用日益削弱，而其对施工单位按照工程个别报价的指导性作用仍然存在，因此预算定额作为编制招标控制价和施工企业报价的基础性作用仍将存在，这也是由预算定额本身的科学性和指导性决定的。

3.3.2　预算定额的编制原则和依据

1．预算定额的编制原则

为保证预算定额的质量，充分发挥预算定额的作用，实际使用简便，在编制工作中应遵循以下原则。

1) 按社会平均水平确定预算定额的原则

预算定额是确定和控制建筑安装工程造价的主要依据。因此，它必须遵照价值规律的客观要求，即按生产过程中所消耗的社会必要劳动时间确定定额水平。即按照“在现有的社会正常的生产条件下，在社会平均的劳动熟练程度和劳动强度下制造某种使用价值所需要的劳动时间”来确定定额水平。所以预算定额的平均水平，是在正常的施工条件下，合理的施工组织和工艺条件、平均劳动熟练程度和劳动强度下，完成单位分项工程基本构造要素所需要的劳动时间。

预算定额的水平以大多数施工单位的施工定额水平为基础。但是，预算定额绝不是简单地套用施工定额的水平。首先，在比施工定额的工作内容综合扩大的预算定额中，也包含了更多的可变因素，需要保留合理的幅度差。其次，预算定额应当是平均水平，而施工定额是平均先进水平，两者相比，预算定额水平相对要低一些，但是应限制在一定范围之内。

2) 简明适用的原则

预算定额项目是在施工定额的基础上进一步综合，通常将建筑物分解为分部、分项工程。简明适用是指在编制预算定额时，对于那些主要的、常用的、价值量大的项目，分项工程划分宜细；次要的、不常用的、价值量相对较小的项目，则可以划分得粗一些。

定额项目的多少，与定额的步距有关。步距大，定额的子目就会减少，精确度就会降低；步距小，定额子目则会增加，精确度也会提高。所以，确定步距时，对主要工种、主要项目、常用项目，定额步距要小一些；对于次要工种、次要项目、不常用项目，定额步距可以适当大一些。

预算定额要项目齐全。要注意补充那些因采用新技术、新结构、新材料而出现的新的定额项目。如果项目不全、缺项多，就会使计价工作缺少充足的可靠的依据。

对定额的活口也要设置适当。所谓活口，是在定额中规定当符合一定条件时，允许该定额另行调整。在编制中要尽量不留活口，对实际情况变化较大，影响定额水平幅度大的项目，确需留的，也应该从实际出发尽量少留；即使留有活口，也要注意尽量规定换算方法，避免采取按实计算。

简明适用还要求合理确定预算定额的计算单位，简化工程量的计算，尽可能地避免同一种材料用不同的计量单位和一量多用。尽量减少定额附注和换算系数。

3) 统一性和差别性相结合原则

所谓统一性，就是从培育全国统一市场规范计价行为出发，计价定额的制订规划和组织实施由国务院建设行政主管部门归口，并负责全国统一定额制定或修订，颁发有关工程造价管理的规章制度办法等。这样就有利于通过定额和工程造价的管理实现建筑安装工程价格的宏观调控。通过编制全国统一定额，使建筑安装工程具有一个统一的计价依据，也使考核设计和施工的经济效果具有一个统一尺度。

所谓差别性，就是在统一性的基础上，各部门和省、自治区、直辖市主管部门可以在自己的管辖范围内，根据本部门和地区的具体情况，制定部门和地区性定额、补充性制度和管理办法，以适应我国幅员辽阔、地区间部门发展不平衡和差异大的实际情况。

2. 预算定额的编制依据

预算定额的编制依据包括以下几个方面。

(1) 现行劳动定额和施工定额。预算定额是在现行劳动定额和施工定额的基础上编制的。预算定额中人工、材料、机械台班消耗水平，需要根据劳动定额或施工定额取定；预算定额的计量单位的选择，也要以施工定额为参考，从而保证两者的协调和可比性，减轻预算定额的编制工作量，缩短编制时间。

(2) 现行设计规范、施工及验收规范，质量评定标准和安全操作规程。

(3) 具有代表性的典型工程施工图及有关标准图。对这些图纸进行仔细分析研究，并计算出工程数量，作为编制定额时选择施工方法确定定额含量的依据。

(4) 新技术、新结构、新材料和先进的施工方法等。这类资料是调整定额水平和增加新的定额项目所必需的依据。

(5) 有关科学实验、技术测定和统计、经验资料。这类工程是确定定额水平的重要依据。

(6) 现行的预算定额、材料预算价格及有关文件规定等，包括过去定额编制过程中积累的基础资料，也是编制预算定额的依据和参考。

3.3.3 预算定额消耗量指标的确定

1. 人工消耗量指标的确定

预算定额中人工工日消耗量是指在正常施工条件下，生产单位合格产品所必须消耗的人工工日数量，是由分项工程所综合的各个工序劳动定额包括的基本用工、其他用工两个部分组成的。

(1) 基本用工。基本用工是指完成单位合格产品所必须消耗的技术工种用工。按技术工种相应劳动定额工时定额计算，以不同工种列出定额工日。

(2) 超运距用工。超运距是指劳动定额中已包括的材料、半成品场内水平搬运距离与预算定额所考虑的现场材料、半成品堆放地点到操作地点的水平运输距离之差。

超运距=预算定额取定运距-劳动定额已包括的运距　　(3-17)

需要指出，实际工程现场运距超过预算定额取定运距时，应作为二次搬运费用考虑。

(3) 辅助用工。辅助用工是指技术工种劳动定额内不包括而在预算定额内又必须考虑的用工。例如机械土方工程配合用工、材料加工(筛砂、洗石、淋化石膏)，电焊点火用工等，计算公式如下。

$$辅助用工=\sum(材料加工数量\times相应的加工劳动定额) \tag{3-18}$$

(4) 人工幅度差。人工幅度差即预算定额与劳动定额的差额，主要是指在劳动定额中未包括而在正常施工情况下不可避免但又很难准确计量的用工和各种工时损失。其内容如下。

① 各工种间的工序搭接及交叉作业相互配合或影响所发生的停歇用工。

② 施工机械在单位工程之间转移及临时水电线路移动所造成的停工。

③ 质量检查和隐蔽工程验收工作的影响。

④ 班组操作地点转移用工。

⑤ 工序交接时对前一工序不可避免的修整用工。

⑥ 施工中不可避免的其他零星用工。

人工幅度差计算公式如下。

$$人工幅度差=(基本用工+辅助用工+超运距用工)\times人工幅度差系数 \tag{3-19}$$

人工幅度差系数一般按 10%考虑。

【例 3-3】完成 $10m^3$ 的基础砌筑工程，根据施工定额确定：基本用工消耗 10.5 工日，超运距用工消耗 2.4 工日，辅助用工消耗 1.2 工日，人工幅度差系数按 10%考虑，则预算定额中该分项工程的人工消耗量指标应为多少工日？

解：人工消耗量指标=基本用工+辅助用工+超运距用工+人工幅度差

=(10.5+2.4+1.2)×(1+10%)=15.11(工日)

2. 材料消耗量指标的确定

完成单位合格产品所必须消耗的材料，按用途划分为以下 3 种。

(1) 主要材料。它是指直接构成工程实体的材料，其中也包括成品、半成品的材料。

(2) 辅助材料。它也是构成工程实体除主要材料以外的其他材料，如垫木钉子、铅丝等。

(3) 其他材料。它是指用量较少，难以计量的零星用料，如棉纱、编号用的油漆等。

材料消耗量计算方法主要有以下几种。

(1) 凡有标准规格的材料，按规范要求计算定额计量单位的耗用量，如砖、防水卷材、块料面层等。

(2) 凡设计图纸标注尺寸及下料要求的按设计图纸尺寸计算材料净用量，如门窗制作用材料、方、板料等。

(3) 换算法。各种胶结、涂料等材料的配合比用料，可以根据要求条件换算，得出材料用量。

(4) 测定法。测定法包括试验室试验法和现场观察法。它是指各种强度等级的混凝土及砌筑砂浆配合比的耗用原材料数量的计算，须按照规范要求试配经过试压合格以后并经过必要的调整后得出的水泥、砂子、石子、水的用量。对新材料、新结构又不能用其他方法计算定额消耗用量时，须用现场测定方法来确定，根据不同条件可以采用写实记录法和观察法，得出定额的消耗量。

材料损耗量，是指在正常条件下不可避免的材料损耗，如现场内材料运输及施工操作过程中的损耗等。其关系式如下。

$$材料损耗率=损耗量/消耗量\times100\% \tag{3-20}$$

$$材料损耗量=材料消耗量\times损耗率 \tag{3-21}$$

$$材料消耗量=材料净用量+损耗量 \tag{3-22}$$

或

$$材料消耗量=材料净用量\div(1-损耗率) \tag{3-23}$$

3. 机械台班消耗量指标的确定

预算定额中的机械台班消耗量指标是指在正常施工条件下，生产单位合格产品(分部分项工程或结构构件)必须消耗的某种型号施工机械的台班数量。

机械台班消耗量按下式计算。

$$\frac{预算定额机械}{耗用台班}=\frac{施工定额机械}{耗用台班}\times(1+机械幅度差系数) \tag{3-24}$$

机械台班幅度差一般包括：正常施工组织条件下不可避免的机械空转时间；施工技术原因的中断及合理停滞时间；应供电供水故障及水电线路移动检修而发生的运转中断时间；因气候变化或机械本身故障影响工时利用的时间；施工机械转移及配套机械相互影响损失的时间；配合机械施工的工人因与其他工种交叉造成的间歇时间；因检查工程质量造成的机械停歇的时间；工程收尾和工作量不饱满造成的机械停歇时间等。

大型机械幅度差系数为：土方机械 25%，打桩机械 33%，吊装机械 30%。砂浆、混凝土搅拌机由于按小组配用，以小组产量计算机械台班产量，不另增加机械幅度差。其他分部工程中如钢筋加工、木材、水磨石等各项专用机械的幅度差为 10%。

3.3.4 单位估价表

1. 单位估价表与定额基价

单位估价表又称工程预算单价表，是以预算定额为基础，汇总各单项工程所需人工费、材料费、机械费及其合价(定额基价)的费用文件。

定额基价是以预算定额中资源消耗量指标为基础，结合资源单价(人、材、机单价)，以货币形式表现的一定计量单位的分部分项工程或结构构件的直接工程费用，包括人工费、材料费、机械费。

$$定额基价=人工费+材料费+机械费 \tag{3-25}$$

其中：

$$人工费=人工消耗量指标\times人工单价 \tag{3-26}$$

$$材料费=\sum(材料消耗量指标\times材料预算价格) \tag{3-27}$$

$$机械费=\sum(机械台班消耗量指标\times机械台班预算价格) \tag{3-28}$$

2. 人工单价的确定

人工单价是指建筑工人完成每工日的施工生产平均应获得的基本工资及其各项附加之和，内容包括：计时工资或计件工资、奖金、津贴补贴、加班加点工资、特殊情况下支付

的工资。可以按以下两个公式计算人工单价。

(1) 按平均工资计算人工单价。

日工资单价=[生产工人平均月工资(计时或计件)+平均月(奖金+津贴补贴+特殊情况下支付的工资)]/年平均每月法定工作日 (3-29)

式(3-29)适用于施工企业投标报价时自主确定人工费，也是工程造价管理机构编制计价定额确定定额人工单价或发布人工成本信息的参考依据。

(2) 按工种工资确定人工单价。

按工种工资确定人工单价适用于工程造价管理机构编制计价定额时确定定额人工费，是施工企业投标报价的参考依据。

日工资单价是指施工企业平均技术熟练程度的生产工人在每工作日(国家法定工作时间内)按规定从事施工作业应得的日工资总额。

工程造价管理机构确定日工资单价应通过市场调查、根据工程项目的技术要求，参考实物工程量人工单价综合分析确定，最低日工资单价不得低于工程所在地人力资源和社会保障部门所发布的最低工资标准的：普工1.3倍、一般技工2倍、高级技工3倍。

工程计价定额不可只列一个综合工日单价，应根据工程项目技术要求和工种差别适当划分多种日人工单价，确保各分部工程人工费的合理构成。

3. 材料单价的确定

材料单价也称材料预算价格，是指工程材料由其来源地运抵工地仓库后的出库价格。

材料单价其内容包括材料原价(或供应价格)、材料运杂费、运输损耗费、采购及保管费。

在建筑工程中，材料费约占工程造价的60%～70%，在金属结构工程中所占比重还要大，是工程直接费的主要组成部分。因此，合理确定材料价格构成，正确计算材料价格，有利于合理确定和有效控制工程造价。

1) 材料价格的构成

材料价格是指材料(包括构件、成品及半成品等)从其来源地(或交货地点供应者仓库提货地点)到达施工工地仓库(施工地点内存放材料的地点)后出库的综合平均价格。材料价格一般由材料原价(或供应价格)、材料运杂费、运输损耗费、采购及保管费组成。

2) 材料价格的编制依据和确定方法

(1) 材料原价(或供应价格)。材料原价是指材料的出厂价格，进口材料抵岸价或销售部门的批发牌价和市场采购价格(或信息价)。

在确定原价时，凡同一种材料因来源地、交货地、供货单位、生产厂家不同而有几种价格(原价)时，根据不同来源地供货数量比例，采取加权平均的方法确定其综合原价。其计算公式如下。

$$加权平均原价=(K_1C_1+K_2C_2+\cdots+K_nC_n)/(K_1+K_2+\cdots+K_n) \quad (3\text{-}30)$$

式中：K_1，K_2，…，K_n——各不同供应地点的供应量或各不同使用地点的需要量；

C_1，C_2，…，C_n——各不同供应地点的原价。

(2) 材料运杂费。材料运杂费是指材料自来源地运至工地仓库或指定堆放地点所发生的全部费用，含外埠中转运输过程中所发生的一切费用和过境过桥费用，包括调车和驳船费、装卸费、运输费及附加工作费等。

同一品种的材料有若干个来源地，应采用加权平均的方法计算材料运杂费。其计算公式如下。

$$加权平均运杂费=(K_1T_1+K_2T_2+\cdots+K_nT_n)/(K_1+K_2+\cdots+K_n) \tag{3-31}$$

式中：K_1，K_2，…，K_n——各不同供应点的供应量或各不同使用地点的需求量；

T_1，T_2，…，T_n——各不同运距的运费。

另外，在运杂费中需要考虑为了便于材料运输和保护而发生的包装费。材料包装费用有两种情况：一种情况是包装费已计入材料原价中，这种情况不再计算包装费，如袋装水泥，水泥纸袋已包括在水泥原价中；另一种情况是材料原价中未包含包装费，如需包装时包装费则应计入材料价格内。

(3) 运输损耗。在材料的运输中应考虑一定的场外运输损耗费用。这是指材料在运输装卸过程中不可避免的损耗。运输损耗的计算公式为

$$运输损耗=(材料原价+运杂费)\times相应材料损耗率 \tag{3-32}$$

(4) 采购及保管费。采购及保管费是指材料供应部门(包括工地仓库及其以上各级材料主管部门)在组织采购、供应和保管材料过程中所需的各项费用，包含采购费、仓储费、工地管理费和仓储损耗。

采购及保管费一般按照材料到库价格以费率取定。材料采购及保管费计算公式为

$$采购及保管费=材料运到工地仓库价格\times采购及保管费率 \tag{3-33}$$

或

$$采购及保管费=(材料原价+运杂费+运输损耗费)\times采购及保管费率 \tag{3-34}$$

综上所述，材料基价的一般计算公式为

$$材料单价=[(材料原价+运杂费)\times(1+运输损耗率(\%))]\times[1+采购及保管费率(\%)] \tag{3-35}$$

4. 机械台班单价的确定

机械台班单价也称机械台班预算价格，是指某类型机械每工作一个台班所必须消耗的人工、物料和应分摊的费用。

施工机械台班单价由 7 项费用组成，包括折旧费、大修理费、经常修理费、安拆费及场外运费、人工费、燃料动力费、养路费及车船使用税。

1) 折旧费的组成及确定

折旧费是指施工机械在规定使用期限内，陆续收回其原值及购置资金的时间价值。其计算公式为

$$台班折旧费=\frac{机械预算价格\times(1-残值率)\times时间价值系数}{耐用总台班} \tag{3-36}$$

(1) 机械预算价格。

① 国产机械预算价格按照机械原值、供销部门手续费和一次运杂费以及车辆购置税之和计算。

② 进口机械的预算价格按照机械原值、关税、增值税、消费税、外贸手续费和国内运杂费、财务费、车辆购置税之和计算。

(2) 残值率。

残值率是指机械报废时回收的残值占机械原值的百分比。残值率按目前有关规定执行：运输机械 2%，掘进机械 5%，特大型机械 3%，中小型机械 4%。

(3) 时间价值系数。

时间价值系数是指购置施工机械的资金在施工生产过程中随着时间的推移而产生的单位增值。其公式如下。

$$时间价值系数=1+\frac{折旧年限+1}{2}年折现率 \tag{3-37}$$

其中，年折现率应按编制期银行年贷款利率确定。

(4) 耐用总台班。

耐用总台班是指施工机械从开始投入使用至报废前使用的总台班数，应按施工机械的技术指标及寿命期等相关参数确定。

耐用总台班的计算公式为

$$耐用总台班=折旧年限\times年工作台班=大修间隔台班\times大修周期 \tag{3-38}$$

2) 大修理费的组成及确定

大修理费是指机械设备按规定的大修间隔台班进行必要的大修理，以恢复机械正常功能所需的费用。台班大修理费是机械使用期限内全部大修理费之和在台班费用中的分摊额，它取决于一次大修理费用、大修理次数和耐用总台班的数量。其计算公式为

$$台班大修理费=\frac{一次大修理费\times寿命期内大修理次数}{耐用总台班} \tag{3-39}$$

3) 经常修理费的组成及确定

经常修理费是指施工机械除大修理以外的各级保养和临时故障排除所需的费用，包括为保障机械正常运转所需替换与随机配备工具附具的摊销和维护费用，机械运转及日常保养所需润滑与擦拭的材料费用及机械停滞期间的维护和保养费用等。分摊到台班费中，即为台班经修费。其计算公式为

$$台班经修费=\frac{\sum(各级保养一次费用\times寿命期各级保养总次数)+临时故障排除费}{耐用总台班}+\\替换设备和工具附具台班摊销费+例保辅料费 \tag{3-40}$$

4) 安拆费及场外运输费的组成和确定

安拆费是指施工机械在现场进行安装与拆卸所需的人工、材料、机械和试运转费用以及机械辅助设施的折旧、搭设、拆除等费用；场外运费是指施工机械整体或分体自停放地点运至施工现场或由一施工地点运至另一施工地点的运输、装卸、辅助材料及架线等费用。

5) 人工费的组成及确定

人工费是指机上司机(司炉)和其他操作人员的工作日人工费及上述人员在施工机械规定的年工作台班以外的人工费。

6) 燃料动力费的组成和确定

燃料动力费是指施工机械在运转作业中所耗用的固体燃料(煤、木柴)、液体燃料(汽油、柴油)及水、电等费用。

7) 养路费及车船使用费的组成和确定

养路费及车船使用费是指施工机械按照国家和有关部门规定应交纳的养路费、车船使用税、保险费及年检费用等。

工程造价管理机构在确定计价定额中的施工机械使用费时，应根据《建筑施工机械台班费用计算规则》结合市场调查编制施工机械台班单价。施工企业可以参考工程造价管理机构发布的台班单价，自主确定施工机械使用费的报价，如租赁施工机械，公式为：施工机械使用费=$\sum$(施工机械台班消耗量×机械台班租赁单价)。

3.4 概算定额与概算指标

3.4.1 概算定额

1. 概算定额的概念

概算定额是指在预算定额基础上确定完成合格的单位扩大分项工程或单位扩大结构构件所需消耗的人工、材料和机械台班的数量标准，所以概算定额有时也被称为扩大结构定额。

概算定额是预算定额的合并与扩大。它将预算定额中有联系的若干个分项工程项目综合为一个概算定额项目。比如砖基础概算定额项目，就是以砖基础为主，综合了平整场地、挖地槽、铺设垫层、砌砖基础、铺设防潮层、回填土及运土等预算定额中分项工程项目。

2. 概算定额的作用

概算定额具有以下几个方面的作用。

(1) 概算定额是初步设计阶段编制概算、扩大初步设计阶段编制修正概算的主要依据。

(2) 概算定额是对设计项目进行技术经济分析比较的基础资料之一。

(3) 概算定额是编制建设工程主要材料需要量的依据。

(4) 概算定额是编制概算指标的依据。

3. 概算定额的内容和形式

概算定额由总说明、分部工程说明和概算定额表 3 个部分组成。在总说明中，主要阐述概算定额的编制依据、适用范围、包括的内容及作用、应遵守的规则及建筑面积计算规则等。分部工程说明主要阐述本分部工程包括的综合工作内容及分部分项工程的工程量计算规则等。

定额项目表是概算定额手册的主要内容，由若干分节定额组成。各节定额有工程内容、定额表及附注说明组成。定额表中列有定额编号、计量单位、概算价格、人工、材料、机械台班消耗量指标，综合了预算定额的若干项目与数量。如表 3-4 所示的是现浇钢筋混凝土柱的概算定额。可以按工程结构或工程部位对工程定额项目进行划分。

表 3-4　现浇钢筋混凝土柱概算定额表

计量单位：10m³

概算定额编号				4—3		4—3	
项　目		单位	单价/元	矩 形 柱			
				周长 1.8m 以内		周长 1.8m 以外	
基准价		元		13 428.76		12 947.26	
其中	人工费	元		2 116.40		1 728.76	
	材料费	元		10 272.03		10 361.83	
	机械费	元		1 040.33		856.67	
合计工		工日	22.00	96.20	2 116.40	78.58	1 728.76
材料	中(粗)砂(天然)	t			339.98		315.74
	碎石 5～20mm	t	35.81	9.494	441.65	8.817	441.65
	石灰膏	m³	36.18	12.207	20.75	12.207	14.55
	普通木成材	m³	98.89	0.221	302.00	0.155	187.00
	圆钢(钢筋)	t	1 000.00	0.302	6 564.00	0.187	7 221.00
	组合钢模板	kg	3 000.00	2.188	257.66	2.407	159.39
	钢支撑(钢管)	kg	4.00	64.416	165.70	39.848	102.50
	零星卡具	kg	4.85	34.165	135.82	21.134	84.02
	铁钉	kg	4.00	33.954	18.42	21.004	11.40
	镀锌铁丝 22#	kg	5.96	3.091	67.53	1.912	74.29
	电焊条	kg	8.07	8.368	122.65	9.206	134.94
	803 涂料	kg	7.84	15.644	33.21	17.212	23.26
	水	m³	1.45	22.901	12.57	16.038	12.21
	水泥 42.5 级	kg	0.99	12.700	166.11	12.300	129.28
	水泥 52.5 级	kg	0.25	664.459	1 242.36	517.117	1 242.36
	脚手架	元	0.30	4 141.200	196.00	4 141.200	90.60
	其他材料费	元			185.62		117.64
机械	垂直运输费	元			628.00		510.00
	其他机械费	元			412.33		346.67

工程内容：模板制作、安装、拆除，钢筋制作、安装，混凝土浇捣、摸灰、刷浆。

3.4.2　概算指标

1．概算指标的概念

概算指标通常是以整个建筑物或构筑物为对象，以建筑面积、建筑体积或成套设备的台或组为计量单位而规定的人工、材料和机械台班的消耗量标准和造价指标。概算指标比概算定额具有更加概括与扩大的特点。

2．概算指标的作用

概算指标具有以下几个作用。

(1) 概算指标可以作为编制投资估算的参考。

(2) 概算指标中的主要材料指标可作为匡算主要材料用量的依据。

(3) 概算指针是设计单位进行设计方案比较的依据。

(4) 概算指标是编制固定资产投资计划、确定投资额和主要材料计划的主要依据。

3．概算指标的内容和形式

概算指标一般由文字说明和列表形式两个部分组成。

总说明和分册说明，其内容一般包括：概算指标的编制范围、编制依据、分册情况、指标包括的内容、指标未包括的内容、指标的使用方法、指标允许调整的范围及调整方法等。

建筑工程概算指标的列表形式必要的建筑物轮廓示意图或单线平面图，列出综合指标，如元/m^2 或元/m^3，房屋建筑、构筑物一般是以建筑面积、建筑体积、“座”“个”等为计算单位，还应考虑自然条件(如地耐力、地震烈度等)，建筑物的类型、结构形式及结构主要特点、主要工程量等。

表 3-5 是某住宅工程的概算指标，具体的列表形式包括：示意图(略)、工程特征、经济指标、每 100m^2 建筑面积各分部工程量指标、每 100m^2 建筑面积主要工料指标。

表 3-5　某住宅工程概算指标表

<table>
<tr><td>工程特征</td><td colspan="5">结构及层数：混合结构 5 层
建筑物总高度：15.40m
楼层高度：底层、五层 3.20m，
二层至四层 3.00m</td><td colspan="7">基础：钢筋混凝土带形基础
墙体：砖墙 240 厚、180 厚
楼地面：C10 混凝土地面，现浇钢筋混凝土楼板，地面铺防潮砖，楼面大厅原色水磨石，楼面房间 1∶2.5 水泥砂浆抹面</td><td colspan="6">装饰：内外墙石灰砂浆底，1∶2.5 水泥砂浆面。
阳台、栏板、外墙面水刷石
门窗：木门、钢窗
屋面：现浇钢筋混凝土屋面板，面铺预制混凝土板隔热层</td></tr>
<tr><td rowspan="5">经济指标</td><td rowspan="2">土建工程总造价/元</td><td rowspan="2">860 712.72</td><td rowspan="2">其中/元</td><td colspan="3">定额工料机械费</td><td colspan="3">各项费用</td><td colspan="3">材料价差</td><td rowspan="2">建筑面积/m^2</td><td rowspan="2">1 755.00</td><td rowspan="2">每 m^2 造价/(元/m^2)</td><td rowspan="2">490.44</td></tr>
<tr><td colspan="3">644 641.34</td><td colspan="3">145 392.40</td><td colspan="3">70 678.98</td></tr>
<tr><td rowspan="2">定额工料机械费/元</td><td rowspan="2">644 641.34</td><td rowspan="3">其中</td><td>基础工程</td><td colspan="3">混凝土及钢筋混凝土工程</td><td colspan="2">砖石工程</td><td colspan="2">脚手架工程</td><td>门窗工程</td><td>楼地面工程</td><td>装饰工程</td><td>其他工程</td></tr>
<tr><td>81 676.06</td><td colspan="3">197 711.50</td><td colspan="2">115 906.51</td><td colspan="2">20 435.13</td><td>79 097.49</td><td>56 083.80</td><td>76 970.18</td><td>16 760.67</td></tr>
<tr><td>占百分比</td><td>100%</td><td>12.67</td><td colspan="3">30.67</td><td colspan="2">17.98</td><td colspan="2">3.17</td><td>12.27</td><td>8.70</td><td>11.94</td><td>2.60</td></tr>
<tr><td rowspan="3">每 100m^3 建筑面积各分部工程量</td><td colspan="2">分部工程</td><td colspan="2">基础工程</td><td colspan="4">混凝土及钢筋混凝土工程</td><td colspan="2">砖石工程</td><td colspan="2">门窗工程</td><td colspan="3">楼地面工程</td><td colspan="3">装饰工程</td></tr>
<tr><td>项目</td><td>桩/m^3</td><td>基础/m^3</td><td>柱/m^3</td><td>梁/m^3</td><td>板/m^3</td><td>楼梯/m^2</td><td>雨篷挑檐/m^2</td><td>墙/m^3</td><td>柱/m^3</td><td>门/m^2</td><td>窗/m^2</td><td>地面/m^2</td><td>楼面/m^2</td><td>屋面/m^2</td><td>外墙/m^2</td><td>内墙/m^2</td><td>天棚/m^2</td></tr>
<tr><td>工程量</td><td>—</td><td>14.59</td><td>1.49</td><td>3.10</td><td>10.07</td><td>3.58</td><td>6.15</td><td>32.79</td><td>—</td><td>17.92</td><td>14.70</td><td>16.96</td><td>71.27</td><td>21.00</td><td>85.28</td><td>287.58</td><td>96.48</td></tr>
<tr><td rowspan="2">每 100m^3 建筑面积主要工料指标</td><td>名称</td><td>定额用工/工日</td><td>钢筋/t</td><td>工程用材/m^3</td><td>周转材/m^3</td><td>水泥/t</td><td>红砖/千匹</td><td>碎石/m^3</td><td>砂/m^3</td><td>石灰/t</td><td>石米/t</td><td>玻璃/m^2</td><td>陶瓷锦砖/m^2</td><td>瓷片/千块</td></tr>
<tr><td>数量</td><td>620.40</td><td>2.80</td><td>2.34</td><td>3.05</td><td>14.83</td><td>22.50</td><td>25.27</td><td>49.75</td><td>1.29</td><td>0.69</td><td>18.63</td><td>11.64</td><td>1.54</td></tr>
</table>

3.5 投资估算指标

3.5.1 投资估算指标的概念与作用

投资估算指标的制定是工程建设管理的一项重要基础工作。估算指标是编制项目建议书和可行性研究报告投资估算的依据，也可作为编制固定资产长远规划投资额的参考。估算指标中的主要材料消耗也是一种扩大材料消耗定额，可作为计算建设项目主要材料消耗量的基础。科学、合理地制定估算指标，对于保证投资估算的准确性和项目决策的科学化，都具有重要意义。

3.5.2 投资估算指标的编制原则

投资估算指标的编制应遵循以下原则。

(1) 投资估算指标编制的内容、范围和深度，应与规定的建设项目建议书和可行性研究报告编制的内容、范围和深度相适应，应能满足以后一定时期编制投资估算的需要。估算指标的编制资料应选择符合行业发展政策，有代表性、有重复使用价值的资料。

(2) 投资估算指标的分类要结合各专业工程特点。项目划分要反映建设项目总造价、单项工程造价确切构成和分项的比例，要简明列出工作项目、工作内容、表现形式，要便于使用，应有与项目建议书、可行性研究报告深度适应的各项指标的量化值。

(3) 投资估算指标的制定要遵循国家有关工程建设的方针政策，符合近期技术发展方向和技术政策，反映正常情况下的造价水平，并适当留有余地。

(4) 投资估算指标要有粗、有细、有量、有价，附有必要的调整、换算办法，以便根据工程的具体情况灵活使用。

3.5.3 投资估算指标的分类及表现形式

由于建设项目建议书、可行性研究报告编制深度不同，本着方便使用的原则，估算指标应结合行业工程特点，按各项指标的综合程度相应分类。它一般可分为：建设项目指标、单项工程指标和单位工程指标。

1. 建设项目指标

建设项目指标一般是指按照一个总体设计进行施工的、经济上统一核算、行政上有独立组织形式的建设工程为对象的总造价指标，也可表现为以单位生产能力(或其他计量单位)为计算单位的综合单位造价指标。总造价指标(或综合单位造价指标)的费用构成包括：按照国家有关规定列入建设项目总造价的全部建筑安装工程费、设备工器具购置费、其他费用、预备费等。

建设期贷款利息和铺底流动资金，应根据建设项目资金来源的不同，按照主管部门规定，在编制投资估算时单算，并列入项目总投资中。

2．单项工程指标

单项工程指标一般是指组成建设项目、能够单独发挥生产能力和使用功能的各单项工程为对象的造价指标。它应包括单项工程的建筑安装工程费，设备、工器具购置费和应列入单项工程投资的其他费用，还应列有单项工程占总造价的比例。

建设项目指标和单项工程指标应分别说明与指标相应的工程特征，工程组成内容，主要工艺、技术指标，主要设备名称、型号、规格、重量、数量和单价，其他设备费占主要设备费的百分比，主要材料用量和价格等。

3．单位工程指标

单位工程指标一般是指组成单项工程、能够单独组织施工的工程，如建筑物、构筑物等为对象的指标，一般是以 m^2、m^3、延长米、座、套等为计算单位的造价指标。

单位工程指标应说明工程内容，建筑结构特征，主要工程量，主要材料量，其他材料费占主要材料费比例，人工工日数以及人工费、材料费、施工机械费占单位工程造价的比例。

估算指标应有附录。附录应列出不同建设地点、自然条件以及设备材料价格变化等情况下，对估算指标进行调整换算的调整办法和各种附表。

某地区某框剪结构单项工程投资估算指标如表 3-6 所示。

表 3-6　某框剪结构单项工程投资估算指标

<table>
<tr><td colspan="6">一、工程概况</td></tr>
<tr><td>建设地点</td><td></td><td>檐高</td><td colspan="3">83.58 米</td></tr>
<tr><td>编制时间</td><td>2007.8</td><td>建筑面积</td><td colspan="3">36 118 平方米</td></tr>
<tr><td rowspan="2">工程用途</td><td rowspan="2">写字楼</td><td rowspan="2">层数</td><td rowspan="2">24</td><td>地上</td><td>22</td></tr>
<tr><td>地下</td><td>2</td></tr>
<tr><td>结构类型</td><td>框剪结构</td><td>层高</td><td colspan="3">首层 5.1 米，标准层 3.5 米</td></tr>
<tr><td rowspan="9">建筑工程</td><td>基础</td><td colspan="4">满堂红基础</td></tr>
<tr><td rowspan="3">结构</td><td colspan="4">墙体：300 厚现浇混凝土剪力墙，填充墙为 240 厚空心砖墙</td></tr>
<tr><td colspan="4">板：120 厚、180 厚的现浇钢筋混凝土有梁板</td></tr>
<tr><td colspan="4">屋面：30 厚聚苯乙烯挤塑泡沫板保温层，防水层作法为：1.5 厚水泥基渗透结晶型防水卷材一道，1.5 厚水泥基渗透结晶型防水涂膜一道</td></tr>
<tr><td rowspan="5">装饰</td><td colspan="4">楼地面：楼地面铺 1000×1000 地砖，地下层为水泥砂浆地面</td></tr>
<tr><td colspan="4">门窗：铝合金门窗</td></tr>
<tr><td colspan="4">天棚：天棚刷乳胶漆涂料，局部铝合金条板吊顶</td></tr>
<tr><td colspan="4">内墙：办公区域刷乳胶漆涂料，公共区域轻钢龙骨纸面石膏板吊顶</td></tr>
<tr><td colspan="4">外墙：无</td></tr>
</table>

续表

安装工程	电气	照明：焊接钢管、线缆敷设、配电箱、普通灯具
		动力：焊接钢管、线缆敷设、配电箱(柜)
		防雷接地：卫生间等电位连接，避雷网敷设，利用底板钢筋及母线作接地极
		弱电：焊接钢管、线缆敷设
	给排水	给水管道为不锈钢复合管、排水管道为焊接钢管、UPVC 排水管
	采暖	采暖管道为铝合金衬塑管，钢塑成品散热器安装
	通风空调	无
	消防	元

二、单位工程指标

项目	总价/元	平方米造价/元	百分比/%
建筑装饰工程	36 272 084	1 004.27	64.56
安装工程	5 439 323	150.60	9.68
措施项目	10 227 332	283.16	18.20
其他项目	5 309.95	0.15	0.01
规费	2 389 418	66.16	4.25
税金	1 852 765	51.30	3.30
合计	56 186 231	1 555.64	100

三、单位工程造价构成(各分部工程平方米造价)

建筑工程	土方、土方回填	混凝土桩	砌筑	现浇混凝土	预制混凝土	钢筋	防水	屋面及屋面防水
1 004.27	5.47	61.63	35.54	257.96	1.16	365.84	4.98	4.00
	0.54%	6.14%	3.54%	25.69%	0.12%	36.43%	0.50%	0.40%
100.00%	防腐、隔热、保温	螺栓及铁件	楼地面	墙柱面	零星装饰	天棚	门窗	其他工程
	3.83	0.12	131.42	58.52	1.12	20.78	50.87	1.03
	0.38%	0.01%	13.09%	5.83%	0.11%	2.07%	5.07%	0.10%
安装工程	给排水	采暖	电气					
150.60	22.19	44.91	83.49					
100.00%	14.74%	29.82%	55.44%					

四、实物工程量指标

指标名称	百平方米工程量	指标名称	百平方米工程量
挖土方量/m^3	76	回填土量/m^3	6.75
混凝土量/m^3	54.06	砖砌筑量/m^3	12.16
现浇混凝土钢筋/t	8.54	砌筑加筋/t	0.015
楼地面整体面层面积/m^2	15.48	楼地面块料面层面积/m^2	70.20
外墙面装饰面积/m^2	0	内墙面涂料面积/m^2	294.37
天棚涂料面积/m^2	52.22	天棚吊顶面积/m^2	20.57

五、人材机消耗指标

指标名称	百平方米数量	指标名称	百平方米数量	指标名称	百平方米数量	指标名称	百平方米数量
钢筋/t	9.39	模板用木材/m^3	0.91	铝合金门/m^2	1.73	石膏装饰板/m^2	15.58
砂子/t	11.02	水泥/t	5.2	塑料给水管/m	5.05	焊接钢管/m	181.39
石子/t	0.85	多孔砖/块	880.79	塑料排水管/m	7.41	电缆/m	27.77
防水卷材/m^2	6.48	防水涂料/kg	46.46	散热器/组	2.92	电线/m	215.22
地面砖/m^2	82.85	铝合金窗/m^3	6.41				

复习思考题

一、名词解释

工程定额、定额水平、劳动定额、材料消耗定额、机械台班使用定额、预算定额

二、简答题

1. 什么是定额基价？如何编制定额基价？
2. 画图说明个人工作时间分析。
3. 简述机械台班工作时间分析。
4. 简述各种资源单价的构成。

4.1 投资估算概述

4.1.1 投资估算的概念及内容

在国外，如英美等国，通常将建设项目从酝酿、提出设想直至施工图设计各阶段项目投资所做的预测均称为估算。本书中所指的投资估算是指在拟建设项目的投资决策阶段，在对项目的建设规模、技术方案、设备方案以及工程方案等进行研究并基本确定的基础上，采用一定的方法，对拟建项目投资额进行预测和确定的过程。投资估算是拟建项目编制项目建议书、可行性研究报告的重要组成部分。

根据国家规定，从满足建设项目经济评价的角度，建设项目投资估算应由固定资产投资和全部流动资金组成。从满足建设项目投资计划和投资规模的角度，建设项目投资估算包括固定资产投资和流动资金两个部分，如图 4-1 所示。

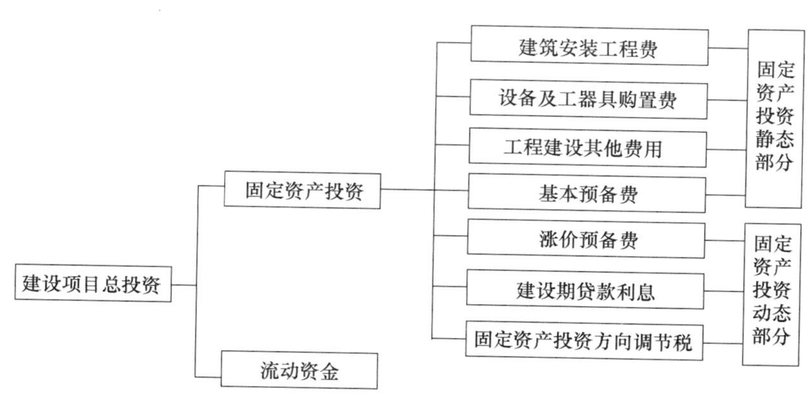

图 4-1 建设项目投资估算内容

固定资产投资又分为静态投资和动态投资两个部分。设备及工器具购置费、建筑安装工程费用、工程建设其他费用、基本预备费构成建设项目静态投资；涨价预备费、建设期贷款利息、固定资产投资方向调节税(暂停)构成建设项目动态投资。

流动资金是指生产经营性项目投产后，用于购买原材料、燃料、支付工资及其他经营费用等所需的周转资金。流动资金是伴随着建设投资而发生的长期占用的流动资产投资，即为财务中的营运资金。通常将建设项目所需流动资金的 30%列入建设项目总投资中，称为铺底流动资金。

4.1.2 投资估算的作用

投资估算是项目建议书和可行性研究报告的重要组成部分，是项目投资决策的主要依据之一。正确的项目投资估算是保证投资决策正确的关键环节，是工程造价管理的总目标，其准确与否直接影响到项目的决策、工程规模、投资经济效果，并影响到工程建设能否顺利进行。作为论证拟建项目的重要经济文件，有着极其重要的作用，具体可归纳为以下几点。

(1) 项目建议书阶段的投资估算，是多方案比选、优化设计、合理确定项目投资的基础。是项目主管部门审批项目建议书的依据之一，并对项目的规划、规模控制起参考作用，从经济上判断项目是否应列入投资计划。

(2) 项目可行性研究阶段的投资估算，是项目投资决策的重要依据，是正确评价建设项目投资合理性，分析投资效益，为项目决策提供依据的基础。当可行性研究报告被批准之后，其投资估算额就作为建设项目投资的最高限额，不得随意突破。

(3) 项目投资估算对工程设计概算起控制作用，它为设计提供了经济依据和投资限额，设计概算不得突破批准的投资估算额。投资估算一经确定，即成为设计的投资限额，作为控制和指导设计工作的尺度。

4.1.3 投资估算的阶段划分

在国外，如英美等国，对一个建设项目从开发设想直至施工图设计阶段，在此期间对项目投资的预测均称之为估算。按照不同的设计深度、技术条件和估算精度，英美等国把建设项目投资估算分为 5 个阶段(见表 4-1)：投资设想阶段的投资估算、投资机会研究阶段的投资估算、项目初步可行性研究阶段的投资估算、项目详细可行性研究阶段的投资估算、工程设计阶段的投资估算。从表 4-1 中可以看出，由于投资估算是对未来费用的预测和规划，所以英美各国的定义更符合广泛意义的估算定义；而我国则侧重从投资决策阶段来对其进行定义。根据两者的差异，可以看出我国投资估算与国外投资决策阶段的估算方式相对应。

表 4-1 英国、美国固定资产投资估算阶段划分表

序 号	估算种类、要求的精度及作用						所需时间/d	估算所需的技术条件
	英 国	允许误差	作 用	美 国	允许误差	作 用		
1. 投资设想阶段	数量级估算或称“拍脑袋估算”	<±30%	设想兴趣粗略估算	毛估	20%～30%	判断是否进行下一阶段工作	7	产品大纲、工厂规模、工厂地址和布置
2. 投资机会研究阶段	研究性估算	≤±20%	判断下达设计任务书	研究性估算	15%～20%	设想列入投资计划	10	除上所列还包括设备表及设备价格表
3. 项目初步可行性研究阶段	预算性估算	<±10%～±15%	决定下达设计任务书，批准资金	初步估算	10%～15%	据此列入投资计划	14	除上所列还包括发动机功率表、管线及仪表示意图、电器原理单线图
4. 项目详细可行性研究阶段	控制估算、确切估算	<±10%	控制投资	确切估算	5%～10%	确定投资额	21	除上所列还包括建筑结构一览表、现场施工条件
5. 工程设计阶段	详细估算、投标估算、最终估算	≤±5%	投标合同拨款	详细估算	<5%	投标合同拨款	61	除上所列还包括详细的施工图和技术说明书

在我国，建设项目投资决策可划分为投资机会研究或项目建设书阶段、初步可行性研究阶段及详细可行性研究阶段，因此投资估算工作也分为相应3个阶段。在不同的阶段，由于掌握的资料不同，投资估算的精确程度是不同的。随着项目条件的细化，投资估算会不断地深入、准确，从而对项目投资起到有效的控制作用。

1. 投资机会研究或项目建设书阶段的投资估算

这一阶段主要是选择有利的投资机会，明确投资方向，提出概略的项目投资建议，并编制项目建议书。该阶段工作比较粗略，投资额的估计一般是通过与已建类似项目的对比得来的，因而投资估算的误差率可在30%左右。

2. 初步可行性研究阶段的投资估算

这一阶段主要是在项目建议书的基础上，进一步确定项目的投资规模、技术方案、设备选型、建设地址选择和建设进度等情况，进行建设项目经济效益评价，初步判断项目的可行性，做出初步投资评价。该阶段是介于项目建议书和详细可行性研究之间的中间阶段，投资估算的误差率一般要求控制在20%左右。

3. 详细可行性研究阶段的投资估算

详细可行性研究阶段也称为最终可行性研究阶段，在该阶段应最终确定建设项目的各项市场、技术、经济方案，并进行全面、详细、深入的技术经济分析，选择拟建项目的最佳投资方案，对项目的可行性提出结论性意见。该阶段研究内容详尽，投资估算的误差率应控制在 10%以内。这一阶段的投资估算是项目可行性论证、选择最佳投资方案的主要依据，也是编制设计文件、控制设计概算的主要依据。

在工程投资决策的不同阶段编制投资估算，由于条件不同，对其准确度的要求也就有所不同，不可能超越客观现实，要求与最终实际投资完全一致。编制人应充分把握市场变化，在投资决策的不同阶段对所掌握的资料加以全面分析，使得在该阶段所编制的投资估算满足相应的准确性要求，即可达到为投资决策提供依据、对项目投资起到有效控制的作用。

4.2 投资估算的编制依据与编制方法

由于投资估算的编制阶段及用途的不同，投资估算的编制依据、深度及编制方法也有所不同。一般情况下，对于主要的工程项目，应分别编制每个单位工程的投资估算，甚至更详细的投资估算，然后再汇总成一个单项工程的投资估算。对于附属项目或次要项目，可以单项工程为对象编制投资估算。对于其他各项费用可以按单项费用编制。

4.2.1 投资估算的编制依据

投资估算的编制依据介绍如下。

(1) 项目建议书(或建设规划)、可行性研究报告(或设计任务书)、方案设计(包括设计招标或城市建筑方案设计竞选中的方案设计)等。

(2) 各类单项工程、单位工程及各单项费用的投资估算指标、概算指标等。

(3) 主要工程项目、辅助工程项目及其他各单项工程的建设内容及工程量。

(4) 当地、当时人工、材料、机械设备预算价格及其市场价格。

(5) 专门机构发布的建设工程造价及费用构成、估算指标、计算方法，以及其他有关工程估算造价的文件。

(6) 现场情况，如地理位置、地质条件、交通、供水、供电条件等。

(7) 影响建设工程投资的动态因素，如利率、汇率、税率等。

(8) 类似工程竣工决算资料及其他经验参考数据。

在编制投资估算时占有的资料越完备、具体，编制的投资估算就越准确、越全面，同时编制人还应该把握投资估算中的动态因素，使得其结果能够真实地反映建设项目未来的投资状况。

4.2.2 投资估算的编制方法

1. 静态投资部分估算方法

1) 单位产品法

单位产品法主要用于新建项目或新建装置的投资估算，是一种用单位产品投资推测新建项目投资额的简便方法，其特点是计算简便迅速，但是误差率较大。因此，该方法适用于投资机会研究或项目建议书阶段的投资估算编制。

【例 4-1】 2010 年某地拟建年产量 100 万吨的石油炼化项目，已知，该地区 2005 年年初建成的 40 万吨的同类项目，根据竣工决算资料，其单位产品的投资为 2 080 元/吨，试估算该拟建项目静态投资。(考虑到时间、规模、工艺等因素的变化，综合调整系数取 1.5)

解：拟建项目的投资额=1 000 000×2 080×1.5

=3 120 000 000(元)=31.2(亿元)

2) 资金周转率法

资金周转率法是一种用资金周转率来推测投资额的简便方法。这种方法比较简便，计算速度快，但精确度较低，同样可用于投资机会研究及项目建议书阶段的投资估算。

其公式如下。

$$\text{投资额}=\frac{\text{产品的年产量}\times\text{产品单价}}{\text{资金周转率}} \tag{4-1}$$

$$\text{资金周转率}=\frac{\text{年销售总额}}{\text{总投资}}=\frac{\text{产品的年产量}\times\text{产品单价}}{\text{总投资}} \tag{4-2}$$

拟建项目的资金周转率可以根据已建相似项目的有关数据进行估计，然后再根据拟建项目的预计产品的年产量及单价，进行估算拟建项目的投资额。

3) 生产能力指数法

生产能力指数法根据已建成的，性质类似的建设项目或生产装置的投资额和生产能力及拟建项目或生产装置的生产能力估算拟建项目的投资额。其计算公式为

$$C_2=C_1(Q_2/Q_1)^n f \tag{4-3}$$

式中：C_1——已建类似项目或装置的投资额；

C_2——拟建项目或装置的投资额；

Q_1——已建类似项目或装置的生产能力；

Q_2——拟建项目或装置的生产能力；

f——不同时期、不同地点的定额、单价、费用变更等的综合调整系数；

n——生产能力指数，$0\leqslant n\leqslant 1$。

若已建类似项目或装置的规模和拟建项目或装置的规模相差不大，生产规模比值为 0.5～2，则指数 n 的取值近似为 1。

若已建类似项目或装置与拟建项目或装置的规模相差不大于 50 倍，且拟建项目规模的扩大仅靠增大设备规模来达到时，则 n 的取值为 0.6～0.7；若是靠增加相同规格设备的数量

达到时，n 的取值为 0.8～0.9。

采用这种方法，计算简单，速度快；但要求类似工程的资料可靠，条件基本相同，否则误差就会增大。

【例 4-2】 已知年产量 40 万吨的乙烯项目投资额为 10.8 亿元，试估算年产量 70 万吨的乙烯项目的静态投资。(n=0.5，f=1.2)

解：$C_2=C_1(Q_2/Q_1)^n\times f=10.8\times(70/40)^{0.7}\times1.2=17.14$(亿元)

4) 比例估算法

比例估算法是以拟建项目的设备费或主要工艺设备投资为基数，以其他相关费用占基数的比例系数来估算项目总投资的方法。

(1) 以新建项目或装置的设备费为基数进行估算。

这种方法是以新建项目或装置的设备费为基数，根据已建成的同类项目或装置的建筑安装费和其他工程费用等占设备价值的百分比，求出相应的建筑安装及其他工程费用等，再加上拟建项目的其他有关费用，其总和即为新建项目或装置的投资。其公式如下。

$$C=E(1+f_1p_1+f_2p_2+f_3p_3+\cdots+f_np_n)+I \tag{4-4}$$

式中：C——拟建项目或装置的投资额；

E——根据拟建项目或装置的设备清单按当时当地价格计算的设备费(包括运杂费)的总和；

p_1，p_2，p_3，…，p_n——已建项目中建筑、安装及其他工程费用等占设备费百分比；

f_1，f_2，f_3，…，f_n——由于时间因素引起的定额、价格、费用标准等变化的综合调整系数；

I——拟建项目的其他费用。

(2) 以新建项目或装置的主要工艺设备投资为基数进行估算。

这种方法是以拟建项目中的最主要、投资比重较大并与生产能力直接相关的工艺设备的投资(包括运杂费及安装费)为基数，根据同类型的已建项目的有关统计资料，计算出拟建项目的各专业工程(总图、土建、暖通、给排水、管道、电气及电信、自控及其他工程费用等)占工艺设备投资的百分比，据以求出各专业的投资，然后把各部分投资费用(包括工艺设备费)相加求和，再加上工程其他有关费用，即为项目的总费用。其表达式为

$$C=E(1+f_1q_1+f_2q_2+f_3q_3+\cdots+f_nq_n)+I \tag{4-5}$$

式中：q_1，q_2，q_3，…，q_n——各专业工程费用占工艺设备费用的百分比。

【例 4-3】 拟于 2012 年 A 地区地兴建一年产 40 万吨石油炼化产品的工厂，根据市场调研，获得 B 地区 2008 年建成投产的年产 20 万吨同类产品建设投资资料。

设备费 122 000 万元，建筑工程费 17 600 万元，安装工程费 7 500 万元，工程建设其他费 8 800 万元。

又知，根据设备厂家询价，新建项目设备费约为 186 000 万元。拟建项目其他相关费用估算投资 2 500 万元，考虑因时间因素导致的建筑工程费、安装工程费、工程建设其他费的综合调整系数分别为 1.3、1.15、1.2，估算拟建项目的静态投资。

解：(1) 根据调研资料，建筑工程费、安装工程费、工程建设其他费占设备费的百分比分别为

建筑工程费：17 600/122 000=0.144

安装工程费用：7 500/122 000=0.061

工程建设其他费：8 800/122 000=0.072

(2) 以新建项目设备费为基数，估算新建项目静态投资：

C=186 000×(1+0.144×1.3+0.061×1.15+0.072×1.2)+2 500=208 600(万元)

5) 系数估算法

系数估算法也称为因子估算法，系数估算法的方法较多，有代表性的包括朗格系数法、设备与厂房系数法等。

(1) 朗格系数法。

以设备费为基础，乘以朗格系数来推算项目的建设费用。其基本公式为

$$D=L\cdot C \tag{4-6}$$

式中：D——总建设费用；

C——主要设备费用；

L——朗格系数。

朗格系数 L 与工艺流程有关，目前已编制了固体流程、流体流程、固流流程的朗格系数，供估价时采用，如表 4-2 所示。

表 4-2　朗格系数表

项　目		固体流程	固流流程	流体流程
朗格系数 L		3.1	3.63	4.74
内容	①包括基础、设备、绝热、油漆及设备安装费	E×1.43		
	②包括上述在内和配管工程费	①×1.1	①×1.25	①×1.6
	③装置直接费	②×1.5		
	④包括上述在内和间接费，即总费用 C	③×1.31	③×1.35	③×1.38

采用朗格系数法进行项目的投资估算，其精确度仍然不高，主要是系数本身不含设备规格及材质方面的差异。

(2) 设备与厂房系数法。

对于一个生产性项目，如果设计方案已确定了生产工艺，且初步选定了工艺设备并进行了工艺布置，就有了工艺设备的重量及厂房的高度和面积，则工艺设备投资和厂房土建的投资就可分别估算出来。项目的其他费用，与设备关系较大的按设备投资系数计算，与厂房土建关系较大的则以厂房土建投资系数计算，两类投资加起来就可以得出整个项目的投资。

【例 4-4】若某中型轧钢车间的工艺设备投资和厂房土建投资已经估算出来，试采用设备与厂房系数法估算该生产车间的建设投资。

解：(1) 与设备有关的专业投资系数为

工艺设备	1
超重运输设备	0.09
加热炉及烟囱烟道	0.12
汽化冷却	0.01
余热锅炉	0.04
供电及传动	0.18
自动化仪表	0.02

系数合计 1.46

(2) 与厂房土建有关的专业投资系数为

厂房土建(包括设备基础)	1
给排水工程	0.04
采暖工程	0.03
工业通风	0.01
电气管道	0.01

系数合计 1.09

则，整个车间投资=设备及安装费×1.46+厂房土建(包括设备基础)×1.09

6) 指标估算法

根据编制的各种具体的投资估算指标，进行单位工程投资的估算。投资估算指标的表示形式较多，如以元/m、元/m^2、元/m^3、元/t 等表示。根据这些投资估算指标，乘以所需的面积、体积、容量等，就可以求出相应的土建工程、给排水工程、照明工程、采暖工程、变配电工程等各单位工程的投资。在此基础上，可汇总成某一单项工程的投资。另外再估算工程建设其他费用及预备费，即可得所需的投资。

2. 动态投资部分估算方法

动态投资部分主要指建设期贷款利息、涨价预备费，其估算方法已在本书第 2 章做了阐述。

3. 铺底流动资金的估算方法

1) 铺底流动资金概述

铺底流动资金是保证项目投产后，能正常生产经营所需要的最基本的周转资金数额。铺底流动资金是项目总投资中流动资金的一部分，在项目决策阶段，这部分资金就要落实，铺底流动资金的计算公式为

$$铺底流动资金=流动资金\times 30\% \tag{4-7}$$

这里的流动资金是指建设项目投产后为维持正常生产经常用于购买原材料、燃料、支付工资及其他生产经营费用等所必不可少的周转资金。它是伴随着固定资产投资而发生的永久性流动资产投资，其等于项目投产运营后所需全部流动资产扣除流动负债后的余额。

其中，流动资产主要考虑应收账款、现金和存货；流动负债主要考虑应付和预收款。由此可以看出，这里所解释的流动资金的概念，实际上就是财务中的营运资金。

2) 流动资金的估算方法

流动资金的估算一般采用以下两种方法。

(1) 扩大指标估算法。扩大指标估算法是按照流动资金占某种基数来估算流动资金。一般常用的基数有销售收入、经营成本、总成本费用和固定资产投资等，究竟采用何种基数依行业习惯而定。所采用的比率根据经验确定，或根据现有同类企业的实际资料确定，或依行业、部门给定的参考值确定。扩大指标估算法简便易行，但准确度不高，适用于项目建议书阶段的估算。

① 产值(或销售收入)资金率估算法。

$$流动资金额=年产值(年销售收入额)\times产值(销售收入)资金率 \tag{4-8}$$

例如，某项目投产后的年产值为 1.5 亿元，其同类企业的百元产值流动资金占用额为 17.5 元，则该项目的流动资金估算额为

$$15\,000\times17.5/100=2\,625(万元)$$

② 经营成本(或总成本)资金率估算法。经营成本是一项反映物质、劳动消耗和技术水平、生产管理水平的综合指标。一些工业项目，尤其是采掘工业项目常用经营成本(或总成本)资金估算流动资金。

$$流动资金额=年经营成本(总成本)\times经营成本资金率(总成本资金率) \tag{4-9}$$

③ 固定资产投资资金率估算法。固定资产投资资金率是流动资金占固定资产投资的百分比。如化工项目流动资金约占固定资产投资的 15%～20%，一般工业项目流动资金约占固定资产投资的 5%～12%。

$$流动资金额=固定资产投资\times固定资产投资资金率 \tag{4-10}$$

(2) 分项详细估算法。分项详细估算法，也称分项定额估算法。它是国际上通行的流动资金估算方法，是按照下列公式，分项详细估算。

$$流动资金=流动资产-流动负债 \tag{4-11}$$

$$流动资产=现金+应收及预付账款+存货 \tag{4-12}$$

$$流动负债=应付账款+预收账款 \tag{4-13}$$

$$流动资金本年增加额=本年流动资金-上年流动资金 \tag{4-14}$$

4.3　投资估算编制实例

【例 4-5】某企业拟兴建一项年产某种产品 3 000 万吨的工业生产项目，该项目由一个综合生产车间和若干附属工程组成。项目建议书中提供的同行业已建年产 2 000 万吨类似综合生产车间项目主设备投资和与主设备投资有关的其他专业工程投资系数如表 4-3 所示。

表 4-3 已建类似项目主设备投资和与主设备投资有关的其他专业工程投资系数表

主设备投资	锅炉设备	加热设备	冷却设备	仪器仪表	起重设备	电力传动	建筑工程	安装工程
2 200 万元	0.12	0.01	0.04	0.02	0.09	0.18	0.27	0.13

拟建项目的附属工程由动力系统、机修系统、行政办公楼工程、宿舍工程、总图工程、场外工程等组成，其投资初步估计如表 4-4 所示。

表 4-4 附属工程投资初步估计数据表 单位：万元

工程名称	动力系统	机修系统	行政办公楼	宿舍工程	总图工程	场外工程
建筑工程费用	1 800	800	2 500	1 500	1 300	80
设备购置费用	35	20				
安装工程费用	200	150				
合　计	2 035	970	2 500	1 500	1 300	80

据估计工程建设其他费用约为工程费用的 20%，基本预备费率为 5%。预计建设期物价年平均上涨率为 3%。该项目建设投资的 70%为企业自有资本金，其余资金采用贷款方式解决，贷款利率为 7.85%(按年计息)。在 2 年建设期内贷款和资本金均按第 1 年 60%、第 2 年 40%投入。

问题:

1. 试用生产能力指数估算法估算拟建项目综合生产车间主设备投资。拟建项目与已建类似项目主设备投资综合调整系数取 1.20，生产能力指数取 0.85。

2. 试用主体专业系数法估算拟建项目综合生产车间投资额。经测定拟建项目与类似项目由于建设时间、地点和费用标准的不同，在锅炉设备、加热设备、冷却设备、仪器仪表、起重设备、电力传动、建筑工程、安装工程等专业工程投资综合调整系数分别为：1.10、1.05、1.00、1.05、1.20、1.20、1.05、1.10。

3. 估算拟建项目全部建设投资，编制该项目建设投资估算表。

4. 计算建设期贷款利息。

解：1. 拟建项目综合生产车间主设备投资=2 200×$(3\ 000/2\ 000)^{0.85}$×1.20=3 726.33(万元)

2. 拟建项目综合生产车间投资额=设备费用+建筑工程费用+安装工程费用

(1) 设备费用=3 726.33×(1+1.10×0.12+1.05×0.01+1.00×0.04+1.05×0.02+1.20×0.09+1.20×0.18)

=3 726.33×(1+0.528) =5 693.83(万元)

(2) 建筑工程费用=3 726.33×(1.05×0.27)=1 056.41(万元)

(3) 安装工程费用=3 726.33×(1.10×0.13)=532.87(万元)

拟建项目综合生产车间投资额=5 693.83+1 056.41+532.87=7 283.11(万元)

3. (1) 工程费用=拟建项目综合生产车间投资额+附属工程投资

=7 283.11+2 035+970+2 500+1 500+1 300+80=15 668.11(万元)

(2) 工程建设其他费用=工程费用×工程建设其他费用百分比=15 668.11×20%=31 33.62(万元)

(3) 基本预备费=(工程费用+工程建设其他费用)×基本预备费率

=(15 668.11+ 3 133.62)×5%=940.09(万元)

(4) 静态投资合计=15 668.11+ 3 133.62+940.09=19 741.82(万元)

(5) 建设期各年静态投资如下。

第 1 年：19 741.82×60%=11 845.09(万元)

第 2 年：19 741.82×40%=7 896.73(万元)

(6) 涨价预备费。

$$涨价预备费=11845.09\times[(1+3\%)^{1}-1]+7\ 896.73\times[(1+3\%)^{2}-1]$$
$$=355.35+480.91=836.26(万元)$$

(7) 预备费。

预备费=940.09.35+836.26=1 776.35(万元)

拟建项目全部建设投资=19 741.82+836.26=20 578.08(万元)

(8) 拟建项目建设投资估算表如表 4-5 所示。

表 4-5 拟建项目建设投资估算表 单位：万元

序号	工程费用名称	建筑工程费	设备购置费	安装工程费	工程建设其他费	合 计	比例/%
1	工程费	9 036.41	5 748.83	882.87		15 668.11	76.14
1.1	综合生产车间	1 056.41	5 693.83	532.87		7 283.11	
1.2	动力系统	1 800.00	35.00	200.00		2 035.00	
1.3	机修系统	800.00	20.00	150.00		970.00	
1.4	行政办公楼	2 500.00				2 500.00	
1.5	宿舍工程	1 500.00				1 500.00	
1.6	总图工程	1 300.00				1 300.00	
1.7	场外工程	80.00				80.00	
2	工程建设其他费				3 133.62	3 133.62	15.23
	合计(1+2)	9 036.41	5 748.83	882.87	3 133.62	18 801.73	
3	预备费				1 776.35	1 776.35	8.63
3.1	基本预备费				940.49	940.49	
3.2	涨价预备费				836.26	836.26	
建设投资合计(1+2+3)		9 036.41	5 748.83	882.87	4 909.97	20 578.08	
比例/%		43.91	27.94	4.29	23.86		

4. (1) 建设期每年贷款额如下。

第 1 年贷款额=20 578.08×60%×30%=3 704.05(万元)

第 2 年贷款额=20 578.08×40%×30%=2 469.37(万元)

(2) 建设期贷款利息如下。

第 1 年贷款利息=(0+3 704.05÷2)×7.85%=145.38(万元)

第 2 年贷款利息=[3 704.05+145.38)+(2 469.37÷2)]×7.85%

=(3 849.43+1 234.69)×7.85%=399.10(万元)

建设期贷款利息合计=145.38+399.10=544.48(万元)

复习思考题

1. 简述投资估算的概念。投资估算由哪些费用构成?
2. 简述投资估算的作用。
3. 简述投资估算的阶段划分。
4. 简述静态投资估算方法。
5. 简述铺底流动资金估算方法。

第5章　设计概算与施工图预算

5.1　设 计 概 算

5.1.1　设计概算的概念

设计概算是确定和控制工程造价的文件，是初步设计文件的重要组成部分。它是由设计单位根据初步设计图纸(或扩大初步设计)图纸及说明书，利用国家或地区颁发的概算指标、概算定额或综合指针预算定额、设备材料预算价格等数据，按照设计要求，概略地计算建筑物或构筑物造价的档。采用两阶段设计的建设项目，初步设计阶段必须编制设计概算；采用三阶段设计的建设项目，扩大初步设计阶段需要编制修正概算。

5.1.2　设计概算的作用

1．设计概算是编制建设项目投资计划、确定和控制建设项目投资的依据

根据国家的有关规定，编制年度固定资产投资计划，确定计划投资总额及其构成数额，要以批准的初步设计概算为依据，没有批准的初步设计档及其概算的建设工程不能列入年度固定资产投资计划。

设计概算一经批准，将作为控制建设项目投资的最高限额。在项目建设过程中，年度固定资产投资计划安排，银行拨款或贷款、施工图设计及预算、竣工决算等，未经按规定的程序批准，都不能突破这一限额。如果由于设计变更等原因，建设费用超过概算，必须重新经有关部门审查批准。

2．设计概算是签订建设工程合同和贷款合同的依据

《合同法》中明确规定，建设工程合同价款是以设计概算为依据，且总承包合同不得超过设计总概算的投资额。银行贷款或各单项工程的拨款额累计不能超过设计概算。如果项

目投资所列支的投资额与贷款突破设计概算，必须查明原因，之后由建设单位报请上级主管部门调整或追加设计概算总投资。凡未经上级主管部门批准之前，银行对其超支部分不得追加贷款。

3．设计概算是控制施工图设计和施工图预算的依据

设计单位必须按照批准的初步设计和设计概算进行施工图设计，施工图预算不得突破设计概算。如果确实需要突破总概算时，应按规定程序报批。

4．设计概算是衡量设计方案技术经济合理性和选择最佳设计方案的依据

设计概算是从经济角度衡量设计方案技术经济合理性的重要依据，可以用它来对不同的设计方案进行技术与经济合理性的比较，以便选择最佳的设计方案。

5．设计概算是考核建设项目投资效果的依据

通过设计概算与竣工决算对比，可以分析和考核投资效果的好坏，同时还可以验证设计概算的准确性，有利于加强设计概算管理和建设项目的造价管理工作。

5.1.3 设计概算的内容

设计概算可分为单位工程概算、单项工程综合概算和建设项目总概算三级，各级概算之间的相互关系如图 5-1 所示。

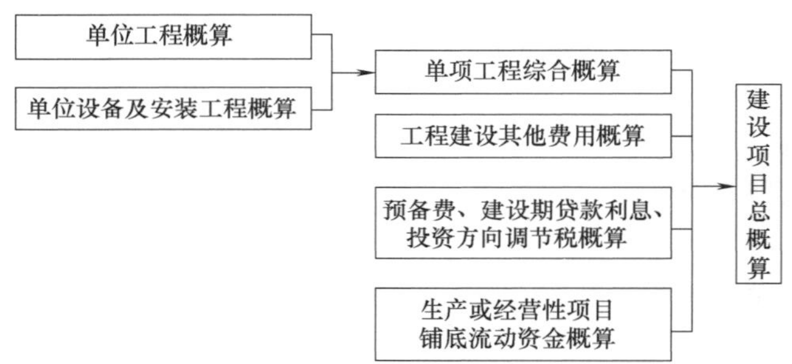

图 5-1 三级设计概算关系图

1．单位工程概算

单位工程概算是确定各单位工程建设费用的文件，是编制单项工程综合概算的依据，也是单项工程综合概算的组成部分。单位工程概算按其工程性质可分为建筑工程概算和设备及安装工程概算两大类。建筑工程概算一般包括土建工程概算，给排水、采暖工程概算，通风、空调工程概算，电气照明工程概算，弱电工程概算，特殊构筑物工程概算等；设备及安装工程概算包括机械设备及安装工程概算，电气设备及安装工程概算，热力设备及安装工程概算，工具、器具及生产家具购置费概算等。

2. 单项工程综合概算

单项工程综合概算是确定一个单项工程所需建设费用的档，它是由单项工程中的各单位工程概算汇总编制而成，是建设项目总概算的组成部分。单项工程综合概算的组成内容如图 5-2 所示。

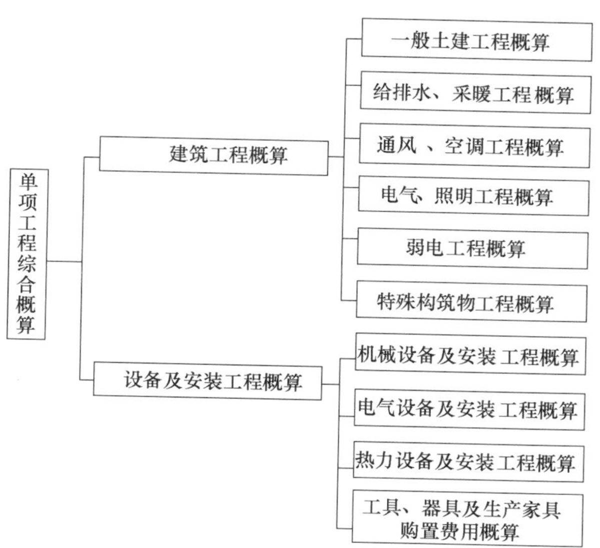

图 5-2　单项工程综合概算的组成内容

3. 建设项目总概算

建设项目总概算是对整个建设项目从筹建到竣工验收所需全部费用的匡算，它是由各单项工程综合概算、工程建设其他费用概算和预备费概算等汇总编制而成的。建设项目总概算的组成内容如图 5-3 所示。

若干个单位工程概算汇总后成为单项工程概算，若干个单项工程概算和其他工程费用、预备费、建设期利息等概算文件汇总成为建设项目总概算。

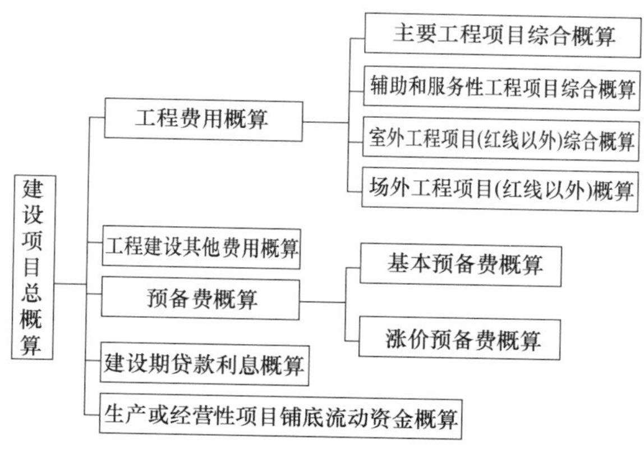

图 5-3　建设项目总概算的组成内容

5.1.4 设计概算的编制原则、编制依据与编制方法

1. 设计概算的编制原则

设计概算的编制应遵循以下几个原则。

(1) 严格执行国家的建设方针和经济政策的原则。设计概算是一项重要的技术经济工作，要严格按照国家的有关方针和政策执行，严格执行规定的设计标准。

(2) 要完整、准确地反映设计内容的原则。编制设计概算时，要认真了解设计意图，根据设计图纸准确计算工程量，避免重算和漏算。设计修改后，要及时修正概算。

(3) 要坚持结合拟建工程的实际，反映工程所在地当时价格水平的原则。为了提高设计概算的准确性，要求实事求是地对工程所在地的建设条件、可能影响造价的各种因素进行认真的调查研究。在此基础上正确使用定额、指标、费率和价格等各项编制依据，按照现行工程造价的构成，根据有关部门发布的价格信息及价格调整指数，考虑建设期的价格变化因素，使概算尽可能地反映设计内容、施工条件和实际价格。

2. 设计概算的编制依据

设计概算的编制依据介绍如下。

(1) 国家有关建设和造价管理的法律、法规和方针政策。

(2) 批准的建设项目的设计任务书(或批准的可行性研究文件)和主管部门的有关规定。

(3) 初步设计项目一览表。

(4) 能满足编制设计概算的各专业的设计图纸、文字说明和主要设备表，其中包括以下几个方面。

① 土建工程中建筑专业提交建筑平、立、剖面图和初步设计文字说明(应说明装修标准、门窗尺寸)；结构专业提交结构平面布置图、构件截面尺寸、特殊构件配筋率。

② 给水排水、电气、采暖通风、空气调节、动力等专业的平面布置图或文字说明和主要设备表。

③ 室外工程有关各专业提交平面布置图；总图专业提交建设场地的地形图和场地设计标高及道路、排水沟、挡土墙、围墙等构筑物的断面尺寸。

(5) 当地和主管部门的现行建筑工程和专业安装工程的概算定额、单位估价表、材料及构配件预算价格、工程费用定额和有关费用规定的文件等资料。

(6) 现行的有关设备原价及运杂费率。

(7) 现行的有关其他费用定额、指标和价格。

(8) 建设场地的自然条件和施工条件。

(9) 类似工程的概、预算及技术经济指标。

(10) 建设单位提供的有关工程造价的其他数据。

5.1.5　设计概算的编制方法

1．单位工程概算的编制方法

1) 单位工程概算的内容

单位工程概算书是计算一个独立建筑物或构筑物(即单项工程)中每个专业工程所需工程费用的文件，分为以下两类：建筑工程概算书和设备及安装工程概算书。单位工程概算文件应包括：建筑(安装)工程直接工程费计算表，建筑(安装)工程人工、材料、机械台班价差表，以及建筑(安装)工程费用构成表。

建筑工程概算的编制方法有概算定额法、概算指标法、类似工程预算法等；设备及安装工程概算的编制方法有预算单价法、扩大单价法、设备价值百分比法和综合吨位指标法等。单位工程概算投资由直接费、间接费、利润和税金组成。

2) 单位建筑工程概算的编制方法

(1) 概算定额法。概算定额法又称扩大单价法或扩大结构定额法，是采用概算定额编制建筑工程概算的方法。根据初步设计图纸资料和概算定额的项目划分计算出工程量，然后套用概算定额单价(基价)，计算汇总后，再计取有关费用，便可得出单位工程概算造价。

概算定额法要求初步设计达到一定深度，建筑结构比较明确，能按照初步设计的平面、立面、剖面图纸计算出楼地面、墙身、门窗和屋面等分部工程(或扩大结构件)项目的工程量时，才可以采用。

利用概算定额编制概算的具体步骤如下。

① 熟悉图纸，了解设计意图、施工条件和施工方法。

② 列出单项工程中分项工程或扩大分项工程的项目名称，并计算其工程量。

③ 确定各分部分项工程项目的概算定额单价。

④ 根据分部分项工程的工程量和相应的概算定额单价计算直接费用，合计得到单位工程直接工程费的总和。

⑤ 按照有关固定标准计算措施费，合计得到单位工程直接费。

⑥ 按照一定的取费标准计算间接费、利润和税金。

⑦ 将直接费、措施费、间接费、计划利润和税金相加即得到单位工程概算造价。

(2) 概算指标法。概算指标法是采用直接工程费指标，用拟建的厂房、住宅的建筑面积(或体积)乘以技术条件相同或基本相同工程的核算指标，得出直接工程费，然后按规定计算出措施费、间接费、利润和税金等，编制出单位工程概算的方法。概算指标比概算定额更为扩大、综合，所以利用概算指标编制的概算比按概算定额编制的概算更加简化，其精确度也比用概算定额编制的概算低，但这种方法具有速度快的优点。它的适用范围是当初步设计深度不够，不能准确地计算出工程量，但工程设计技术比较成熟而又有类似工程概算指标可以利用时，可采用这种方法。

现以单位建筑面积工料消耗概算指标为例说明概算编制步骤和公式如下。

① 根据概算指标中的人工工日数及拟建工程地区工资标准计算人工费。

$$每平方米建筑面积人工费=指标规定的人工工日数\times拟建地区日工资标准 \tag{5-1}$$

② 根据概算指标中的主要材料数量及拟建地区材料预算价格计算主要材料费。

$$每平方米建筑面积主要材料费=\sum(主要材料消耗量\times拟建地区材料预算价格) \tag{5-2}$$

③ 按其他材料费占主要材料费的百分比，求出其他材料费。

$$每平方米建筑面积其他材料费=每平方米建筑面积主要材料费\times\frac{其他材料费}{主要材料费} \tag{5-3}$$

④ 按概算指标中的机械费计算每平方米建筑面积机械费。

⑤ 求出每平方米建筑面积概算单价。

⑥ 用概算单价和建筑面积相乘，得出概算价值。

$$拟建工程概算价值=拟建工程建筑面积\times每平方米建筑面积概算单价 \tag{5-4}$$

如拟建工程初步设计的内容与概算指标规定内容有局部差异时，就不能简单按照相似工程的概算指针直接套用，而必须对概算指标进行修正，然后用修正后的概算指标编制概算。修正的方法是，从原指标的直接费中减去建筑、结构差异需换出的人工费(或材料、机械使用费)，加上建筑、结构差异需换入的人工费(或材料、机械使用费)，得到修正后的每平方米建筑面积概算单价。其修正公式如下。

$$\begin{aligned}每平方米建筑面积概算单价=&原指标每平方米建筑面积概算单价-换出构件人工\\&(或材料、机械使用费)单价+换入构件人工(或材料、\\&机械使用费)单价\end{aligned} \tag{5-5}$$

$$换出(或换入)构件人工单价=换出(或换入)构件工程量\times拟建地区相应单价 \tag{5-6}$$

(3) 类似工程预算法。类似工程预算法是利用技术条件与设计对象相类似的已完工程或在建工程的工程造价数据来编制拟建工程设计概算的方法。类似工程预算法是以相似工程的预算或结算资料，按照编制概算指标的方法，求出工程的概算指标，再按概算指标法编制拟建工程概算。

这种方法适用于拟建工程初步设计与已完工程或在建工程的设计相类似而又没有可用的概算指标时采用，但必须对建筑结构差异和价差进行调整。建筑结构差异的调整方法与概算指标法的调整方法相同；类似工程造价的价差调整有以下两种方法。

① 类似工程造价资料有具体的人工、材料、机械台班的用量时，可按类似工程预算造价资料中的主要材料用量、工日数量、机械台班用量乘以拟建工程所在地的主要材料预算价格、人工单价、机械台班单价，计算出直接工程费，再乘以当地的综合费率，即可得出所需的造价指标。

② 类似工程造价资料只有人工、材料、机械台班费用和措施费、间接费时，可按下面公式调整。

$$D=A\cdot K \tag{5-7}$$

$$K=a\%K_1+b\%K_2+c\%K_3+d\%K_4+e\%K_5 \tag{5-8}$$

式中：D——拟建工程单方概算造价；

A——类似工程单方预算造价；

K——综合调整系数；

$a\%$、$b\%$、$c\%$、$d\%$、$e\%$——类似工程预算的人工费、材料费、机械台班费、措施费、间接费占预算造价的比重，比如 $a\%$=类似工程人工费(或工资标准)/类似工程预算造价×100%；

K_1、K_2、K_3、K_4、K_5——拟建工程地区与类似工程预算造价在人工费、材料费、机械台班费、措施费、间接费之间的差异系数，比如 K_1=拟建工程概算的人工费(或工资标准)/类似工程预算人工费(或地区工资标准)。

3) 设备及安装单位工程概算的编制方法

设备及安装工程概算包括设备购置费概算和设备安装工程费概算两大部分。

(1) 设备购置费概算。设备购置费是根据初步设计的设备清单计算出设备原价，并汇总求出设备总原价，然后按有关规定的设备运杂费率乘以设备总原价，两项相加即为设备购置费概算。

有关设备原价、运杂费和设备购置费的概算可参见第 1 章 1.2 节的计算方法。

(2) 设备安装工程费概算的编制方法。设备安装工程费概算的编制方法是根据初步设计深度和要求明确的程度来确定的。其主要编制方法有以下几种。

① 预算单价法。当初步设计较深，有详细的设备清单时，可直接按安装工程预算定额单价编制安装工程概算，概算编制程序与安装工程施工图预算基本相同。该法具有计算比较具体、精确性较高的优点。

② 扩大单价法。当初步设计深度不够，设备清单不完备，只有主体设备或仅有成套设备重量时，可采用主体设备、成套设备的综合扩大安装单价来编制概算。

上述两种方法的具体操作与建筑工程概算相类似。

③ 设备价值百分比法又称安装设备百分比法。当初步设计深度不够，只有设备出厂价而无详细规格、重量时，安装费可按占设备费的百分比计算。其百分比值(即安装费率)由主管部门制定或由设计单位根据已完类似工程确定。该法常用于价格波动不大的定型产品和通用设备产品。其数学表达式为

$$设备安装费=设备原价\times安装费率(\%) \tag{5-9}$$

④ 综合吨位指标法。当初步设计提供的设备清单有规格和设备重量时，可采用综合吨位指标编制概算，其综合吨位指标由主管部门或由设计院根据已完类似工程资料确定。该方法常用于设备价格波动较大的非标准设备和引进设备的安装工程概算。其数学表达式为

$$设备安装费=设备吨重\times每吨设备安装费指标(元/吨) \tag{5-10}$$

2．单项工程综合概算的编制方法

1) 单项工程综合概算的含义

单项工程综合概算是确定单项工程建设费用的综合性文件，它是由该单项工程的各专业的单位工程概算汇总而成的，是建设项目总概算的组成部分。

2) 单项工程综合概算的内容

单项工程综合概算文件一般包括编制说明(不编制总概算时列入)、综合概算表(含其所

附的单位工程概算表和建筑材料表)和有关专业的单位工程预算数三大部分。当建设项目只有一个单项工程时，此时综合概算文件(实为总概算)除包括上述两大部分外，还应包括工程建设其他费用、建设期贷款利息、预备费和固定资产投资方向调节税的概算。

(1) 编制说明。编制说明应列在综合概算表的前面，其内容如下。

① 工程概况。简述建设项目性质、特点、生产规模、建设周期、建设地点等主要情况。引进项目要说明引进内容以及与国内配套工程等主要情况。

② 编制依据。它包括国家和有关部门的规定、设计文件，现行概算定额或概算指标、设备材料的预算价格和费用指标等。

③ 编制方法。说明设计概算是采用概算定额法，还是采用概算指标法或其他方法。

④ 其他必要的说明。

(2) 综合概算表。综合概算表是根据单项工程所辖范围内的各单位工程概算等基础资料，按照国家或部委所规定统一表格进行编制。

① 综合概算表的项目组成。工业建设项目综合概算表由建筑工程和设备及安装工程两大部分组成；民用工程项目综合概算表就是建筑工程一项。

② 综合概算的费用组成。它一般应包括建筑工程费用、安装工程费用、设备购置及工器具生产家具购置费所组成；当不编制总概算时，还应包括工程建设其他费用、建设期贷款利息、预备费和固定资产方向调节税等费用项目。

单项工程综合概算表的结构形式与总概算表是相同的。

3．建设项目总概算的编制方法

1) 总概算的含义

建设项目总概算是设计文件的重要组成部分，是确定整个建设项目从筹建到竣工交付使用所预计花费的全部费用的文件。它是由各单项工程综合概算、工程建设其他费用、建设期贷款利息、预备费、固定资产投资方向调节税和经营性项目的铺底资金概算所组成，按照主管部门规定的统一表格进行编制而成的。

2) 总概算的内容

设计总概算文件一般应包括：编制说明、总概算表、各单项工程综合概算书、工程建设其他费用概算表、主要建筑安装材料汇总表。独立装订成册的总概算文件宜加封面、签署页(扉页)和目录。现将有关的主要问题说明如下。

(1) 编制说明。编制说明的内容与单项工程综合概算文件相同。

(2) 总概算表。总概算表应反映静态投资和动态投资两个部分。静态投资是按设计概算编制期价格、费率、利率、汇率等确定的投资；动态投资是指概算编制时期到竣工验收前的工程和价格变化等多种因素所需的投资。

(3) 工程建设其他费用概算表。工程建设其他费用概算按国家或地区或部委所规定的项目和标准确定，并按同一格式编制。

(4) 主要建筑安装材料汇总表。它是针对每一个单项工程列出钢筋、型钢、水泥、原木等主要建筑安装材料的消耗量。

5.1.6　设计概算编制实例

【例 5-1】

拟建砖混结构住宅工程 3 420m^2，结构形式与已建成的某工程相同，只有外墙保温贴面不同，其他部分均较为接近。类似工程外墙为珍珠岩板保温、水泥砂浆抹面，每平方米建筑面积消耗量分别为 0.044m^3、0.842m^2，珍珠岩板为 253.10 元/m^3、水泥砂浆为 11.95 元/m^2；拟建工程外墙为加气混凝土保温、外贴釉面砖，每平方米建筑面积消耗量分别为 0.08m^3、0.95m^2，加气混凝土现行价格为 285.48 元/m^3，贴釉面砖现行价格为 79.75 元/m^2。类似工程单方造价为 889.00 元/m^2，其中，人工费、材料费、机械费、措施费和间接费等费用占单方造价比例分别为 11%、62%、6%、9%和 12%，拟建工程与类似工程预算造价在这几个方面的差异系数分别为 2.50、1.25、2.10、1.15 和 1.05，拟建工程除直接工程费以外的综合取费为 20%。

问题:

1. 应用类似工程预算法确定拟建工程的土建单位工程概算造价。

2. 若类似工程预算中，每平方米建筑面积主要资源消耗为：人工消耗 5.08 工日，钢材 23.8kg，水泥 205kg，原木 0.05m^3，铝合金门窗 0.24m^2，其他材料费为主材费的 35%，机械费占直接工程费的 8%，拟建工程主要资源的现行市场价分别为：人工 50 元/工日，钢材 4.7 元/kg，水泥 0.50 元/kg，原木 1 800 元/m^3，铝合金门窗平均 350 元/m^2。试应用概算指标法，确定拟建工程的土建单位工程概算造价。

3. 若类似工程预算中，其他专业单位工程预算造价占单项工程造价比例，如表 5-1 所示。试用问题 2 的结果计算该住宅工程的单项工程造价，编制单项工程综合概算书。

表 5-1　各专业单位工程造价占单项工程造价比例

专业名称	土建	电气照明	给排水	采暖
占比例/%	85	6	4	5

解：1. (1) 拟建工程概算指标=类似工程单方造价×综合差异系数 k。

k=11%×2.50+62%×1.25+6%×2.10+9%×1.15+12%×1.05=1.41

(2) 结构差异额=0.08×285.48+0.95×79.75−(0.044×253.1+0.842×11.95)

=98.60−21.20=77.40(元/m^2)

(3) 拟建工程概算指标=889×1.41=1 253.49(元/m^2)

修正概算指标=1 253.49+77.40×(1+20%)=1 346.37(元/m^2)

(4) 拟建工程概算造价=拟建工程建筑面积×修正概算指标

=3 420×1 346.37=4 604 585.40 元=460.46(万元)

2. (1) 计算拟建项目一般土建工程单位平方米建筑面积的人工费、材料费和机械费。

人工费=5.08×50=254.00(元)

材料费=(23.8×4.7+205×0.50+0.05×1 800+0.24×350)×(1+45%)

=563.12(元)

机械费=概算直接工程费×8%

概算直接工程费=254.00+563.12+概算直接工程费×8%

一般土建工程概算直接工程费 $=\dfrac{254.00+563.12}{1-8\%}$ =888.17(元/m^2)

(2) 计算拟建工程一般土建工程概算指标、修正概算指标和概算造价。

概算指标=888.17×(1+20%)=1 065.80(元/m^2)

修正概算指标=1 065.80+77.40×(1+20%)=1 158.68(元/m^2)

拟建工程一般土建工程概算造价=3 420×1 158.68=3 962 685.50 元=396.27(万元)

3. (1) 单项工程概算造价=396.27÷85%=466.20(万元)

(2) 电气照明单位工程概算造价=466.20×6%=27.97(万元)

给排水单位工程概算造价=466.20×4%=18.65(万元)

暖气单位工程概算造价=466.20×5%=23.31(万元)

(3) 编制该住宅单项工程综合概算书，如表 5-2 所示。

表 5-2　某住宅综合概算书

序号	单位工程和费用名称	概算价值/万元				技术经济指标			占总投资比例/%
		建安工程费	设备购置费	工程建设其他费	合　计	单位	数量	单位造价/(元/m^2)	
一	建筑工程	466.20			466.20	m^2	3420	1 361.16	
1	土建工程	396.27			396.27	m^2	3420	1 158.68	85
2	电气工程	27.97			27.97	m^2	3420	81.79	6
3	给排水工程	18.65			18.65	m^2	3420	54.53	4
4	暖气工程	23.31			23.31	m^2	3420	68.16	5
二	设备及安装								
1	设备购置								
	设备安装								
合　计		466.20			466.20	m^2	3420	1 361.16	
占比例/%		100			100				

5.2 施工图预算

5.2.1 施工图预算概述

1. 施工图预算的概念

施工图预算是在施工图设计完成之后，工程开工之前，根据已批准的施工图纸和既定的施工方案，结合现行的预算定额、地区单位估价表、取费定额、各种资源单价等计算并汇总的单位工程及单项工程造价的技术经济文件。

施工图预算分为单位工程预算、单项工程预算和建设项目总预算。单位工程预算是根据施工图设计文件、现行预算定额、费用定额以及人工、材料、设备、机械台班预算价格等资料，编制的单位工程建设费用的文件。汇总所有单位工程施工图预算，成为单项工程施工图预算；再汇总各单项工程施工图预算，便是一个建设项目总预算。

单位工程预算包括一般土建工程预算、给排水工程预算、采暖通风工程预算、煤气工程预算、电气照明工程预算、构筑物工程预算、工业管道工程预算、机械设备安装工程预算、电气设备安装工程预算和化工设备、热力设备安装工程预算等。

2. 施工图预算的作用

施工图预算具有以下几个作用。

(1) 施工图预算是建设项目施工图设计完成后确定工程造价的主要依据，是建设项目全过程造价管理的重要依据之一。

(2) 施工图预算是编制招标标底、核定承包商报价合理性的重要依据之一。

(3) 施工图预算是承包商投标报价、施工前生产准备、生产管理等工作的重要依据。

(4) 施工图预算是甲乙双方办理工程结算和拨付工程款的依据之一。

3. 施工图预算的编制依据

施工图预算的编制依据如下。

(1) 经过批准和会审的全部施工图设计文件。

(2) 经过批准的施工组织设计或施工方案等。

(3) 建筑工程预算定额、地区单位估价表及建设工程费用定额。

(4) 建设场地中的自然条件和施工条件。

(5) 地区人工、材料、机械台班等资源单价。

(6) 工程合同。

(7) 其他资料，如预算工作手册、有关工具书等。

5.2.2 施工图预算的编制方法

施工图预算编制主要有两种方法：单价法和实物工程量法。

1. 单价法

单价法是指利用各地区、各部门事先编制好的分项工程单位估价表或预算定额单价来编制施工图预算的方法。首先按施工图纸和工程量计算规则，计算各分项工程的工程量，并乘以相应单价，汇总得出单位工程直接费，再按规定程序计算企业管理费、规费、利润和税金等其他费用，便可得出单位工程施工图预算造价。

根据分项工程单价所包含的费用内容不同，可分为工料单价法和综合单价法。

工料单价法是目前编制施工图预算普遍采用的方法。工料单价就是单位估价表中的定额基价，包括人工费、材料费和施工机械使用费。所谓综合单价，即工程量清单的单价，是指完成一个规定计量单位工程所需的人工费、材料费、机械使用费、管理费和利润，并考虑风险因素。综合单价法与工料单价法相比较，主要区别在于：管理费、利润和一定范围的风险费用是用一个综合费率分摊到分项工程单价中，从而组成分项工程全费用单价，分项工程单价乘以工程量即为该分项工程的完全价格。在此基础上计算规费、其他费用、税金等即为该工程的预算造价。

(工料机)单价法编制施工图预算的主要步骤如下。

(1) 编制前的准备工作。

编制施工图预算，不仅要严格遵守国家计价政策、法规，严格按图样计量，而且还要考虑施工现场条件和企业自身因素，是一项复杂而细致的工作，是一项政策性和技术性都很强的工作。因此，必须事前做好充分准备，方能编制出高水平的施工图预算。准备工作主要包括两大方面：一是组织准备；二是资料的收集和现场情况的调查。

(2) 熟悉图纸和预算定额。

图纸是编制施工图预算的根本依据，必须充分地熟悉图纸，方能编制好预算。熟悉图纸不但要弄清图纸的内容，而且要对图纸进行审核：图纸间相关尺寸是否有误，设备与材料表上的规格、数量是否与图示相符；详图、说明、尺寸和其他符号是否正确等。若发现错误应及时纠正。

预算定额是编制施工图预算的计价标准，对其适用范围、工程量计算规则及定额系数等都要充分了解，做到心中有数，这样才能使预算编制准确、迅速。

(3) 划分工程项目和计算工程量。

根据工程造价分部组合计价原理，首先将(单项)单位工程划分为若干分项工程，划分的项目必须和定额规定的项目一致，不能重复列项，也不能漏项少算。然后，按规定的工程量计算规则进行分项工程的工程量计算。工程量全部计算完以后，要对分项工程和工程量进行整理，即合并同类项和按序排列，给套定额、计算直接工程费和进行工料分析打下基础。

(4) 套定额单价，计算定额直接费。

将定额子目中的基价填于预算表单价栏内，并将单价乘以工程量得出合价，将结果填入合价栏中。在套价过程中每个分项工程必须正确套用相应的定额基价，如果设计文件中分项工程设计条件与定额中条件不一致且定额说明中允许换算，则需要进行定额基价换算。

(5) 工料分析。

工料分析就是按各个分项工程，根据预算定额的人工消耗量指标和材料消耗量指标分别乘以各分项工程的工程量，求出各分项工程总的用工量及主要材料的消耗量。

通过工料分析可以为材料预算价格价差调整提供材料消耗数量，同时企业在生产经营过程中根据工料分析数据进行成本管理及生产管理。

【例 5-2】砖基础工程量为 50m^3，请根据预算定额(见表 5-3)完成该分项工程的工料分析。

表 5-3 砌筑工程(砌砖部分节选)

单位：10m^3

定额编号			165
项　目		单位	砖基础
综合工日		工日	12.28
材料	混合砂浆	m^3	—
	水泥砂浆	m^3	2.36($M_{5.0}$)
	红(青)砖	千块	5.11
	水	m^3	1.02
机械	灰浆搅拌机	台班	0.3
	塔吊(综合价)	台班	—

解：根据预算定额，完成 50m^3 砖基础需要：

人工(综合工日)：12.28 工日/10m^3×50m^3=61.4(工日)

水泥砂浆：2.36 m^3/10m^3×50m^3=11.7(m^3)

红(青)砖：5.11 千块/10m^3×50m^3=25.55(千块)

灰浆搅拌机：0.3 台班/10m^3×50m^3=15(台班)

(6) 材料预算价格价差调整。

材料预算价格价差是指主要工程材料执行期的市场价格与基准期的预算价格之差。

主要材料价差调整=材料用量×材料价差

(7) 工程取费，确定工程预算造价。

按当地费用定额的取费规定计取间接费、利润、税金等，相加即为工程预算造价。

(8) 编制说明，填写相关表格。

2. 实物工程量法

实物工程量法简称实物法，是根据施工图纸和工程量计算规则，计算分项工程量，然后利用预算定额进行工料分析，计算出工程所需的人工、材料、机械台班的定额用量，并按不同的品种、规格、类型加以汇总，得出该工程全部人工、材料、机械台班耗用量，再分别乘以工程所在地当时的人工、材料、机械台班的实际单价，求出单位工程的人工费、材料费和施工机械使用费，并汇总求得直接工程费，最后按规定计取其他各项费用，最后汇总就可得出单位工程施工图预算造价。

实物法的优点是能比较及时地将反映各种材料、人工、机械的当时当地市场单价计入预算价格，无须调价，反映当时当地的工程价格水平。

实物法编制施工图预算的步骤如下。

(1) 收集资料、熟悉图纸和预算定额。

(2) 了解施工组织设计和现场情况。

(3) 划分工程项目。

(4) 按定额规定的工程量计算规则计算工程量。

(5) 工料分析，计算人工、材料、机械台班消耗量。

(6) 根据人工、材料、施工机械台班消耗量，分别乘以当时当地相应人工、材料、施工机械台班的实际市场单价，求出单位工程的人工费、材料费、机械使用费。

(7) 计算企业管理费、规费、利润和税金等其他费用。

(8) 复核、编制说明、填写封面。

实物工程量法编制施工图预算步骤如图 5-4 所示。

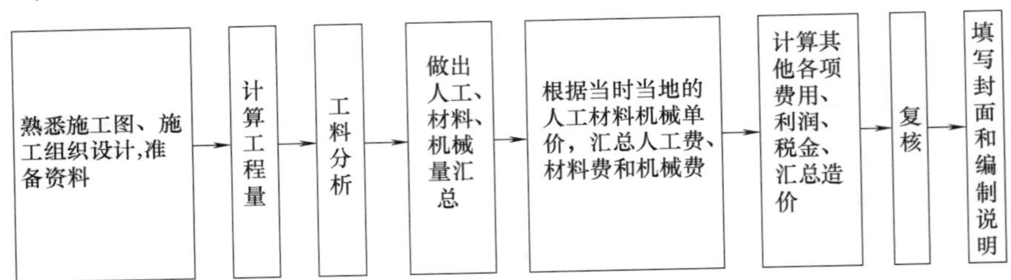

图 5-4　实物法编制施工图预算步骤

5.2.3　施工图预算审查方法

施工图预算的审查方法主要包括以下几种。

1. 全面审查法

全面审查法又称逐项审查法，这种方法实际上是审核人重新编制施工图预算。首先，根据施工图全面计算工程量。然后，与审核对象的工程量逐一地全部进行对比。同时，根据定额或单位估价表逐项核实审核对象的单价。该方法的优点是全面、细致，审核后的施工图预算准确度较高，质量比较好；缺点是工作量大。但建设单位为严格控制工程造价，常常采用这种方法。

2. 重点审核法

这种方法类似于全面审核法，与全面审核法区别仅是审核范围不同而已。该方法有侧重、有选择地根据施工图计算部分价值较高或占投资比例较大的分项工程量，如砖石结构、钢筋混凝土结构、木结构、钢结构，以及高级装饰等；对其他价值较低或占投资比例较小的分项工程，如普通装饰项目、零星项目等，往往忽略不计。重点核实与上述工程量相对应的定额单价，其次是混凝土标号、砌筑、抹灰砂浆的标号核算。这种方法与全面审查法比较，工作量相对减少。

3．标准预算审查法

对于利用标准图纸或通用图纸施工的工程，先集中力量编制标准预算，以此为标准审查预算的方法即称为标准预算审查法。按标准图纸设计或通用图纸施工的工程一般上部结构和做法相同，可集中力量细审一份预算或编制一份预算，作为这种标准图纸的标准预算，或以这种标准图纸的工程量为标准，对照审查，而对局部不同部分做单独审查即可。这种方法的优点是时间短、效果好，缺点是只适用于按标准图纸设计的工程，适用范围小。

4．对比审查法

对比审查法是用已建成工程的预算或虽未建成但已审查修正的工程预算对比审查拟建的类似工程预算的一种方法。对比审查法一般有下述几种情况，应根据工程的不同条件区别对待。

(1) 两个工程设计相同，但建筑面积不同。根据两个工程建筑面积之比与两个工程分部分项工程量之比例基本一致的特点，可审查新建工程各分部分项工程的工程量。或者用两个工程每平方米建筑面积造价以及每平方米建筑面积的各分部分项工程量，进行对比审查。

(2) 两个工程采用同一个施工图，但基础部分和现场条件不同。其新建工程基础以上部分可采用对比审查法；不同部分可分别采用相应的审查方法进行审查。

(3) 两个工程的面积相同，但设计图纸不完全相同时，可把相同的部分，如厂房中的柱子、房架、屋面、砖墙等，进行工程量的对比审查，不能对比的分部分项工程按图纸计算。

5．利用技术经济指标审查法

该方法是在总结分析预结算资料的基础上，找出同类工程造价及工料消耗的规律性，整理出用途不同、结构形式不同、地区不同的工程造价、工料消耗指标，然后，根据这些指标对审核对象进行分析对比，从中找出不符合投资规律的分部分项工程，针对这些子目进行重点审核，分析其差异较大的原因。常用的指标有以下几种类型。

(1) 单方造价指标(元/m^2)。

(2) 分部工程比例：基础、楼板屋面、门窗、围护结构等占直接费的比例。

(3) 各种结构比例：砖石、混凝土及钢筋混凝土、木结构、金属结构、装饰、土石方等各占直接费的比例。

(4) 专业投资比例：土建、给排水、采暖通风、电气照明等各专业占总造价的比例。

(5) 工料消耗指标：即钢材、木材、水泥、砂石、砖瓦、人工等主要工料单方消耗指标。

6．分组审查法

分组审查法是一种加快审查工程量速度的方法，即把预算中的项目划分为若干组，并把相邻且有一定内在联系的项目编为一组，审查或计算同一组中某个分项工程量，利用工程量间具有相同或相似计算基础的关系，判断同组中其他几个分项工程量计算的准确程度的方法。

7．筛选审查法

筛选审查法是统筹法的一种，也是一种对比方法。建筑工程虽然有建筑面积和高度的不同，但是它们的各个分部分项工程的工程量、造价、用工量等在单位面积上的数值变化不大，把这些数据加以归纳汇集，并注明其适用的建筑标准。如：与建筑面积相关的项目和工程量数据；与室外净面积相关的项目和工程量数据；与墙体面积相关的项目和工程量数据；与外墙边线相关的项目和工程量数据；其他相关项目与数据。当然，也有一些工程量数据规律性较差，可以采用重点审核法。筛选法的优点是简单易懂，便于掌握，审查速度和发现问题快。但要解决差错须进一步审查。

8．常见问题审核法

在预算编制中，不同程度地出现某些常见问题，审核施工图预算时，可针对这些常见问题重点审核，准确计算工程量，合理取定定额单价，以达到合理确定工程造价之目的。

(1) 工程量计算误差。如毛石、钢筋混凝土基础 T 形交接重叠处重复计算；楼地面孔洞、沟道所占面积不扣；墙体中的圈梁、过梁所占体积不扣；挖地槽、地坑土方常常出现“空挖”现象；钢筋计算常常不扣保护层；梁、板、柱交接处受力筋或箍筋重复计算；地面、墙面各种抹灰重复计算。

(2) 定额单价高套误差。混凝土标号、石子粒径；构件断面、单件体积；砌筑、抹灰砂浆标号及配合比；单项脚手架高度界限；装饰工程的级别；地坑、地槽、土方三者之间的界限；土石方的分类界限。

(3) 项目重复误差。块料面层下找平层；沥青卷材防水层，沥青隔气层下的冷底子油；预制构件的铁件；属于建筑工程范畴的给排水设施。

(4) 综合费用计算误差。措施材料一次摊销；综合费项目内容与定额已考虑的内容重复；综合费项目内容与冬雨季施工增加费，临时设施费中内容重复。

(5) 预算项目遗漏误差。缺乏现场施工管理经验，施工常识、图纸说明遗漏或模糊不清处理常常遗漏。

5.2.4 施工图预算编制实例

【例 5-3】若根据某基础工程工程量和《全国统一建筑工程基础定额》消耗指标，进行工料分析计算得出各项资源消耗及该地区相应的市场价格，如表 5-4 所示。

纳税人所在地为城市，按照建标〔2013〕44 号文件关于建安工程费用的组成和规定取费，各项费用的费率为：措施费费率 8%，管理费费率 10%，利润率 4.5%。该地区征收 2% 的地方教育附加。

问题：

1. 计算该工程应纳营业税、城市建设维护税和教育附加税的综合税率。
2. 试用实物法编制该基础工程的施工图预算。

表 5-4　资源消耗量及预算价格表

资源名称	单位	消耗量	单价/元	资源名称	单位	消耗量	单价/元
325#水泥	kg	1 740.84	0.46	钢筋 ϕ 10 以内	t	2.307	4 600.00
425#水泥	kg	18 101.65	0.48	钢筋 ϕ 10 以上	t	5.526	4 700.00
525#水泥	kg	20 349.76	0.50				
净砂	m^3	70.76	30.00	砂浆搅拌机	台班	16.24	42.84
碎石	m^3	40.23	41.20	5t 载重汽车	台班	14.00	310.59
钢模	kg	152.96	9.95	木工圆锯	台班	0.36	171.28
木门窗料	m^3	5.00	2 480.00	翻斗车	台班	16.26	101.59
木模	m^3	1.232	2 200.00	挖土机	台班	1.00	1 060.00
镀锌铁丝	kg	146.58	10.48	混凝土搅拌机	台班	4.35	152.15
灰土	m^3	54.74	50.48	卷扬机	台班	20.59	72.57
水	m^3	42.90	2.00	钢筋切断机	台班	2.79	161.47
电焊条	kg	12.98	6.67	钢筋弯曲机	台班	6.67	152.22
草袋子	m^3	24.30	0.94	插入式震动器	台班	32.37	11.82
黏土砖	千块	109.07	150.00	平板式震动器	台班	4.18	13.57
隔离剂	kg	20.22	2.00	电动打夯机	台班	85.03	23.12
铁钉	kg	61.57	5.70	综合工日	工日	850.00	50.00

解：1. 计算该工程应纳营业税、城市建设维护税和教育附加税的综合税率。

$$综合税率=\frac{1}{1-(3\%+3\%\times7\%+3\%\times5\%)}-1=0.0348=3.48\%$$

2. (1) 根据表 5-4 中的各种资源的消耗量和市场价格，列表计算该基础工程的人工费、材料费和机械费，如表 5-5 所示。

表 5-6 计算结果：

人工费 42 500.00 元；材料费 97 908.04 元；机械费 13 844.59 元

工料机费用总和=42 500.00+97 908.04+13 844.59=154 252.63(元)

表 5-5　××基础工程人、材、机费用计算表

资源名称	单位	消耗量	单价/元	合价/元	资源名称	单位	消耗量	单价/元	合价/元
325#水泥	kg	1 740.84	0.46	800.79	钢筋 ϕ10 以上	t	5.526	4 700.00	25 972.20
425#水泥	kg	18 101.65	0.48	8 688.79	材料费合计				97 908.04
525#水泥	kg	20 349.76	0.50	10 174.88	砂浆搅拌机	台班	16.24	42.84	695.72
净砂	m^3	70.76	30.00	2 122.80	5t 载重汽车	台班	14.00	310.59	4 348.26
碎石	m^3	40.23	41.20	1 657.48	木工圆锯	台班	0.36	171.28	61.66
钢模	kg	152.96	9.95	1 521.95	翻斗车	台班	16.26	101.59	1 651.85
木门窗料	m^3	5.00	2 480.00	12 400.00	挖土机	台班	1.00	1 060.00	1 060.00
木模	m^3	1.232	2 200.00	2 710.40	混凝土搅拌机	台班	4.35	152.15	661.85
镀锌铁丝	kg	146.58	10.48	1 536.16	卷扬机	台班	20.59	72.57	1 494.22
灰土	m^3	54.74	50.48	2 763.28	钢筋切断机	台班	2.79	161.47	450.50
水	m^3	42.90	2.00	85.80	钢筋弯曲机	台班	6.67	152.22	1 015.31
电焊条	kg	12.98	6.67	86.58	插入震动器	台班	32.37	11.82	382.61
草袋子	m^3	24.30	0.94	22.84	平板震动器	台班	4.18	13.57	56.72
黏土砖	千块	109.07	150.00	16 360.50	电动打夯机	台班	85.03	23.12	1 965.89
隔离剂	kg	20.22	2.00	40.44	机械费合计				13 844.59
铁钉	kg	61.57	5.70	350.95	综合工日	工日	850.00	50.00	42 500.00
钢筋 ϕ10 以内	t	2.307	4 600.00	10 612.20	人工费合计				42 500.00

(2) 根据表 5-5 计算求得的人工费、材料费、机械费和背景材料给定的费率计算该基础工程的施工图预算造价，如表 5-6 所示。

表 5-6　××基础工程施工图预算费用计算表

序号	费用名称	费用计算表达式	金额/元	备　注
[1]	工料机费用	人工费+材料费+机械费	154 252.63	
[2]	措施费	[1]×8%	12 340.21	
[3]	直接费	[1]+[2]	166 592.84	
[4]	管理费	[3]×10%	16 659.28	
[5]	利润	([3]+[4])×4.5%	8 246.35	
[6]	税金	([3]+[4]+[5])×3.48%	6 664.15	
[7]	基础工程预算造价	[3]+[4]+[5]+[6]	198 162.62	

复习思考题

1. 简述设计概算的概念。设计概算分为哪三级？
2. 简述设计概算的作用。
3. 什么是施工图预算？施工图预算有什么作用？
4. 简述单价法编制施工图预算的步骤。
5. 什么叫工料分析？它有什么作用？

第 6 章　建筑面积计算

6.1　建筑面积计算概述

6.1.1　建筑面积的概念

人类营造各类建筑物的目的就在于使其能够为人类的生产或生活提供有效的使用空间，人们可以在其中生产、生活、工作、学习等。各类建筑物所能提供的有效使用空间的分层水平投影面积之和称为建筑面积，也称建筑展开面积。

建筑面积包括使用面积、辅助面积和结构面积。使用面积是指建筑物各层平面布置中可直接为生产或生活使用的净面积总和，如居住生活间、工作间和生产间等的净面积；辅助面积是指建筑物各层平面布置中辅助部分面积之和，如公共楼梯、公共走廊、电梯井等。使用面积与辅助面积的总和称为“有效面积”；结构面积是指建筑物各层平面布置中结构部分的墙体、柱体或者通风道等结构所占面积的总和。

建筑面积的计算主要依据《建筑工程建筑面积计算规范》(GB/T 50353—2013)。该规范包括总则、术语、计算建筑面积的规定和条文说明四部分，规定了全部计算建筑面积、部分计算建筑面积和不计算建筑面积的情形及计算规则。该规范通过有无维护结构、有无永久性顶盖、是否利用再考虑层高或净高进行区别计算。该规范适用于新建、扩建、改建的工业与民用建筑工程的建筑面积计算，包括工业厂房、仓库，公共建筑，农业生产使用的房屋、粮种仓库、地铁车站等建筑面积的计算。

工业与民用建筑的建筑面积计算，总的原则应该本着有顶盖，在结构上、使用上形成具有一定使用功能的空间，并能单独计算出水平投影面积及其相应资源消耗的部分可计算建筑面积，反之部分计算或不计算建筑面积。

6.1.2　建筑面积的作用

建筑面积计算是基础性工程指标，在工程建设中具有重要意义。首先，在工程建设的众多技术经济指标中，大多数以建筑面积为基数，建筑面积是核定估算、概算、预算造价的重要基础数据，是计算和确定工程造价，并分析工程造价和工程设计合理性的一个基础指标；其次，建筑面积是国家进行建设工程数据统计、固定资产宏观调控的重要指标；最后，建筑面积还是房地产交易、工程承发包交易、建筑工程有关运营费用核定等的一个关键指标。建筑面积的作用，具体有以下几个方面。

1．建筑面积是确定建设规模的重要指标

根据项目立项批准文件所核准的建筑面积，是初步设计的重要控制指标。根据现行规定，对于国家投资的建设项目，施工图的建筑面积通常不得超过初步设计的5%，否则必须重新报批。

2．建筑面积是确定各项技术经济指标的基础

建筑面积与使用面积、辅助面积、结构面积之间存在着一定的比例关系。设计人员在进行建筑或结构设计时，在计算建筑面积的基础上再分别计算出结构面积、有效面积等技术经济指标。比如，有了建筑面积，才能确定每平方米建筑面积的工程造价。

$$单方造价=工程造价/建筑面积 \tag{6-1}$$

还有很多其他的技术经济指标(如每平方米建筑面积的工料用量)，也需要建筑面积这一数据，如：

$$单位面积材料消耗指标=工程材料消耗量/建筑面积 \tag{6-2}$$

$$单位面积人工用量=人工消耗量/建筑面积 \tag{6-3}$$

3．建筑面积是评价设计方案的依据

在建筑设计和建筑规划中，经常使用建筑面积控制某些指标，如容积率、建筑密度、建筑系数等。在评价设计方案时，通常采用居住面积系数、土地利用系数、有效面积系数、单方造价等指标，它们都与建筑面积密切相关。因此，为了评价设计方案，必须准确计算建筑面积。

$$容积率=(建筑总面积/建筑占地面积)\times 100\% \tag{6-4}$$

$$建筑密度=(建筑物底层面积/建筑占地面积)\times 100\% \tag{6-5}$$

根据有关规定，容积率计算式中建筑总面积不包括地下室、半地下室建筑面积，屋顶建筑面积不超过标准层建筑面积10%的也不计算。

4．建筑面积是计算有关分项工程的依据

在编制一般土建工程预算时，建筑面积与其他的分项工程量的计算结果有关，而且其本身就是某些分项工程的工程量，如综合脚手架、垂直运输机械等。应用统筹计算工程量时，根据底层建筑面积，就可以很方便地计算室内回填土体积、楼(地)面面积和天棚面积等。

5．建筑面积是选择概算指标和编制概算的基础数据

概算指标通常是以建筑面积为计量单位。用概算指标编制概算时，要以建筑面积为计算基础。

6.2 建筑面积计算规则

按照《建筑工程建筑面积计算规范》(GB/T 50353—2013，2014.7.1 实施)讲述建筑工程建筑面积计算规则。

6.2.1 建筑面积计算术语

1．建筑面积(construction area)

建筑面积是指建筑物(包括墙体)所形成的楼地面面积。

2．自然层(floor)

自然层是指按楼地面结构分层的楼层。

3．结构层高(structure story height)

结构层高是指楼面或地面结构层上表面至上部结构层上表面之间的垂直距离。

4．围护结构(building enclosure)

围护结构是指围合建筑空间的墙体、门、窗。

5．建筑空间(space)

建筑空间是指以建筑界面限定的、供人们生活和活动的场所。

6．结构净高(structure net height)

结构净高是指楼面或地面结构层上表面至上部结构层下表面之间的垂直距离。

7．围护设施(enclosure facilities)

围护设施是指为保障安全而设置的栏杆、栏板等围挡。

8．地下室(basement)

地下室是指室内地平面低于室外地平面的高度超过室内净高的 1/2 的房间，如图 6-1(a)所示。

9．半地下室(semi-basement)

半地下室是指室内地平面低于室外地平面的高度超过室内净高的 1/3，且不超过 1/2 的房间，如图 6-1(b)所示。

10．架空层(stilt floor)

架空层是指仅有结构支撑而无外围护结构的开敞空间层。

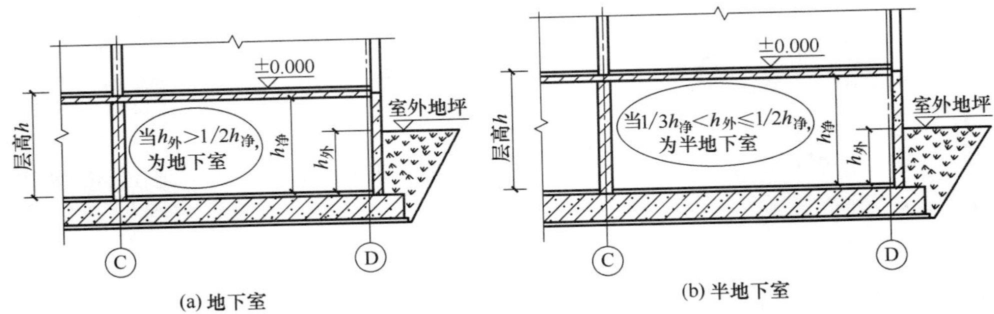

图 6-1　地下室与半地下室示意图

11．走廊(corridor)

走廊是指建筑物中的水平交通空间。

12．架空走廊(elevated corridor)

架空走廊是指专门设置在建筑物的二层或二层以上，作为不同建筑物之间水平交通的空间，如图 6-2 所示。

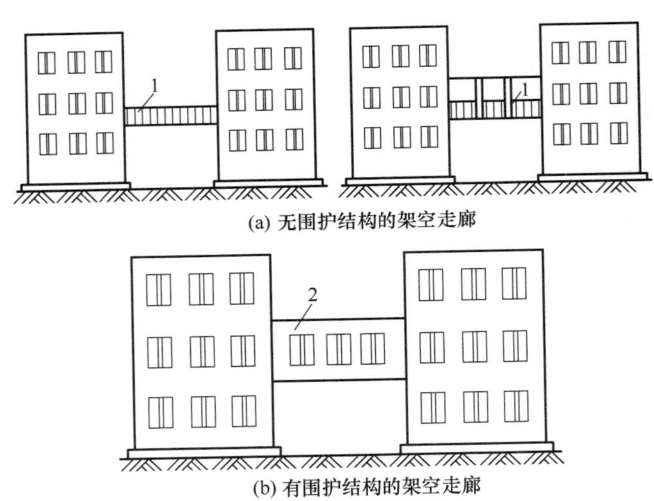

图 6-2　架空走廊示意图

1—栏杆；2—围护结构

13．结构层(structure layer)

结构层是指整体结构体系中承重的楼板层。

14．落地橱窗(french window)

落地橱窗是指突出外墙面且根基落地的橱窗，如图 6-3 所示。

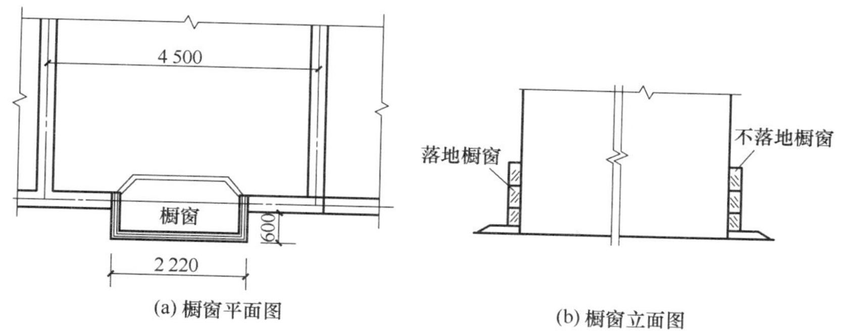

(a) 橱窗平面图　　(b) 橱窗立面图

图 6-3　橱窗示意图

15. 凸窗(bay window)

凸窗(飘窗)是指凸出建筑物外墙面的窗户，如图 6-4 所示。

图 6-4　飘窗示意图

16. 檐廊(eaves gallery)

檐廊是指建筑物挑檐下的水平交通空间，如图 6-5(a)所示。

17. 挑廊(overhanging corridor)

挑廊是指挑出建筑物外墙的水平交通空间，如图 6-5(a)所示。

18. 门斗(air lock)

门斗是指建筑物入口处两道门之间的空间，如图 6-5(b)所示。

(a) 挑廊、走廊、檐廊　　(b) 门斗

图 6-5　挑廊、走廊、檐廊、门斗示意图

19．雨篷(canopy)

雨篷是指建筑出入口上方为遮挡雨水而设置的部件，如图 6-6 所示。

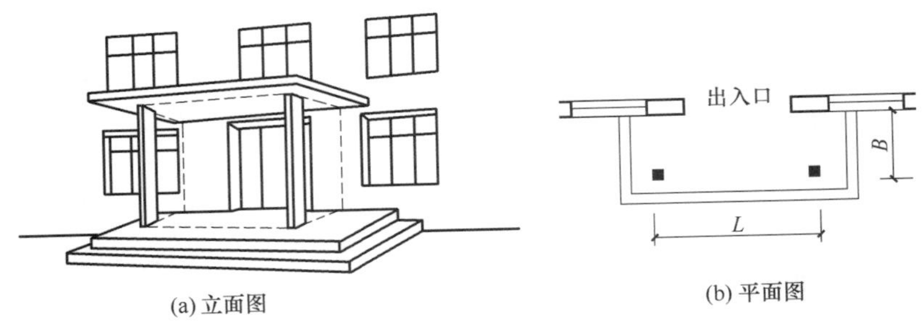

图 6-6 (有柱)雨篷示意图

20．门廊(porch)

门廊是指建筑物入口前有顶棚的半围合空间。

21．楼梯(stairs)

楼梯是指由连续行走的梯级、休息平台和维护安全的栏杆(或栏板)、扶手以及相应的支托结构组成的作为楼层之间垂直交通使用的建筑部件。

22．阳台(balcony)

阳台是指附设于建筑物外墙，设有栏杆或栏板，可供人活动的室外空间，如图 6-7 所示。

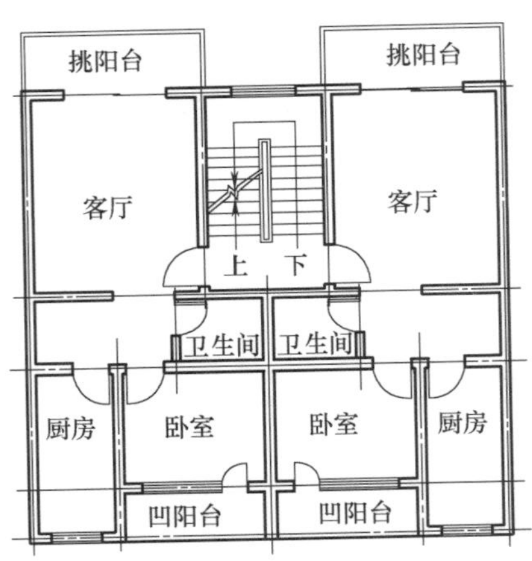

图 6-7 阳台示意图

23．主体结构(major structure)

主体结构是指接受、承担和传递建设工程所有上部荷载，维持上部结构整体性、稳定性和安全性的有机联系的构造。

24．变形缝(deformation joint)

变形缝是指防止建筑物在某些因素作用下引起开裂甚至破坏而预留的构造缝。

25．骑楼(overhang)

骑楼是指建筑底层沿街面后退且留出公共人行空间的建筑物，如图 6-8(a)所示。

26．过街楼(overhead building)

过街楼是指跨越道路上空并与两边建筑相连接的建筑物，如图 6-8(b)所示。

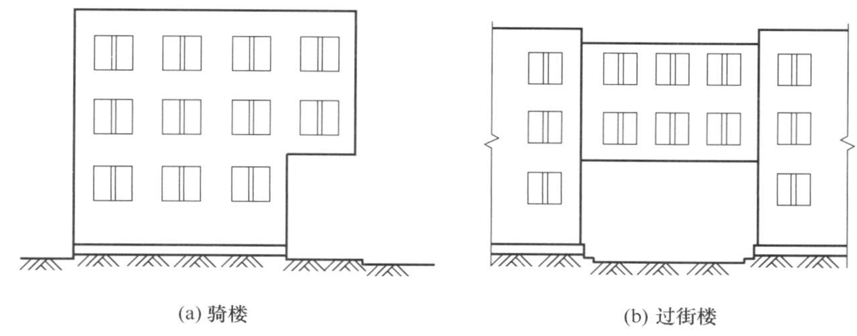

图 6-8　骑楼、过街楼示意图

27．建筑物通道(passage)

建筑物通道是指为穿过建筑物而设置的空间。

28．露台(terrace)

露台是指设置在屋面、首层地面或雨篷上的供人室外活动的有围护设施的平台。

29．勒脚(plinth)

勒脚是指在房屋外墙接近地面部位设置的饰面保护构造。

30．台阶(step)

台阶是指联系室内外地坪或同楼层不同标高而设置的阶梯形踏步。

6.2.2　计算建筑面积的规定

(1) 建筑物的建筑面积应按自然层外墙结构外围水平面积之和计算。结构层高在 2.20m 及以上的，应计算全面积；结构层高在 2.20m 以下的，应计算 1/2 面积，如图 6-9 所示。

(2) 建筑物内设有局部楼层时，对于局部楼层的二层及以上楼层，有围护结构的应按其围护结构外围水平面积计算，无围护结构的应按其结构底板水平面积计算，且结构层高在 2.20m 及以上的，应计算全面积，结构层高在 2.20m 以下的，应计算 1/2 面积，如图 6-10

所示。

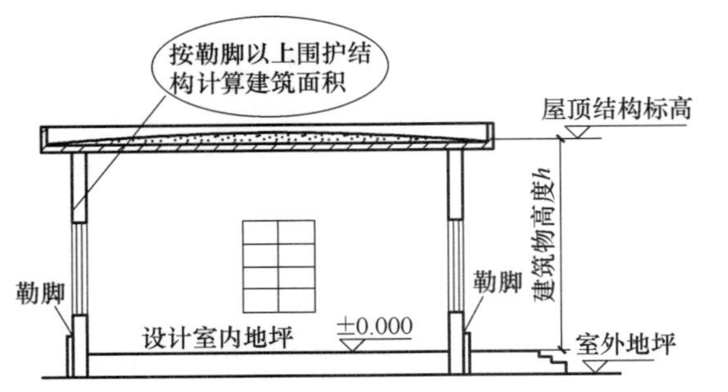

图 6-9 (单层)建筑物建筑面积计算示意图

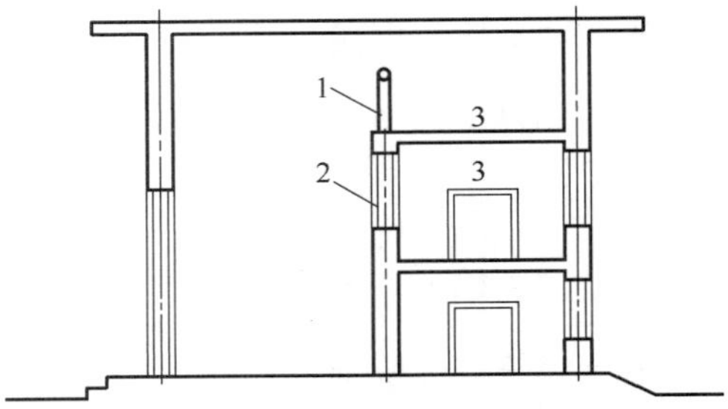

图 6-10 建筑物内的局部楼层

1—围护设施；2—围护结构；3—局部楼层

(3) 对于形成建筑空间的坡屋顶，结构净高在 2.10m 及以上的部位应计算全面积；结构净高在 1.20m 及以上至 2.10m 以下的部位应计算 1/2 面积；结构净高在 1.20m 以下的部位不应计算建筑面积，如图 6-11 所示。

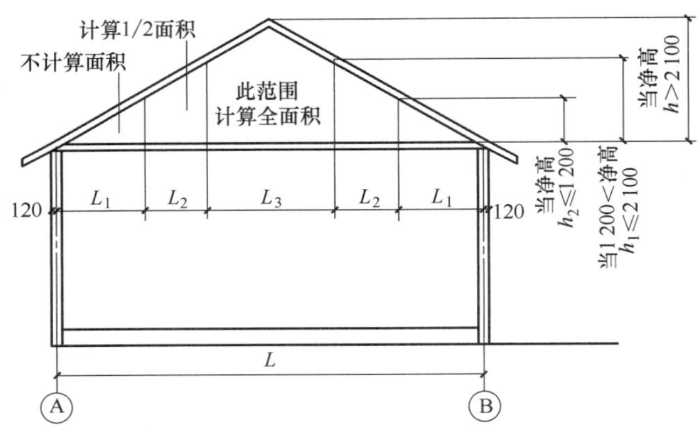

图 6-11 坡屋顶建筑面积计算示意图

(4) 对于场馆看台下的建筑空间，结构净高在 2.10m 及以上的部位应计算全面积；结构净高在 1.20m 及以上至 2.10m 以下的部位应计算 1/2 面积；结构净高在 1.20m 以下的部位不应计算建筑面积。室内单独设置的有围护设施的悬挑看台，应按看台结构底板水平投影面积计算建筑面积。有顶盖无围护结构的场馆看台应按其顶盖水平投影面积的 1/2 计算面积，如图 6-12 所示。

(5) 地下室、半地下室应按其结构外围水平面积计算。结构层高在 2.20m 及以上的，应计算全面积；结构层高在 2.20m 以下的，应计算 1/2 面积，如图 6-13 所示。

(6) 出入口外墙外侧坡道有顶盖的部位，应按其外墙结构外围水平面积的 1/2 计算面积，如图 6-13 所示。

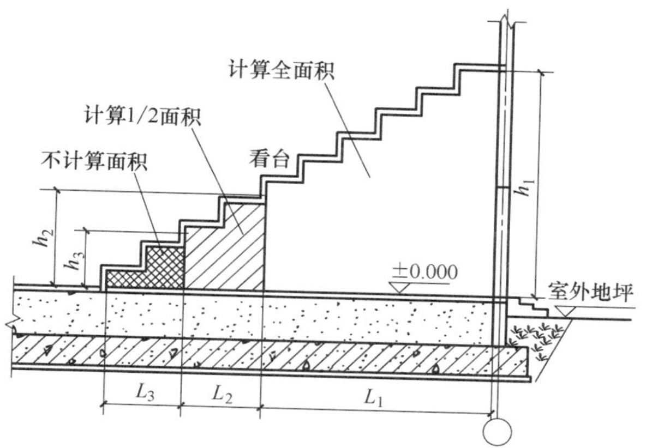

图 6-12　场馆看台下建筑面积计算示意图

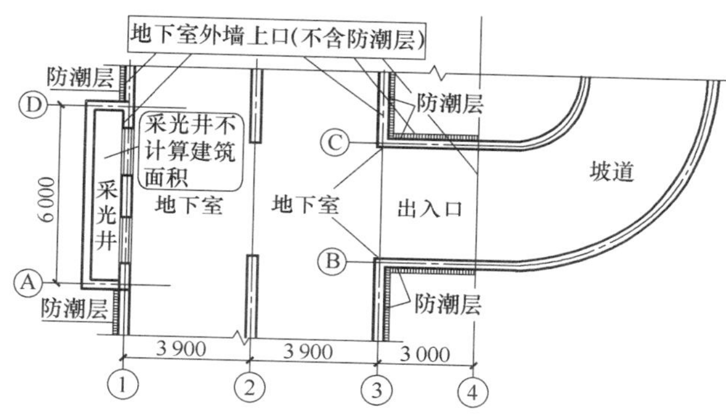

图 6-13　地下室(半地下室)、坡道

(7) 建筑物架空层及坡地建筑物吊脚架空层，应按其顶板水平投影计算建筑面积。结构层高在 2.20m 及以上的，应计算全面积；结构层高在 2.20m 以下的，应计算 1/2 面积，如图 6-14 所示。

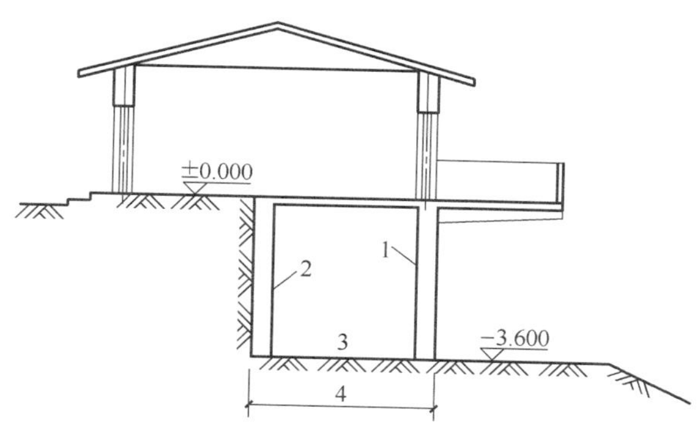

图 6-14　建筑物吊脚架空层

1—柱；2—墙；3—吊脚架空层；4—计算建筑面积部位

(8) 建筑物的门厅、大厅应按一层计算建筑面积，门厅、大厅内设置的走廊应按走廊结构底板水平投影面积计算建筑面积。结构层高在 2.20m 及以上的，应计算全面积；结构层高在 2.20m 以下的，应计算 1/2 面积。

(9) 建筑物间的架空走廊，有顶盖和围护结构的，应按其围护结构外围水平面积计算全面积；无围护结构、有围护设施的，应按其结构底板水平投影面积计算 1/2 面积。

(10) 对于立体书库、立体仓库、立体车库，有围护结构的，应按其围护结构外围水平面积计算建筑面积；无围护结构、有围护设施的，应按其结构底板水平投影面积计算建筑面积。无结构层的应按一层计算，有结构层的应按其结构层面积分别计算。结构层高在 2.20m 及以上的，应计算全面积；结构层高在 2.20m 以下的，应计算 1/2 面积，如图 6-15 所示。

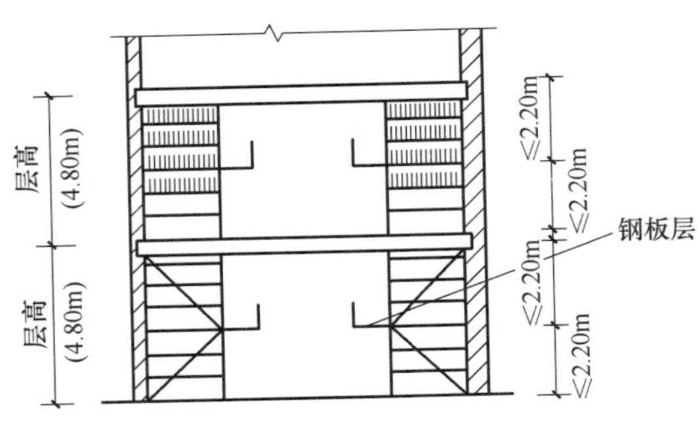

图 6-15　立体书库、立体仓库、立体车库

(11) 有围护结构的舞台灯光控制室，应按其围护结构外围水平面积计算。结构层高在 2.20m 及以上的，应计算全面积；结构层高在 2.20m 以下的，应计算 1/2 面积，如图 6-16 所示。

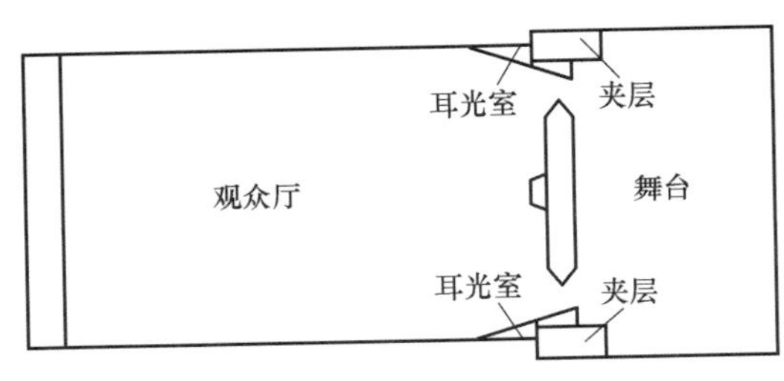

图 6-16　舞台灯光控制室

(12) 附属在建筑物外墙的落地橱窗，应按其围护结构外围水平面积计算。结构层高在 2.20m 及以上的，应计算全面积；结构层高在 2.20m 以下的，应计算 1/2 面积。

(13) 窗台与室内楼地面高差在 0.45m 以下且结构净高在 2.10m 及以上的凸(飘)窗，应按其围护结构外围水平面积计算 1/2 面积。

(14) 有围护设施的室外走廊(挑廊)，应按其结构底板水平投影面积计算 1/2 面积；有围护设施(或柱)的檐廊，应按其围护设施(或柱)外围水平面积计算 1/2 面积。

(15) 门斗应按其围护结构外围水平面积计算建筑面积，结构层高在 2.20m 及以上的，应计算全面积；结构层高在 2.20m 以下的，应计算 1/2 面积。

(16) 门廊应按其顶板的水平投影面积的 1/2 计算建筑面积；有柱雨篷的应按其结构板水平投影面积的 1/2 计算建筑面积；无柱雨篷的结构外边线至外墙结构外边线的宽度在 2.10m 及以上的，应按雨篷结构板的水平投影面积的 1/2 计算建筑面积。

(17) 设在建筑物顶部的、有围护结构的楼梯间、水箱间、电梯机房等，结构层高在 2.20m 及以上的应计算全面积；结构层高在 2.20m 以下的，应计算 1/2 面积，如图 6-17 所示。

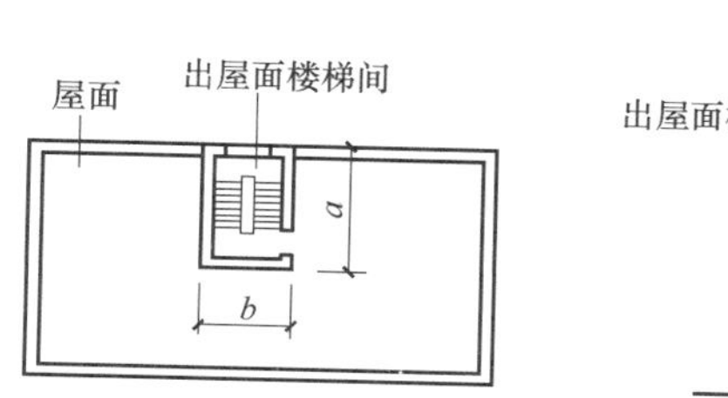

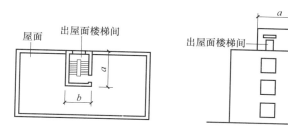

图 6-17 建筑物顶部有围护结构的楼梯间

(18) 围护结构不垂直于水平面的楼层，应按其底板面的外墙外围水平面积计算。结构净高在 2.10m 及以上的部位，应计算全面积；结构净高在 1.20m 及以上至 2.10m 以下的部位，应计算 1/2 面积；结构净高在 1.20m 以下的部位，不应计算建筑面积，如图 6-18 所示。

(19) 建筑物的室内楼梯、电梯井、提物井、管道井、通风排气竖井、烟道，应并入建筑物的自然层计算建筑面积。有顶盖的采光井应按一层计算面积，且结构净高在 2.10m 及以上的，应计算全面积；结构净高在 2.10m 以下的，应计算 1/2 面积，如图 6-19 所示。

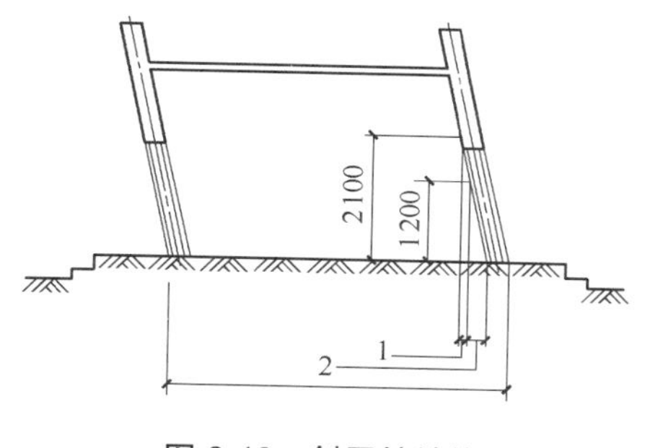

图 6-18 斜围护结构

1—计算 1/2 建筑面积部位；2—不计算建筑面积部位

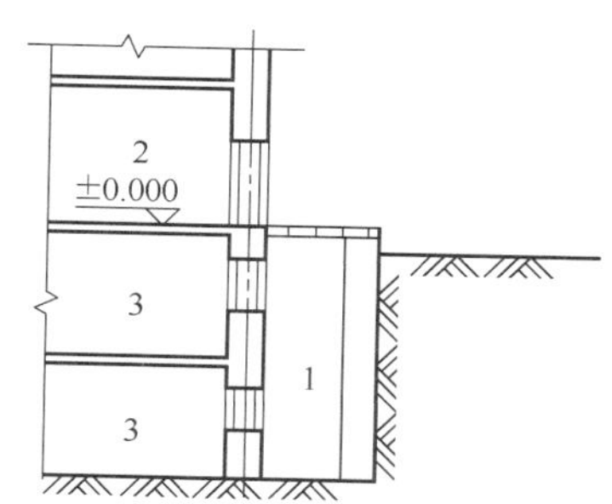

图 6-19 地下室采光井

1—采光井；2—室内；3—地下室

(20) 室外楼梯应并入所依附建筑物自然层，并应按其水平投影面积的 1/2 计算建筑面积。

(21) 在主体结构内的阳台，应按其结构外围水平面积计算全面积；在主体结构外的阳台，应按其结构底板水平投影面积计算 1/2 面积。

(22) 有顶盖无围护结构的车棚、货棚、站台、加油站、收费站等，应按其顶盖水平投影面积的 1/2 计算建筑面积，如图 6-20 所示。

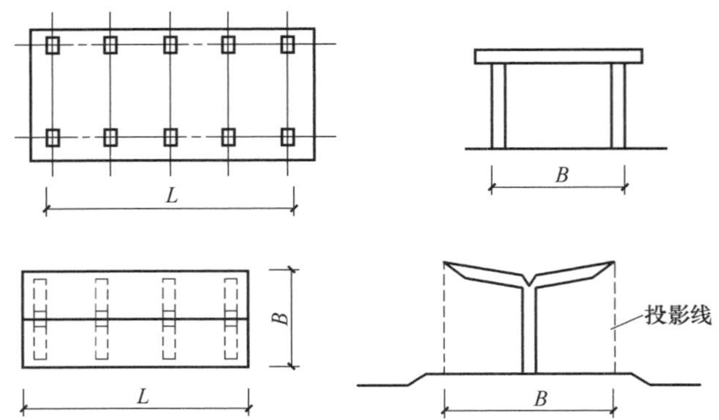

图 6-20　车棚、货棚、站台、加油站、收费站等

(23) 以幕墙作为围护结构的建筑物，应按幕墙外边线计算建筑面积，如图 6-21 所示。

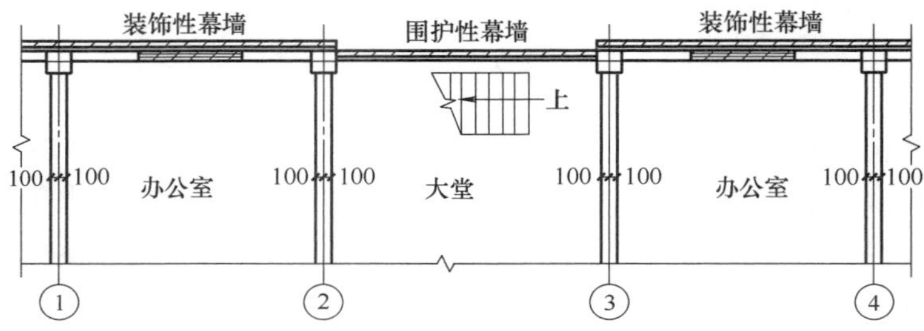

图 6-21　围护性幕墙与装饰性幕墙

(24) 建筑物的外墙外保温层，应按其保温材料的水平截面积计算，并计入自然层建筑面积，如图 6-22 所示。

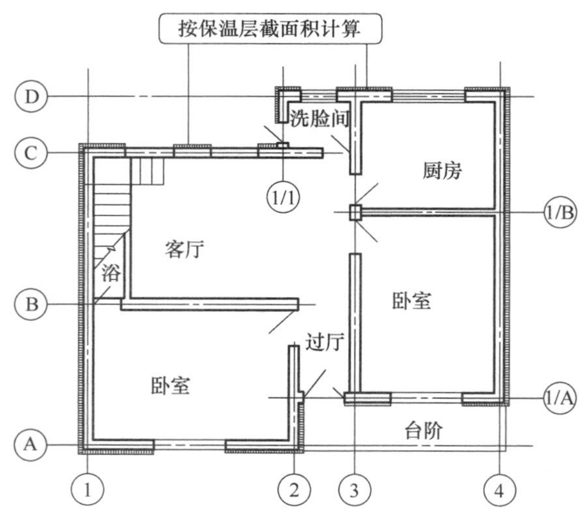

图 6-22　外墙保温层建筑面积计算示意图

(25) 与室内相通的变形缝，应按其自然层合并在建筑物建筑面积内计算。对于高低联跨的建筑物，当高低跨内部连通时，其变形缝应计算在低跨面积内，如图 6-23 所示。

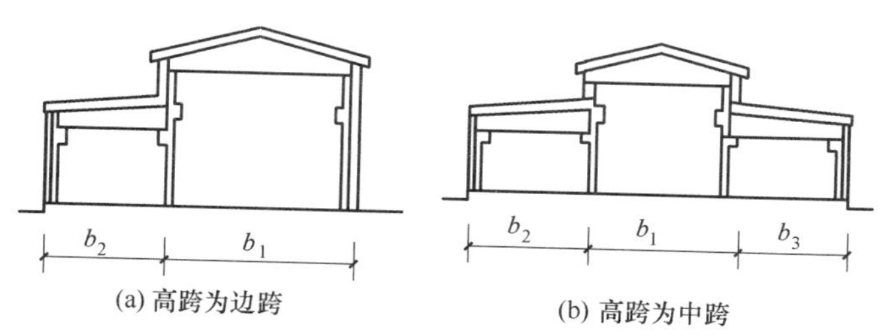

图 6-23　高低联跨建筑物

(26) 对于建筑物内的设备层、管道层、避难层等有结构层的楼层，结构层高在 2.20m 及以上的，应计算全面积；结构层高在 2.20m 以下的，应计算 1/2 面积。

(27) 下列项目不应计算建筑面积。

① 与建筑物内不相连通的建筑部件。

② 骑楼、过街楼底层的开放公共空间和建筑物通道。

③ 舞台及后台悬挂幕布和布景的天桥、挑台等。

④ 露台、露天游泳池、花架、屋顶的水箱及装饰性结构构件，如图 6-24 所示。

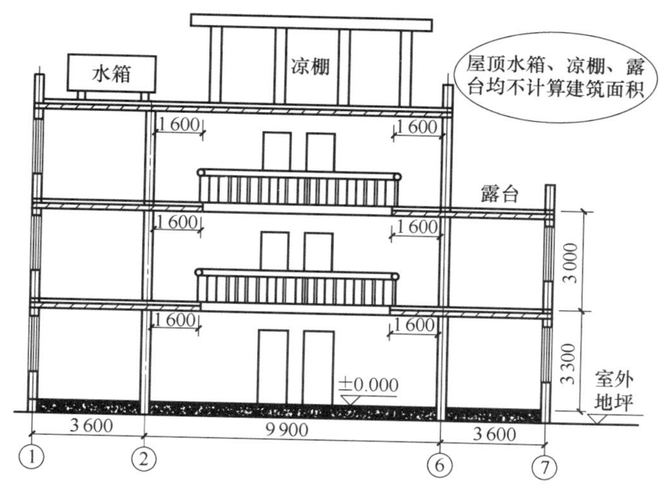

图 6-24　屋顶水箱、凉棚等示意图

⑤ 建筑物内的操作平台、上料平台、安装箱和罐体的平台。

⑥ 勒脚、附墙柱、垛、台阶、墙面抹灰、装饰面、镶贴块料面层、装饰性幕墙，主体结构外的空调室外机搁板(箱)、构件、配件，挑出宽度在 2.10m 以下的无柱雨篷和顶盖高度达到或超过两个楼层的无柱雨篷，如图 6-25 所示。

⑦ 窗台与室内地面高差在 0.45m 以下且结构净高在 2.10m 以下的凸(飘)窗，窗台与室内地面高差在 0.45m 及以上的凸(飘)窗。

⑧ 室外爬梯、室外专用消防钢楼梯。

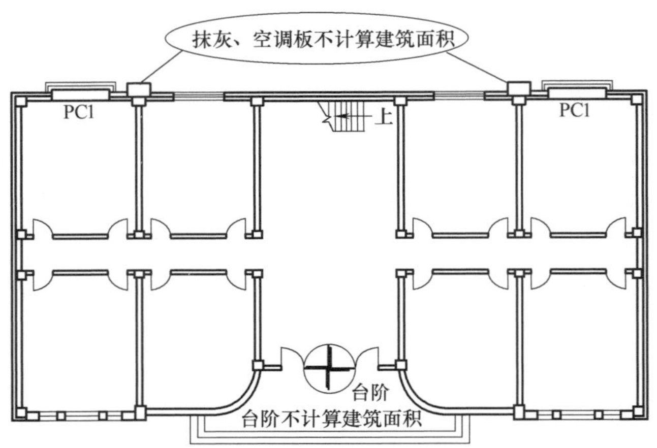

图 6-25　空调搁板、台阶等示意图

⑨ 无围护结构的观光电梯。

⑩ 建筑物以外的地下人防通道，独立的烟囱、烟道、地沟、油(水)罐、气柜、水塔、贮油(水)池、贮仓、栈桥等构筑物。

6.2.3　建筑面积计算实例

【例 6-1】 计算如图 6-26 所示单层建筑物的建筑面积(不计算挑廊部分面积)。

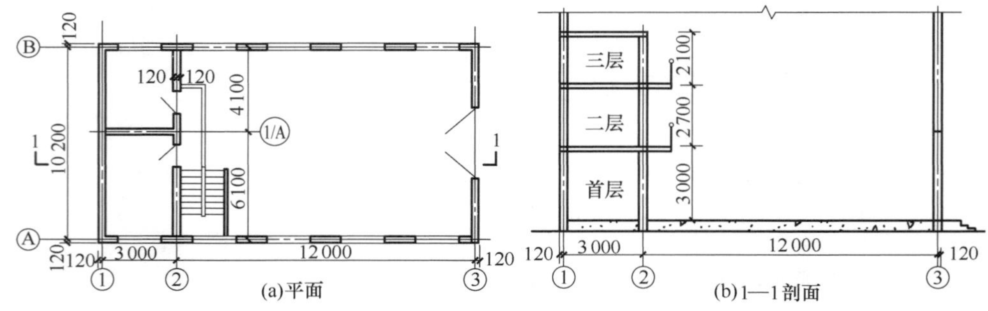

图 6-26　单层建筑物示意图

解：建筑面积=10.440×15.240+3.240×10.440+3.240×10.440×1/2=209.844(m^2)

【例 6-2】 某办公楼共 4 层，如图 6-27 所示。底层设有柱走廊，楼层设有挑廊，试计算该办公楼建筑面积，墙厚均为 240mm。

解：一层走廊有永久性顶盖无围护结构，应按其结构底板水平面积的 1/2 计算。

S=(38.5+0.12×2)×(8.0+0.12×2)×4−(38.5−3.5×2−0.12×2)×1.8/2

=1276.87−28.134=1248.74(m^2)

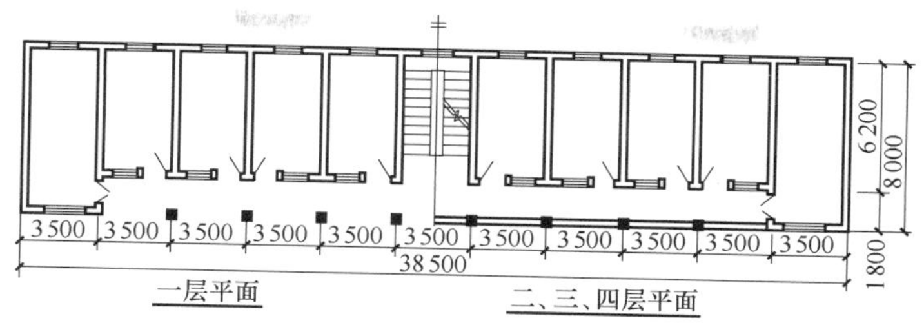

图 6-27　四层建筑平面图

【例 6-3】计算图 6-28 中高低跨职工食堂的建筑面积。

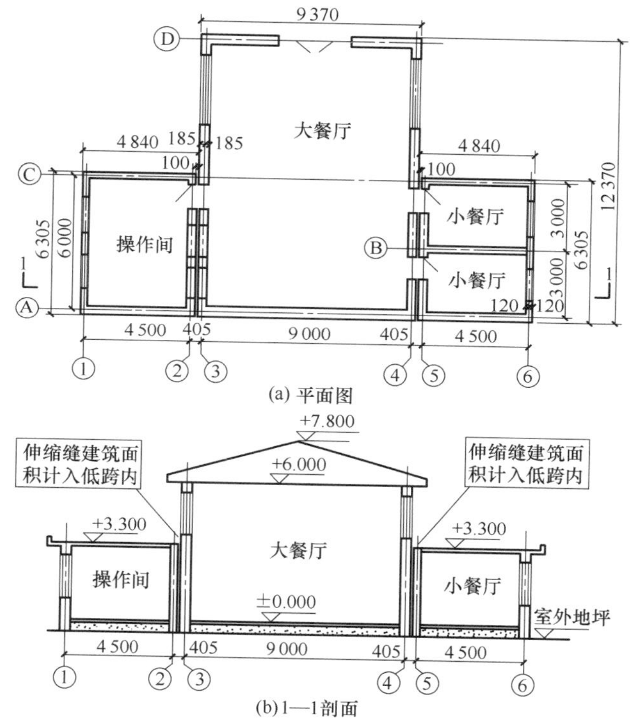

图 6-28　某职工食堂建筑平面图

解：大餐厅的建筑面积=9.37×12.37=115.907(m^2)

操作间和小餐厅的建筑面积=4.84×6.305×2=61.032(m^2)

则食堂的建筑面积=115.907+61.032=176.939(m^2)

复习思考题

1. 何谓建筑面积？建筑面积由哪几部分组成？建筑面积有什么作用？
2. 何谓地下室、半地下室？如何计算地下室、半地下室的建筑面积？
3. 如何计算建筑物落地橱窗、门斗、挑廊、走廊、檐廊的建筑面积？
4. 如何计算建筑物顶部楼梯间、水箱间、电梯机房的建筑面积？

第 7 章　建筑与装饰工程工程量计量

7.1　工程量计算概述

工程造价的有效确定与控制，应以构成工程实体的分部分项工程项目以及所需采取的措施项目的数量标准为依据。由于工程造价的多次性计价特点，工程计量也具有多阶段性和多次性。其不仅包括招标阶段工程量清单编制中的工程计量，也包括投资估算、设计概算、投标报价以及合同履约阶段的变更、索赔、支付和结算中的工程计量。本章讲述的房屋建筑工程量计算是根据《房屋建筑与装饰工程工程量计算规范》(GB 50854－2013)进行的，适用于房屋建筑与装饰工程施工发承包计价活动中的工程量清单编制和工程量计算。

7.1.1　工程量的含义及作用

1．工程量的含义

工程量是指以物理计量单位或自然计量单位所表示的分部分项工程项目和措施项目的数量。

物理计量单位是指需经量度的具有物理属性的单位，一般是以公制度量单位表示，如长度(m)、面积(m^2)、体积(m^3)、重量(t)等；自然计量单位是指无须量度的具有自然属性的单位，如个、台、组、套、樘等，如门窗工程可以以“樘”为计量单位；桩基工程可以以“根”为计量单位等。

2．工程量的作用

工程量具有以下几个作用。

(1) 工程量是确定建筑安装工程造价的重要依据。只有准确计算工程量，才能正确计算工程相关费用，合理确定工程造价。

(2) 工程量是承包方生产经营管理的重要依据。工程量是编制项目管理规划、安排工程施工进度、编制材料供应计划、进行工料分析、进行工程统计和经济核算的重要依据，也是编制工程形象进度统计报表，向工程建设发包方结算工程价款的重要依据。

(3) 工程量是发包方管理工程建设的重要依据。工程量是编制建设计划、筹集资金、工程招标文件、工程量清单、建筑工程预算、安排工程价款的拨付和结算、进行投资控制的重要依据。

7.1.2 工程量计算的依据

工程量是根据施工图及其相关说明，按照一定的工程量计算规则逐项进行计算并汇总得到的。其主要依据如下。

(1) 经审定的施工设计图纸及其说明。施工图纸全面反映建筑物(或构筑物)的结构构造、各部位的尺寸及工程做法，是工程量计算的基础资料和基本依据。

(2) 工程施工合同、招标文件的商务条款等。

(3) 经审定的施工组织设计(项目管理实施规划)或施工技术措施方案。施工图纸主要表现拟建工程的实体项目，分项工程的具体施工方法及措施，应按施工组织设计(项目管理实施规划)或施工技术措施方案确定。

(4) 工程量计算规则。工程量计算规则是规定在计算工程实物数量时，从设计文件和图纸中摘取数值的取定原则。我国目前的工程量计算规则主要有两类，一是与预算定额相配套的工程量计算规则，原建设部制定了《全国统一建筑工程预算工程量计算规则》(GJD$_{GZ}$-101-95)；二是与清单计价相配套的计算规则，原建设部分别于 2003 年和 2008 年先后公布了两版《建设工程工程量清单计价规范》，在规范的附录部分明确了分部分项工程的工程量计算规则。2013 年住建部又颁布了房屋建筑与装饰工程、仿古建筑工程、通用安装工程、市政工程、园林绿化工程、矿山工程、构筑物工程、城市轨道交通工程、爆破工程 9 个专业的工程量计算规范，进一步规范了工程造价中工程量计量行为，统一了各专业工程量清单的编制、项目设置和工程量计算规则。

(5) 经审定的其他有关技术经济文件。

7.1.3 工程量计算规范

工程量计算规范是工程量计算的主要依据之一。按照现行规定，对于建设工程采用工程量清单计价的，其工程量计算应执行《房屋建筑与装饰工程工程量计算规范》(GB 50854)，《仿古建筑工程工程量计算规范》(GB 50855)，《通用安装工程工程量计算规范》(GB 50856)，《市政工程工程量计算规范》(GB 50857)，《园林绿化工程工程量计算规范》(GB 50858)，《矿山工程工程量计算规范》(GB 50859)，《构筑物工程工程量计算规范》(GB 50860)，《城市轨道交通工程工程量计算规范》(GB 50861)，《爆破工程工程量计算规范》(GB 50862)(以下简称《计算规范》)。

《计算规范》包括正文、附录和条文说明 3 部分。正文部分共 4 章，包括总则、术语、工程计算和工程量清单编制。附录包括分部分项工程项目(实体项目)和措施项目(非实体项目)的项目设置要求与工程量计算规则。

《计算规范》附录中分部分项工程项目的内容包括项目编码、项目名称、项目特征、计量单位、工程量计算规则和工作内容 6 个部分。

"措施项目"是相对于工程实体的分部分项工程项目而言，对实际施工中必须发生的施工准备和施工过程中技术、生活、安全、环境保护等方面的非工程实体项目的总称。例如：安全文明施工、模板工程、脚手架工程等。

《计算规范》附录中列出了两种类型的措施项目：一类措施项目中列出了项目编码、项目名称、项目特征、计量单位、工程量计算规则的项目，编制工程量清单时，与分部分项工程项目的相关规定一致；另一类措施项目列出项目编码、项目名称，未列出项目特征、计量单位和工程量计算规则的项目，编制工程量清单时，应按规范中措施项目规定的项目编码、项目名称确定。

措施项目应根据拟建工程的实际情况列项，若出现《工程量计算规范》中未列出的项目，可根据工程实际情况补充。

7.1.4　工程量计算的一般方法及顺序

为了准确、快速地计算工程量，避免发生多算、少算、重复计算的现象，计算过程应按照一定的顺序及方法进行。

在安排各分部工程计算顺序时，可以按照工程量计算规则顺序或按照施工顺序(自下而上，由外向内)依次进行计算。通常计算顺序为：建筑面积→土、石方工程→基础工程→门窗工程→混凝土及钢筋混凝土工程→墙体工程→楼地面工程→屋面工程→其他分部工程等。而对于同一分部工程中的不同分项工程量的计算，一般可采用以下几种顺序。

1. 按顺时针顺序计算

从平面左上角开始，按顺时针方向逐步计算，绕一周后回到左上角。此方法可用于计算外墙的挖沟槽、浇筑或砌筑基础、砌筑墙体和装饰等项目，以及以房间为单位的室内地面、天棚等工程项目。

2. 按横竖顺序计算

从平面图上的横竖方向，从左到右，先外后内，先横后竖，先上后下逐步计算。此方法可用于计算内墙的挖沟槽、基础、墙体和各种间壁墙等工程量。

3. 按编号顺序计算

按照图纸上注明的编号顺序计算，如钢筋混凝土构件、门窗、金属构件等，可按照图纸的编号进行计算。

4．按轴线顺序计算

对于复杂的分部工程，如墙体工程、装饰工程等，仅按上述顺序计算还可能发生重复或遗漏，这时可按图纸上的轴线顺序进行计算，并将其部位以轴线号表示出来。

7.1.5　统筹法计算工程量

统筹法计算工程量打破了按照工程量计算规则或按照施工程序的工程量计算顺序，而是根据施工图纸中大量图形线、面数据之间“集中”“共需”的关系，找出工程量的变化规律，利用其几何共同性，统筹安排数据的计算。统筹法计算工程量的基本特点是：统筹程序、合理安排；一次算出、多次使用；结合实际，灵活机动。统筹法计算工程量应根据工程量计算自身的规律，抓住共性因素，统筹安排计算顺序，使已算出的数据能为以后的分部分项工程的计算所利用，减少计算过程中的重复性，提高计算效率。

统筹法计算工程量的核心在于：根据统筹的程序首先计算出若干工程量计算的基数，而这些基数能在以后的工程量计算中反复使用。工程量计算基数并不确定，不同的工程可以归纳出不同的基数。但对于大多数工程而言，“三线一面”是其共有的基数。

(1) 外墙中心线($L_{中}$)：建筑物外墙的中心线长度之和。

(2) 外墙外边线($L_{外}$)：建筑物外墙的外边线长度之和。

(3) 内墙净长线($L_{净}$)：建筑物所有内墙的净长度之和。

(4) 底层建筑面积($S_{底}$)：建筑物底层的建筑面积。

外墙偏心时，如图 7-1 所示，外墙中心线、外墙外边线可按式(7-1)进行计算。

$$L_{外}=L_{外轴}+8b；\ L_{中}=L_{外轴}+8e \tag{7-1}$$

式中：e——偏心距，$e=(b-a)/2$。

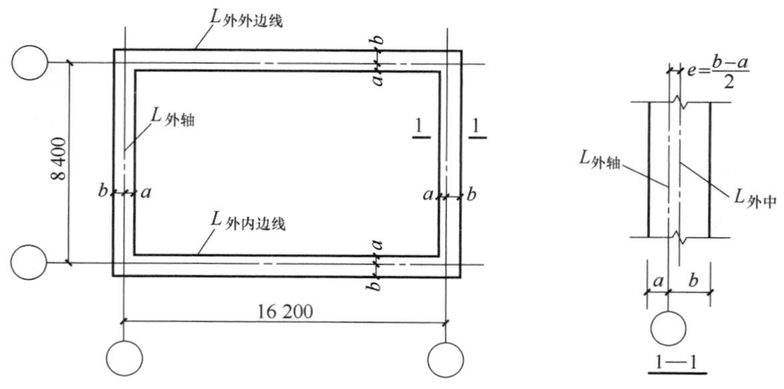

图 7-1　外墙偏心平面示意图

【例 7-1】某建筑物，其平面图如图 7-2 所示，计算该建筑物的“三线一面”。

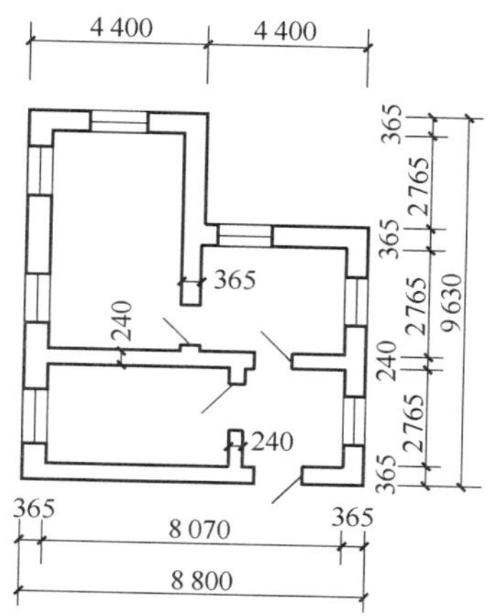

图 7-2　某建筑物平面图

解：(1) 外墙中心线 $L_{中}$=(8 800−365)+(365+2 765+240+2 765+365−365)+4 400 +(2 765+365)+(4 400−365)+(9 630−365)=35 400(mm)

或 (8 800−365)×2+(9 630−365)×2=35 400(mm)

(2) 外墙外边线 $L_{外}$=(8 800+9 630)×2=36 860(mm)

(3) 内墙(365)净长线 $L_{净}$=2 765(mm)

内墙(240)净长线 $L_{净}$=8 070+2 765=10 835(mm)

(4) 底层建筑面积 $S_{底}$=8 800×9 630−4 400×(2 765+365)=70.972(m^2)

7.2　房屋建筑工程工程量计算规则

7.2.1　土石方工程

土石方工程包括土方工程、石方工程及回填 3 个部分。

1．土方工程

1) 平整场地

平整场地是指工程动土开工前，对施工现场±30cm 以内的部位进行的就地挖填、找平。其工程量按设计图示尺寸以建筑物首层面积计算，单位：m^2。

建筑物场地厚度小于或等于±300mm 的挖、填、运、找平，应按平整场地项目编码列项。厚度大于±300mm 的竖向布置挖土或山坡切土应按一般土方项目编码列项。项目特征包括土壤类别、弃土运距、取土运距。

平整场地若需要外运土方或取土回填时，在清单项目特征中应描述弃土运距或取土运距，其报价应包括在平整场地项目中；当清单中没有描述弃、取土运距时，应注明由投标人根据施工现场实际情况自行考虑到投标报价中。

2) 挖一般土方

按设计图示尺寸以体积计算，单位：m^3。挖土方平均厚度应按自然地面测量标高至设计地坪标高间的平均厚度确定。土石方体积应按挖掘前的天然密实体积折算。如需按天然密实体积折算时，应按表 7-1 计算。挖土方如需截桩头时，应按桩基工程相关项目列项。桩间挖土不扣除桩的体积，并在项目特征中加以描述。

表 7-1　土方体积折算系数　　单位：m^3

天然密实度体积	虚方体积	夯实后体积	松填体积
1.00	1.30	0.87	1.08
0.77	1.00	0.67	0.83
1.15	1.49	1.00	1.24
0.93	1.20	0.81	1.00

注：虚方指未经碾压、堆积时间小于或等于 1 年的土壤。

土壤的不同类别决定了土方工程施工的难易程度、施工方法、功效及工程成本，所以应掌握土壤类别的划分。当土壤类别不能准确划分时，招标人可注明为综合，由投标人根据地勘报告决定报价。土壤分类可参考表 7-2。

表 7-2　土壤分类表

土壤分类	土壤名称	开挖方法
一、二类土	粉土、砂土(粉砂、细砂、中砂、粗砂、砾砂)、粉质黏土、弱中盐渍土、软土(淤泥质土、泥炭、泥炭质土)、软塑红黏土、冲填土	用锹、少许用镐、条锄开挖。机械能全部直接铲挖满载者
三类土	黏土、碎石土(圆砾、角砾)、混合土、可塑红黏土、硬塑红黏土、强盐渍土、素填土、夯实填土	主要用镐、条锄、少许用锹开挖。机械需部分刨松方能铲挖满载者或可直接铲挖但不能满载者
四类土	碎石土(卵石、碎石、漂石、块石)、坚硬红黏土、超盐渍土、杂填土	全部用镐、条锄开挖、少许用撬棍挖掘。机械须普通刨松方能铲挖满载者

注：本表土的名称及其含义按国家标准《岩土工程勘察规范》(GB 50021—2001)(2009 年版)定义。

3) 挖沟槽土方及挖基坑土方

房屋建筑按设计图示尺寸以基础垫层底面积乘以挖土深度计算，单位：m^3；构筑物按最大水平投影面积乘以挖土深度(原地面平均标高至坑底高度)以体积计算，单位：m^3。

挖土应按自然地面测量标高至设计地坪标高的平均厚度确定。竖向土方、山坡切土开挖深度应按基础垫层底表面标高至交付施工场地标高确定，无交付施工场地标高时，应按自然地面标高确定。

沟槽、基坑、一般土方的划分为：底宽小于或等于 7m 且底长大于 3 倍底宽为沟槽；底长小于或等于 3 倍底宽且底面积小于或等于 $150m^2$ 为基坑；超出上述范围则为一般土方。

挖沟槽、基坑、一般土方因工作面和放坡增加的工程量，是否并入各土方工程量中，按各省、自治区、直辖市或行业建设主管部门的规定实施，如并入各土方工程量中，办理工程结算时，按经发包人认可的施工组织设计规定计算，编制工程量清单时，可按以下规定计算。

(1) 基坑(沟槽)开挖断面形式的确定。

基坑(沟槽)土方开挖工程量计算，首先应根据施工组织设计(施工方案)确定断面形式，一般来说基坑(沟槽)土方开挖断面有以下 3 种基本形式。

① 无支护结构的垂直边坡[见图 7-3(a)]。

② 有支护结构的垂直边坡[见图 7-3(b)]。

③ 放坡开挖[见图 7-3(c)]。

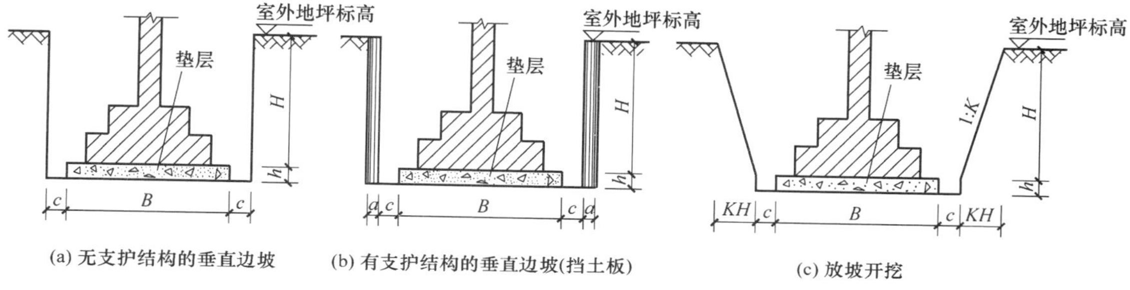

(a) 无支护结构的垂直边坡　(b) 有支护结构的垂直边坡(挡土板)　(c) 放坡开挖

图 7-3　土石方工程坑槽断面类型

(2) 放坡系数的确定。

基坑(沟槽)若采取放坡开挖的施工方案[见图 7.3(c)]，计算工程量前应根据土壤种类和施工方案选取适当的放坡系数 K 和放坡的起点深度。放坡系数 K 按表 7-3 取用，K 表示当挖土深度为 H(m)时，放出的边坡宽度为 KH(m)。基坑(沟槽)底部有基础垫层时，则应从垫层的上表面开始放坡。

沟槽、基坑中土壤类别不同时，分别按其放坡起点、放坡系数，依不同土壤类别厚度加权平均计算。计算放坡时，在交接处的重复工程量不予扣除，原槽、基坑作基础垫层时，放坡自垫层上表面开始计算。

表 7-3　放坡系数表

土壤类型	放坡的起点/m	人工挖土放坡系数 K	机械挖土放坡系数 K		
			坑内作业	坑上作业	顺沟槽在坑上作业
一、二类土	1.20	1∶0.50	1∶0.33	1∶0.75	1∶0.50
三类土	1.50	1∶0.33	1∶0.25	1∶0.67	1∶0.33
四类土	2.00	1∶0.25	1∶0.10	1∶0.33	1∶0.25

【例 7-2】一基槽深 2.8m，地基土分为两层，分别为二类土(K=0.5)厚 1.0m，三类土(K=0.35)厚 1.8m，则该基槽加权放坡系数应为多少？

解：加权放坡系数 $K = K_1 \dfrac{H_1}{H_1 + H_2 + \cdots} + K_2 \dfrac{H_2}{H_1 + H_2 + \cdots} + \cdots$

所以，该基槽的加权放坡系数$=0.5\times\frac{1.0\text{m}}{1.0\text{m}+1.8\text{m}}+0.35\times\frac{1.8\text{m}}{1.0\text{m}+1.8\text{m}}=0.404$

(3) 挡土板宽度的确定。

若基坑(沟槽)采取设置挡土板挖土施工，挡土板宽度应按图示的槽底或坑底宽度单面加10cm，双面加20cm计算。支挡土板后，不得再计算放坡。

(4) 工作面宽度的确定。

基础施工所需加宽工作面 c 的宽度，按表7-4选取。

表7-4 基础施工所需工作面宽度

基础材料	各边增加工作面宽度/mm
砖基础	200
浆砌毛石、条石基础	150
混凝土基础垫层支模板	300
混凝土基础支模板	300
基础垂直面作防水层	1 000(防水层面)

(5) 挖沟槽工程量计算(考虑施工增加量)。

人工挖沟槽工程量按设计图示尺寸以基础垫层底面积乘以挖土深度计算。根据施工组织设计确定沟槽在开挖时应采用的断面形式，按相应的公式计算其土方工程量。

① 无支护结构的垂直边坡，如图7-3(a)所示：

$$V=(B+2c)\times(H+h)\times L \tag{7-2}$$

② 有支护结构的垂直边坡(支挡土板)，如图7-3(b)所示：

$$V=(B+2c+2a)\times(H+h)\times L(\text{有垫层}) \tag{7-3}$$

③ 放坡开挖，如图7-3(c)所示：

$$V=(B+2c+KH)\times H\times L+(B+2c)\times h\times L \tag{7-4}$$

式中：V——挖沟槽的体积；

B——沟槽中基础(有垫层时按垫层)底部宽底；

a——挡土板宽度，一般取 a=100mm；

K——坡度系数，按表7-3选用；

c——加宽工作面宽度，根据基础材料按表7-4选用；

H——沟槽深度，室外地坪标高到基础底部(不包括垫层)的深度；

h——垫层厚度；

L——沟槽的计算长度，外墙下沟槽按图示外墙中心线长度，内墙下沟槽按内墙净长线。

【例7-3】某工程设计采用条形砖基础，如图7-4所示，计算人工挖沟槽工程量，土质为三类土。(因工作面和放坡增加的工程量，并入土方工程量中。)

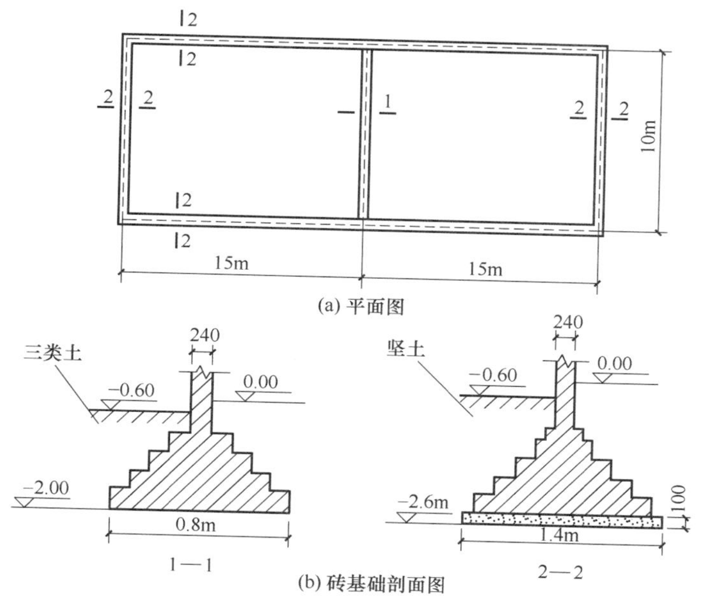

图 7-4　条形砖基础人工挖沟槽示意图

解：(1) $L_{中}$=80m；$L_{净}$=10−2×0.12=9.76(m)

(2) 外墙下沟槽挖土深度 2.0m，大于三类土放坡起点深度(1.5m)，按放坡开挖计算土方工程量。

$$V_{外}=(B+2c)\times h\times L_{中}+(B+2c+KH)\times H\times L_{中}$$
$$=(1.4+2\times0.2)\times0.1\times80+(1.4+2\times0.2+0.33\times1.9)\times1.9\times80=383.3(\text{m}^3)$$

(3) 内墙下沟槽挖土深度 1.4m，小于三类土放坡起点深度(1.5m)，按无支护结构的垂直边坡计算土方工程量。

$$V_{内}=(B+2c)\times(H+h)\times L_{净}=(0.8+2\times0.2)\times1.4\times9.76=16.4(\text{m}^3)$$
$$V=V_{外}+V_{内}=408+16.4=424.4(\text{m}^3)$$

(6) 挖基坑工程量计算(考虑施工增加量)。

现以柱下独立基础(见图 7-5)为例，对挖基坑的工程量计算加以说明。

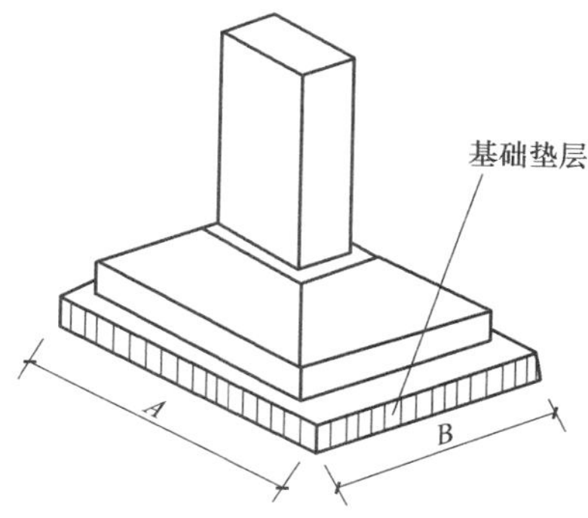

图 7-5　柱下独立基础示意图

① 无支护结构的垂直边坡，如图 7-6(a)所示：

$$V=(A+2c)\times(B+2c)\times(H+h) \tag{7-5}$$

② 有支护结构的垂直边坡(支挡土板)，如图 7-6(b)所示：

$$V=(A+2c+2a)\times(B+2c+2a)\times(H+h) \tag{7-6}$$

③ 放坡开挖，如图 7-6(c)所示：

$$V=(A+2c)\times(B+2c)\times h+(A+2c+KH)(B+2c+KH)\times H+1/3K^2H^3 \tag{7-7}$$

式中：A、B——分别为基底的长和宽(有垫层时按垫层宽度)；

其他符号含义同前。

在放坡开挖工程量计算中，其土方体积应为基础部分(四棱台，如图 7-7 所示)和垫层部分(正四棱柱，应从垫层的上表面开始放坡)体积之和。

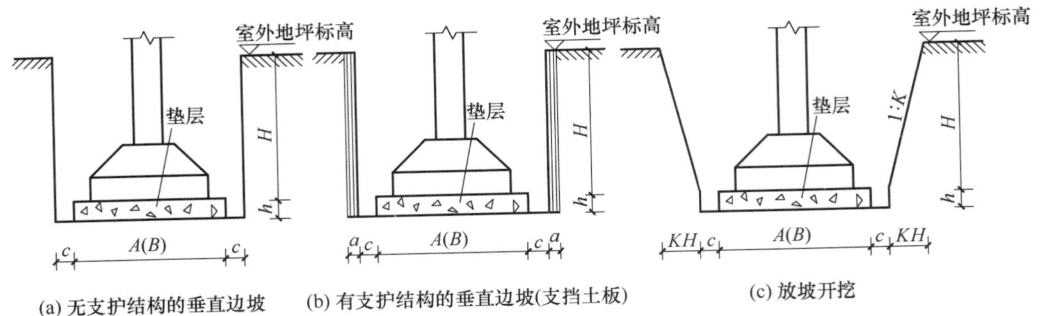

图 7-6 人工挖基坑工程量计算断面图

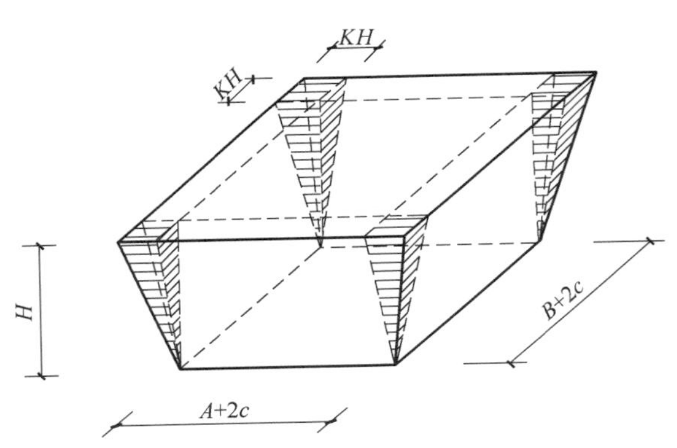

图 7-7 基坑垫层以上部分放坡示意图

【例 7-4】某工程设计采用柱下独立基础，如图 7-7 所示。已知室外自然地坪标高为−0.3m，混凝土垫层厚度 200mm，A=1.8m，B=1.4m，垫层底面标高−2.5m，人工开挖，二类土，计算该工程每个独立基础下挖基坑土方工程量。(混凝土垫层施工时需支设模板)

解：基坑挖土深度 2.2m，大于二类土放坡起点深度(1.2m)，按放坡开挖计算土方工程量。

$$V=(A+2c)\times(B+2c)\times h+(A+2c+KH)(B+2c+KH)\times H+1/3K^2H^3$$
$$=(1.8+2\times0.3)\times(1.4+2\times0.3)\times0.2+(1.8+2\times0.3+0.5\times2.0)(1.4+2\times0.3+0.5\times2.0)\times2+1/3\ 0.5^2\times2.0^3=0.96+15+0.67=16.63(\text{m}^3)$$

4) 冻土开挖

按设计图示尺寸开挖面积乘以厚度以体积计算，单位：m^3。

5) 挖淤泥、流沙

按设计图示位置、界限以体积计算，单位：m^3。挖方出现流沙、淤泥时，如设计未明确，在编制工程量清单时，其工程数量可为暂估量，结算时应根据实际情况由发包人与承包人双方现场签证确认工程量。

6) 管沟土方

按设计图示以管道中心线长度计算，单位：m；或按设计图示管底垫层面积乘以挖土深度计算以体积计算，单位：m^3。无管底垫层按管外径的水平投影面积乘以挖土深度计算。不扣除各类井的长度，井的土方并入。

管沟土方项目适用于管道(给排水、工业、电力、通信)、光(电)缆沟[包括：人(手)孔、接口坑]及连接井(检查井)等。有管沟设计时，平均深度以沟垫层底面标高至交付施工场地标高计算；无管沟设计时，直埋管深度应按管底外表面标高至交付施工场地标高的平均高度计算。

若按当地或行业主管部门规定须考虑管沟土方施工工作面宽度，则管沟施工每侧工作面宽度按表 7-5 执行。

表 7-5　管沟施工每侧工作面宽度计算表

管道结构宽/mm 管沟材料	≤500	≤1000	≤2500	＞2500
混凝土及钢筋混凝土管道/mm	400	500	600	700
其他材质管道/mm	300	400	500	600

注：① 本表按《全国统一建筑工程预算工程量计算规划》(GJDG-101-95)整理。

② 管道结构宽：有管座的按基础外缘，无管座的按管道外径。

2．石方工程

1) 挖一般石方

按设计图示尺寸以体积计算，单位：m^3。当挖土厚度大于±300mm 的竖向布置挖石或山坡凿石应按挖一般石方项目编码列项。挖石应按自然地面测量标高至设计地坪标高的平均厚度确定。

石方工程中项目特征应描述岩石的类别。弃渣运距可以不描述，但应注明由投标人根据施工现场实际情况自行考虑，决定报价。石方体积应按挖掘前的天然密实体积计算。非天然密实石方应按相应规定折算。

2) 挖沟槽(基坑)石方

按设计图示尺寸以沟槽(基坑)底面积乘以挖石深度以体积计算，单位：m^3。沟槽、基坑、一般石方的划分为：底宽小于或等于 7m 且底长大于 3 倍底宽为沟槽；底长小于或等于 3 倍底宽且底面积小于或等于 150m^2 为基坑；超出上述范围则为一般石方。

3) 管沟石方

按设计图示以管道中心线长度计算，单位：m；或按设计图示截面积乘以长度以体积计算，单位：m^3。有管沟设计时，平均深度以沟垫层底面标高至交付施工场地标高计算；无管沟设计时，直埋管深度应按管底外表面标高至交付施工场地标高的平均高度计算。

管沟石方项目适用于管道(给排水、工业、电力、通信)、光(电)缆沟[包括：人(手)孔、接口坑]及连接井(检查井)等。

3. 回填

1) 回填方

按设计图示尺寸以体积计算，单位：m^3。

(1) 场地回填：回填面积乘以平均回填厚度。

(2) 室内回填：主墙间净面积乘以回填厚度，不扣除间隔墙。

(3) 基础回填：挖方清单项目工程量减去自然地坪以下埋设的基础体积(包括基础垫层及其他构筑物)。

室内(房心)回填，如图 7-8 所示，室内回填土体积等于底层主墙间净面积乘以回填土厚度，其中，底层主墙间净面积等于 $S_{底}-(L_{中}\times$外墙厚$+L_{净}\times$内墙厚)，主墙即墙厚大于 15cm 的墙；回填土厚度等于室内外高差减去地坪层厚度。

基础(沟槽、基坑)回填，如图 7-8 所示。基础回填土体积等于挖方清单项目工程量减去室外地坪标高以下埋设物的体积，室外地坪标高以下埋设物的体积，是指基础、基础垫层、地梁或基础梁等体积。

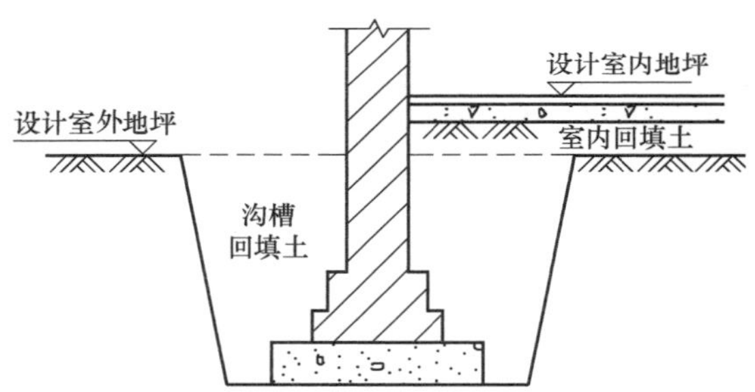

图 7-8　沟槽及室内回填示意图

回填土方项目特征包括密实度要求、填方材料品种、填方粒径要求、填方来源及运距，在项目特征描述中需要注意以下几个问题。

(1) 填方密实度要求，在无特殊要求情况下，项目特征可描述为满足设计和规范的要求。

(2) 填方材料品种可以不描述，但应注明由投标人根据设计要求验方后方可填入，并符合相关工程的质量规范要求。

(3) 填方粒径要求，在无特殊要求情况下，项目特征可以不描述。

2) 余方弃置、缺方内运

按挖方清单项目工程量减利用回填方体积计算，单位：m^3。计算结果正数为余方弃置(土方外运)，计算结果负数为缺方内运(外购土方)。

在工程量计算时应考虑土质情况、相关规定等因素。例如，若土壤工程性质不良、工程现场场地狭小，无堆土地点或项目所在地不允许现场堆土等情况，挖出的土方不能用于回填，必须全部运出现场，则挖方量均应按余方弃置考虑，相应的回填量均为缺方内运。

【例 7-5】已知某基础工程挖土体积为 1 000m^3，室外地坪标高以下埋设物体积为 450m^3，底层建筑面积为 600m^2，$L_{中}$=80m，$L_{净}$=35m，室内外高差为 600mm，又知：地坪 100mm 厚、外墙厚 365mm、内墙厚 240mm，计算基础回填、室内回填及土方运输工程量。

解：(1) 基础回填土体积=挖土体积−室外地坪标高以下埋设物的体积

$$=1\ 000\text{m}^3-450\text{m}^3=550\text{m}^3$$

(2) 室内回填土体积=底层主墙间净面积×回填土厚度

$$=(600-80\times0.365-35\times0.24)\times(0.6-0.1)=281.2(\text{m}^3)$$

(3) 土方运输工程量=挖土体积−基础回填土体积−室内回填土体积

$$=1\ 000-550-281.2=168.8(\text{m}^3)$$

计算结果为正数，应为余方弃置。

7.2.2　地基处理与边坡支护工程

地基处理与边坡支护工程包括地基处理、基坑与边坡支护。

1. 地基处理

1) 换填垫层

当建筑物基础下的持力层比较软弱、不能满足上部结构荷载对地基的要求时，常采用换填垫层来处理软弱地基。即将基础下一定范围内的土层挖去，然后回填以强度较大的砂、砂石或灰土等，并分层夯实至设计要求的密实程度，作为地基的持力层。其工程量按设计图示尺寸以体积计算，单位：m^3。

2) 铺设土工合成材料

在地基处理施工时，为了满足地基抗渗、增强等需要，在地基底部铺设土工织物、土工膜(抗渗)、土工格栅等土工合成材料。其工程量按设计图示尺寸以面积计算，单位：m^2。

3) 预压地基、强夯地基、振冲密实(不填料)

预压地基是指在原状土上加载，使土中水排出，以实现土的预先固结，减少建筑物地基后期沉降和提高地基承载力；强夯地基是利用重锤自由下落时的冲击能来夯实浅层填土地基，使表面形成一层较为均匀的硬层来承受上部载荷；振冲密实是通过振冲器产生水平方向振动力，振挤填料及周围土体，达到提高地基承载力、减少沉降量、增强地基稳定性、提高抗地震液化能力的地基处理方法。

以上 3 种地基处理方法工程量均按设计图示尺寸以加固面积计算，单位：m^2。

4) 振冲桩(填料)

按设计图示尺寸以桩长计算，单位：m；或按设计桩截面乘以桩长以体积计算，单位：m^3。

5) 砂石桩

按设计图示尺寸以桩长(包括桩尖)计算，单位：m：或按设计桩截面乘以桩长(包括桩尖)以体积计算，单位 m^3。

6) 水泥粉煤灰碎石桩、夯实水泥土桩、石灰桩、灰土(土)挤密桩

工程量均按设计图示尺寸以桩长(包括桩尖)计算，单位：m。

7) 深层搅拌桩、粉喷桩、高压喷射注浆桩、柱锤冲扩桩

工程量均按设计图示尺寸以桩长计算，单位：m。

8) 注浆地基

按设计图示尺寸以钻孔深度计算，单位：m；或按设计图示尺寸以加固体积计算，单位 m^3。

9) 褥垫层

褥垫层通常铺设在搅拌桩复合地基的基础和桩之间，其厚度一般取 200～300mm，材料可选用中砂、粗砂、级配砂石等，最大粒径一般不宜大于 20mm。其作用包括保证桩、土基共同承担荷载；调整桩垂直荷载、水平荷载的分布；减少基础底面的应力集中等。

褥垫层工程量按设计图示尺寸以铺设面积计算，单位：m^2；或按设计图示尺寸以体积计算，单位 m^3。

清单编制时还要注意以下事项。

(1) 地层情况按《规范》的规定，并根据岩土工程勘察报告按单位工程各地层所占比例(包括范围值)进行描述。对无法准确描述的地层情况，可注明由投标人根据岩土工程勘察报告自行决定报价。

(2) 项目特征中的桩长应包括桩尖，空桩长度=孔深−桩长，孔深为自然地面至设计桩底的深度。

(3) 高压喷射注浆类型包括旋喷、摆喷、定喷，高压喷射注浆方法包括单管法、双重管法、三重管法。

(4) 复合地基的检测费用按国家相关取费标准单独计算，不在本清单项目中。

(5) 如采用泥浆护壁成孔，工作内容包括土方、废泥浆外运，如采用沉管灌注成孔，工作内容包括桩尖制作、安装。

(6) 弃土(不含泥浆)清理、运输按土方工程中相关项目编码列项。

2. 基坑与边坡支护

1) 地下连续墙

按设计图示墙中心线长度乘以槽深以体积计算，单位：m^3。

2) 咬合灌注桩

按设计图示尺寸以桩长计算，单位：m；或按设计图示数量计算，单位：根。

3) 圆木桩、预制钢筋混凝土板桩

按设计图示尺寸以桩长(包括桩尖)计算，单位：m；或按设计图示数量计算，单位：根。

4) 型钢桩

按设计图示尺寸以质量计算，单价：t；或按设计图示数量计算，单位：根。

5) 钢板桩

按设计图示尺寸以质量计算，单价：t；或按设计图示墙中心线长度乘以桩长以面积计算，单位：m^2。

6) 预应力锚杆、锚索、其他锚杆、土钉

设计图示尺寸以钻孔深度计算，单位：m；或按设计图示数量计算，单位：根。

7) 喷射混凝土(水泥砂浆)

喷射混凝土(水泥砂浆)按设计图示尺寸以面积计算，单位：m^2。

8) 钢筋混凝土支撑

钢筋混凝土支撑按设计图示尺寸以体积计算，单位：m^3。

9) 刚支撑

按设计图示尺寸以质量计算，单位，t。不扣除孔眼质量，焊条、铆钉、螺栓等不另增加质量。

清单编制时还要注意以下事项。

(1) 地层情况的描述与地基处理相关项目特征描述要求相同。

(2) 其他锚杆是指不施加预应力的土层锚杆和岩石锚杆。置入方法包括钻孔置入、打入或射入等。

(3) 基坑与边坡的检测、变形观测等费用按国家相关取费标准单独计算，不在本清单项目中。

(4) 地下连续墙和喷射混凝土的钢筋网及咬合灌注桩的钢筋笼制作、安装，按混凝土与钢筋混凝土工程相关项目编码列项。本分部未列的基坑与边坡支护的排桩按桩基础工程相关项目编码列项。水泥土墙、坑内加固按表地基处理相关项目编码列项。砖、石挡土墙、护坡按砌筑工程相关项目编码列项。混凝土挡土墙按混凝土与钢筋混凝土工程相关项目编码列项。弃土(不含泥浆)清理、运输按土方工程相关项目编码列项。

7.2.3　桩基础工程

1. 打桩

1) 预制钢筋混凝土方桩、预制钢筋混凝土管桩

按设计图示尺寸以桩长(包括桩尖)计算，单位：m；或按设计图示数量以根计量，单位：根。

2) 钢管桩

按设计图示尺寸以质量计算，单位：吨；或按设计图示数量计算，单位：根。

3) 截(凿)桩头

按设计桩截面乘以桩头长度以体积计算，单位：m^3；或按设计图示数量计算，单位：根。

在清单编制相关项目特征描述时应注意以下几点。

(1) 地层情况按地基处理与边坡支护工程的规定，并根据岩土工程勘察报告按单位工程各地层所占比例(包括范围值)进行描述。对无法准确描述的地层情况，可注明由投标人根据岩土工程勘察报告自行决定报价。

(2) 项目特征中的桩截面、混凝土强度等级、桩类型等可直接用标准图代号或设计桩型进行描述。

(3) 打桩项目包括成品桩购置费，如果用现场预制桩，应包括现场预制的所有费用。

(4) 打试验桩和打斜桩应按相应项目编码单独列项，并应在项目特征中注明试验桩或斜桩(斜率)。

(5) 桩基础的承载力检测、桩身完整性检测等费用按国家相关取费标准单独计算，不在本清单项目中。

【例 7-6】某基础工程设计使用钢筋混凝土预制方桩共计 400 根，该预制桩构造尺寸及截面图如图 7-9 所示，已知每根桩打桩完成后需截桩头 0.5m，计算该基础工程的打桩与截桩工程量。

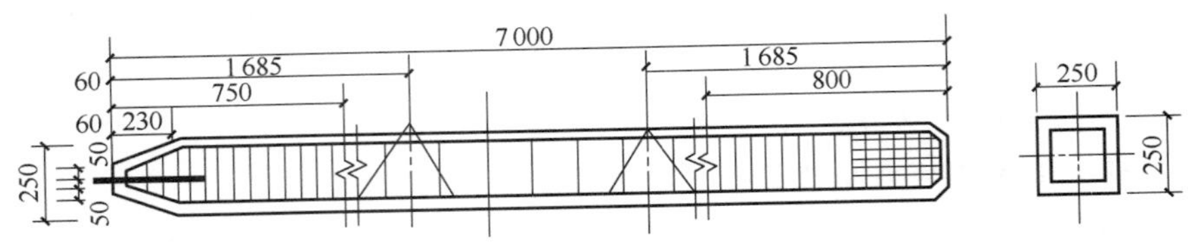

图 7-9　钢筋混凝土预制方桩构造尺寸及截面图

解：桩长：7.0×400=2 800(m)

根数：400 根

截桩体积：$0.25\times0.25\times0.5\times400=12.5(m^3)$

故打桩工程量为 2 800m 或 400 根，截桩工程量为 12.5m^3 或 400 根

2. 灌注桩

1) 泥浆护壁成孔灌注桩、沉管灌注桩、干作业成孔灌注桩

(1) 泥浆护壁成孔灌注桩是指在泥浆护壁条件下成孔，采用水下灌注混凝土的桩。其成孔方法包括冲击钻成孔、冲抓锥成孔、回旋钻成孔、潜水钻成孔、泥浆护壁的旋挖成孔等。

(2) 沉管灌注桩的沉管方法包括捶击沉管法、振动沉管法、振动冲击沉管法、内夯沉管法等。

(3) 干作业成孔灌注桩是指不用泥浆护壁和套管护壁的情况下，用钻机成孔后，下钢筋笼，灌注混凝土的桩，适用于地下水位以上的土层使用。其成孔方法包括螺旋钻成孔、螺旋钻成孔扩底、干作业的旋挖成孔等。

上述 3 类灌注桩的工程量按设计图示尺寸以桩长(包括桩尖)计算，单位：m；或按不同截面在桩上范围内以体积计算，单位：m^3；或按设计图示数量计算，单位：根。

2) 挖孔桩土(石)方

按设计图示尺寸(含护壁)截面积乘以挖孔深度以体积计算，单位：m^3。

3) 人工挖孔灌注桩

按桩芯混凝土体积计算，单位：m^3；或按设计图示数量计算，单位：根。

4) 钻孔压浆桩

按设计图示尺寸以桩长计算，单位：m；或按设计图示数量计算，单位：根。

5) 桩底注浆

按设计图示以注浆孔数计算，单位：个。

清单编制时还要注意以下事项。

(1) 地层情况按地基处理与边坡支护工程的规定，并根据岩土工程勘察报告按单位工程各地层所占比例(包括范围值)进行描述。对无法准确描述的地层情况，可注明由投标人根据岩土工程勘察报告自行决定报价。

(2) 项目特征中的桩长应包括桩尖，空桩长度=孔深−桩长，孔深为自然地面至设计桩底的深度。

(3) 项目特征中的桩截面(桩径)、混凝土强度等级、桩类型等可直接用标准图代号或设计桩型进行描述。

(4) 桩基础的承载力检测、桩身完整性检测等费用按国家相关取费标准单独计算，不在本清单项目中。

(5) 混凝土灌注桩的钢筋笼制作、安装，按混凝土与钢筋混凝土相关项目编码列项。

7.2.4　砌筑工程

1．砖砌体

1) 砖基础

砖基础项目适用于各种类型砖基础：柱基础、墙基础、管道基础等。其工程量按图示尺寸以体积计算，单位：m^3。包括附墙垛基础宽出部分体积，扣除地梁(圈梁)、构造柱所占体积，不扣除基础大放脚 T 形接头处的重叠部分(见图 7-10)及嵌入基础内的钢筋、铁件、管道、基础砂浆防潮层(见图 7-11)和单个面积小于或等于 $0.3m^2$ 的孔洞所占体积，靠墙暖气沟(见图 7-12)的挑檐不增加。

基础长度：外墙按外墙中心线，内墙按内墙净长线计算。

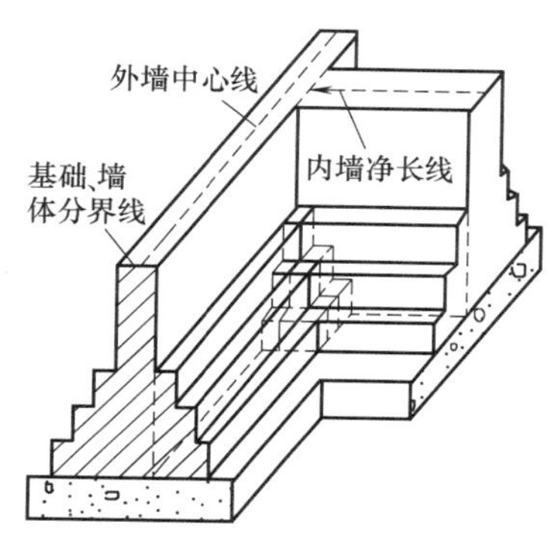

图 7-10　基础大放脚 T 形接头处重叠部分

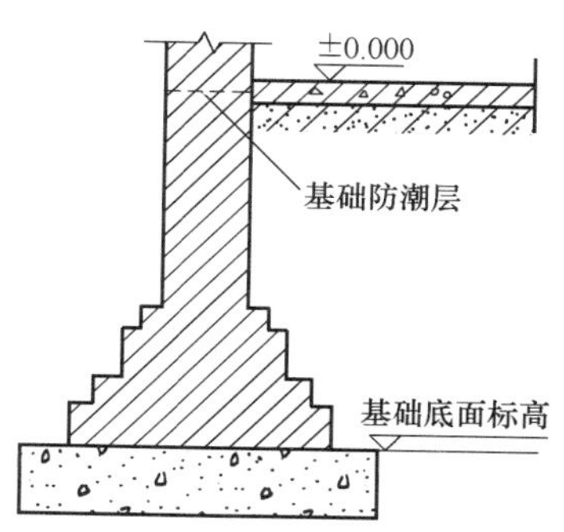

图 7-11　基础防潮层

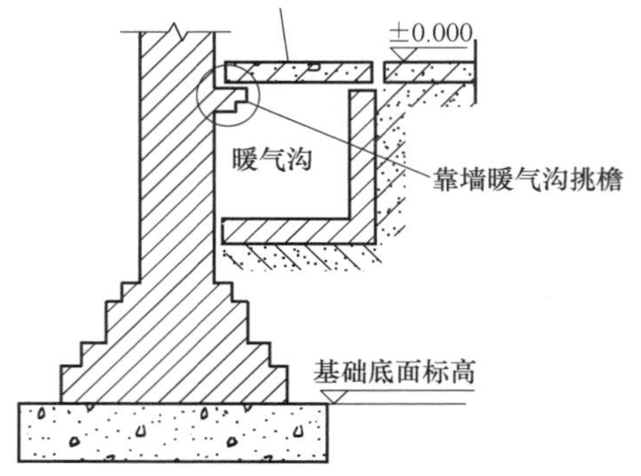

图 7-12　靠墙暖气沟挑檐

基础与墙(柱)身使用同一种材料时，以设计室内地面为界(有地下室者，以地下室室内设计地面为界)，以下为基础，以上为墙(柱)身。基础与墙身使用不同材料时，位于设计室内地面高度小于或等于±300mm 时，以不同材料为分界线，高度大于±300mm 时，以设计室内地面为分界线，如图 7-13 所示。

砖围墙以设计室外地坪为界，以下为基础，以上为墙身。

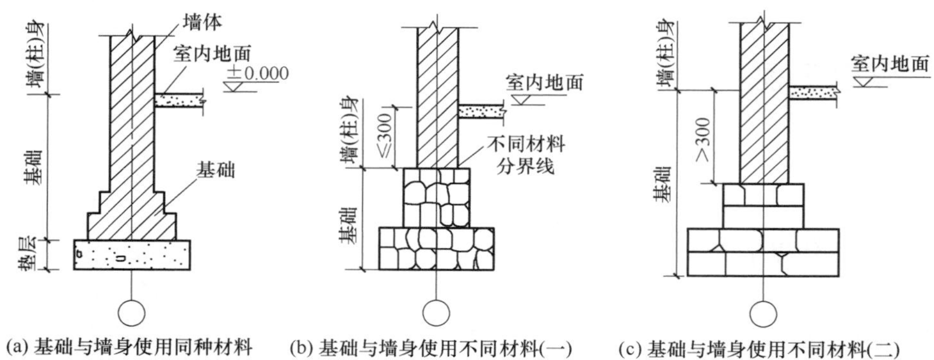

图 7-13　基础与墙身划分示意图

砌筑基础工程量按以下公式计算：

$$砌筑基础体积=\sum(各部分基础长度\times基础截面面积)\pm有关体积 \tag{7-8}$$

(1) 基础长度：外墙墙基按外墙中心线长度计算，内墙墙基按内墙净长线长度计算。

(2) 砌筑基础截面面积可按以下方法计算：

$$基础截面面积=\delta\times h+\Delta S=\delta\times(h+\Delta h)，\Delta h=\Delta S\div\delta \tag{7-9}$$

式中：δ ——基础墙体厚度；

h——基础高度；

ΔS——大放脚增加面积；

Δh——大放脚折加高度

标准砖大放脚(见图 7-14)折加高度和增加断面面积，可查表计算，如表 7-6 所示。

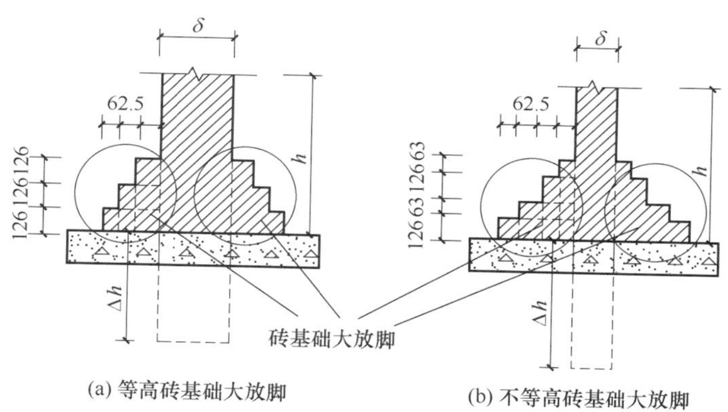

(a) 等高砖基础大放脚　　(b) 不等高砖基础大放脚

图 7-14　砖基础大放脚示意图

表 7-6　标准砖大放脚折加高度和增加断面面积

放脚层数	折加高度/m												增加断面面积/m²	
	1/2 砖		1 砖		3/2 砖		2 砖		5/2 砖		3 砖			
	等高	间隔	等高	间隔	等高	间隔	等高	间隔	等高	间隔	等高	间隔	等高	间隔
一	0.137	0.137	0.066	0.066	0.043	0.043	0.032	0.032	0.026	0.026	0.021	0.021	0.01575	0.01575
二	0.411	0.342	0.197	0.164	0129	0.108	0.096	0.08	0.077	0.064	0.064	0.053	0.04725	0.03938
三			0.394	0.328	0.259	0.216	0.193	0.161	0.154	0.128	0.128	0.106	0.0945	0.07875
四			0.656	0.525	0.432	0.345	0.321	0.253	0.256	0.205	0.213	0.17	0.1575	0.126
五			0.984	0.788	0.647	0.518	0.482	0.38	0.384	0.307	0.319	0.255	0.2363	0.189
六			1.378	1.083	0.906	0.712	0.672	0.58	0.538	0.419	0.447	0.351	0.3308	0.2599
七			1.838	1.444	1.208	0.949	0.90	0.707	0.717	0.563	0.596	0.468	0.441	0.3465
八			2.363	1.838	1.553	1.208	1.157	0.90	0.922	0.717	0.766	0.596	0.567	0.4411
九			2.953	2.297	1.942	1.51	1.447	1.125	1.153	0.896	0.956	0.745	0.7088	0.5513
十			3.61	2.789	2.372	1.834	1.768	1.366	1.409	1.088	1.171	0.905	0.8663	0.6694

【例 7-7】某建筑物基础平面布置图及剖面图如图 7-15 所示，计算该建筑物砖基础工程量。

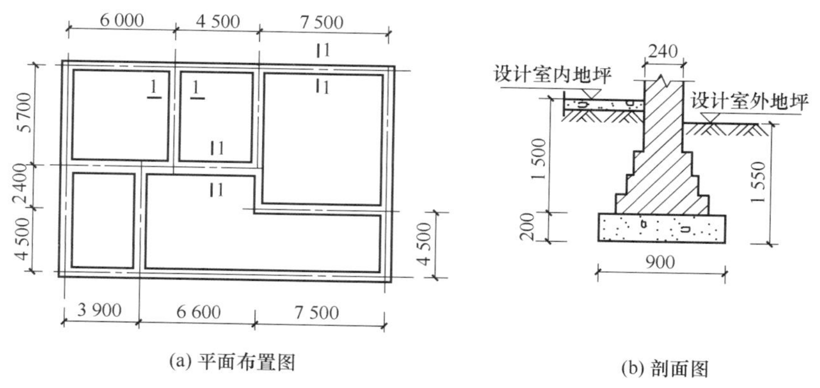

(a) 平面布置图　　(b) 剖面图

图 7-15　基础平面布置图、剖面图

解：(1) 根据剖面图得知，内外墙基础设计相同。

$L_中=(3.9+6.6+7.5)\times2+(4.5+2.4+5.7)\times2=61.2(m)$

$L_净=(3.9+6.6)+7.5+(5.7-0.24)\times2+(4.5+2.4-0.24)+(2.4-0.24)$

$=37.74(m)$

(2) 基础大放脚为三阶等高，基础墙厚度为 240mm，查表 7-6 得知基础大放脚折加高度为 0.394m。

基础截面面积$=\delta\times(h+\Delta h)=0.24\times(1.5+0.394)=0.455(m^2)$

$V=V_外+V_内=0.455\times(L_中+L_净)=0.455\times(97.2+37.74)=45.02(m^3)$

2) 实心砖墙、多空砖墙、空心砖

按设计图示尺寸以体积计算，单位：m^3。扣除门窗洞口、过人洞、空圈、嵌入墙内的钢筋混凝土柱、梁、圈梁、挑梁、过梁及凹进墙内的壁龛、管槽、暖气槽(见图 7-16)、消火栓箱所占体积，不扣除梁头(见图 7-17)、板头(见图 7-18)、檩头、垫木、木楞头、沿缘木、木砖、门窗走头(见图 7-19)、砖墙内加固钢筋、木筋、铁件、钢管及单个面积小于或等于 $0.3m^2$ 的孔洞所占的体积。凸出墙面的腰线、挑檐、压顶(见图 7-20)、窗台线、虎头砖(见图 7-21)、门窗套(见图 7-22)的体积亦不增加。凸出墙面的砖垛并入墙体体积内计算。

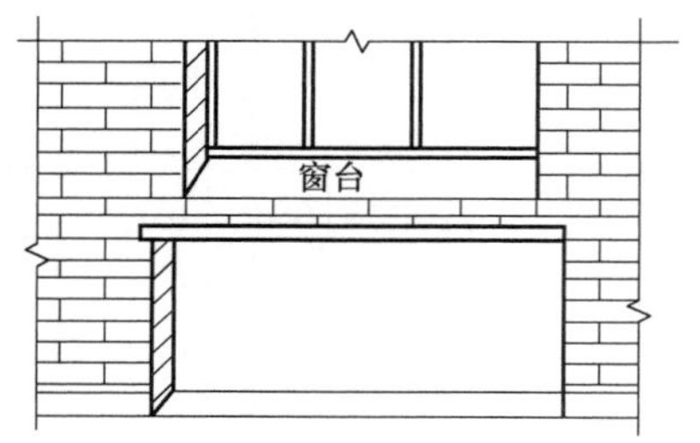

图 7-16　暖气槽(壁龛)

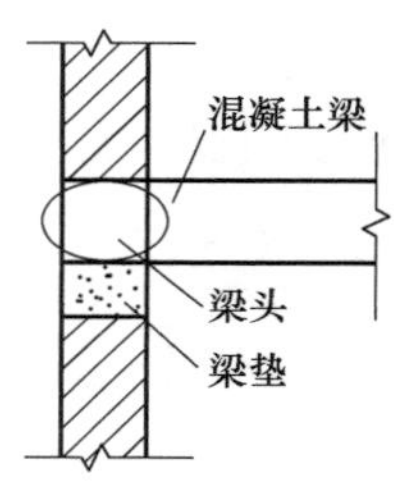

图 7-17　混凝土梁头、梁垫

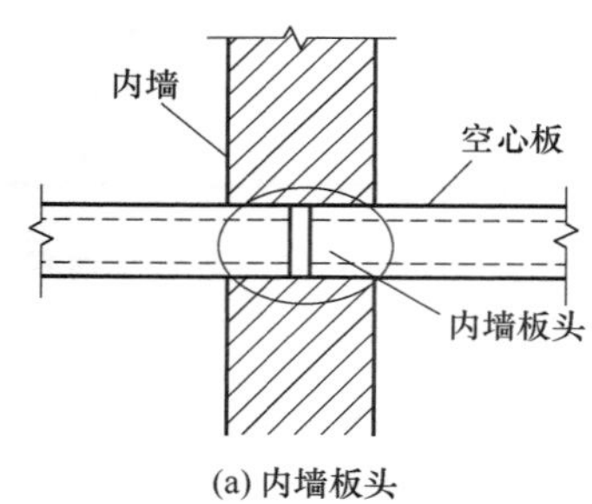

(a) 内墙板头　　(b) 外墙板头

图 7-18　楼板板头

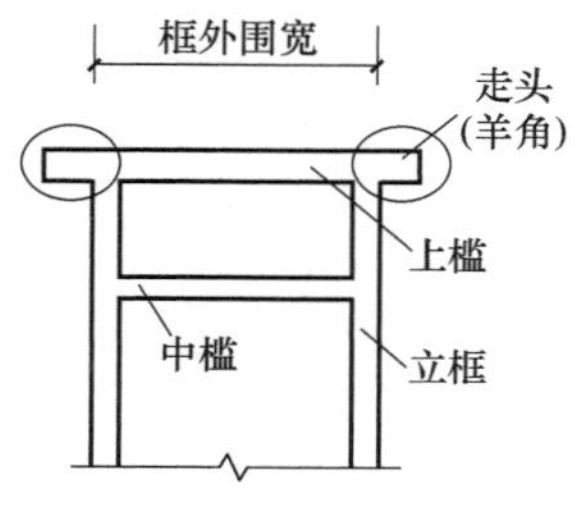

图 7-19　门(窗)走头

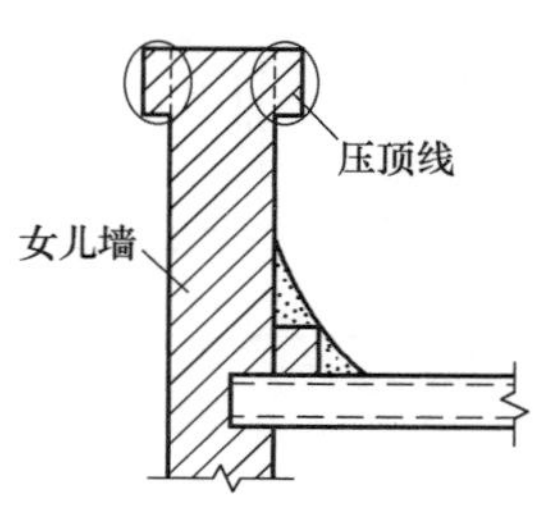

图 7-20　女儿墙压顶(线)

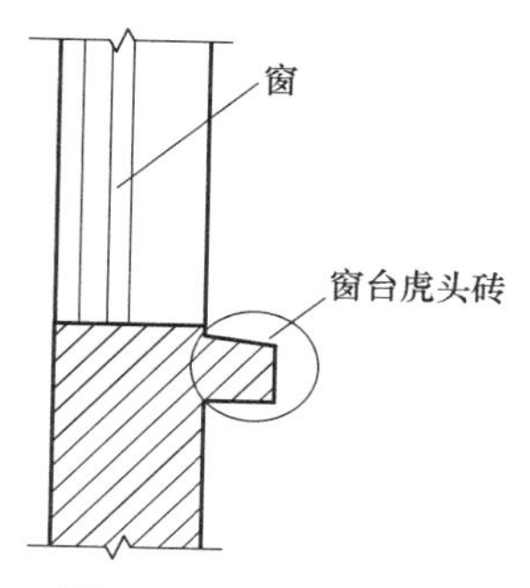

图 7-21　窗台虎头砖

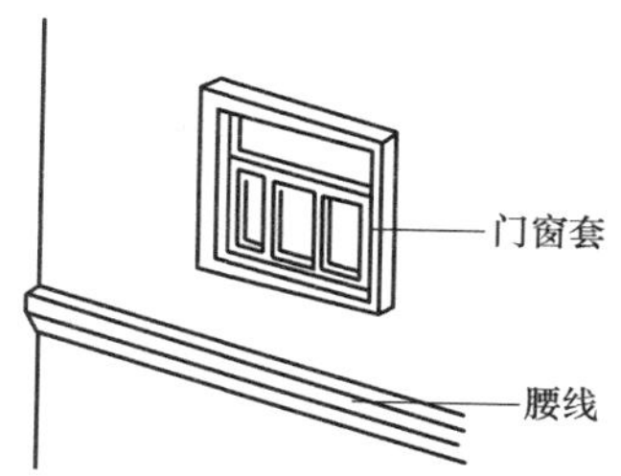

图 7-22　门窗套、腰线

附墙烟囱、通风道、垃圾道、应按设计图示尺寸以体积(扣除孔洞所占体积)计算并入所依附的墙体体积内。当设计规定孔洞内需抹灰时，应按墙柱面装饰工程中零星抹灰项目编码列项。

砖砌体内钢筋加固，应按钢筋工程相关项目编码列项。

砖砌体勾缝按柱面装饰工程中相关项目编码列项。

墙体工程量可按以下公式计算：

$$\text{墙体工程量}=\sum(\text{各部分墙长}\times\text{墙高}-\text{嵌入墙身的门窗洞孔面积})\times\text{墙厚}\pm\text{有关体积} \tag{7-10}$$

(1) 墙的计算长度，外墙按外墙中心线，内墙按内墙净长线。

(2) 墙体计算高度，如表 7-7 所示。

(3) 女儿墙，按外墙顶面至图示女儿墙顶面的高度计算，区别不同墙厚执行外墙项目，如图 7-23 所示。

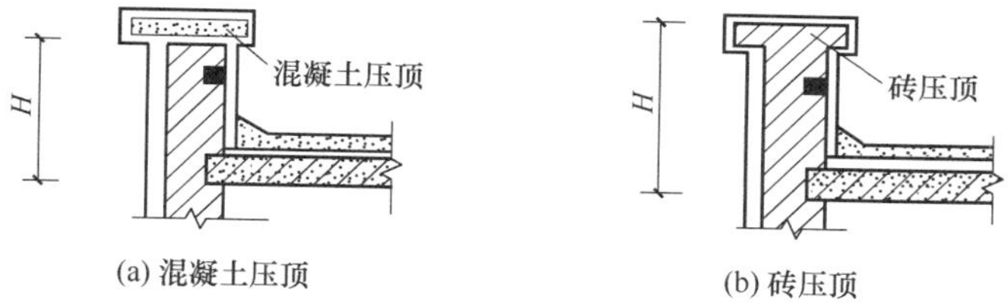

图 7-23　女儿墙计算高度示意图

表 7-7　墙体计算高度

墙体类型	屋面类型		墙体计算高度	图　示
外墙	平屋面	有挑檐	钢筋混凝土板底	6-24(a)
		有女儿墙		6-24(b)
	坡屋面	无檐口天棚	外墙中心线为准，算至屋面板底	6-24(c)
		有屋架，且室内外均有天棚	算至屋架下弦底面另加 200mm	6-24(d)
		有屋架，无天棚	算至屋架下弦底面加 300mm	6-24(e)
		出檐宽度超过 600mm 时	按实砌墙体高度	6-24(f)
内墙	位于屋架下弦者		算至屋架底	6-24(g)
	无屋架者		算至天棚底另加 100mm	6-24(h)
	有钢筋混凝土楼板隔层者		算至楼板底	6-24(i)
	有框架梁时		算至梁底面	6-24(j)
山墙	内外山墙		按平均高度计算	6-24(k)

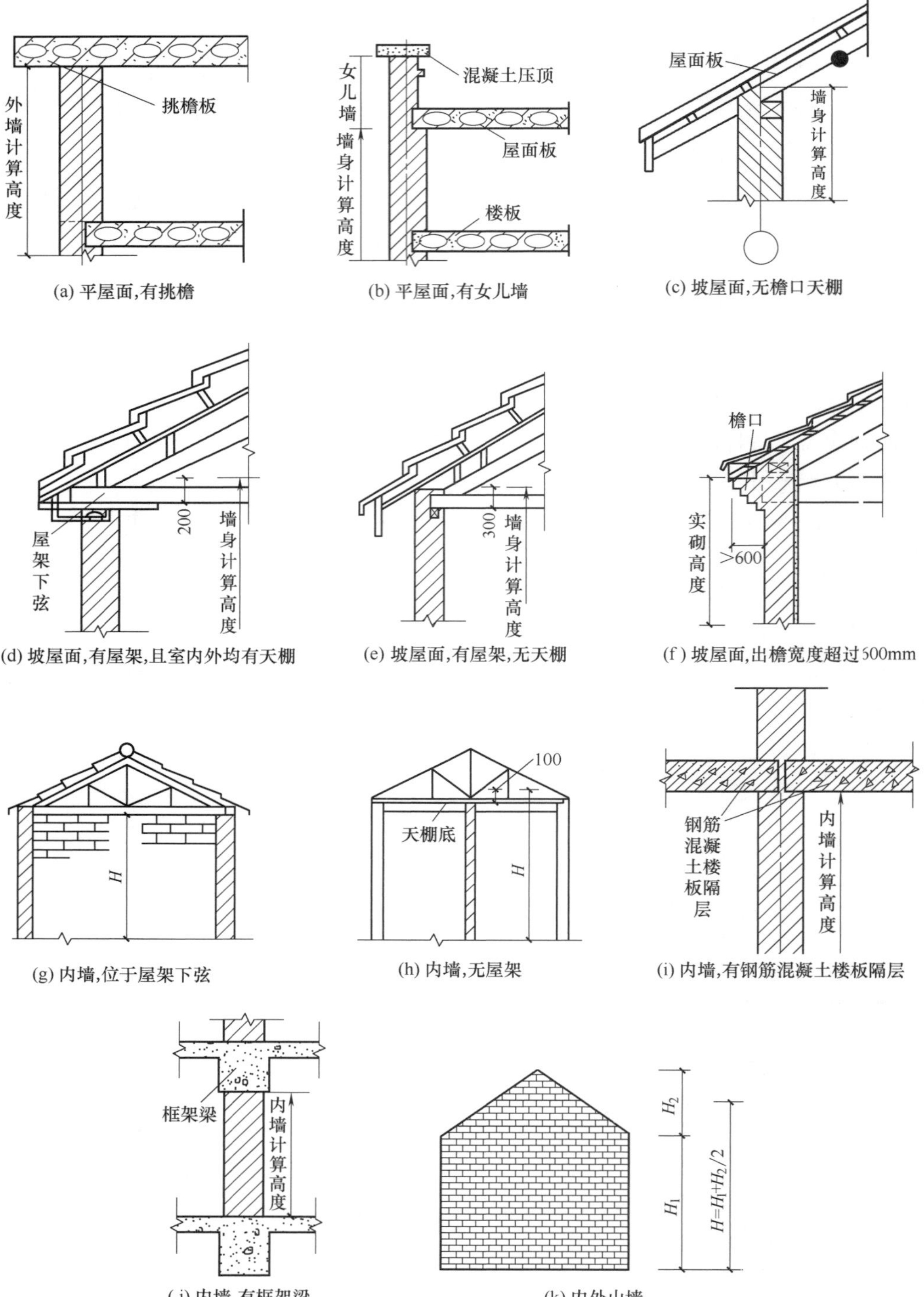

(a) 平屋面，有挑檐　(b) 平屋面，有女儿墙　(c) 坡屋面，无檐口天棚
(d) 坡屋面，有屋架，且室内外均有天棚　(e) 坡屋面，有屋架，无天棚　(f) 坡屋面，出檐宽度超过600mm
(g) 内墙，位于屋架下弦　(h) 内墙，无屋架　(i) 内墙，有钢筋混凝土楼板隔层
(j) 内墙，有框架梁　(k) 内外山墙

图 7-24　墙体计算高度示意图

3) 空花墙、空斗墙、填充墙

空花墙按设计图示尺寸以空花部分外形体积计算，不扣除空洞部分体积，如图 7-25 所示。空花墙项目适用于各种类型的空花墙，使用混凝土花格砌筑的空花墙，实砌墙体与混凝土花格应分别计算，混凝土花格按混凝土及钢筋混凝土中预制构件相关项目编码列项。

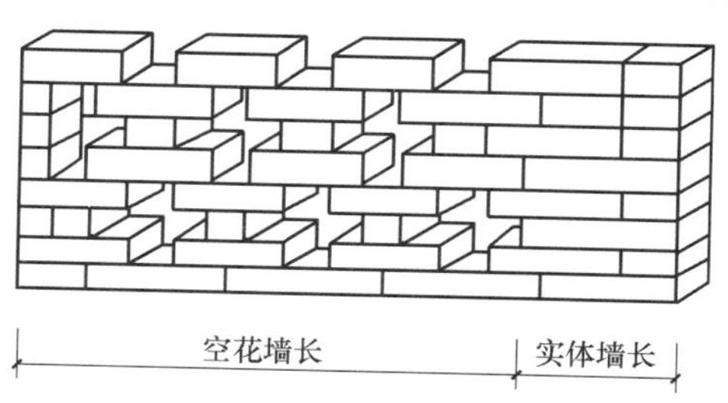

图 7-25　空花墙与实体墙划分示意图

空斗墙按设计图示尺寸以空斗墙外形体积计算。墙角、内外墙交接处、门窗洞口立边、窗台砖、屋檐处的实砌部分体积并入空斗墙体积内，如图 7-26 所示。

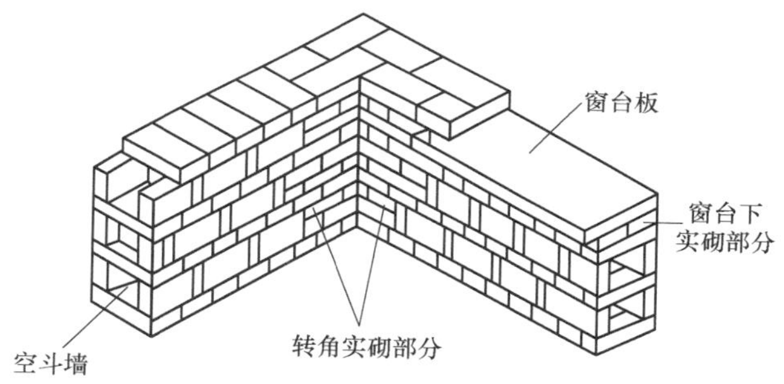

图 7-26　空斗墙示意图

填充墙，通常将柱子之间的框架间隔墙称为填充墙，其工程量按设计图示尺寸以填充墙外形体积计算。

4) 实心砖柱、多孔砖柱

按设计图示尺寸以体积计算。扣除混凝土及钢筋混凝土梁垫、梁头所占体积。

5) 零星砌体

按零星砌体项目列项的有：框架外表面的镶贴砖部分，空斗墙的窗间墙、窗台下、楼板下、梁头下等的实砌部分，台阶、台阶挡墙、梯带、锅台、炉灶、蹲台、池槽、池槽腿、砖胎模、花台、花池、楼梯栏板、阳台栏板、地垄墙、小于或等于 0.3m^2 的孔洞填塞等。

砖砌锅台与炉灶可按外形尺寸以设计图示数量计算，砖砌台阶(见图 7-27)可按水平投影面积以平方米计算，小便槽、地垄墙(见图 7-28)可按长度计算，其他工程均按体积计算。

6) 砖检查井、散水、地坪、地沟、明沟、砖砌挖孔桩护壁

(1) 砖检查井以座为单位，按设计图示数量计算。检查井内的爬梯按钢筋工程相关项目列项；井、池内的混凝土构件按混凝土及钢筋混凝土预制构件编码列项。

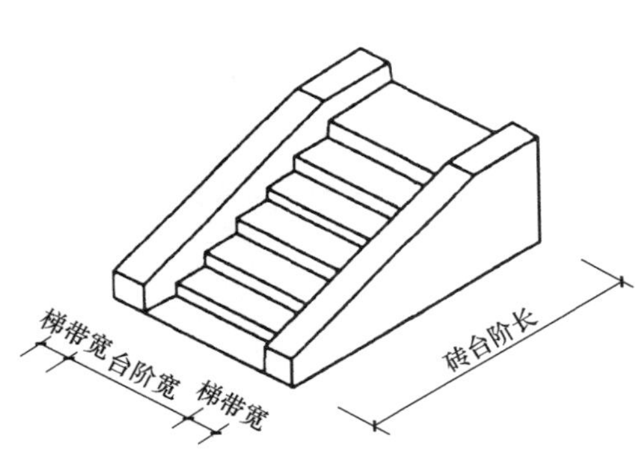

图 7-27 砖砌台阶(梯带)

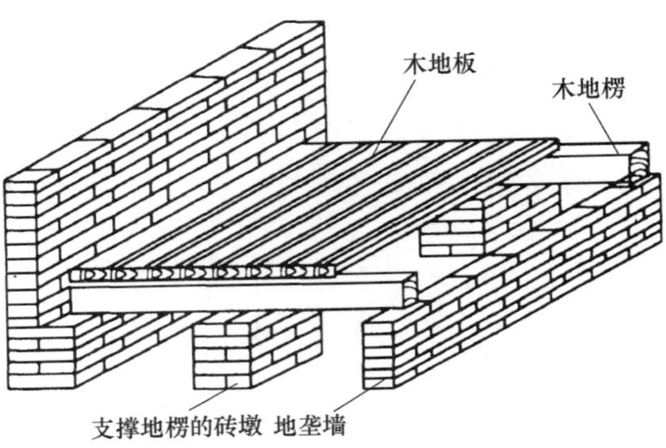

图 7-28 地垄墙及支撑地楞的砖墩示意图

(2) 砖散水、地坪以“m^2”为单位，按设计图示尺寸以面积计算。

(3) 砖地沟、明沟以“m”为单位，按设计图示中心线长度计算。

(4) 砖砌挖孔桩护壁以“m^3”为单位，按设计图示尺寸以体积计算。

2. 砌块砌体

1) 砌块墙

砌块墙按设计图示尺寸以体积计算，单位：m^3。扣除门窗洞口、过人洞、空圈、嵌入墙内的钢筋混凝土柱、梁、圈梁、挑梁、过梁及凹进墙内的壁龛、管槽、暖气槽、消火栓箱所占体积。不扣除梁头、板头、檩头、垫木、木楞头、沿椽木、木砖、门窗走头、砖墙内加固钢筋、木筋、铁件、钢管及单个面积小于或等于 $0.3m^2$ 的孔洞所占体积。凸出墙面的腰线、挑檐、压顶、窗台线、虎头砖、门窗套的体积不增加。凸出墙面的砖垛并入墙体体积内。

(1) 墙长度。外墙按中心线，内墙按净长计算。

(2) 墙高度。

① 外墙：斜(坡)屋面无檐口天棚者算至屋面板底；有屋架且室内外均有天棚者算至屋架下弦底另加 200mm；无天棚者算至屋架下弦底另加 300mm，出檐宽度超过 600mm 时按实砌高度计算；平屋面算至钢筋混凝土板底。

② 内墙：位于屋架下弦者，算至屋架下弦底，无屋架者算至天棚底另加 100mm；有钢筋混凝土楼板隔层者算至楼板顶；有框架梁时算至梁底。

③ 女儿墙：从屋面板上表面算至女儿墙顶面(如有压顶时算至压顶下表面)。

④ 内、外山墙：按其平均高度计算。

(3) 围墙。高度算至压顶上表面(如有混凝土压顶时算至压顶下表面)，围墙柱并入围墙体积内。

(4) 框架间墙。不分内外墙按净尺寸以体积计算。

2) 砌块柱

按设计图示尺寸以体积计算，单位，m^3。扣除混凝土及钢筋混凝土梁垫、梁头、板头所占体积。

3) 清单编制注意事项

清单编制须注意以下事项。

(1) 砌体内加筋、墙体拉结的制作、安装，应按钢筋工程相关项目编码列项。

(2) 砌块排列应上、下错缝搭砌，如果搭错缝长度满足不了规定的压搭要求，应采取压砌钢筋网片的措施，具体构造要求按设计规定。若设计无规定时，应注明由投标人根据工程实际情况自行考虑。

(3) 砌体垂直灰缝宽大于 30mm 时，采用 C20 细石混凝土灌实。灌注的混凝土应按混凝土工程相关项目编码列项。

3. 石砌体

1) 石基础

石基础项目适用于各种规格(粗料石、细料石等)、各种材质(砂石、青石等)和各种类型(柱基、墙基、直形、弧形等)基础。其工程量按设计图示尺寸以体积计算，单位：m^3。包括附墙垛基础宽出部分体积，不扣除基础砂浆防潮层及单个面积小于或等于 0.3m^2 的孔洞所占体积，靠墙暖气沟的挑檐不增加。

(1) 基础长度：外墙按中心线，内墙按净长计算。

(2) 石基础、石勒脚、石墙身的划分：基础与勒脚应以设计室外地坪为界，勒脚与墙身应以设计室内地坪为界。石围墙内外地坪标高不同时，应以较低地坪标高为界，以下为基础；内外标高之差为挡土墙时，挡土墙以上为墙身。基础垫层包括在基础项目内，不计算工程量。

2) 石勒脚

石勒脚项目适用于各种规格(粗料石、细料石等)、各种材质(砂石、青石、大理石、花岗石等)和各种类型(直形、弧形等)勒脚。其工程量按设计图示尺寸以体积计算，单位：m^3。扣除单个面积大于 0.3m^2 的孔洞所占体积。

3) 石墙

石墙项目适用于各种规格(粗料石、细料石等)、各种材质(砂石、青石、大理石、花岗石等)和各种类型(直形、弧形等)墙体。

其工程量按设计图示尺寸以体积计算，单位：m^3。扣除门窗洞口、过人洞、空圈、嵌入墙内的钢筋混凝土柱、梁、圈梁、挑梁、过梁及凹进墙内的壁龛、管槽、暖气槽、消火栓箱所占体积。不扣除梁头、板头、檩头、垫木、木楞头、沿椽木、木砖、门窗走头、砖墙内加固钢筋、木筋、铁件、钢管及单个面积小于或等于 0.3m^2 的孔洞所占体积。凸出墙面的腰线、挑檐、压顶、窗台线、虎头砖、门窗套的体积亦不增加。凸出墙面的砖垛并入墙体体积内计算。

(1) 墙长度。外墙按中心线，内墙按净长计算。

(2) 墙高度。

① 外墙：斜(坡)屋面无檐口天棚者算至屋面板底；有屋架且室内外均有天棚者算至屋架下弦底另加 200mm；无天棚者算至屋架下弦底另加 300mm，出檐宽度超过 600mm 时按

实砌高度计算；有钢筋混凝土楼板隔层者算至板顶；平屋面算至钢筋混凝土板底。

② 内墙：位于屋架下弦者，算至屋架下弦底；无屋架者算至天棚底另加 100mm；有钢筋混凝土楼板隔层者算至楼板顶；有框架梁时算至梁底。

③ 女儿墙：从屋面板上表面算至女儿墙顶面(如有混凝土压顶时算至压顶下表面)。

④ 内、外山墙：按其平均高度计算。

(3) 围墙。高度算至压顶上表面(如有混凝土压顶时算至压顶下表面)，围墙柱并入围墙体积内。

4) 石挡土墙

石挡土墙项目适用于各种规格(粗料石、细料石、块石、毛石、卵石等)、各种材质(砂石、青石、石灰石等)和各种类型(直形、弧形、台阶形等)挡土墙。其工程量按设计图示尺寸以体积计算，单位：m^3。石梯膀应按石挡土墙项目编码列项。

5) 石柱

石柱项目适用于各种规格、各种石质、各种类型的石柱。其工程量按设计图示尺寸以体积计算，单位：m^3。

6) 石栏杆

石栏杆项目适用于无雕饰的一般石栏杆。其工程量按设计图示以长度计算，单位：m。

7) 石护坡

石护坡项目适用于各种石质和各种石料(粗料石、细料石、片石、块石、毛石、卵石等)，其工程量按设计图示尺寸以体积计算，单位：m^3。

8) 石台阶

石台阶项目包括石梯带(垂带)，不包括石梯膀，其工程量按设计图示尺寸以体积计算，单位：m^3。

9) 其他

(1) 石坡道。按设计图示尺寸以水平投影面积计算，单位：m^2。

(2) 石地沟、石明沟。按设计图示以长度计算，单位：m。

4. 垫层

除混凝土垫层外，没有包括垫层要求的清单项目应按该垫层项目编码列项。垫层按设计图示尺寸以体积计算，单位：m^3。

7.2.5 混凝土及钢筋混凝土工程

混凝土及钢筋混凝土工程按“模板工程”“混凝土工程”和“钢筋工程”分别列项计算。其中，混凝土工程包括：各种现浇混凝土基础、柱、梁、墙、板、楼梯后浇带及其他构件；预制的柱、梁、屋架、板、楼梯及其他构件；模板工程列出措施项目。

混凝土工程主要项目特征包括混凝土种类、混凝土强度等级，其中，混凝土种类指清水混凝土、彩色混凝土等，如在同一地区既使用预拌(商品)混凝土又允许现场搅拌混凝土时，应注明。

1. 现浇混凝土基础

现浇混凝土基础包括垫层、带形基础、独立基础、满堂基础、桩承台基础和设备基础。其工程量均按设计图示尺寸以体积计算，单位：m^3。不扣除构件内钢筋、预埋铁件和伸入承台基础的桩头所占体积。毛石混凝土基础，项目特征应描述毛石所占比例。

(1) 独立基础。

独立基础按其构造形式有阶梯形独立基础、截锥式独立基础和杯形独立基础，如图 7-29 所示。

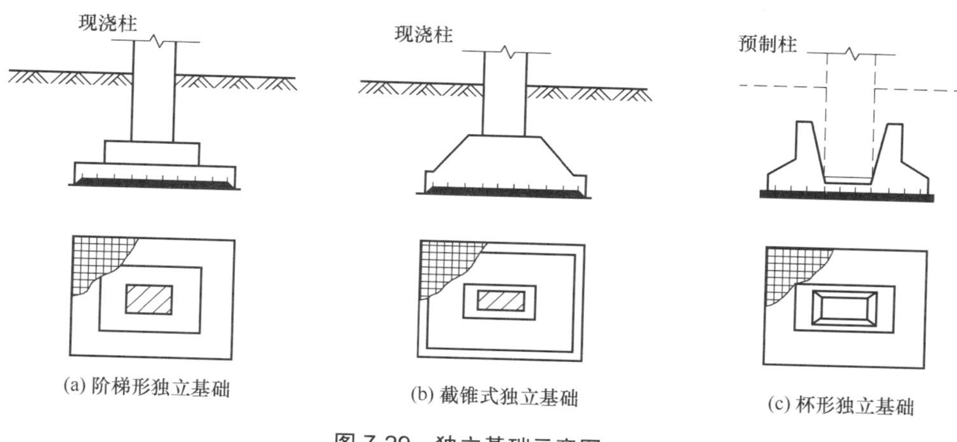

图 7-29　独立基础示意图

截锥式独立基础体积包括棱柱和棱台两个部分，如图 7-30 所示。

其中，棱台体积计算公式 $V=\frac{1}{6}h[AB+ab+(A+a)(B+b)]$　　(7-11)

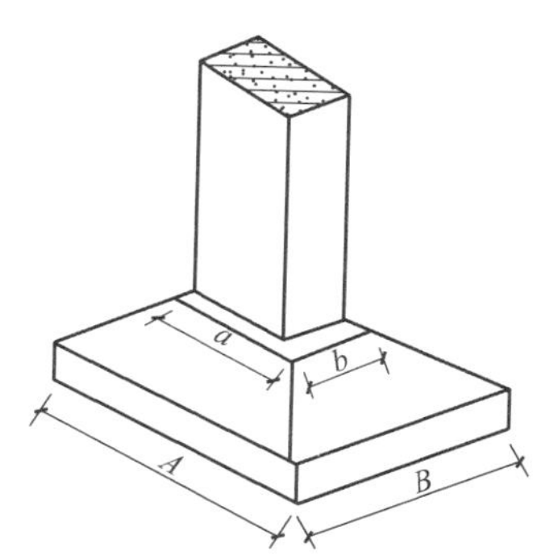

图 7-30　截锥式独立柱基础示意图

杯形基础混凝土工程量等于上下两个六面体体积及中间四棱台体积之和，再扣除杯槽的体积。

【例 7-8】某工程柱下独立基础如图 7-31 所示，共 18 个，计算该工程柱下独立基础混凝土工程量。

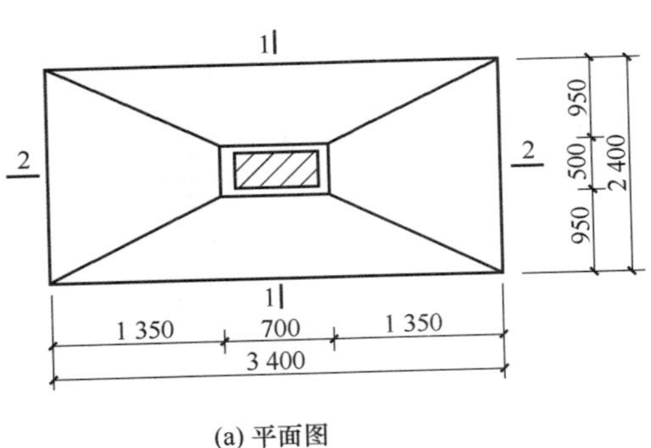

(a) 平面图

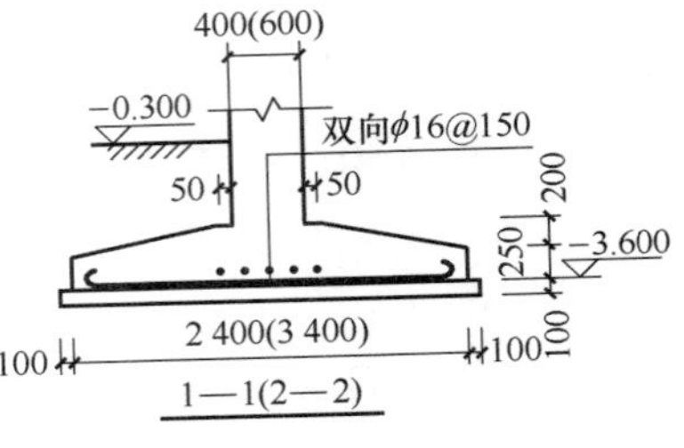

(b) 剖面图

图 7-31　柱下独立基础

解：

$$V_{独立基础}=V_{正四棱柱}+V_{四棱台}=3.4\times2.4\times0.25\times18+\frac{0.2}{6}[3.4\times2.4+0.7\times0.5+(3.4+0.7)\times(2.4+0.5)]\times18=48.96(m^3)$$

【例 7-9】计算图 7-32 所示的杯形基础混凝土工程量。

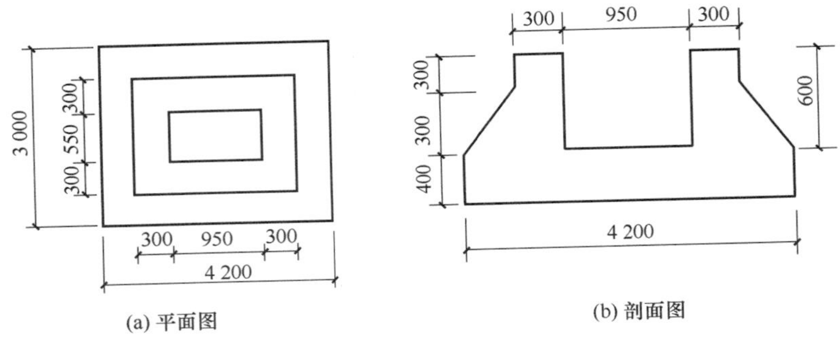

(a) 平面图　　(b) 剖面图

图 7-32　杯形基础示意图

解：下部六面体体积=4.2×3×0.4=5.04(m³)

上部六面体体积=1.55×1.15×0.3=0.535(m³)

$$四棱台体积=\frac{0.3}{6}[4.2\times3+1.55\times1.15+(4.2+1.55)\times(3+1.15)]=1.91(m^3)$$

杯槽体积=0.95×0.55×0.6=0.314(m³)

杯形基础的混凝土工程量=5.04+0.535+1.91−0.314=7.171(m³)

(2) 带形基础。

带形基础分为板式和有肋式，如图 7-33 所示。有肋带形基础是指基础扩大面以上肋高与肋宽之比 $h:b\leqslant4$ 的带形基础，列项时应注明肋高；当 $h:b>4$ 时，基础扩大面以上肋的体积按混凝土墙列项。

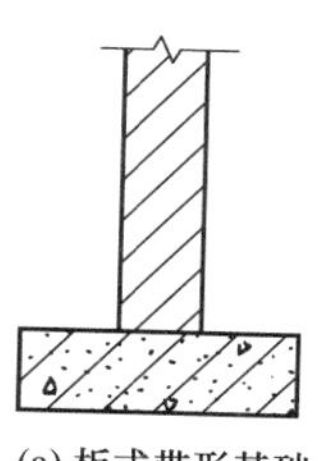

(a) 板式带形基础

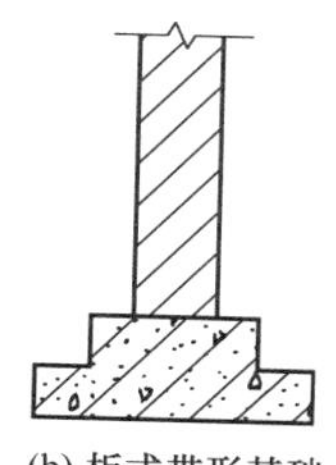

(b) 板式带形基础

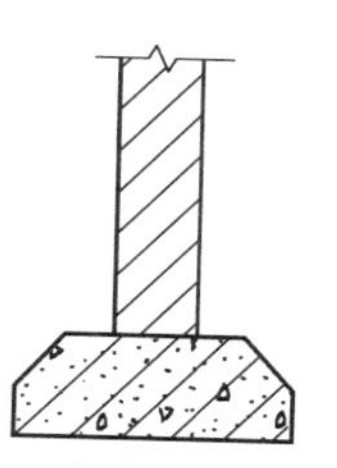

(c) 板式带形基础

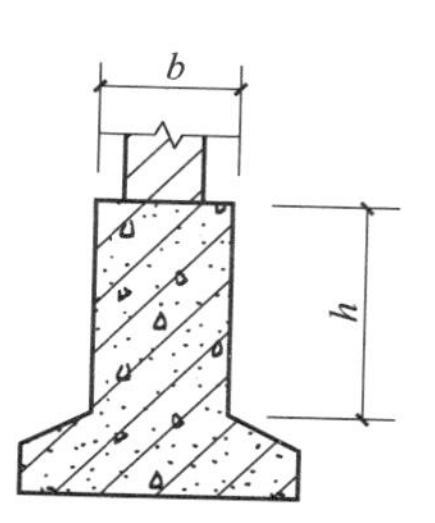

(d) 有肋带形基础(h:b≤4)

图 7-33 带形基础示意图

(3) 满堂基础。

满堂基础包括筏板基础(有梁式和无梁式)和箱形基础，如图 7-34 所示。无梁式筏板基础混凝土工程量包括底板及与底板连在一起的梁(边肋)的体积。箱形满堂基础简称箱形基础，是指上有顶盖，下有底板，中间有纵、横墙、板或柱连接成整体的基础。箱形基础的工程量应分解计算，底板执行满堂基础项目，顶盖板、隔板与柱分别执行板、墙与柱的相应项目。

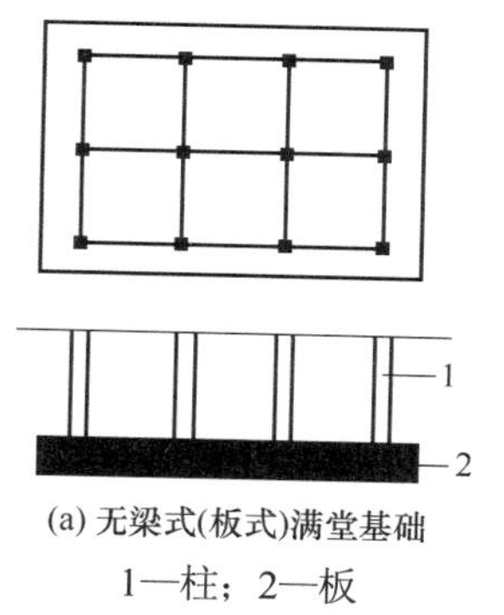

(a) 无梁式(板式)满堂基础

1—柱；2—板

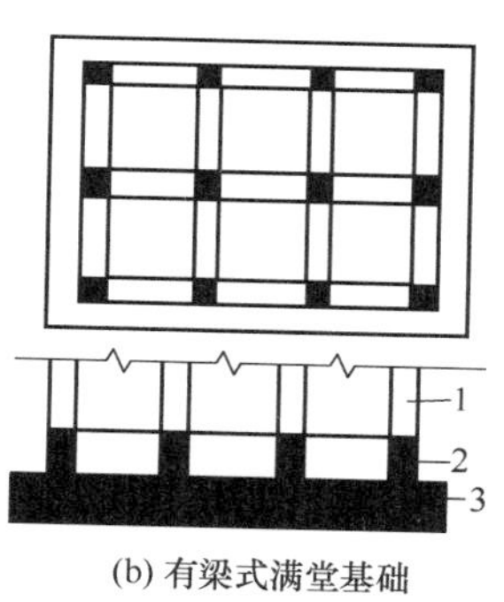

(b) 有梁式满堂基础

1—柱；2—肋梁；3—板

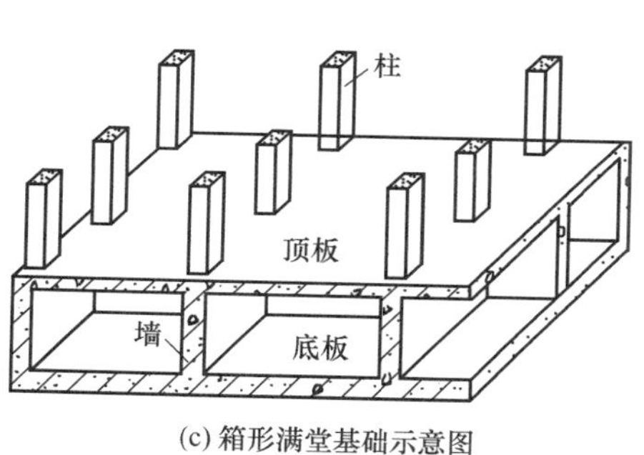

(c) 箱形满堂基础示意图

图 7-34 满堂基础示意图

(4) 设备基础。

框架式设备基础中柱、梁、墙、板按现浇混凝土柱、梁、墙、板分别编码列项，基础部分按设备基础列项。

2. 现浇混凝土柱

现浇混凝土柱包括矩形柱、构造柱和异形柱。按设计图示尺寸以体积计算，单位：m^3。不扣除构件内钢筋，预埋铁件所占体积。型钢混凝土柱扣除构件内型钢所占体积。

柱高按以下规定计算。

(1) 有梁板的柱高，应自柱基上表面(或楼板上表面)至上一层楼板上表面之间的高度计算，如图 7-35 所示。

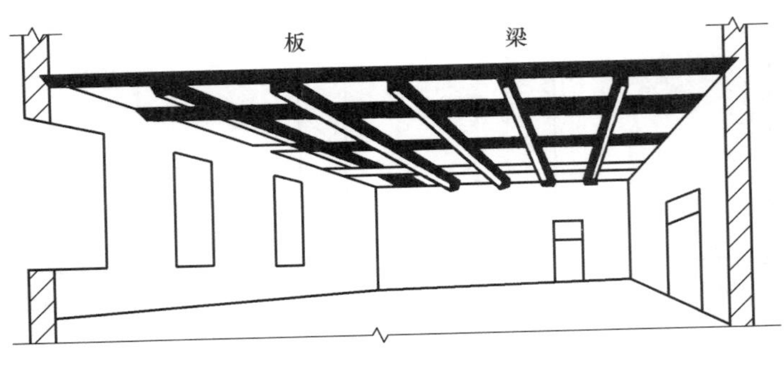

图 7-35　有梁板示意图

(2) 无梁板的柱高，应自柱基上表面(或楼板上表面)至柱帽下表面之间的高度计算，如图 7-36 所示。

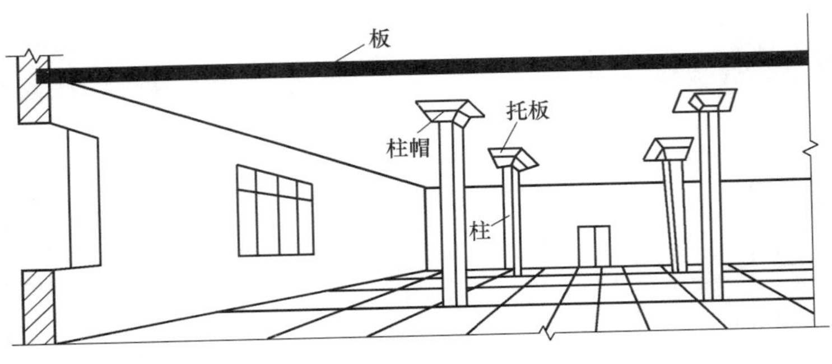

图 7-36　无梁板示意图

(3) 框架柱的柱高，应自柱基上表面至柱顶高度计算，如图 7-37 所示。

(4) 构造柱按全高计算，嵌接墙体部分(马牙槎)并入柱身体积，如图 7-38 所示。

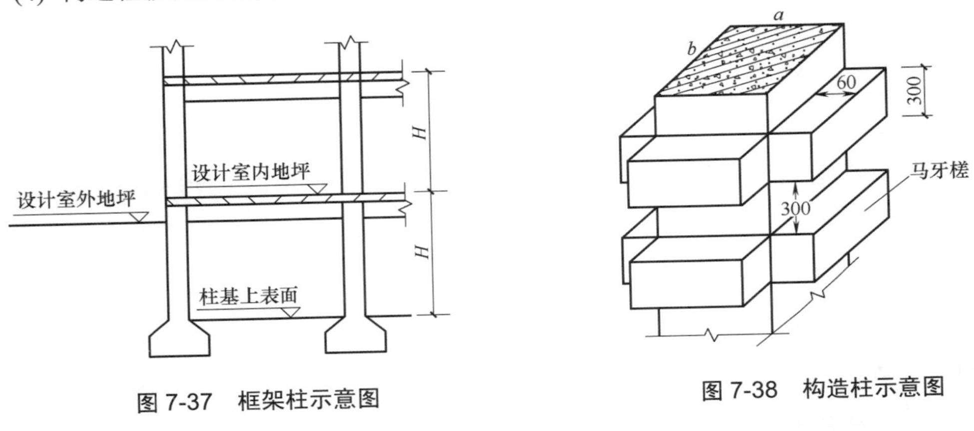

图 7-37　框架柱示意图

图 7-38　构造柱示意图

(5) 依附柱上的牛腿和升板的柱帽，并入柱身体积计算，如图 7-39 所示。

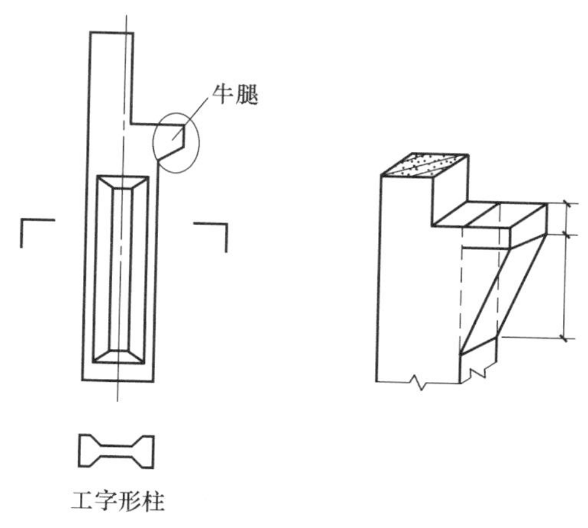

图 7-39　柱上牛腿示意图

计算构造柱时，要根据构造柱所处的位置确定马牙槎的出槎个数，如图 7-40 所示。砖墙与构造柱的咬接部分一般为五进五出，即马牙槎的出槎宽度为 1/4 砖长，即 60mm，所以进出的平均宽度为 30mm。也就是说，在计算构造柱时，构造柱与墙连接时，每个马牙槎按照构造柱的宽度增加 0.03m 即可，即构造柱见墙就加 0.03m。

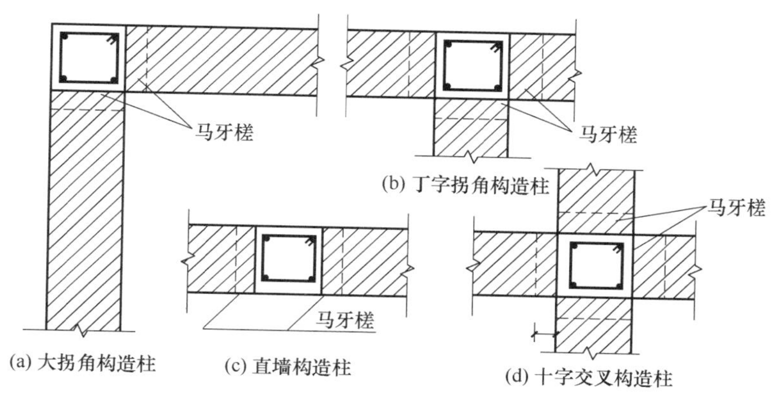

图 7-40　构造柱马牙槎出槎个数示意图

以 240mm×240mm 构造柱为例，构造柱柱身截面积(m^2)计算如下。

大拐角构造柱：(0.24+0.03)× (0.24+0.03)−0.03×0.03

丁字角构造柱：(0.24+0.06)× (0.24+0.03)−2×0.03×0.03

十字拐角构造柱：(0.24+0.06)× (0.24+0.06)−4×0.03×0.03

直墙构造柱：(0.24+0.06)×0.24

【例 7-10】某工程构造柱平面图如图 7-41 所示，已知构造柱高 6m，试计算构造柱工程量？

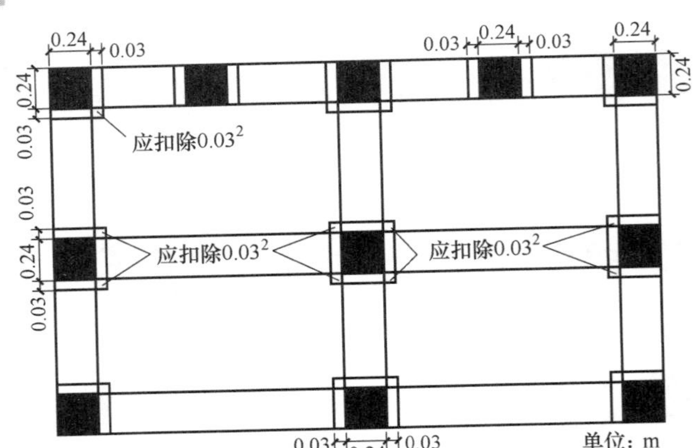

图 7-41　构造柱平面布置示意图

解：大拐角：[(0.24+0.03)×(0.24+0.03)−0.03×0.03]×6×4=1.73(m^3)

丁字角：[(0.24+0.06)×(0.24+0.03)−2×0.03×0.03]×6×4=1.9(m^3)

十字角：[(0.24+0.06)×(0.24+0.06)−4×0.03×0.03]×6×1=1.73(m^3)

直　墙：[(0.24+0.06)×0.24]×6×2=0.86(m^3)

3．现浇混凝土梁

现浇混凝土梁包括基础梁、矩形梁、异形梁、圈梁、过梁、弧形梁、拱形梁。按设计图示尺寸以体积计算，单位：m^3。不扣除构件内钢筋、预埋铁件所占体积，伸入墙内的梁头、梁垫并入梁体积内。型钢混凝土梁扣除构件内型钢所占体积。

梁长按以下规定计算。

(1) 梁与柱连接时，梁长算至柱侧面。

(2) 主梁与次梁连接时，次梁长算至主梁侧面。

(3) 当梁伸入砖墙内时，梁按实际长度计算(包括伸入墙内的梁头)。

(4) 梁与混凝土墙连接时，梁长算至混凝土墙的侧面。

(5) 圈梁长度，外墙上的按外墙中心线，内墙上的按净长线长度计算。

4．现浇混凝土墙

现浇混凝土墙包括直形墙、弧形墙、短肢剪力墙、挡土墙。按设计图示尺寸以体积计算，单位：m^3。不扣除构件内钢筋、预埋铁件所占体积，扣除门窗洞口及单个面积大于 0.3m^2 的孔洞所占体积，墙垛及突出墙面部分并入墙体体积计算内。

墙体截面厚度不大于 300mm，各肢截面高度与厚度之比的最大值大于 4 但小于或等于 8 的剪力墙称短肢剪力墙；各肢截面高度与厚度之比的最大值小于或等于 4 的剪力墙按柱项目编码列项。

5．现浇混凝土板

1) 有梁板、无梁板、平板、拱板、薄壳板、栏板

各类板的混凝土工程量，均按板的设计图示面积乘以板厚以体积计算，单位：m^3。不

扣除构件内钢筋、预埋铁件及单个面积小于或等于 0.3m^2 的柱、垛以及孔洞所占体积；压形钢板混凝土楼板扣除构件内压形钢板所占体积。

有梁板(包括主、次梁与板)按梁、板体积之和计算，无梁板按板和柱帽体积之和计算，各类板伸入墙内的板头并入板体积内，薄壳板的肋、基梁并入薄壳体积内计算。

2) 天沟(檐沟)、挑檐板

按设计图示尺寸以体积计算，单位：m^3。

3) 雨篷、悬挑板、阳台板

按设计图示尺寸以墙外部分体积计算，单位：m^3。包括伸出墙外的牛腿和雨篷反挑檐的体积。

现浇挑檐、天沟板、雨篷、阳台与板(包括屋面板、楼板)连接时，以外墙外边线为分界线；与圈梁(包括其他梁)连接时，以梁外边线为分界线。外边线以外为挑檐、天沟、雨篷或阳台，如图 7-42 所示。

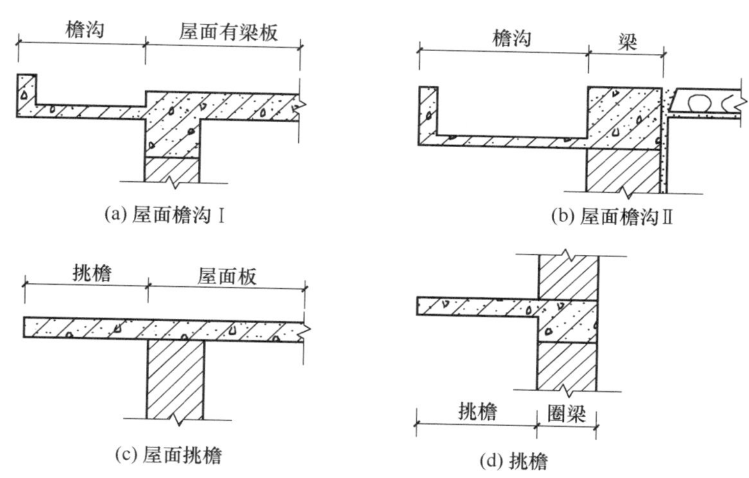

图 7-42　现浇挑檐、天沟与板、梁划分

4) 空心板

按设计图示尺寸以体积计算，单位：m^3。空心板(GBF 高强薄壁蜂巢芯板等)应扣除空心部分体积。

5) 其他板

按设计图示尺寸以体积计算，单位：m^3。

【例 7-11】某框架结构标准层平面布置如图 7-43 所示。柱截面尺寸为 600mm×600mm，XB-1 厚 100mm，XB-2 和 XB-3 厚度均为 80mm，XB-4 厚 120mm。计算该标准层混凝土梁、板工程量(计算板体积时不考虑柱体积的扣减)。

解：L-1 体积：$2\times0.3\times0.5\times(6.0-0.6)=1.62(m^3)$

L-2 体积：$0.2\times0.3\times(3.4-0.3)=0.186(m^3)$

L-3 体积：$0.3\times0.4\times(6.0-0.3)=0.684(m^3)$

KL-2 体积：$6\times0.3\times0.5\times[(6.0-0.6)+(6.8-0.6)]=10.44(m^3)$

XB-1 体积：$3\times0.1\times(6.0-0.3)\times(3.4-0.3)=5.301(m^3)$

XB-2 体积：$0.8\times(3.4-0.3)\times(4-0.15-0.1)=0.93(m^3)$

XB-3 体积：$0.8\times(3.4-0.3)\times(2-0.15-0.1)=0.434(m^3)$

XB-3 体积：$0.12\times(6-0.3)\times(6.8-0.3)=4.446(m^3)$

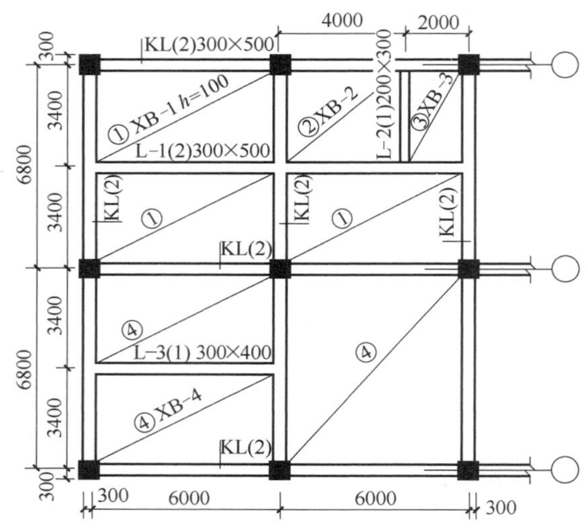

图 7-43　标准层平面布置图

6．现浇混凝土楼梯

现浇混凝土楼梯包括直行楼梯和弧形楼梯，如图 7-44 所示。其工程量按设计图示尺寸以水平投影面积计算，单位：m^2。不扣除宽度小于或等于 500mm 的楼梯井的投影面积，伸入墙内部分不计算或按设计图示尺寸以体积计算，单位：m^3。

整体楼梯(包括直形楼梯、弧形楼梯)水平投影面积包括休息平台、平台梁、斜梁和楼梯的连接梁。当整体楼梯与现浇楼板无梯梁连接时，以楼梯的最后一个踏步边缘加 300mm 为界。

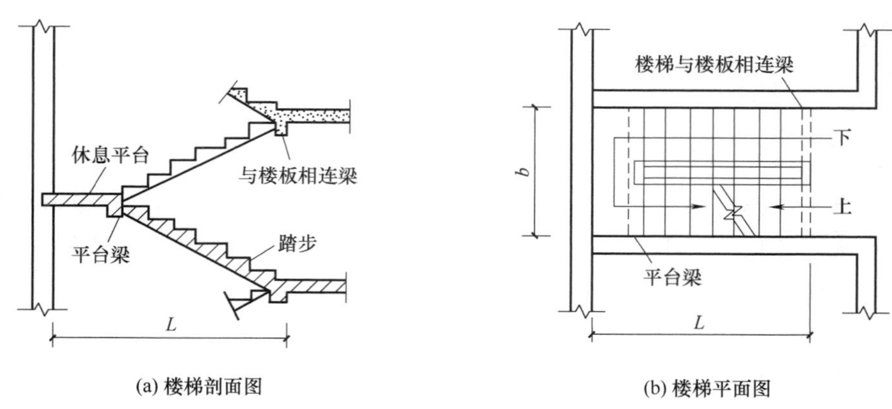

图 7-44　钢筋混凝土楼梯示意图

7．现浇混凝土其他构件

现浇混凝土其他构件介绍如下。

(1) 散水、坡道、室外地坪，按设计图示尺寸以面积计算，单位：m^2。不扣除单个面积小于或等于 $0.3m^2$ 的孔洞所占面积。不扣除构件内钢筋、预埋铁件所占体积。

(2) 电缆沟、地沟，按设计图示尺寸以中心线长度计算，单位：m。

(3) 台阶，按设计图示尺寸以面积计算，单位：m^2。或者按设计图示尺寸以体积计算，单位：m^3。架空式混凝土台阶，按现浇楼梯计算，如图 7-45 所示。

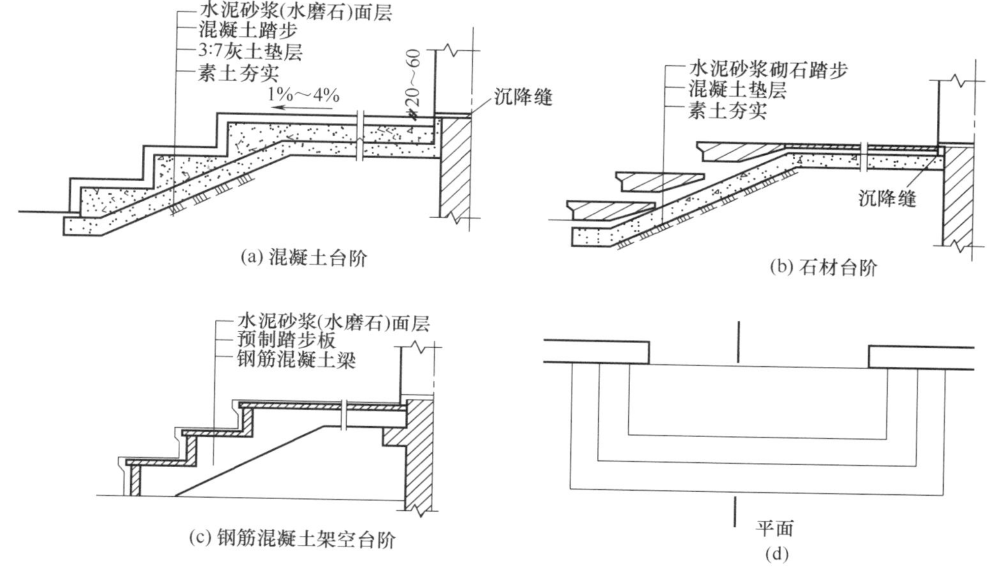

图 7-45　混凝土台阶示意图

(4) 扶手、压顶，按设计图示尺寸以长度计算，单位：m。或者按设计图示尺寸以体积计算，单位：m^3。

(5) 化粪池、检查井，按设计图示尺寸以体积计算，单位：m^3。或者按设计图示数量计算，单位：座。

(6) 其他构件，主要包括现浇混凝土小型池槽、垫块、门框等，按设计图示尺寸以体积计算，单位：m^3。

8．后浇带

按设计图示尺寸以体积计算，单位：m^3。

9．预制混凝土构件

预制混凝土构件项目特征包括图代号、单件体积、安装高度、混凝土强度等级、砂浆(细石混凝土)强度等级及配合比。若引用标准图集可以直接用图代号的方式描述，若工程量按数量以单位“根”“块”“榀”“套”“段”计量，必须描述单件体积。

1) 预制混凝土柱、梁

预制混凝土柱包括矩形柱、异形柱；预制混凝土梁包括矩形梁、异形梁、过案、拱形梁、鱼腹式吊车梁等。均按设计图示尺寸以体积计算，单位：m^3，不扣除构件内钢筋、预埋铁件所占体积；或按设计图示尺寸以数量计算，单位：根。

2) 预制混凝土屋架

预制混凝土屋架包括折线形屋架、组合屋架、薄腹屋架、门式刚架屋架、天窗架屋架，均按设计图示尺寸以体积计算，单位：m^3，不扣除构件内钢筋、预埋铁件所占体积；或按设计图示尺寸以数量计算，单位：榀。三角形屋架应按折线形屋架项目编码列项。

3) 预制混凝土板

(1) 平板、空心板、槽形板、网架板、折线板、带肋板、大型板。按设计图示尺寸以体积计算，单位：m^3，不扣除构件内钢筋、预埋铁件及单个尺寸小于或等于300mm×300mm的孔洞所占体积，扣除空心板空洞体积；或按设计图示尺寸以数量计算，单位：块。

不带肋的预制遮阳板、雨篷板、挑檐板、栏板等，应按平板项目编码列项。预制 F 形板、双 T 形板、单肋板和带反挑檐的雨篷板、挑檐板、遮阳板等，应按带肋板项目编码列项。预制大型墙板、大型楼板、大型屋面板等，应按大型板项目编码列项。

(2) 沟盖板、井盖板、井圈。按设计图示尺寸以体积计算，单位：m^3；或按设计图示尺寸以数量计算，单位：块。

4) 预制混凝土楼梯

按设计图示尺寸以体积计算，单位：m^3，扣除空心踏步板空洞体积；或按设计图示数量以“段”计量。

5) 其他预制构件

其他预制构件包括垃圾道、通风道、烟道和其他构件。

工程量按设计图示尺寸以体积计算，单位：m^3，不扣除构件内单个面积小于或等于300mm×300mm 的孔洞所占体积，扣除烟道、垃圾道、通风道的孔洞所占体积；或按设计图示尺寸以面积计算，单位：m^2，不扣除构件内单个面积小于或等于 300mm×300mm 的孔洞所占面积；或按设计图示尺寸以数量计算，单位：根。

以上工程量计算以块、根计量的，必须描述单件体积。

预制钢筋混凝土小型池槽、压顶、扶手、垫块、隔热板、花格等，按“其他构件”项目编码列项。

10．钢筋工程

钢筋工程量计算，无论现浇构件或预制构件、受力钢筋或是锚固钢筋、粗钢筋、钢筋网片或是钢筋笼，其工程量均按设计图示钢筋(网)长度(面积)乘单位理论质量计算，单位：吨。

现浇构件中伸出构件的锚固钢筋应并入钢筋工程量内。除设计(包括规范规定)标明的搭接外，其他施工搭接不计算工程量，在综合单价中综合考虑。

钢筋工程量按以下公式计算：

$$G=\sum(l_0\times\gamma) \tag{7-12}$$

式中：G——钢筋质量(习惯称为重量)，t；

l_0——钢筋设计长度，m；

γ——钢筋公称质量，kg/m，如表 7-8 所示，d 为钢筋直径。

表 7-8　钢筋的计算截面面积及公称质量

直径 d/mm	不同根数钢筋的计算截面面积/mm^2									单根钢筋公称质量/(kg/m)
	1	2	3	4	5	6	7	8	9	
3	7.1	14.1	21.2	28.3	36.3	42.4	49.5	56.5	63.6	0.055
4	12.6	25.1	37.7	50.2	62.8	75.4	87.9	100	113	0.099
5	19.6	39	59	79	98	118	138	157	177	0.154
6	28.3	57	85	113	142	170	198	226	255	0.222
6.5	33.2	66	100	133	166	199	232	265	299	0.260
8	50.3	101	151	201	252	302	352	402	453	0.395
8.2	52.8	106	158	211	264	317	370	423	475	0.432
10	78.5	157	236	314	393	471	550	628	707	0.617
12	113.1	226	339	452	565	678	791	904	1017	0.888
14	153.9	308	461	615	769	923	1077	1231	1385	1.21
16	201.1	402	603	804	1005	1206	1407	1608	1809	1.58
18	254.5	509	763	1017	1272	1527	1781	2036	2290	2.00
20	314.2	628	942	1256	1570	1884	2199	2513	2827	2.47

钢筋设计长度的确定是钢筋工程量计算的关键所在，其相关内容见本章 7.3 平法与钢筋工程量计算。

11．螺栓、铁件

螺栓、预埋铁件，按设计图示尺寸以质量计算，单位：t。机械连接按数量计算，单位：个。编制工程量清单时，如果设计未明确，其工程数量可为暂估量，实际工程量按现场签证数量计算。

以上现浇或预制混凝土和钢筋混凝土构件，不扣除构件内钢筋、预埋铁件所占体积或面积。

7.2.6　金属结构

金属结构介绍如下。

1) 钢网架

按设计图示尺寸以质量计算，单位：t。不扣除孔眼的质量，焊条、铆钉、螺栓等不另增加质量。但在报价中应考虑金属构件的切边，不规则及多边形钢板发生的损耗。

2) 钢屋架、钢托架、钢桁架、钢架桥

(1) 钢屋架。以“榀”计量，按设计图示数量计算；或以“t”计量，按设计图示尺寸以质量计算。不扣除孔眼的质量，焊条、铆钉、螺栓等不另增加质量。

(2) 钢托架、钢桁架、钢架桥。按设计图示尺寸以质量计算，单位：t。不扣除孔眼、切边、切肢的质量，焊条、铆钉、螺栓等不另增加质量，不规则或多边形钢板以其外接矩形面积乘以厚度乘以单位理论质量计算。

3) 钢柱

(1) 实腹柱、空腹柱，按设计图示尺寸以质量计算，单位：t。不扣除孔眼、切边、切肢的质量，焊条、铆钉、螺栓等不另增加质量，不规则或多边形钢板以其外接矩形面积乘以厚度乘以单位理论质量计算，依附在钢柱上的牛腿及悬臂梁等并入钢柱工程量内。实腹钢柱类型指十字形、T 形、L 形、H 形等；空腹钢柱类型指箱形、格构等。

(2) 钢管柱，按设计图示尺寸以质量计算，单位：t。不扣除孔眼、切边、切肢的质量，焊条、铆钉、螺栓等不另增加质量，不规则或多边形钢板以其外接矩形面积乘以厚度乘以单位理论质量计算，钢管柱上的节点板、加强环、内衬管、牛腿等并入钢管柱工程量内。

(3) 型钢混凝土柱浇筑钢筋混凝土，其混凝土和钢筋应按混凝土及钢筋混凝土工程中相关项目编码列项。

4) 钢梁、钢吊车梁

按设计图示尺寸以质量计算，单位：t。不扣除孔眼、切边、切肢的质量，焊条、铆钉、螺栓等不另增加质量，不规则或多边形钢板以其外接矩形面积乘以厚度乘以单位理论质量计算，制动梁、制动板、制动桁架、车挡并入钢吊车梁工程量内。

型钢混凝土梁浇筑钢筋混凝土，其混凝土和钢筋应按混凝土及钢筋混凝土工程中相关项目编码列项。

5) 钢板楼板、墙板

项目特征中应说明螺栓种类，普通螺栓或高强螺栓。钢板楼板上浇筑钢筋混凝土，其混凝土和钢筋应按混凝土及钢筋混凝土工程中相关项目编码列项。压型钢楼板按钢楼板项目编码列项。

(1) 钢板楼板，按设计图示尺寸以铺设水平投影面积计算。不扣除单个面积小于或等于 $0.3m^2$ 的柱、垛及孔洞所占面积。

(2) 钢板墙板，按设计图示尺寸以铺挂展开面积计算。不扣除单个面积小于或等于 $0.3m^2$ 的梁、孔洞所占面积，包角、包边、窗台泛水等不另加面积。

6) 钢构件

(1) 钢支撑、钢拉条、钢檩条、钢天窗架、钢挡风架、钢墙架、钢平台、钢走道、钢梯、钢栏杆、钢支架、零星钢构件，按设计图示尺寸以质量计算，单位：t。不扣除孔眼、切边、切肢的质量，焊条、铆钉、螺栓等不另增加质量，不规则或多边形钢板以其外接矩形面积乘以厚度乘以单位理论质量计算。钢墙架项目包括墙架柱、墙架梁和连接杆件。加工铁件等小型构件，应按零星钢构件项目编码列项。

(2) 钢漏斗、钢板天沟，按设计图示尺寸以重量计算，单位：t。不扣除孔眼、切边、切肢的质量，焊条、铆钉、螺栓等不另增加质量，依附漏斗的型钢并入漏斗或天沟工程量内。

7) 金属制品

(1) 成品空调金属百叶护栏、成品栅栏、金属网栏，按设计图示尺寸以框外围展开面积计算，单位：m^2。

(2) 成品雨篷按设计图示接触边以长度计算，单位：m；或按设计图示尺寸以展开面积计算，单位：m^2。

(3) 砌块墙钢丝网加固、后浇带金属网按设计图示尺寸以面积计算，单位：m^2。

【例 7-12】试计算如图 7-46 所示上柱钢支撑的制作工程量。(钢密度 $7.85\times10^3 kg/m^3$)

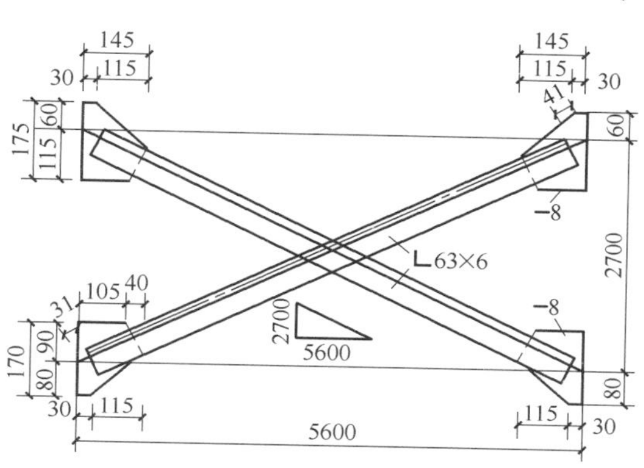

图 7-46　上柱钢支撑

解：上柱钢支撑由等边角钢和钢板两个部分构成。

(1) 等边角钢重量计算：

每米等边角钢重 $=7.85\times10^3 kg/m^3\times$边厚$\times$(2$\times$边宽−边厚)

$=7.85\times10^3 kg/m^3\times0.006m\times(2\times0.063-0.006)m=5.65kg/m$

等边角钢长=斜边长−两端空位长

$=\sqrt{2.7^2+5.6^2}-0.041-0.031=6.145(m)$

两根角钢重 $=5.65 kg/m\times6.145m\times2=69.44kg$

(2) 钢板重量计算：

每平方米钢板重 $=7.85\times10^3 kg/m^3\times$板厚 $=7.85\times10^3 kg/m^3\times0.008m=62.8kg/m^2$

钢板重 $=(0.145\times0.175+0.145\times0.170)m^2\times2\times62.8kg/m^2$

$=6.28kg$

所以，上柱钢支撑的制作工程量=69.44kg+6.28kg=75.72kg

7.2.7　木结构

1. 木屋架

木屋架包括木屋架和钢木屋架，屋架的跨度应以上、下弦中心线两交点之间的距离计算。带气楼的屋架和马尾、折角以及正交部分的半屋架，按相关屋架项目编码列项。当木屋架工程量以榀计量时，按标准图设计的应注明标准图代号；按非标准图设计的项目特征需要描述木屋架的跨度、材料品种及规格、刨光要求、拉杆及夹板种类、防护材料种类。

1) 木屋架

按设计图示数量计算，单位：榀；或按设计图示的规格尺寸以体积计算，单位：m^3。带气楼的屋架和马尾、折角以及正交部分的半屋架，应按相关屋架项目编码列项。

2) 钢木屋架

按设计图示数量计算，单位：榀。钢拉杆、受拉腹杆、钢夹板、连接螺栓应包括在报价内。

2. 木构件

木构件包括木柱、木梁、木檩、木楼梯及其他木构件。在木构件工程量计算中，若按图示数量以 m 为单位计算，则项目特征必须描述构件规格尺寸。

1) 木柱、木梁

按设计图示尺寸以体积计算，单位：m^3。

2) 木檩条

按设计图示尺寸以体积计算，单位：m^3；或按设计图示尺寸以长度计算，单位：m。

3) 木楼梯

按设计图示尺寸以水平投影面积计算，单位：m^2。不扣除宽度小于或等于 300mm 的楼梯井，伸入墙内部分不计算。木楼梯的栏杆(栏板)、扶手，应按其他装饰工程中的相关项目编码列项。

4) 其他木构件

按设计图示尺寸以体积或长度计算，单位：m^3 或 m。

3. 屋面木基层

按设计图示尺寸以斜面积计算，单位：m^2。不扣除房上烟囱、风帽底座、风道、小气窗、斜沟等所占面积。小气窗的出檐部分不增加面积。

7.2.8 门窗工程

1. 木门

木质门应区分镶板木门、企口木板门、实木装饰门、胶合板门、夹板装饰门、木纱门、全玻门(带木质扇框)、木质半玻门(带木质扇框)等项目，分别编码列项。

木门五金应包括：折页、插销、门碰珠、弓背拉手、搭机、木螺丝、弹簧折页(自动门)、管子拉手(自由门、地弹门)、地弹簧(地弹门)、角铁、门轧头(地弹门、自由门)等。

木质门带套计量按洞口尺寸以面积计算，不包括门套的面积。

以樘计量，项目特征必须描述洞口尺寸；以平方米计量，项目特征可不描述洞口尺寸。

单独制作安装木门框按木门框项目编码列项。

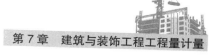

1) 木质门、木质门带套、木质连窗门、木质防火门

工程量可以按设计图示数量计算，单位：樘；或按设计图示洞口尺寸以面积计算，单位：m^2。

2) 木门框

按设计图示数量以樘计量；或按设计图示框的中心线以延长米计算。木门框项目特征除了描述门代号及洞口尺寸、防护材料的种类，还需描述框截面尺寸。

3) 门锁安装

按设计图示数量计算，单位：个或套。

2．金属门

金属门包括金属(塑钢)门、彩板门、钢质防火门、防盗门，按设计图示数量计算，单位：樘；或按设计图示洞口尺寸以面积计算(无设计图示洞口尺寸，按门框、扇外围以面积计算)，单位：m^2。

金属门项目特征描述时，当以樘计量，项目特征必须描述洞口尺寸，没有洞口尺寸必须描述门框或扇外围尺寸；当以平方米计量，项目特征可不描述洞口尺寸及框、扇的外围尺寸。

3．金属卷帘(闸)门

金属卷帘(闸)门项目包括金属卷帘(闸)门、防火卷帘(闸)门，工程量按设计图示数量计算，单位：樘；或按设计图示洞口尺寸以面积计算，单位：m^2。以樘计量，项目特征必须描述洞口尺寸；以平方米计量，项目特征可不描述洞口尺寸。

4．厂库房大门、特种门

厂库房大门、特种门项目包括木板大门、钢木大门、全钢板大门、防护铁丝门、金属格栅门、钢质花饰大门、特种门。工程量可以数量或面积进行计算，当按数量以樘为单位计算时，项目特征必须描述洞口尺寸，没有洞口尺寸必须描述门框或扇外围尺寸，以平方米计量，项目特征可不描述洞口尺寸及框、扇的外围尺寸。工程量以平方米计量，无设计图示洞口尺寸，按门框、扇外围以面积计算。

1) 木板大门、钢木大门、全钢板大门

按设计图示数量计算，单位：樘；或按设计图示洞口尺寸以面积计算，单位：m^2。

2) 防护铁丝门

按设计图示数量计算，单位：樘；或按设计图示门框或扇以面积计算，单位：m^2。

3) 金属格栅门

按设计图示数量计算，单位：樘；或按设计图示洞口尺寸以面积计算，单位：m^2。

4) 钢质花饰大门

按设计图示数量计算，单位：樘；或按设计图示门框或扇以面积计算，单位：m^2。

5) 特种门

应区分冷藏门、冷冻间门、保温门、变电室门、隔音门、人防门、金库门等项目，分别编码列项。其工程量按设计图示数量以樘计量；或按设计图示洞口尺寸以面积计算，单位：m^2。

5．其他门

其他门包括平开电子感应门、旋转门、电子对讲门、电动伸缩门、全玻自由门、镜面不锈钢饰面门、复合材料门。工程量可按数量或面积让算，当按数量以樘计量时，项目特征必须描述洞口尺寸，没有洞口尺寸必须描述门框或扇外围尺寸，以平方米计量，项目特征可不描述洞口尺寸及框、扇的外围尺寸；工程量以平方米计量的，无设计图示洞口尺寸，按门框、扇外围以面积计算。

其他门工程量按设计图示数量计算，单位：樘；或按设计图示洞口尺寸以面积计算，单位：m^2。

6．木窗

木窗包括木质窗、木飘(凸)窗、木橱窗、木纱窗。木质窗应区分木百叶窗、木组合窗、木天窗、木固定窗、木装饰空花窗等项目，分别编码列项。

(1) 木质窗工程量按设计图示数量计算，单位：樘；或按设计图示洞口尺寸以面积计算。

(2) 木飘(凸)窗、木橱窗工程量按设计图示数量计算，单位：樘；或按设计图示尺寸以框外围展开面积计算。

(3) 木纱窗工程量按设计图示数量计算，单位：樘；或按框的外围尺寸以面积计算。

7．金属窗

金属窗应区分金属组合窗、防盗窗等项目，分别编码列项。在项目特征描述中，当金属窗工程量以樘计量，项目特征必须描述洞口尺寸，没有洞口尺寸必须描述窗框外围尺寸；以平方米计量，项目特征可不描述洞口尺寸及框的外围尺寸。对于金属橱窗、飘(凸)窗以樘计量，项目特征必须描述框外围展开面积。在工程量计算时，当以平方米计量，无设计图示洞口尺寸，按窗框外围以面积计算。

1) 金属(塑钢、断桥)窗、金属防火窗、金属百叶窗、金属格栅窗

按设计图示数量计算，单位：樘；或按设计图示洞口尺寸以面积计算。

2) 金属纱窗

按设计图示数量计算，单位：樘；或按框的外围尺寸以面积计算。

3) 金属(塑钢、断桥)橱窗、金属(塑钢、断桥)飘(凸)窗

按设计图示数量计算，单位：樘；或按设计图示尺寸以框外围展开面积计算。

4) 彩板窗、复合材料窗

按设计图示数量计算，单位：樘；或按设计图示洞口尺寸或框外围以面积计算。

8．门窗套

门窗套包括木门窗套、金属门窗套、石材门窗套、门窗木贴脸、硬木筒子板、饰面夹板筒子板。木门窗套适用于单独门窗套的制作、安装。在项目特征描述时，当以樘计量时，项目特征必须描述洞口尺寸、门窗套展开宽度；当以平方米计量，项目特征可不描述洞口

尺寸、门窗套展开宽度；当以米计量时，项目特征必须描述门窗套展开宽度、筒子板及贴脸宽度。

1) 木门窗套、木筒子板、饰面夹板筒子板、金属门窗套、石材门窗套、成品木门窗套

按设计图示数量计算，单位：樘；或按设计图示尺寸以展开面积计算；或按设计图示中心线以延长米计算。

2) 门窗(木)贴脸

按设计图示数量计算，单位：樘；或按设计图示尺寸以延长米计算，如图7-47所示。

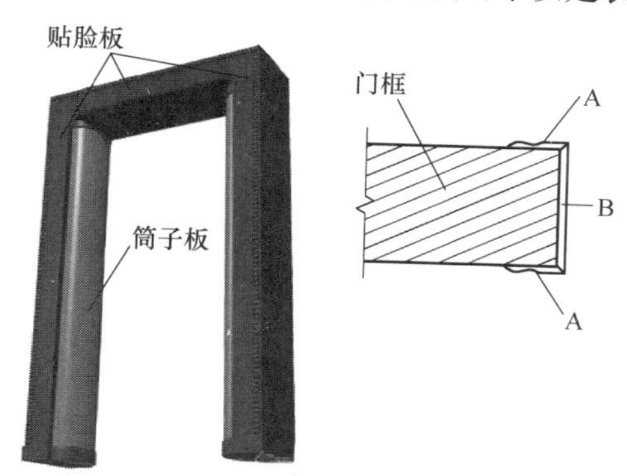

图7-47 门窗(木)贴脸示意图

A—门窗贴脸；B—筒子板；A+B—门窗套

9. 窗台板

窗台板包括木窗台板、铝塑窗台板、石材窗台板、金属窗台板。按设计图示尺寸以展开面积计算。

10. 窗帘(杆)、窗帘盒、轨

在项目特征描述中，当窗帘若是双层，项目特征必须描述每层材质；当窗帘以“米”计量，项目特征必须描述窗帘高度和宽。

1) 窗帘(杆)

按设计图示尺寸以长度计算或按图示尺寸以展开面积计算。

2) 木窗帘盒、饰面夹板、塑料窗帘盒、铝合金窗帘盒、窗帘轨

按设计图示尺寸以长度计算。

7.2.9 屋面及防水工程

1. 瓦、型材及其他屋面

1) 瓦屋面、型材屋面

按设计图示尺寸以斜面积计算。不扣除房上烟囱、风帽底座、风道、屋面小气窗、斜沟等所占面积，屋面小气窗的出檐部分亦不增加。

屋面坡度(倾斜度)的表示方法有多种：一种是用屋顶的高度与半跨之间的比表示(B/A)；另一种是用屋顶的高度与跨度之间的比表示($B/2A$)；还有一种是以屋面的斜面与水平面的夹角(α)表示，如图 7-48 所示。为计算方便，引入了延尺系数(C)和隅延尺系数(D)的概念。

坡屋面延尺系数 $C=EM/A=1/\cos\alpha=\sec\alpha$；隅延尺系数 $D=EN/A$，如表 7-9 所示。

表 7-9 屋面坡度系数表

坡度			延尺系数 C (A=1)	隅延尺系数 D (A=1)
以高度 B 表示 (A=1)	以高跨比(B/2A)表示	以角度(α)表示		
1	1/2	45°	1.4142	1.7321
0.75		36° 52′	1.2500	1.6008
0.70		35°	1.2207	1.5779
0.666	1/3	33° 40′	1.2015	1.5620
0.65		33° 01′	1.1926	1.5564
0.60		30° 58′	1.1662	1.5362
0.577		30°	1.1547	1.5270
0.55		28° 49′	1.1413	1.5170
0.50	1/4	26° 34′	1.1180	1.5000
0.45		24° 14′	1.0966	1.4839
0.40	1/5	21° 48′	1.0770	1.4697
0.35		19° 17′	1.0594	1.4569
0.30		16° 42′	1.0440	1.4457
0.25		14° 02′	1.0308	1.4362
0.20	1/10	11° 19′	1.0198	1.4283
0.15		8° 32′	1.0112	1.4221
0.125		7° 8′	1.0078	1.4191
0.100	1/20	5° 42′	1.0050	1.4177
0.083		4° 45′	1.0035	1.4166
0.066	1/30	3° 49′	1.0022	1.4157

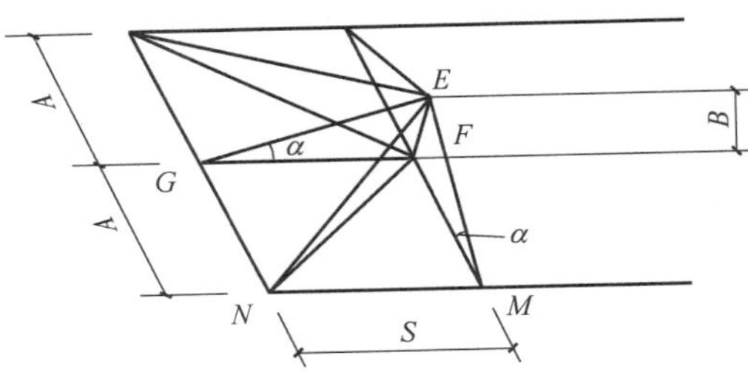

图 7-48 屋面坡度示意图

注：(1) 两坡水排水屋面(当 α 角相等时，可以是任意坡水)面积为屋面水平投影面积乘以延尺系数。

(2) 四坡水排水屋面斜脊长度=$A\times D$(当 $S=A$ 时)。

(3) 沿山墙泛水长度=$A\times C$。

2) 阳光板屋面、玻璃钢屋面

按设计图示尺寸以斜面积计算，不扣除屋面面积小于或等于 $0.3m^2$ 孔洞所占面积。

3) 膜结构屋面

按设计图示尺寸以需要覆盖的水平投影面积计算。

2．屋面防水及其他

屋面刚性层无钢筋，其钢筋项目特征不必描述。屋面找平层按楼地面装饰工程“平面砂浆找平层”项目编码列项。屋面防水搭接及附加层用量不另行计算，在综合单价中考虑。屋面保温层按保温、隔热、防腐工程“保温隔热屋面”项目编码列项。

1) 屋面卷材防水、屋面涂膜防水

按设计图示尺寸以面积计算，并符合以下规定。

(1) 斜屋顶(不包括平屋顶找坡)按斜面积计算，平屋顶按水平投影面积计算。

(2) 不扣除房上烟囱、风帽底座、风道、屋面小气窗和斜沟所占面积。

(3) 屋面的女儿墙、伸缩缝和天窗等处的弯起部分，并入屋面工程量内。

2) 屋面刚性层

项目特征应描述刚性层厚度、混凝土种类及强度等级、嵌缝材料种类和钢筋规格、型号。其工程量按设计图示尺寸以面积计算。不扣除房上烟囱、风帽底座、风道等所占面积。

3) 其他

(1) 屋面排水管，按设计图示尺寸以长度计算。如设计未标注尺寸，以檐口至设计室外散水上表面垂直距离计算。

(2) 屋面排(透)气管，按设计图示尺寸以长度计算。

(3) 屋面(廊、阳台)吐水管，按设计图示数量计算。

(4) 屋面天沟、檐沟，按设计图示尺寸以展开面积计算。

(5) 屋面变形缝，按设计图示以长度计算。

3．墙面防水、防潮

墙面防水搭接及附加层用量不另行计算，在综合单价中考虑。墙面变形缝，若做双面，工程量乘系数 2。墙面找平层按墙、柱面装饰与隔断、幕墙工程“立面砂浆找平层”项目编码列项。

1) 墙面卷材防水、墙面涂膜防水、墙面砂浆防水(防潮)

按设计图示尺寸以面积计算，单位：m^2。

2) 墙面变形缝

按设计图示以长度计算，单位：m。

4．楼(地)面防水、防潮

楼(地)面防水找平层按楼地面装饰工程“平面砂浆找平层”项目编码列项。楼(地)面防水搭接及附加层用量不另行计算，在综合单价中考虑。

1) 楼(地)面卷材防水、面涂膜防水、砂浆防水(防潮)

按设计图示尺寸以面积计算，并应符合下列规定。

(1) 楼(地)面防水：按主墙间净空面积计算，扣除凸出地面的构筑物、设备基础等所占面积，不扣除间壁墙及单个面积小于或等于 $0.3m^2$ 的柱、垛、烟囱和孔洞所占面积。

(2) 楼(地)面防水反边高度小于或等于 300mm 算作地面防水，反边高度大于 300mm 算作墙面防水。

2) 楼(地)面变形缝

按设计图示以长度计算。

7.2.10 保温、隔热、防腐工程

1. 保温、隔热

保温隔热方式包括内保温、外保温和夹心保温。

保温隔热装饰面层，按装饰工程相关项目编码列项；仅做找平层按楼地面装饰工程“平面砂浆找平层”或墙、柱面装饰与隔热工程“立面砂浆找平层”项目编码列项。柱帽保温隔热应并入天棚保温隔热工程量内。池槽保温隔热应按其他保温隔热项目编码列项。保温柱、梁适用于不与墙、天棚相连的独立梁、柱。

1) 保温隔热屋面

按设计图示尺寸以面积计算。扣除面积大于 0.3m^2 的孔洞及占位面积。

2) 保温隔热天棚

按设计图示尺寸以面积计算。扣除面积大于 0.3m^2 的上柱、垛、孔洞所占面积。与天棚相连的梁按展开面积，计算并入天棚工程量内。

3) 保温隔热墙面

按设计图示尺寸以面积计算，单位：m^2。扣除门窗洞口以及面积大于 0.3m^2 的梁、孔洞所占面积；门窗洞口侧壁以及与墙相连的柱，并入保温墙体工程量。

4) 保温柱、梁

按设计图示尺寸以面积计算，单位：m^2。并应符合下列规定。

(1) 柱按设计图示柱断面保温层中心线展开长度乘保温层高度以面积计算，扣除面积大于 0.3m^2 的梁所占面积。

(2) 梁按设计图示梁断面保温层中心线展开长度乘保温层长度以面积计算。

5) 保温隔热楼地面

按设计图示尺寸以面积计算，单位：m^2。扣除面积大于 0.3m^2 的柱、垛、孔洞所占面积。

2. 防腐面层

防腐踢脚线，应按楼地面装饰工程“踢脚线”项目编码列项。

1) 防腐混凝土面层、防腐砂浆面层、防腐胶泥面层、玻璃钢防腐面层、聚氯乙烯板面层、块料防腐面层

按设计图示尺寸以面积计算，单位：m^2。并应符合下列规定。

(1) 平面防腐。扣除凸出地的构筑物、设备基础等以及面积大于 0.3m^2 的孔洞、柱垛所占面积，门洞、空圈、暖气包槽、壁龛的开口部分不增加面积。

(2) 立面防腐。扣除门、窗、洞口以及面积大于 0.3m^2 的孔洞、梁所占面积。门、窗、洞口侧壁、垛突出部分按展开面积并入墙面面积。

2) 池、槽块料防腐面层

按设开图示尺寸以展开面积计算，单位：m^2。

3. 其他防腐

1) 隔离层

按设计图示尺寸以面积计算，单位：m^2。并应符合下列规定。

(1) 平面防腐。扣除凸出地面的构筑物、设备基础等以及面积大于 $0.3m^2$ 的孔洞、柱、垛所占面积，门洞、空圈、暖气包槽、壁龛的开口部分不增加面积。

(2) 立面防腐。扣除门、窗、洞口以及面积大于 $0.3m^2$ 的孔洞、梁所占面积，门、窗、洞口侧壁、垛突出部分按展开面积并入墙面积内。

2) 砌筑沥青浸渍砖

按设计图示尺寸以体积计算，单位：m^3。

3) 防腐涂料

按设计图示尺寸以面积计算，单位：m^2。并应符合下列规定。

(1) 平面防腐。扣除凸出地面的构筑物、设备基础等以及面积大于 $0.3m^2$ 的孔洞、柱、垛所占面积，门洞、空圈、暖气包槽、壁龛的开口部分不增加面积。

(2) 立面防腐。扣除门、窗、洞口以及面积大于 $0.3m^2$ 的孔洞、梁所占面积，门、窗、洞口侧壁、垛突出部分按展开面积并入墙面积内。

7.2.11 拆除工程

(1) 砖砌体拆除以 m^3 计量，按拆除的体积计算；或以 m 计量，按拆除的延长米计算。以 m 为单位计量，如砖地沟、砖明沟等必须描述拆除部位的截面尺寸；以 m^3 为单位计量，截面尺寸不必描述。

(2) 混凝土及钢筋混凝土构件、木构件拆除以 m^3 计量，按拆除构件的体积计算；或以 m^2 计算，按拆除部位的面积计算；或以 m，计算，按拆除部位的延长米计算。

(3) 抹灰面拆除、屋面、隔断横隔墙拆除，均按拆除部位的面积计算，单位：m^2。块料面层、龙骨及饰面、玻璃拆除均按拆除面积计算，单位：m^2。

(4) 铲除油漆涂料裱糊面以 m^2 计量，按铲除部位的面积计算；或以 m 计量，按按铲除部位的延长米计算。

(5) 栏板、栏杆拆除以 m^2 计量，按拆除部位的面积计算；或以 m 计量，按拆除的延长米计算。

(6) 门窗拆除包括木门窗和金属门窗拆除，以 m^2 计量，按拆除面积计算；或以“樘”计量，按拆除樘数计算。

(7) 金属构件拆除中钢网架以 t 计量，按拆除构件的质量计算，其他(钢梁、钢柱、钢支撑、钢墙架)拆除除了按拆除构件质量计算外，还可以按拆除延长米计算，以 m 计量。

(8) 管道拆除以 m 计量，按拆除管道的延长米计算；卫生洁具、灯具拆除以“套(个)”计量，按拆除的数量计算。

(9) 其他构件拆除中，暖气罩、柜体拆除可以按拆除的个数计量，也可按拆除延长米计算；窗台板、筒子板拆除可以按拆除的块数计算，也可按拆除的延长米计算；窗帘盒、窗帘轨拆除按拆除的延长米计算。

(10) 开孔(打洞)以“个”为单位，按数量计算。

7.2.12 措施项目

《工程量计算规范》中给出了脚手架、混凝土模板及支架、垂直运输、超高施工增加、大型机械设备进出场及安拆、施工降水及排水、安全文明施工及其他措施项目的计算规则或应包含范围。除安全文明施工及其他措施项目外，前 6 项都详细列出了项目编码、项目名称、项目特征、工程量计算规则、工作内容，其清单的编制与分部分项工程一致。

1. 脚手架工程

1) 综合脚手架

按建筑面积计算，单位：m^2。使用综合脚手架时，不再使用外脚手架、里脚手架等单项脚手架；综合脚手架适用于能够按“建筑面积计算规则”计算建筑面积的建筑工程脚手架，不适用于房屋加层、构筑物及附属工程脚手架。综合脚手架项目特征包括建设结构形式、檐口高度，同一建筑物有不同的檐高时，按建筑物竖向切面分别按不同檐高编列清单项目。脚手架的材质可以不作为项目特征内容，但需要注明由投标人根据实际情况按照有关规范自行确定。

2) 外脚手架、里脚手架(见图 7-49 和图 7-50)、整体提升架、外装饰吊篮

按所服务对象的垂直投影面积计算，单位，m^2。整体提升架包括 2m 高的防护架体设施。

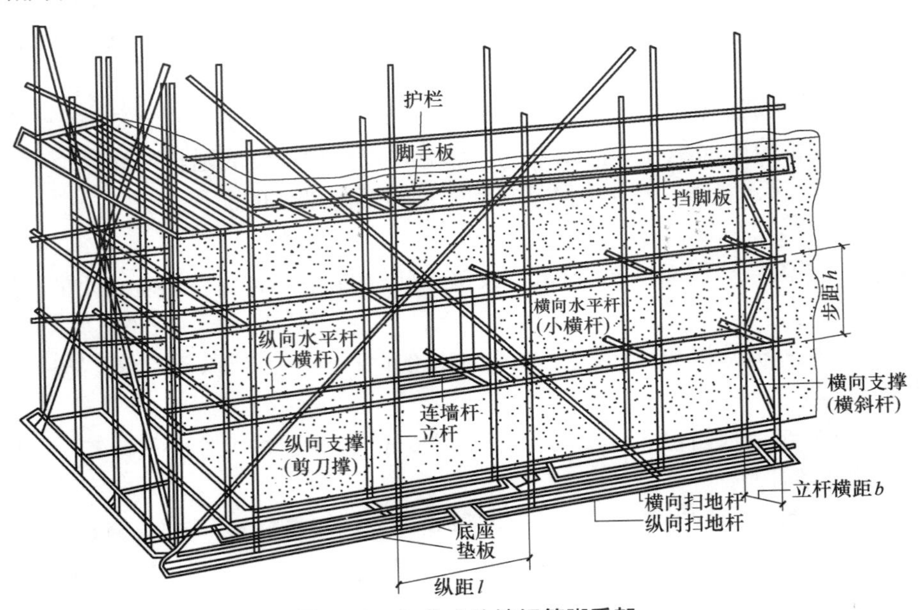

图 7-49 扣件式外墙钢管脚手架

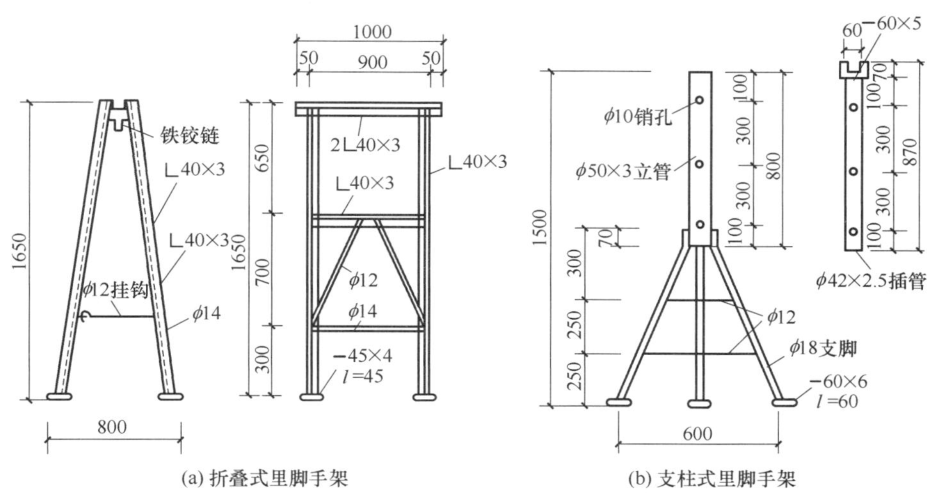

(a) 折叠式里脚手架　　(b) 支柱式里脚手架

图 7-50　里脚手架示意图

3) 悬空脚手架、满堂脚手架(见图 7-51 和图 7-52)

按搭设的水平投影面积计算，单位：m^2。

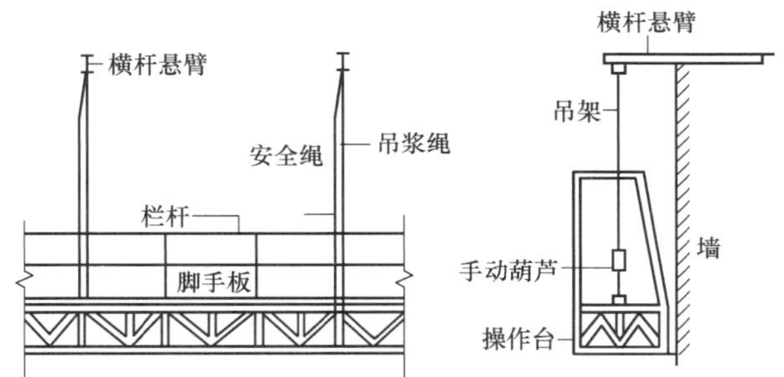

图 7-51　悬空脚手架示意图

图 7-52　满堂脚手架示意图

4) 挑脚手架(见图 7-53)

按搭设长度乘以搭设层数以延长米计算。

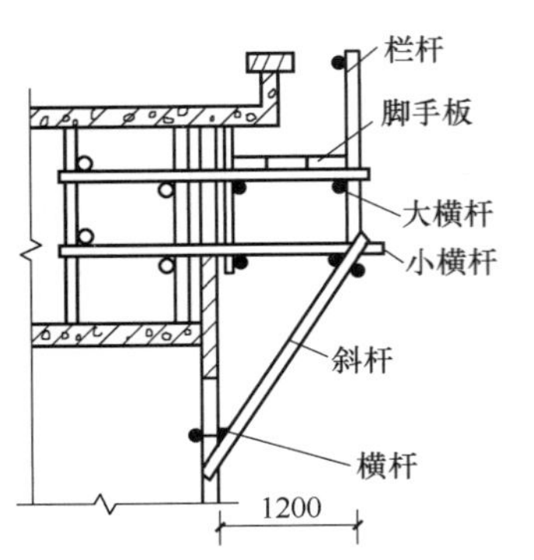

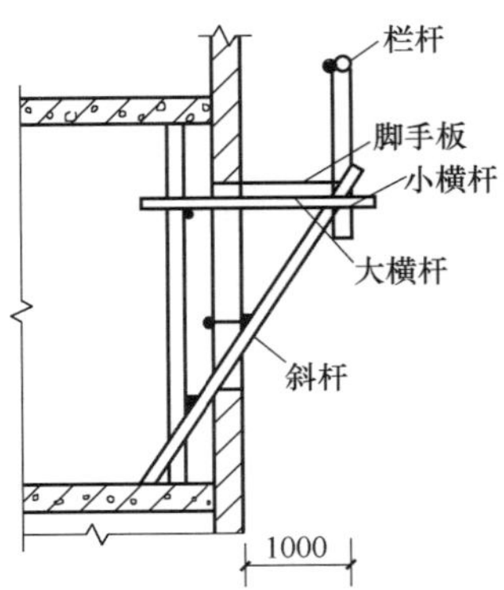

图 7-53　挑脚手架示意图

2. 混凝土模板及支撑(架)

混凝土模板及支撑(架)项目，只适用于以 m^2 计量，按模板与混凝土构件的接触面积计算，采用清水模板时应在项目特征中说明。以 m^3 计量的模板及支撑(架)，按混凝土及钢筋混凝土实体项目执行，其综合单价应包含模板及支撑(架)。

1) 混凝土基础、柱、梁、墙板

按模板与现浇混凝土构件的接触面积计算，单位：m^2。原槽浇灌的混凝土基础不计算模板工程量。若现浇混凝土梁、板支撑高度超过 3.6m 时，项目特征应描述支撑高度。

(1) 现浇钢筋混凝土墙、板单孔面积成小于或等于 $0.3m^2$ 的孔洞不予扣除，洞侧壁模板亦不增加；单孔面积大于 $0.3m^2$ 时应予扣除，洞侧壁模板面积并入墙、板工程量内计算。

(2) 现浇框架结构分别按梁、板、柱有关规定计算，附墙柱、暗梁、暗柱并入墙内工程量内计算。

(3) 柱、梁、墙、板相互连接的重叠部分，均不计算模板面积。

(4) 构造柱按图示外露部分计算模板面积，如图 7-54 所示。

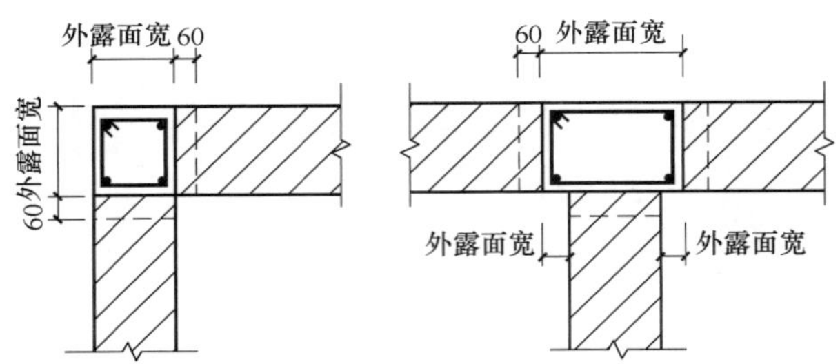

图 7-54　构造柱外露面示意图

2) 天沟、檐沟、电缆沟、地沟、散水、扶手、后浇带、化粪池、检查井

按模板与现浇混凝土构件的接触面积计算。

3) 雨篷、悬挑板、阳台板

按图示外挑部分尺寸的水平投影面积计算，挑出墙外的悬臂梁及板边不另计算。

4) 现浇整体楼梯

按楼梯(包括休息平台、平台梁、斜梁和楼层板的连接梁)的水平投影面积计算，不扣除宽度小于或等于 500mm 的楼梯井所占面积，楼梯踏步、踏步板、平台梁等侧面模板不另计算，伸入墙内部分亦不增加。

3．垂直运输

垂直运输指施工工程在合理工期内所需垂直运输机械。垂直运输可按建筑面积计算，也可以按施工工期日历天数计算，单位：m^2 或 d。

项目特征包括建筑物建筑类型及结构形式、地下室建筑面积、建筑物檐口高度及层数。其中建筑物的檐口高度是指设计室外地坪至檐口滴水的高度(平屋顶系指屋面板底高度)，突出主体建筑物屋顶的电梯机房、楼梯出口间、水箱间、瞭望塔、排烟机房等不计入檐口高度。同一建筑物有不同檐高时，按建筑物的不同檐高做纵向分割，分别计算建筑面积，以不同檐高分别编码列项。

4．超高施工增加

单层建筑物檐口高度超过 20m，多层建筑物超过 6 层时(不包括地下室层数)，可按超高部分的建筑面积计算超高施工增加。其工程量计算按建筑物超高部分的建筑面积计算。同一建筑物有不同檐高时，可按不同高度的建筑面积分别计算建筑面积，以不同檐高分别编码列项。

其工作内容包括以下几个方面

(1) 由超高引起的人工工效降低以及由于人工工效降低引起的机械降效。

(2) 高层施工用水加压水泵的安装、拆除及工作台班。

(3) 通信联络设备的使用及摊销。

5．大型机械设备进出场及安拆

安拆费包括施工机械、设备在现场进行安装拆卸所需人工、材料、机械和试运转费用以及机械辅助设施的折旧、搭设、拆除等费用；进出场费包括施工机械、设备整体或分体自停放地点运至施工现场或由一施工地点运至另一施工地点所发生的运输、装卸、辅助材料等费用。工程量按使用机械设备的数量计算，单位：台次。

6．施工排水、降水

(1) 成井，按设计图示尺寸以钻孔深度计算，单位：m。

(2) 排水、降水，按排、降水日历天数计算，单位：昼夜。

7．安全文明施工及其他措施项目

安全文明施工费是指工程施工期间按照国家现行的环境保护、建筑施工安全、施工现场环境与卫生标准和有关规定，购置和更新施工安全防护用具及设施、改善安全生产条件和作业环境所需要的费用。其他措施项目包括夜间施工，夜间施工照明、二次搬运、冬雨季施工、地上、地下设施、建筑物的临时保护设施、已完工程及设备保护等。

1) 安全文明施工

安全文明施工包含的具体范围如下。

(1) 环境保护包含范围：现场施工机械设备降低噪声、防扰民措施；水泥和其他易飞扬细颗粒建筑材料密闭存放或采取覆盖措施等；工程防扬尘洒水；土石方、残渣外运车辆冲洗、防洒漏等；现场污染源的控制、生活垃圾清理外运、场地排水排污措施；其他环境保护措施。

(2) 文明施工包含范围："五牌一图"；现场围挡的墙面美化(包括内外粉刷、刷白、标语等)、压顶装饰；现场厕所便槽刷白、贴面砖，水泥砂浆地面或地砖，建筑物内临时便溺设施；其他施工现场临时设施的装饰装修、美化措施；现场生活卫生设施；符合卫生要求的饮水设备、淋浴、消毒等设施；生活用洁净燃料；防煤气中毒、防蚊虫叮咬等措施；施工现场操作场地的硬化；现场绿化、治安综合治理；现场配备医药保健器材、物品和急救人员培训；用于现场工人的防暑降温、电风扇、空调等设备及用电；其他文明施工措施。

(3) 安全施工包含范围：安全资料、特殊作业专项方案的编制，安全施工标志的购置及安全宣传；"三宝"(安全帽、安全带、安全网)、"四口"(楼梯口、电梯井口、通道口、预留洞口)、"五临边"(阳台围边、楼板围边、屋面围边、槽坑围边、卸料平台两侧)，水平防护架、垂直防护架、外架封闭等防护；施工安全用电，包括配电箱三级配电、两级保护装置要求、外电防护措施；起重机、塔吊等起重设备(含井架、门架)及外用电梯的安全防护措施(含警示标志)及卸料平台的临边防护、层间安全门、防护棚等设施；建筑工地起重机械的检验检测；施工机具防护棚及其围栏的安全保护设施；施工安全防护通道；工人的安全防护用品、用具购置；消防设施与消防器材的配置；电气保护、安全照明设施；其他安全防护措施。

(4) 临时设施包含范围：施工现场采用彩色、定型钢板，砖、混凝土砌块等围挡的安砌、维修、拆除；施工现场临时建筑物、构筑物的搭设、维修、拆除，如临时宿舍、办公室、食堂、厨房、厕所、诊疗所、临时文化福利用房、临时仓库、加工场、搅拌台、临时简易水塔、水池等；施工现场临时设施的搭设、维修、拆除，如临时供水管道、临时供电管线、小型临时设施等；施工现场规定范围内临时简易道路铺设，临时排水沟、排水设施安砌、维修、拆除；其他临时设施费搭设、维修、拆除。

2) 夜间施工

夜间施工包含的工作内容及范围有：夜间固定照明灯具和临时可移动照明灯具的设置、拆除；夜间施工时，施工现场交通标志、安全标牌、警示灯等的设置、移动、拆除；包括夜间照明设备摊销及照明用电、施工人员夜班补助、夜间施工劳动效率降低等。

3) 非夜间施工照明

非夜间施工照明包含的工作内容及范围有：为保证工程施工正常进行，在如地下室等特殊施工部位施工时所采用的照明设备的安拆、维护、摊销及照明用电等费用。

4) 二次搬运

二次搬运包含的工作内容及范围有：由于施工场地条件限制而发生的材料、成品、半成品等一次运输不能到达堆放地点，必须进行二次或多次搬运的费用。

5) 冬雨季施工

冬雨季施工包含的工作内容及范围有：冬雨(风)季施工时增加的临时设施(防寒保温、

防雨、防风设施)的搭设、拆除；冬雨(风)季施工时，对砌体、混凝土等采用的特殊加温、保温和养护措施；冬雨(风)季施工时，施工现场的防滑处理、对影响施工的雨雪的清除；包括冬雨(风)季施工时增加的临时设施、施工人员的劳动保护用品、冬雨(风)季施工劳动效率降低等。

6) 地上、地下设施、建筑物的临时保护设施

地上、地下设施、建筑物的临时保护设施包含的工作内容及范围有：在工程施工过程中，对已建成的地上、地下设施和建筑物进行的遮盖、封闭、隔离等必要保护措施。

7) 已完工程及设备保护

已完工程及设备保护包含的工作内容及范围有：对已完工程及设备采取的覆盖、包裹、封闭、隔离等必要保护措施。

7.3　平法与钢筋工程量计算

建筑结构施工图平面整体设计方法(简称平法)，是对我国传统的混凝土结构施工图设计表示方法做出的重大改革。其表达方式，概括来讲是把结构构件的尺寸和配筋等，按照平面整体表示方法的制图规则，采用数字和符号整体直接地表达在各类构件的结构平面布置图上，再与标准结构详图相配合，构成一套完整的结构设计的方法。平法施工图彻底改变了将构件从结构平面布置中索引出来，再逐个绘制配筋详图的烦琐方法。传统的结构设计表示方法与平法的区别如图 7-55 所示。

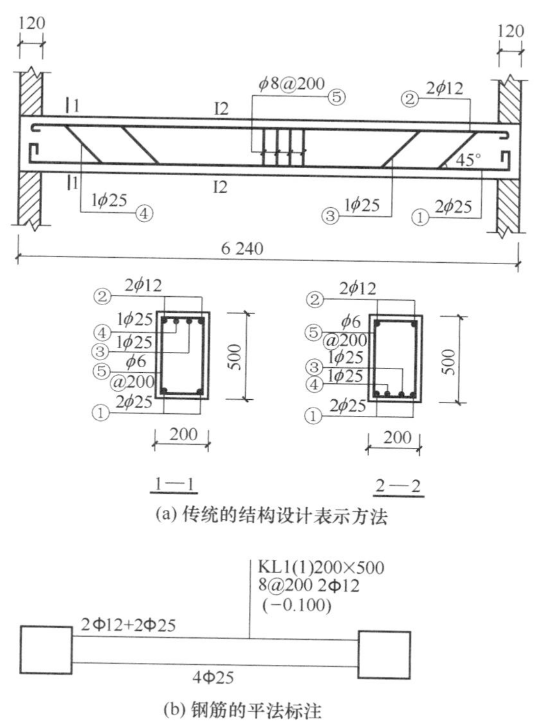

(a) 传统的结构设计表示方法

(b) 钢筋的平法标注

图 7-55　结构设计的两种表示方法

平法制图的特点是施工图数量少，单张图样信息量大，内容集中，构件分类明确，非常有利于施工。经过 10 年来的推广应用，平法已成为钢筋混凝土结构工程的主要设计方法。限于篇幅，本书按照《混凝土结构施工图平面整体表示方法制图规则和构造详图》(11G101—1)，仅以钢筋混凝土框架梁、柱为例，介绍钢筋平法施工图的识读及钢筋工程量计算。

7.3.1 基础知识

1. 钢筋的分类

按直径大小，钢筋混凝土结构配筋可以分为钢筋和钢丝两类。直径在 6mm 以上的称为钢筋；直径在 6mm 以内的称为钢丝。

按生产工艺，钢筋分为热轧钢筋、余热处理钢筋、冷拉钢筋、冷拔钢筋、冷轧钢筋等多种。其中，热轧钢筋是建筑生产中使用数量最多、最重要的钢材品种。根据《混凝土结构设计规范》(GB 50010—2010)，普通热轧钢筋牌号及强度等级如表 7-10 所示。

表 7-10 普通热轧钢筋牌号及强度等级分类

牌 号	符 号	公称直径 d/mm	屈服强度标准值 f_{yk}	极限强度标准值 f_{stk}
HPB300	Φ	6～22	300	420
HRB335 HRBF335	Φ $Φ^F$	6～50	335	455
HRB400 HRBF400 RRB400	Φ $Φ^F$ $Φ^R$	6～50	400	540
HRB500 HRBF500	Φ $Φ^F$	6～50	500	630

注：H(Hot－rolled)热轧；P(Plain)，平滑，光圆钢筋；R(Ribbed)，带肋，变形钢筋；B(Bar)，线材，钢筋；F(Fine)，优质，细化晶粒(热处理)。

按钢筋在混凝土构件中作用的不同，钢筋分为受力钢筋、架立钢筋、箍筋、分布钢筋、腰筋、吊筋等。

受力钢筋是承受拉、压应力的钢筋，在梁里通常指纵向钢筋，一般情况跨中下部受拉，承受正弯矩，支座处上部受拉，承受负弯矩，如图 7-56 所示。

架立钢筋顾名思义就是不受力，仅仅是架立作用，用以固定梁内钢箍的位置，构成梁内的钢筋骨架。比如梁顶部的受力钢筋在支座位置有四根，规范要求两根必须贯通，其余两根在适当位置就可以截断。这样在跨中上部就只有两根钢筋，若箍筋是四肢箍，但如果支座上部纵向筋截断处理，则箍筋中间两肢就没有支撑点，此时就需要增加两根构造的架立钢筋，它的直径可以比支座处的受力钢筋直径小，架立钢筋和截断那两根搭接即可。此

外，由于梁上部的两根贯通筋为非受力筋，只起到架立的作用，也可以采用小直径的钢筋，以此节省钢材降低成本，但实际上考虑施工的方便性问题，设计时采用较少，如图 7-56 所示。

箍筋主要起到固定纵向钢筋以及保证纵筋正确位置的作用。此外，箍筋承受斜截面的剪力，起到截面抗剪作用，如图 7-56 所示。

分布筋用于屋面板、楼板内，与板的受力筋垂直布置，将承受的重量均匀地传给受力筋，并固定受力筋的位置，以及抵抗热胀冷缩所引起的温度变形，如图 7-56 所示。

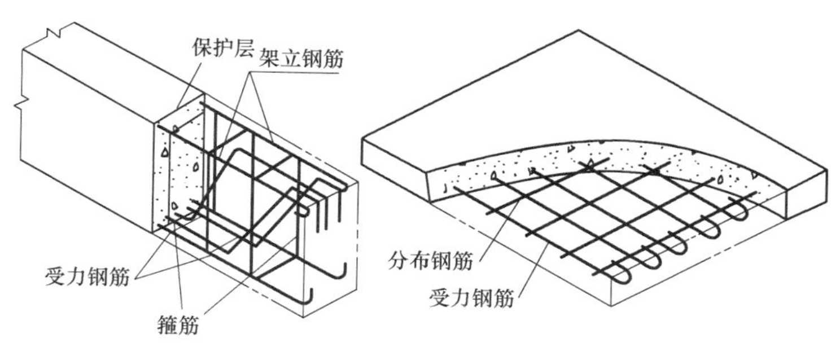

图 7-56 钢筋设置示意图

腰筋的名字得于它的位置在梁腹，包括抗扭腰筋(N)和构造腰筋(G)，抗扭腰筋起到抗扭的作用，而更多的是构造腰筋，是为了避免大范围内没有钢筋，需要维持一个最小配筋率的作用。

吊筋的作用是由于梁的局部受到大的集中荷载作用(主要是主次梁相交处)，为了使梁体不产生局部严重破坏，同时使梁体的材料发挥各自的作用而设置的，主要布置在剪力有大幅突变部位，防止该部位产生过大的裂缝，引起结构的破坏，吊筋设置如图 7-57 所示。其中，吊筋夹角，当主梁梁高小于或等于 800mm 时，取 45°；当主梁梁高大于 800mm 时，取 60°。

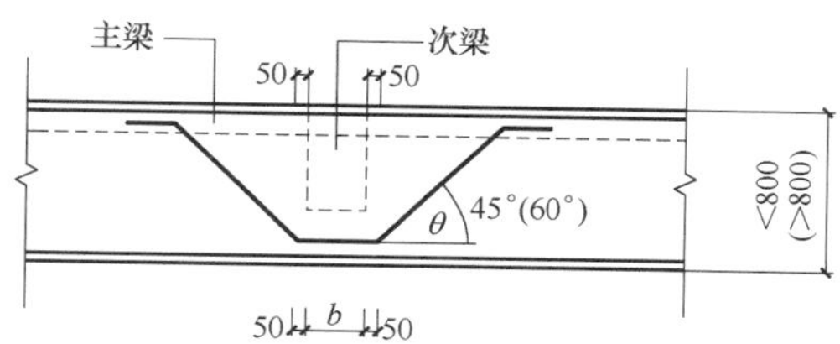

图 7-57 吊筋设置示意图

2. 钢筋工程量计算相关规定

钢筋工程量计算，除了能够正确识读工程图纸之外，还必须掌握建筑结构设计规范的相关内容及要求，并能够进一步地熟悉设计人员的设计意图，了解建筑施工过程中关于钢筋工程的一些施工工序的要求。这些内容包括结构所处环境的类别、混凝土保护层厚度、钢筋锚固长度、钢筋的连接等。

1) 混凝土结构的环境类别

《混凝土结构设计》(GB 50010)中规定，结构物所处环境分为 5 个类别，如表 7-11 所示。

表 7-11　混凝土结构的环境类别

环境类别	条　件
一	室内干燥环境； 无侵蚀性静水浸没环境
二 a	室内潮湿环境； 非严寒和非寒冷地区的露天环境； 非严寒和非寒冷地区与无侵蚀性的水或土壤直接接触的环境； 严寒和寒冷地区的冰冻线以下与无侵蚀性的水或土壤直接接触的环境
二 b	干湿交替环境； 水位频繁变动环境； 严寒的寒冷地区的露天环境； 严寒的寒冷地区冰冻线以上与无侵蚀性的水或土壤直接接触的环境
三 a	严寒和寒冷地区冬季水位变动区环境； 受除冰盐影响环境； 海风环境
三 b	盐渍土环境； 受除冰盐作用环境； 海岸环境
四	海水环境
五	受人为或自然的侵蚀性物质影响的环境

注：(1) 室内潮湿环境是指构件表面经常处于结露或湿润状态的环境。
(2) 严寒和寒冷地区的划分应符合现行国家标准《民用建筑热工设计规范》(GB 50176)的有关规定。
(3) 海岸环境和海风环境宜根据当地情况，考虑主导风向及结构所处迎风、背风部位等因素的影响，由调查研究和工程经验确定。
(4) 受除冰盐影响环境是指受冰盐盐雾影响的环境；受除冰盐作用环境是指被除冰盐溶液溅射的环境以及使用除冰盐地区的洗车房、停车楼等建筑。
(5) 暴露的环境是指混凝土结构表面所处的环境。

2) 混凝土保护层厚度

混凝土保护层厚度是指在钢筋混凝土构件中，结构中最外层钢筋边缘到构件边端之间的距离。混凝土保护层的作用是构件在设计基准期内，保护钢筋不受外部自然环境的影响而受侵蚀，保证钢筋与混凝土良好的工作性能。混凝土保护层厚度根据构件的构造、用途及周围环境等因素确定。混凝土保护层的最小厚度取决于构件的耐久性和受力钢筋黏结锚固性能的要求。设计使用年限为 50 年的混凝土结构，其保护层厚度应符合表 7-12 的规定。

表 7-12　受力钢筋混凝土保护层最小厚度　　单位：mm

环境类别	板、墙	梁、柱
一	15	20
二 a	20	25

续表

环境类别	板、墙	梁、柱
二 b	25	35
三 a	30	40
三 b	40	50

注：(1) 表中混凝土保护层厚度指最外层钢筋外边缘至混凝土表面的距离，适用于设计使用年限 50 年的混凝土结构。

(2) 构件中受力钢筋的保护层厚度不应小于钢筋的公称直径。

(3) 设计使用年限为 100 年的混凝土结构，一类环境中，最外层钢筋的保护层厚度不应小于表中数值的 1.4 倍；二、三类环境中，应采取专门的有效措施。

(4) 混凝土强度等级不大于 C25 时，表中保护层厚度数值应增加 5。

(5) 基础底面钢筋的保护层厚度，有混凝土垫层时应从垫层顶面算起，且不应小于 40mm。

3) 钢筋锚固长度

钢筋混凝土结构中，钢筋与混凝土两种性能截然不同的材料之所以能够共同工作是由于它们之间存在着黏结锚固作用，这种作用使接触界面两边的钢筋与混凝土之间能够实现应力传递，从而在钢筋与混凝土中建立起结构承载所必需的工作应力。因此，为了保证两种材料之间的黏结锚固作用，钢筋必须由一个构件内伸入其支座内一定的长度，且不能小于 250mm，如图 7-58 所示。目的是防止钢筋被拔出，以增加结构的整体性。受拉钢筋基本锚固长度、受拉钢筋锚固长度、受拉钢筋锚固长度修正系数分别见表 7-13、表 7-14、表 7-15。

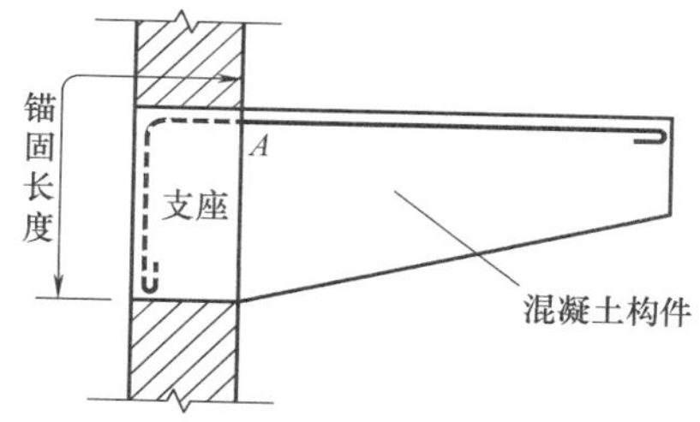

图 7-58 钢筋锚固长度示意图

表 7-13 受拉钢筋基本锚固长度 L_{ab}、L_{abE}

钢筋种类	抗震等级	混凝土强度等级								
		C20	C25	C30	C35	C40	C45	C50	C55	≥C60
HPB300	一、二级(L_{abE})	45*d*	39*d*	35*d*	32*d*	29*d*	28*d*	26*d*	25*d*	24*d*
	三级(L_{abE})	41*d*	36*d*	32*d*	29*d*	26*d*	25*d*	24*d*	23*d*	22*d*
	四级(L_{abE}) 非抗震(L_{ab})	39*d*	34*d*	30*d*	28*d*	25*d*	24*d*	23*d*	22*d*	21*d*
HPB335 HRBF335	一、二级(L_{abE})	44*d*	38*d*	33*d*	31*d*	29*d*	26*d*	25*d*	24*d*	24*d*
	三级(L_{abE})	40*d*	35*d*	31*d*	28*d*	26*d*	24*d*	23*d*	22*d*	22*d*
	四级(L_{abE}) 非抗震(L_{ab})	38*d*	33*d*	29*d*	27*d*	25*d*	23*d*	22*d*	21*d*	21*d*

续表

钢筋种类	抗震等级	混凝土强度等级								
		C20	C25	C30	C35	C40	C45	C50	C55	≥C60
HPB400 HRBF400 RRB400	一、二级(L_{abE})	—	46*d*	40*d*	37*d*	33*d*	32*d*	31*d*	30*d*	29*d*
	三级(L_{abE})	—	42*d*	37*d*	34*d*	30*d*	29*d*	28*d*	27*d*	26*d*
	四级(L_{abE}) 非抗震(L_{ab})	—	40*d*	35*d*	32*d*	29*d*	28*d*	27*d*	26*d*	25*d*
HRB500 HRBF500	一、二级 L_{abE})	—	55*d*	49*d*	45*d*	41*d*	39*d*	37*d*	36*d*	35*d*
	三级(L_{abE})	—	50*d*	45*d*	41*d*	38*d*	36*d*	34*d*	33*d*	32*d*
	四级(L_{abE}) 非抗震(L_{ab})	—	48*d*	43*d*	39*d*	36*d*	32*d*	32*d*	31*d*	30*d*

表 7-14　受拉钢筋锚固长度 L_a、受拉钢筋抗震锚固长度 L_{aE}

非 抗 震	抗　震	注：
$L_a= \zeta_a L_{ab}$	$L_{aE}= \zeta_{ae} L_a$	(1) L_a 不应小于 200。 (2) 锚固长度修正系数按表 7-16 取用，当多于一项时，可按连乘计算，但不应小于 0.6。 (3) ζ_{ae} 为抗震锚固长度修正系数，对一二级抗震等级取 1.15，对三级抗震等级取 1.05，对四级抗震等级取 1.00

注：(1) HPB300 级钢筋末端应做 180° 弯钩，弯后平直段长度不应小于 3*d*，但作受压钢筋时可不作弯钩。

(2) 当锚固钢筋的保护层厚度不大于 5*d* 时，锚固钢筋长度范围内应设置横向构造钢筋，其直径不应小于 *d*/4 (*d* 为锚固钢筋的最大直径)；对梁、柱等构件间距不应大于 5*d*，对板、墙等构件间距不应大于 10*d*，且均不应大于 100 (*d* 为锚固钢筋的最小直径)。

表 7-15　受拉钢筋锚固长度修正系数 ζ_a

锚固条件		ζ_a	
带肋钢筋的公称直径大于 25		1.10	—
环氧树脂涂层带肋钢筋		1.25	
施工过程中易受扰动的钢筋		1.10	
锚固区保护层厚度	3*d*	0.80	注：中间时按内插值。 *d* 为箍筋直径
	5*d*	0.70	

7.3.2　钢筋混凝土框架梁平法施工图及工程量计算

1. 钢筋混凝土框架梁平法施工图

钢筋混凝土框架结构梁平法施工图有两种注写方式，分别为平面注写方式和截面注写方式。这里只介绍平面注写方式。

平面注写方式，是在梁平面布置图上，分别在不同编号中各选一根梁，在其上以注写截面尺寸和配筋具体数值的方式来表达梁平面施工图。

平面注写包括集中标注与原位标注，集中标注表达梁的通用数值，原位标注表达梁的特殊数值。当集中标注中的某项数值不适用于梁的某部位时，则将该项数值原位标注，施工时原位标注取值优先。梁平法施工图平面注写方式集中标注示例如图 7-59 所示。

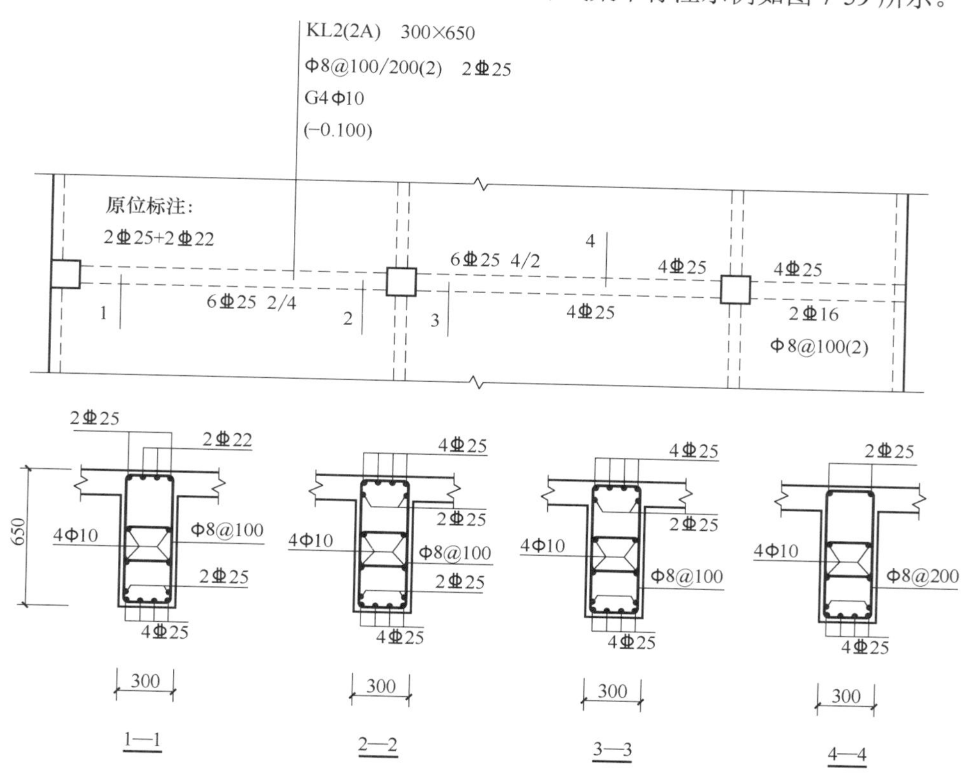

图 7-59　梁平法施工图平面注写方式集中标注示例

图中 4 个梁截面采用传统表示方法绘制，用于对比按平面注写方式表达的同样内容，实际采用平面注写表达时，不需要绘制梁截面配筋图及相应截面号。

1) 梁集中标注

梁集中标注的内容，有 5 项必注值及 1 项选注值。

(1) 梁编号为必注值。梁编号如表 7-16 所示。

(2) 梁截面尺寸为必注值。

当为等截面时，用 $b \times h$ 表示；

当为竖向加腋梁时，用 $b \times h$ $GY_{c1 \times c2}$ 表示，其中 c_1 为腋长，c_2 为腋高，如图 7-60 所示；

当为水平加腋梁时，一侧加腋时用 $b \times h$ $PY_{c1 \times c2}$ 表示，其中 c_1 为腋长，c_2 为腋宽，加腋部位应在平面图中绘制，如图 7-61 所示。

表 7-16 梁编号方法表

梁类型	代号	序号	跨数及是否带有悬挑
楼层框架梁	KL	××	(××)、(××A)或××B)
屋面框架梁	WKL	××	(××)、(××A)或××B)
框支梁	KZL	××	(××)、(××A)或××B)
非框架梁	L	××	(××)、(××A)或××B)
悬挑梁	XL	××	(××)、(××A)或××B)
井字梁	JZL	××	(××)、(××A)或××B)

注：(××A)为一端有悬挑，(××B)为两端有悬挑，悬挑不计入跨数。

【例】KL7(5A)表示第 7 号框架梁，5 跨，一端有悬挑；

L9(7B)表示第 9 号非框架梁，7 跨，两端有悬挑。

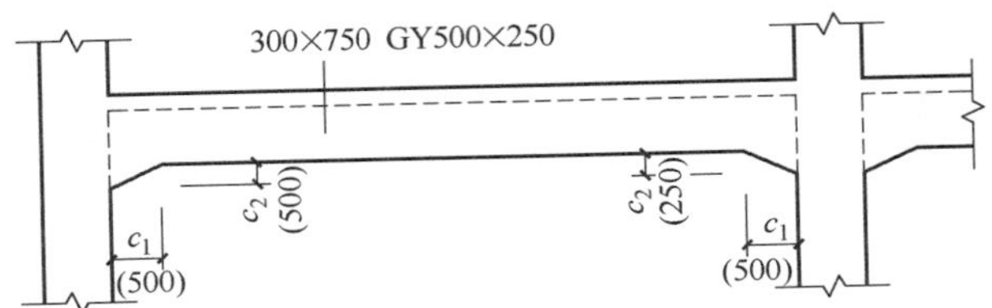

图 7-60 竖向加腋梁截面注写示意

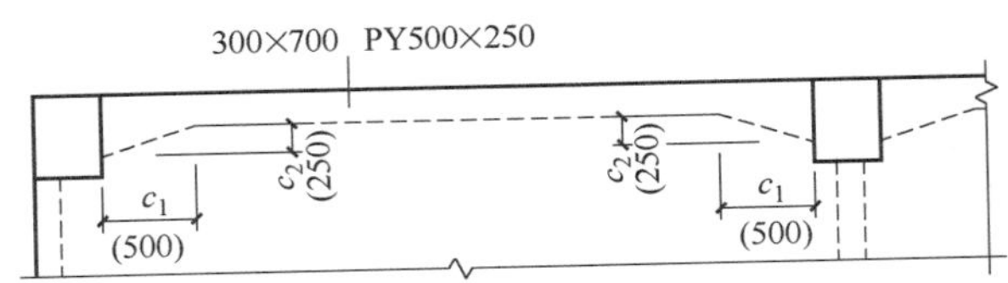

图 7-61 水平加腋梁截面注写示意

当有悬挑梁且根部和端部的高度不同时，用斜线分隔根部与端部的高度值，即为 $b \times h_1 \times h_2$，如图 7-62 所示。

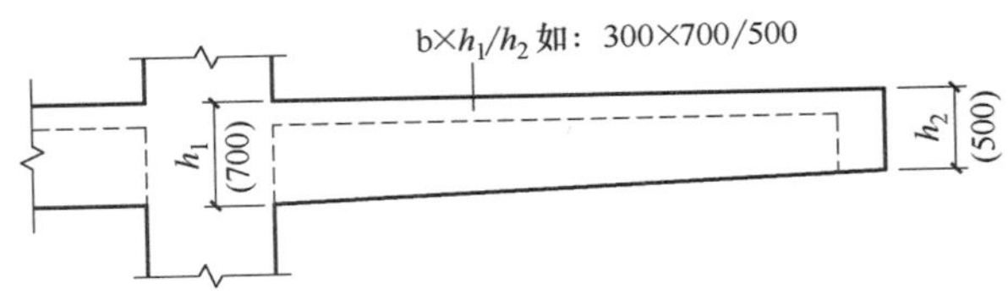

图 7-62 悬挑梁不等高截面注写示意

(3) 梁箍筋，包括钢筋级别、直径、加密区与非加密区间距及肢数，该项为必注值。箍筋加密区与非加密区的不同间距及肢数需用斜线“/”分隔；当梁箍筋为同一种间距及肢数时，则无须用斜线；当加密区与非加密区的箍筋肢数相同时，则将肢数注写一次；箍筋肢数应写在括号内。加密区范围见相应抗震等级的标准构造详图。

例如，Φ10@100/200 (4)，表示箍筋为 HPB300，直径为 10mm，加密区间距为 100mm，

非加密区间距为 200mm，均为四肢箍。

Φ8@100(4)/150(2)，表示箍筋为 HPB300，直径为 8mm，加密区间距为 100mm，四肢箍；非加密区间距为 150mm，两肢箍。

当抗震设计中的非框架梁、悬挑梁、井字梁及非抗震设计中的各类梁采用不同的箍筋间距及肢数时，也用斜线“/”将其分隔开来。注写时，先注写梁支座端部的箍筋(包括箍筋的箍数、钢筋级别、直径、间距与肢数)，在斜线后注写梁跨中部分的箍筋间距及肢数。

例如，13Φ10@150/200(4)，表示箍筋为 HPB300，直径 10mm；梁的两端各有 13 个四肢箍，间距为 150mm；梁跨中部分间距为 200mm，四肢箍。

18Φ12@150(4)/200(2)，表示箍筋为 HPB300，直径 12mm；梁的两端各有 18 个四肢箍，间距为 150mm；梁跨中部分间距为 200mm，四肢箍。

(4) 梁上部通长筋或架立筋配置(通长筋可为相同或不同直径采用搭接连接、机械连接或对焊连接的钢筋)，该项为必注值。所注规格与根数应根据结构受力要求及箍筋肢数等构造要求而定。当同排纵筋中既有通长筋又有架立筋时，应用加号“+”将通长筋和架立筋相连。注写时须将角部纵筋写在加号的前面，架立筋写在加号后面的括号内，以示不同直径及与通长筋的区别。当全部采用架立筋时，则将其写入括号内。

【例】2Φ22 用于双肢箍；2Φ22+(4Φ12)用于六肢箍，其中 2Φ22 为通长筋，4Φ12 为架立筋。

当梁的上部纵筋和下部纵筋为全跨相同，且多数跨的全部配筋相同时，此项可加注下部纵筋的配筋值，用分号“；”将上部与下部纵筋的配筋值分隔开来，少数跨不同者，按相关规定处理。

【例】3Φ22；3Φ20 表示梁的上部配置 3Φ22 的通长筋，梁的下部配置 3Φ20 的通长筋。

(5) 梁的侧面配置的纵向构造筋或受扭钢筋为必注值。当梁腹板高度 h_w 大于或等于 450mm 时，须配置纵向构造钢筋，此项注写值以大写字母 G 打头，接续注写设置在梁两个侧面的总配筋值，且对称配置。

例如，G4Φ12，表示梁两个侧面共配有 4 根直径为 12mm 的 HPB300 纵向构造钢筋，每侧各配置 2 根。

当梁侧配置受扭纵向钢筋时，此项注写以大写字母 N 打头，接续注写配置在梁两个侧面的总配筋值，且对称配置。受扭纵向钢筋应满足梁侧面纵向构造钢筋的间距要求，且不再重复配置纵向构造钢筋。

【例】N6Φ22，表示梁的两侧共配置 6Φ22 的受扭纵向钢筋，每侧各配置 3Φ22。

注：当为梁侧面构造钢筋时，其搭接与锚固长度可取为 15*d*；当为梁侧面受扭纵向钢筋时，其搭接长度为 l_l 或 l_{le}(抗震)，其锚固长度与方式同框架梁下部纵筋。

(6) 梁顶面标高高差，该项为选注值。梁顶面标高高差，系指相对于结构层楼面标高的高差值，对于位于结构夹层的梁，则指相对于结构夹层楼面标高的高差。有高差时，须将其写入括号内，无高差时不注。

注：当某梁的顶面高于所在结构层的楼面标高时，其标高高差为正值，反之为负值。例如：某结构层的楼面标高为 44.95m 和 48.250m，当某梁的梁顶面标高高差注写为(−0.050)

时，即表明该梁顶面标高分别相对于 44.95m 和 48.250m 低 0.005m。

2) 梁原位标注

(1) 梁支座上部纵筋指含通长筋在内的所有纵筋。当上部纵筋多于一排时，用斜线“/”将各排纵筋自上而下分开。例如，梁支座上部纵筋注写为 6Φ25 4/2，则表示上一排纵筋为 4Φ25，下一排纵筋为 2Φ25。

当同排纵筋有两种直径时，用加号“+”将两种直径的纵筋相连，前面的为角部纵筋。例如，梁支座上部有四根纵筋注写为 2Φ25+2Φ22，则表示 2Φ25 放在角部，2Φ22 放在中部。

当梁中间支座两边的上部纵筋不同时，须在支座两边分别标注；当梁中间支座两边的上部纵筋相同时，可仅在支座的一边标注配筋值，另一边省去不注。

(2) 当下部纵筋多于一排时，用斜线“/”将各排纵筋自上而下分开。例如，梁下部纵筋为 6Φ25 2/4，则表示上一排纵筋为 2Φ25，下一排纵筋为 4Φ25，全部伸入支座。

当同排纵筋有两种直径时，用加号“+”将两种直径的纵筋相连，角筋注写在前面。

当梁下部纵筋不全部伸入支座时，将支座下纵筋减少的数量写在括号内。

例如，梁下部纵筋为 6Φ25(−2)/4，则表示上排纵筋为 2Φ25 且不伸入支座；下一排纵筋为 4Φ25，全部伸入支座。

梁下部纵筋为 2Φ25+3Φ22(−3)/5Φ25，则表示上排纵筋为 2Φ25 和 3Φ22，其中 3Φ22 不伸入支座；下一排纵筋为 5Φ25，全部伸入支座。

当梁高大于 700mm 时，需设置的侧面纵向构造钢筋按标准构造详图施工，设计图中不注。

(3) 将附加箍筋或吊筋直接画在平面图中的主梁上，用线引注总配筋值。附加箍筋或吊筋的几何尺寸应按照标准构造详图，结合其所在位置的主梁和次梁的截面尺寸而定。

(4) 当在梁上集中标注的内容(即梁截面尺寸、箍筋、上部通长筋或架立筋，梁侧面纵向构造钢筋或受扭纵向钢筋，以及梁顶面标高高差中的某一项或几项数值)不适用于某跨或某悬挑部分时，则将其不同数值原位标注在该跨或该悬挑部位，施工时应按原位标注数值取用。

当在多跨梁的集中标注中已注明加腋，而该梁某跨的根部却不需要加腋时，则应在该跨原位标注等截面的 $b \times h$，以修正集中标注中的加腋信息。

梁平法施工图平面注写方式示例如图 7-63 所示。

2. 钢筋混凝土框架梁钢筋工程量计算(抗震结构)

构现浇钢筋混凝土框架梁中钢筋的分布如图 7-64 所示，根据其部位及作用的不同可分为上部通长筋、中部侧面纵向钢筋(构造或抗扭)、下部钢筋(通长筋或不通长)、左支座钢筋、架立钢筋或跨中钢筋、右支座钢筋、箍筋以及附加钢筋，包括：吊筋、次梁加筋、加腋钢筋等。

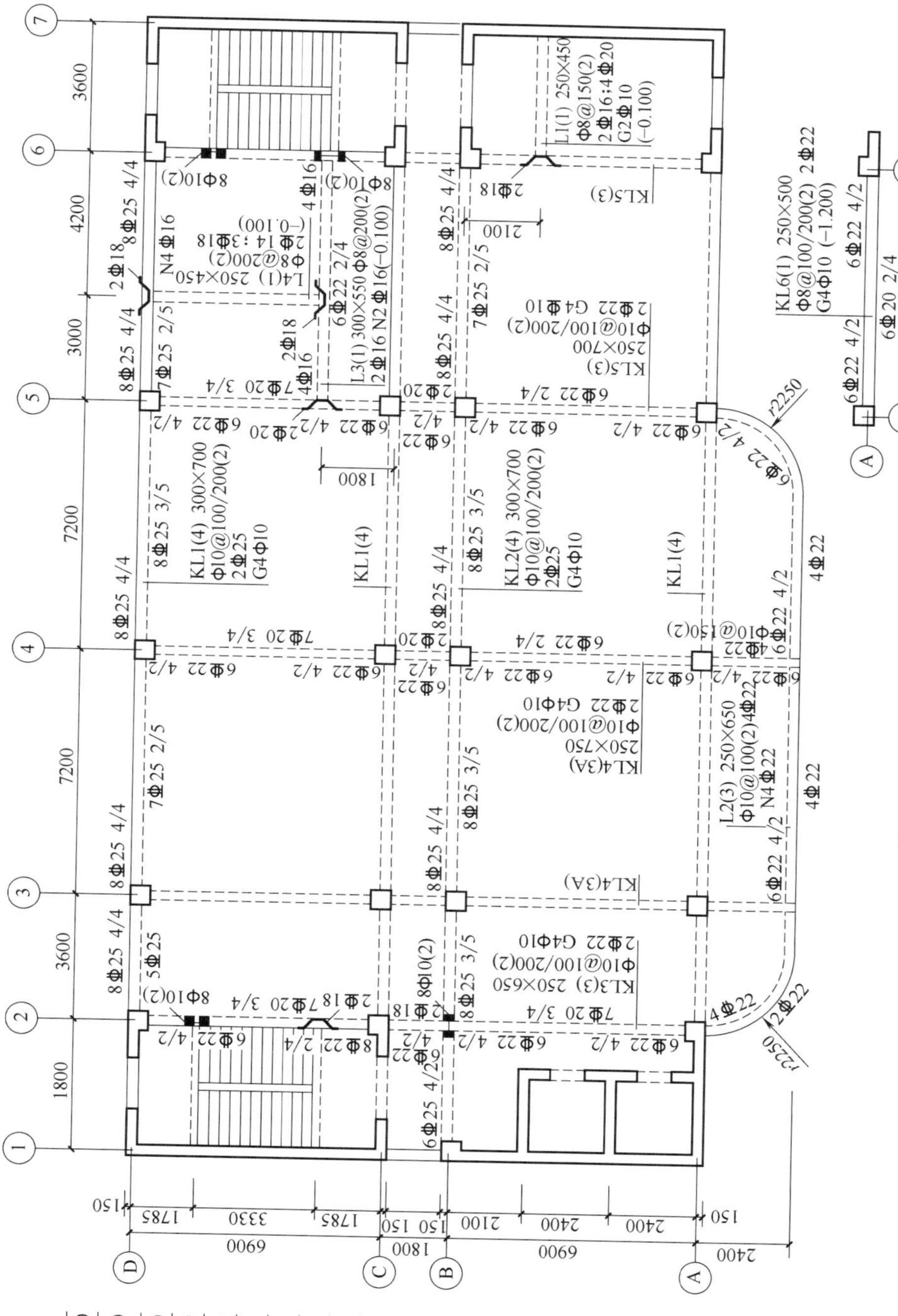

层号	标高(m)	层高(m)
屋面2	65.670	
塔层2	62.370	3.30
屋面1 (塔层1)	59.070	3.30
16	55.470	3.60
15	51.870	3.60
14	48.270	3.60
13	44.670	3.60
12	41.070	3.60
11	37.470	3.60
10	33.870	3.60
9	30.270	3.60
8	26.670	3.60
7	23.070	3.60
6	19.470	3.60
5	15.870	3.60
4	12.270	3.60
3	8.670	3.60
2	4.470	4.20
1	−0.030	4.50
−1	−4.530	4.50
−2	−9.030	4.50

结构层楼面标高
结 构 层 高

15.870~26.670梁平法施工图

图 7-63　梁平法施工图平面注写方式示例

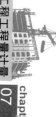

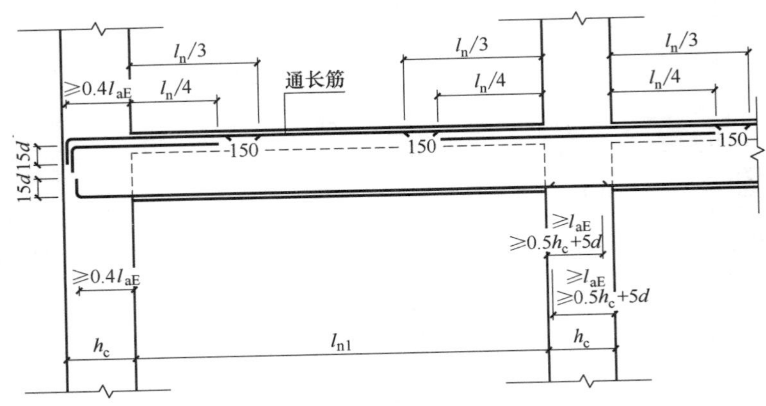

图 7-64 钢筋混凝土框架梁配筋示意图

1) 上部纵向钢筋

上部纵向钢筋设计长度计算按以下公式：

$$上部纵向钢筋设计长度=l_{n1}+左支座锚固长度+右支座锚固长度 \quad (7\text{-}13)$$

左、右支座锚固长度的取值判断：

(1) 当 h_c-保护层厚度$\geqslant l_{aE}$时，取 $\max(l_{aE}, 0.5h_c+5d)$ (7-14)

(2) 当 h_c-保护层厚度$< l_{aE}$时，必须弯锚，h_c-保护层+15d (7-15)

式中：l_{n1}——梁的净跨长度；

h_c——框架柱(梁的支座)的截面高度；

d——纵向(通长)钢筋直径。

当梁的上部既有通长筋又有架立筋时，架立筋与通长筋的搭接长度为 150mm。

2) 下部纵向钢筋

下部纵向钢筋设计长度计算同上部纵向钢筋设计长度计算基本相同，主要区别在于，下部纵向钢筋除了角筋通长之外，其他纵向钢筋由于在支座位置基本不承受外力作用，因此可将其设计为不伸入支座的纵向钢筋，其截断处距支座边缘应不大于 0.1 倍的净跨长度，如图 7-65 所示。

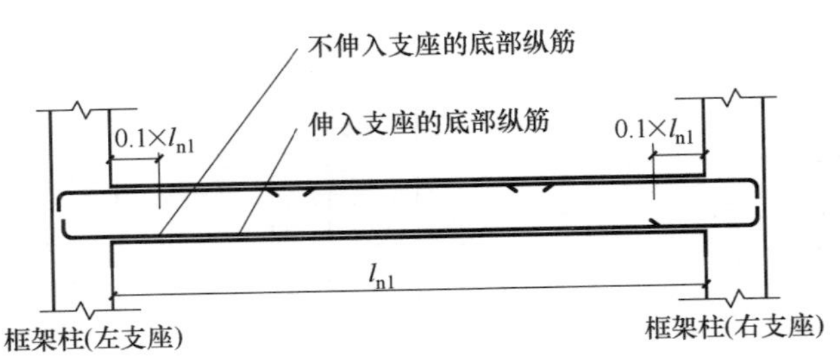

图 7-65 框架梁底部纵向配筋图

伸入支座的底部纵筋设计长度=l_{n1}+左支座锚固长度+右支座锚固长度。

不伸入支座的底部纵筋设计长度=$l_{n1}-2\times0.1\times l_{n1}=0.8\times l_{n1}$。

其中，锚固长度的确定同上部纵向钢筋。

3) 侧面纵向钢筋(腰筋)

侧面纵向钢筋设计长度计算同上(下)部纵向钢筋设计长度计算基本相同，但根据其作用的不同而有所区别，其中：

$$构造腰筋设计长度=l_{n1}+2\times15d \tag{7-16}$$

$$抗扭腰筋设计长度=l_{n1}+左支座锚固长度+右支座锚固长度 \tag{7-17}$$

需要注意的是，设置腰筋时，构造要求两排腰筋之间需按非加密区箍筋“隔一拉一”设置拉结筋，如图 7-66 所示。当梁宽小于或等于 350mm 时，拉结筋直径按 6mm 考虑；当梁宽大于 350mm 时，拉结筋直径按 8mm 考虑。

$$拉筋长度=b-2\times保护层厚度+2\times1.9d+2\times\max(10d，75mm)+2d \tag{7-18}$$

$$拉筋根数=[(l_{n1}-50\times2)/(非加密区箍筋间距\times2)+1)]\times腰筋排数 \tag{7-19}$$

其中，b 为梁宽；max(10d，75mm)表示该项数值为 10d 和 75mm 两者之间取大值。

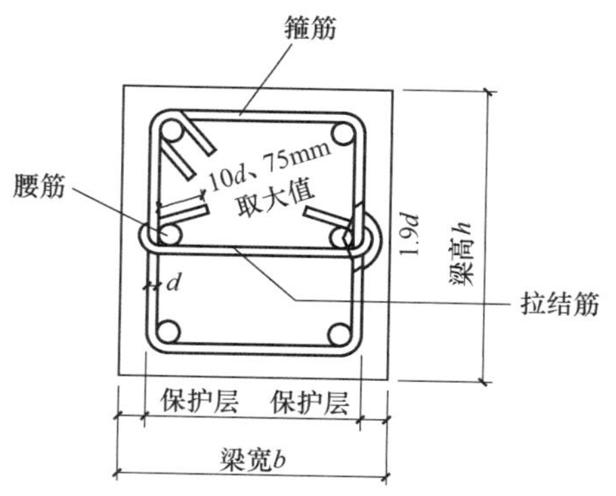

图 7-66　拉筋构造示意图

4) 左支座、右支座、跨中支座钢筋

左、右支座处承受负弯矩的钢筋统称为支座负筋(这里不包括该处的通长筋，如图 7-67 所示)，其中，第一排支座负筋在本跨净跨的 1/3 处截断，第二排支座负筋在本跨净跨的 1/4 处截断，因此左支座、右支座负筋按以下公式计算：

$$第一排支座负筋计算长度=左(右)支座锚固长度+l_{n1}/3 \tag{7-20}$$

$$第二排支座负筋计算长度=左(右)支座锚固长度+l_{n1}/4 \tag{7-21}$$

跨中支座负筋则按下列公式计算：

$$第一排钢筋设计长度=2\times\max(l_{n1}，l_{n2})/3+支座宽度 \tag{7-22}$$

$$第二排钢筋设计长度=2\times\max(l_{n1}，l_{n2})/4+支座宽度 \tag{7-23}$$

其中，max(l_{n1}，l_{n2})表示该支座左右两跨净跨长度的最大值。需要注意的是，若两跨净跨长度相差较大，比如 $l_{n1}>l_{n2}$，可能会出现 $l_{n1}/3>l_{n2}$ 的情况，此时跨中支座负筋就应在较小净跨处通长布置。

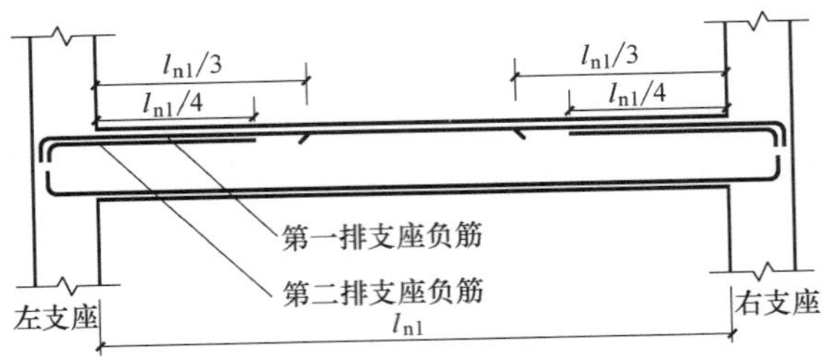

图 7-67　左支座、右支座负筋示意图

5) 吊筋

吊筋长度=b+2×50+2×(梁高−2×保护层厚度)/cos θ +2×20d　　(7-24)

6) 箍筋

箍筋肢数采用 $m\times n$ 表示，例如 5×4 箍筋如图 7-68 所示。

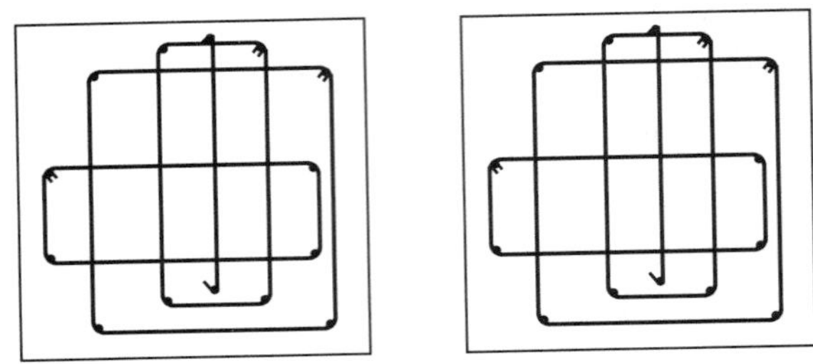

图 7-68　5×4 箍筋下料方式

(1) 单根箍筋设计长度=(b−2c)×2+(h−2c)×2+2×1.9d+2×max(10d，75mm)　　(7-25)

其中 max(10d，75mm)表示在 10 倍钢筋直径与 75mm 之间，取较大值。

(2) 箍筋根数。

箍筋在梁里的布设分为加密区和非加密区的，根据结构抗震等级的不同加密区范围分别为 max(2h_b，500)或 max(1.5h_b，500)，其中 h_b 为梁的截面高度。箍筋距支座边的距离为 50mm。箍筋布设要求如图 7-69 所示。箍筋根数按以下公式计算：

箍筋根数=[(左加密区长度−50)/加密间距+1]+(非加密区长度/非加密间距−1)
+[(右加密区长度−50)/加密间距+1]　　(7-26)

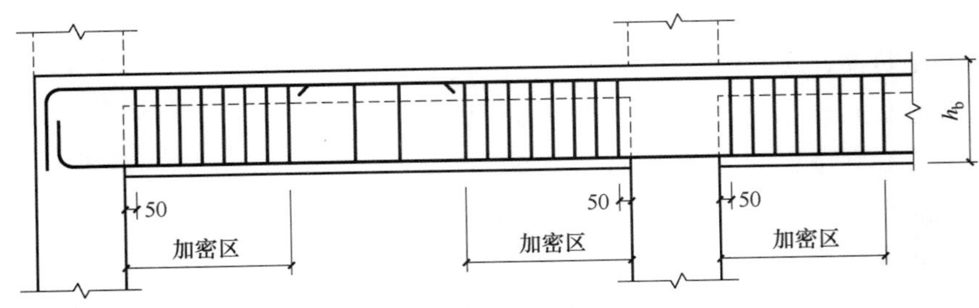

图 7-69　箍筋布设要求

【例 7-13】某抗震框架梁跨中截面尺寸 $b\times h$=250mm×500mm，梁内配筋箍筋Φ6@150，纵向钢筋的保护层厚度 c=25mm，求单根箍筋的下料长度。

解：单根箍筋设计长度=$(b-2c)\times2+(h-2c)\times2+2\times1.9d+2\times\max(10d，75\text{mm})$

$=(250-2\times25)\times2+(500-2\times25)\times2+2\times1.9\times6+2\times\max(10\times6\text{mm}，75\text{mm})$

$=1\ 040.8\text{mm}$

7) 弯起钢筋

底部纵筋在支座处向上弯起，主要是为了能够抵抗支座附近斜截面的剪力。但由于其施工较复杂，目前设计时很少采用，而大多采用箍筋加密的方式抵抗剪力。钢筋弯起角度，一般有 30°、45° 和 60° 三种。弯起增加长度(ΔL)是指钢筋弯起段斜长(S)与水平投影长度(L)之间的差值，应根据弯起的角度(α)和弯起钢筋轴线高差(Δh)计算求出，如图 7-70 所示。

弯起钢筋增加长度为　　$\Delta L=S-L$　　(7-27)

一般，当 α=30° 时，$\Delta l=0.27\Delta h$

当 α=45° 时，$\Delta l=0.41\Delta h$

当 α=60° 时，$\Delta l=0.58\Delta h$

其中，Δh=构件截面高度-保护层厚度×2-d，d 为钢筋的公称直径。

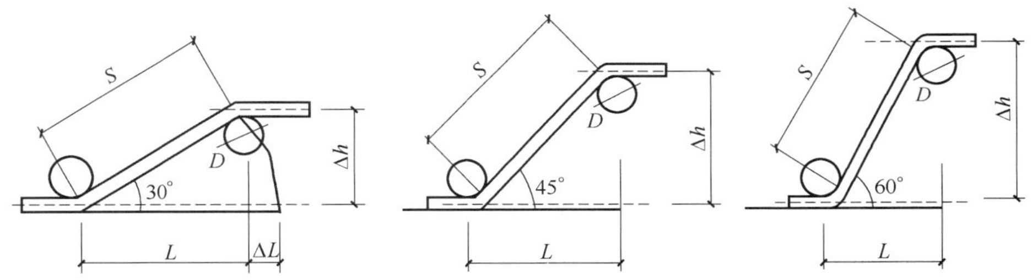

图 7-70　弯起钢筋示意图

在实际工作中，为了完成快速报价，箍筋的工程量计算经常采用经验公式。当箍筋直径在 10mm 以内时，单根箍筋下料长度按构件断面周长计算；当箍筋直径在 10mm 以上时，单根箍筋下料长度等于构件断面周长加 20mm。

7.3.3　钢筋混凝土框架结构柱平法施工图

钢筋混凝土框架结构柱平法施工图有两种注写方式，分别为列表注写方式和截面注写方式。

1. 列表注写方式

列表注写方式，是指在柱平面布置图上(一般只需采用适当比例绘制一张柱平面布置图，包括框架柱、框支柱、梁上柱和剪力墙上柱)，分别在同一编号的柱中选择一个(有时需要选择几个)截面标注几何参数代号；在柱表中注写柱号、柱段起止标高、几何尺寸(含柱截面对轴线的偏心情况)与配筋的具体数值，并配以各种柱截面形状及其类型图，来表达柱平法施工图。

1) 柱编号

柱编号由类型代号和序列号组成，如表 7-17 所示。

表 7-17　柱的类型

柱　类　型	代　号	序　号
框　架　柱	KZ	××
框　支　柱	KZZ	××
芯　　　柱	XZ	××
梁　上　柱	LZ	××
剪力墙上柱	QZ	××

(1) 框架柱(KZ)：在框架结构中主要承受竖向压力，将来自框架梁的荷载向下传输，是框架结构中最大承力构件。

(2) 框支柱(KZZ)：出现在框架结构向剪力墙结构转换层，柱的上层变为剪力墙时该柱定义为框支柱，如图 7-71 所示。

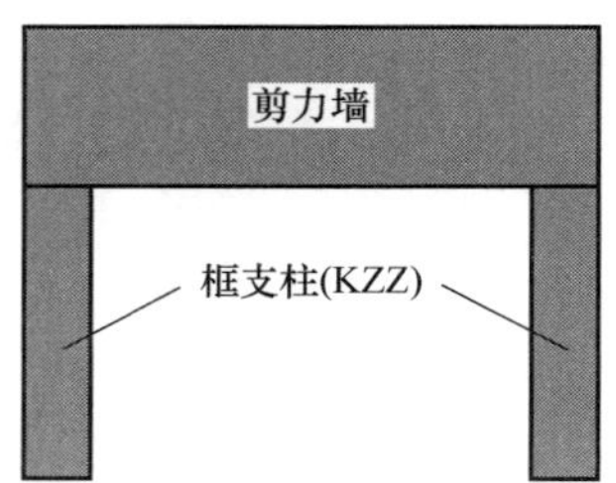

图 7-71　框支柱示意图

(3) 芯柱(XZ)：它不是一根独立的柱子，在建筑外表是看不到的，隐藏在柱内。当柱截面较大时，由设计人员计算柱的承力情况，当外侧一圈钢筋不能满足承力要求时，在柱中再设置一圈纵筋。由柱内内侧钢筋围成的柱称之为芯柱，如图 7-72 所示。

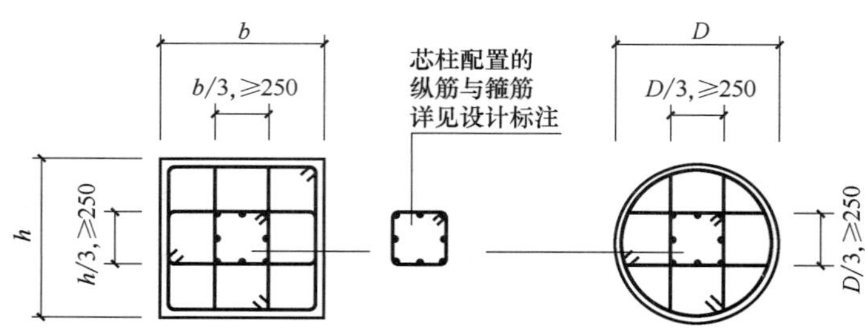

图 7-72　芯柱示意图及构造要求

(4) 梁上柱(LZ)：柱的生根不在基础而在梁上的柱称之为梁上柱。主要出现在建筑物上下结构或建筑布局发生变化时，如图 7-73 所示。

(5) 剪力墙上柱(QZ)：柱的生根不在基础而在剪力墙上的柱称之为墙上柱。同样，主要还是出现在建筑物上下结构或建筑布局发生变化时，如图 7-74 所示。

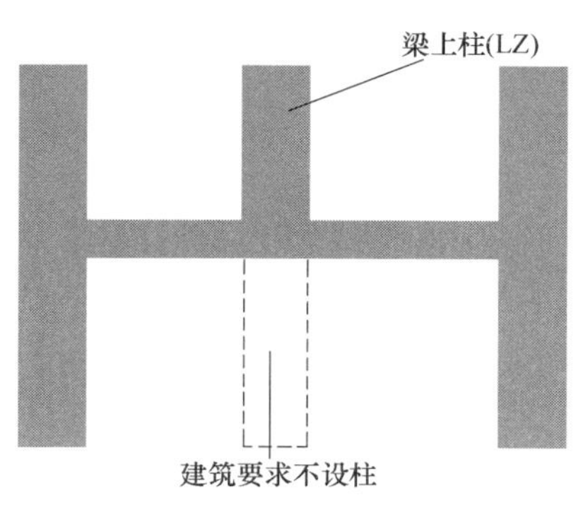

图 7-73　梁上柱示意图

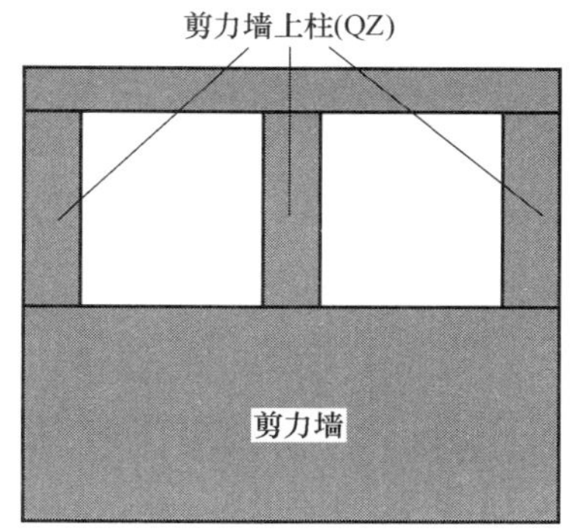

图 7-74　剪力墙上柱示意图

2) 柱各段的起止标高

自柱根部往上以变截面位置或截面未变但配筋改变处为界分段注写。框架柱和框支柱的根部标高系指基础顶面标高；芯柱的根部标高系指根据结构实际需要而定的起始位置标高；梁上柱的根部标高系指梁顶面标高；剪力墙上柱的根部标高为剪力墙顶面标高。

3) 柱几何尺寸

柱截面尺寸 b、h 及与轴线关系的几何参数 b_1、b_2 和 h、h_2 的具体数值关系为 $b=b_1+b_2$，$h=h_1+h_2$。当截面的某一边收缩变化至与轴线重合或偏到轴线的另一侧时，b_1、b_2、h_1、h_2 中的某项可能为零或为负值，如图 7-75 所示。

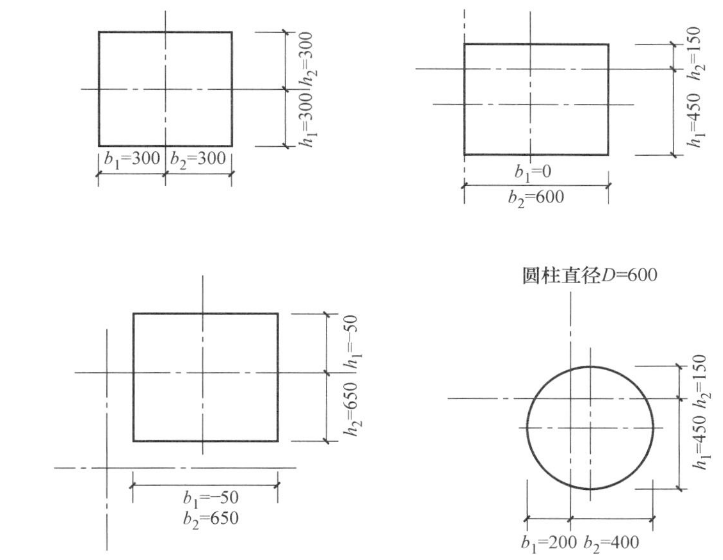

图 7-75　柱几何参数标注示意图

4) 柱纵筋

当柱纵筋直径相同，各边根数也相同时，纵筋在“全部纵筋”一栏中；除此之外，柱纵筋分角筋、截面 b 边一侧中部筋和 h 边一侧中部筋三项分别注写。对于采用对称配筋的矩形截面柱，可仅注一侧中部筋，对称边省略不注。

5) 箍筋

箍筋类型号及箍筋肢数在箍筋类型栏内注写。具体工程所设计的各种箍筋类型图以及箍筋复合的具体方式，画在表的上部或图中的适当位置，并在其上标注与表中相对的 b、h，并编上“类型号”。当为抗震设计时，确定箍筋肢数时要满足对柱纵筋“隔一拉一”以及箍筋肢距的要求，如图 7-76 所示。

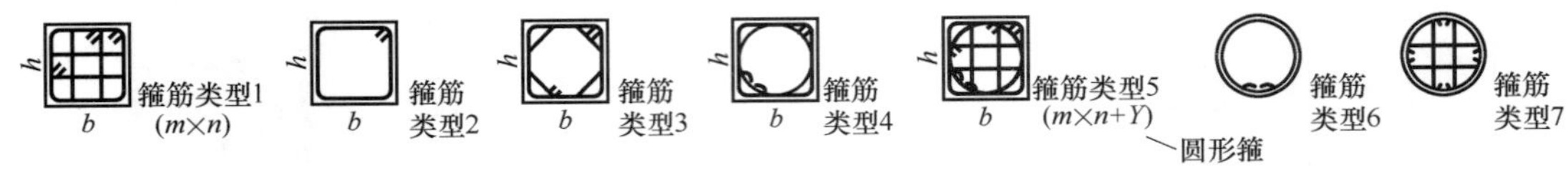

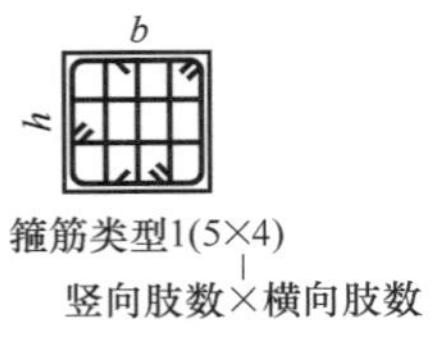

图 7-76　箍筋类型示意图

柱箍筋要注写钢筋级别、直径和间距。在抗震设计中，用斜线“/”区分柱端箍筋加密区与柱身非加密区长度范围内箍筋的不同间距。施工人员须根据标准构件详图的规定，在规定的几种长度值中取其最大者作为加密区长度。

例如，Φ10@100/250，表示箍筋为 HPB300 (Ⅰ级)钢筋，直径为 10mm，加密区间距为 100mm，非加密区间距为 250mm。

当箍筋沿柱全高间距不变时，则不使用“/”线。

例如，Φ10@100，表示箍筋为 HPB300 (Ⅰ级)钢筋，直径为 10mm，间距为 100mm，沿柱全高加密。

当圆柱采用螺旋箍筋时，需在箍筋前加“L”。例如，LΦ10@100/200，表示采用螺旋箍筋，HPB300(Ⅰ级)钢筋，直径为 10mm，加密区间距为 100mm，非加密区间距为 200mm。

柱箍筋加密区范围如图 7-77 所示。

2．截面注写方式

截面注写方式，系在柱平面布置图的柱截面上，分别在同一编号的柱中选择一个截面，以直接注写截面尺寸和配筋具体数值的方式来表达柱平法施工图。

对除芯柱之外的所有柱截面按本规则第上述规则进行编号，从相同编号的柱中选择一个截面，按另一种比例原位放大绘制柱截面配筋图，并在各配筋图上继其编号后再注写截面尺寸 $b \times h$、角筋或全部纵筋(当纵筋采用一种直径且能够图示清楚时)、箍筋的具体数值，以及在柱截面配筋图上标注柱截面与轴线关系 b_1、b_2、h_1、h_2 的具体数值。

当纵筋采用两种直径时，需再注写截面各边中部筋的具体数值(对于采用对称配筋的矩形截面柱，可仅在一侧注写中部筋，对称边省略不注)。

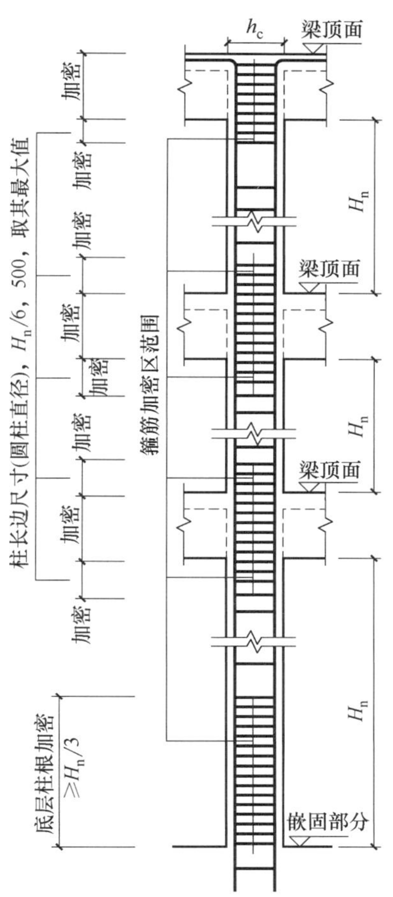

图 7-77　抗震 KZ、QZ、LZ 加密区范围

设置芯柱时，首先按照本规则规定进行编号，继其编号之后注写芯柱的起止标高、全部纵筋及箍筋的具体数值，芯柱截面尺寸按构造确定，并按标准构造详图施工，设计不注；当设计者采用与本构造详图不同的做法时，应另行注明。芯柱定位随框架柱，不需要注写其与轴线的几何关系。

框架柱截面注写如图 7-78 所示。

3．柱纵向筋基础插筋及柱纵向筋柱顶构造

柱纵向筋基础插筋构造如图 7-79 所示。

KZ 边柱、角柱纵向筋柱顶构造如图 7-80 所示。

KZ 中柱纵向筋柱顶构造如图 7-81 所示。

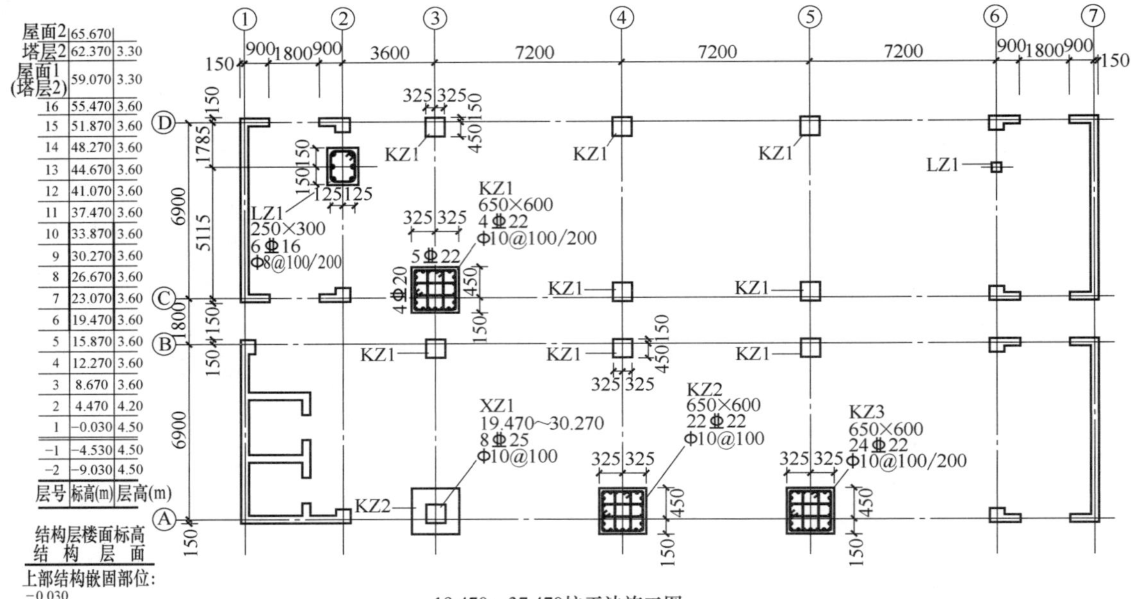

图 7-78　框架柱截面注写示例

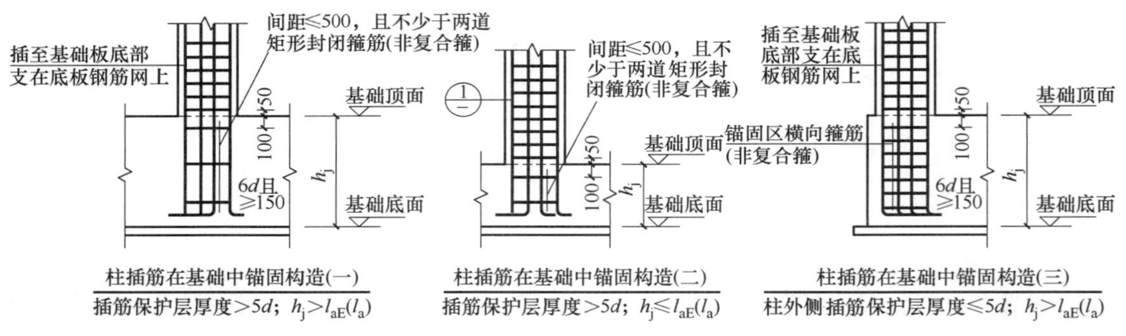

图 7-79　柱插筋在基础中的锚固

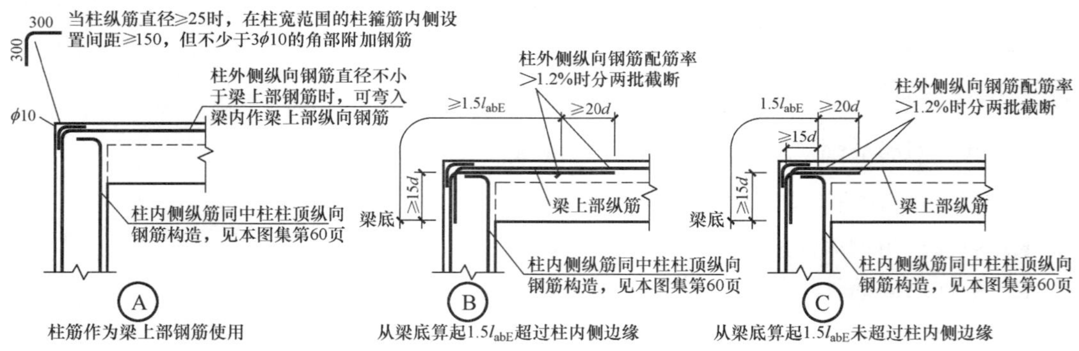

图 7-80　KZ 边柱、角柱纵向筋柱顶构造

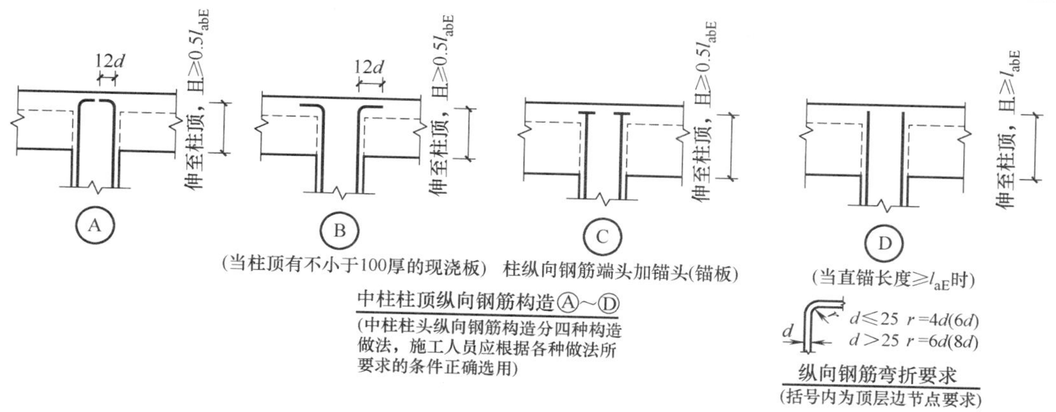

图 7-81　KZ 中柱纵向筋柱顶构造

7.3.4　其他

1) 马镫

如图 7-82(a)所示，设计有规定的按设计规定，设计无规定时，马镫的材料应按底板钢筋降低一个规格，长度按底板厚度加 200mm 计算，每平方米 1 个，计入钢筋总量。

2) 墙体拉结 S 钩

如图 7-82(b)所示，设计有规定的按设计规定，设计无规定按Φ8 钢筋，长度按墙厚加 150mm 计算，每平方米 3 个，计入钢筋总量。

图 7-82　马镫、S 钩

3) 预应力钢筋长度计算

先张法预应力钢筋，按构件外形尺寸计算长度；后张法预应力钢筋，按设计的预应力预留孔道长度，并区分不同锚具类型，按以下规定计算。

(1) 低合金钢筋两端采用螺杆锚具(见图 7-83)，钢筋按预留空洞长度减 0.35m 计算，螺杆另计算。

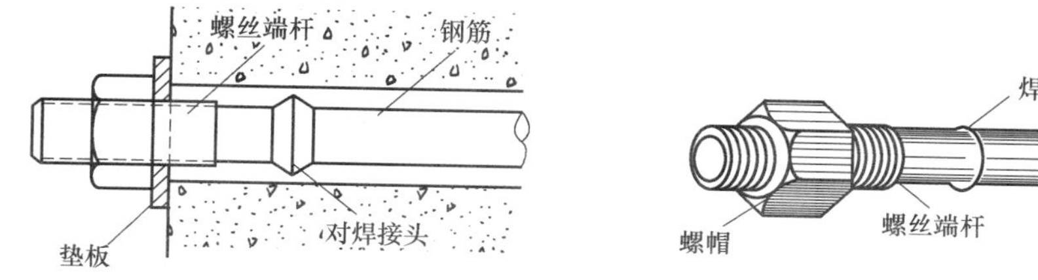

图 7-83　螺丝端杆锚具

(2) 低合金钢筋一端镦头插片，另一端螺杆锚具，钢筋按预留孔道长度计算，螺杆另计算。

(3) 低合金钢筋一端镦头插片，另一端帮条锚具，钢筋按预留孔道长度，增加 0.15m 计算；两端均采用帮条锚具时，钢筋按孔道长度增加 0.3m 计算。

(4) 低合金钢筋用后张法自锚时，钢筋按预留孔道长度增加 0.5m 计算。

(5) 低合金钢筋或钢绞线采用 JM、XM、QM 型锚具，孔道长在 20m 以内时，钢筋按孔道长度增加 1.0m 计算；孔道长在 20m 以上时，钢筋按孔道长度增加 1.8m 计算。

(6) 碳素钢丝用锥型锚具，孔道长在 20m 以内时，预应力钢丝按孔道长度增加 1.0m 计算；孔道长在 20m 以上时，预应力钢丝按孔道长度增加 1.8m 计算。

(7) 碳素钢丝两端采用镦粗头时，预应力钢丝按孔道长度增加 0.35m 计算。

7.4 装饰工程量计算

根据《建筑装饰装修管理规定》，建筑装饰装修是指为使建筑物、构筑物内、外空间达到一定的环境质量要求，使用装饰装修材料，对建筑物、构筑物外表和内部进行修饰处理的工程建筑活动。按照装饰部位，可分为室外装饰和室内装饰两大部分，其中室内装饰主要包括地面、墙(柱)面、天棚(吊顶)等。

室外装饰的目的是增加建筑物的美观程度，从而美化城市，使大自然和建筑造型艺术和谐融为一体，为人们提供美的环境；室内装饰也已从满足使用要求向追求艺术美观、满足精神生活需要方向发展。其物质手段也从刷白、普通装饰抹灰、一般块料面层发展到使用不锈钢、铜铝、钛合金、高档壁纸、装饰布、榉、枫、柚、橡等各种名贵木材，高级石材、玻璃陶瓷等的高级装饰。高级装饰工程造价一般占总造价的 30%～40%。若为一些有特殊要求的高级装饰，其造价就更高。

7.4.1 楼地面装饰工程

《建设工程工程量清单计价规范》将楼地面装饰工程分为整体面层及找平层、块料面层、橡塑面层、其他材料面层、踢脚线、楼梯面层、台阶装饰和零星装饰项目。

1. 整体面层及找平层

整体面层分为水泥砂浆楼地面，现浇水磨石楼地面，细石混凝土楼地面，菱苦土楼地面，自流坪楼地面(自流坪是一种地面施工技术，它是用水泥、石英砂、胶粉等多种材料组成的混合材料，使用时将该产品与水按一定比例混合搅拌形成液态物质，倒入地面后，可根据地面的高低不平顺势流动，对地面进行自动找平，固化后的地面会形成光滑、平整、无缝的新基层)。

不同做法的楼地面工程量均按设计图示尺寸以面积计算，扣除凸出地面构筑物、设备基础、室内铁道、地沟等所占面积，不扣除间壁墙(小于或等于 120mm)及小于或等于 0.3m^2

的柱、垛、附墙烟囱及孔洞所占面积。门洞、空圈、暖气包槽、壁龛的开口部分不增加面积。

平面砂浆找平层，按设计图示尺寸以面积计算。该项只适用于仅做找平层的平面抹灰。

【例 7-14】 试计算图 7-84 所示住宅室内菱苦土地面整体面层工程量。(墙体厚度均为 240mm)

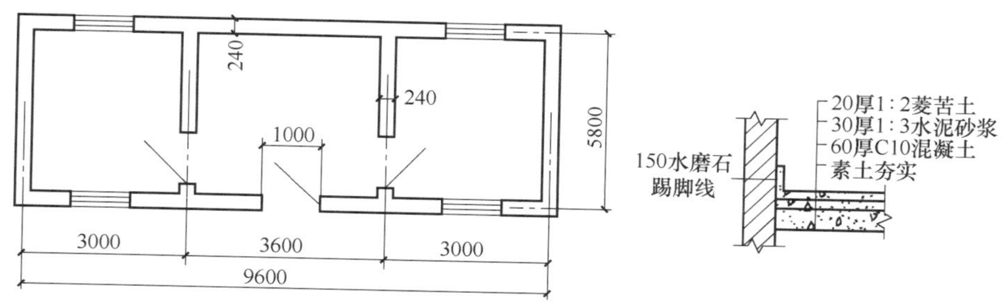

图 7-84　住宅室内菱苦土地面

解：菱苦土地面整体面层工程量=2×(3.00−0.24)×(5.80−0.24)

+(3.60−0.24)×(5.80−0.24)=49.37(m^2)

2. 块料面层

块料面层分为石材楼地面、碎石材楼地面、块料楼地面，其工程量均按设计图示尺寸以面积计算。门洞、空圈、暖气包槽、壁龛的开口部分并入相应的工程量内。

【例 7-15】 某实验楼化学实验室部分平面图如图 7-85 所示，其地面做法均为人造大理石地面，请计算化学实验室所有房间的楼面面层工程量，已知：所有的门洞宽度均为 1000mm，计算时将 1/2 的 C 轴门洞面积计入块料面层工程量内；A 轴、15 轴墙体厚度 370mm，其余墙体厚度均为 240mm。

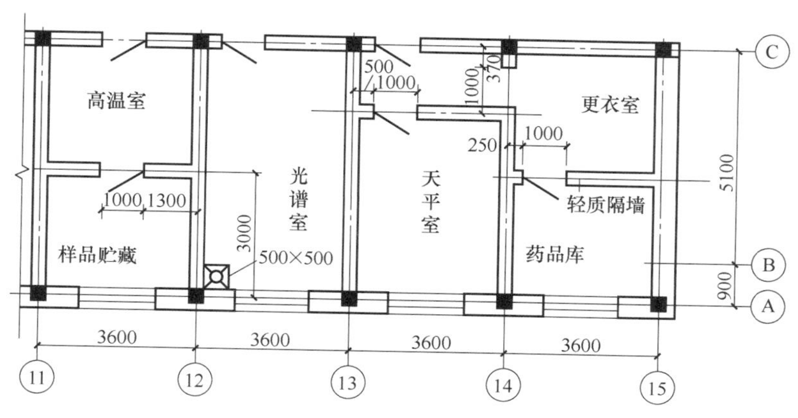

图 7-85　化学实验室平面图

解：室内墙体间地面净面积 S_1=4×(3.60−0.24)×(6.00−0.24)=77.41(m^2)

墙体投影面积 $S_2=3\times0.24\times[(6.00-0.24)+(3.60-0.24)]=6.57(\text{m}^2)$

洞口面积 $S_3=5.5\times1.00\times0.24=1.32(\text{m}^2)$

污水池面积 $S_4=0.5\times0.5=0.25(\text{m}^2)$

所以，化学实验室人造大理石块料面层工程量 $S=S_1+S_3-S_2-S_4=71.91(\text{m}^2)$

3．橡塑面层

橡塑面层分为橡胶板楼地面，橡胶板卷材楼地面，塑料板楼地面，塑料板卷材楼地面，其工程量均按设计图示尺寸以面积计算。门洞、空圈、暖气包槽、壁龛的开口部分并入相应的工程量内。

4．其他材料面层

其他材料面层分为地毯楼地面，竹、木(复合)地板，金属复合地板，防静电活动地板，其工程量均按设计图示尺寸以面积计算。门洞、空圈、暖气包槽、壁龛的开口部分并入相应的工程量内。

5．踢脚线

踢脚线分为水泥砂浆踢脚线，石材踢脚线，块料踢脚线，塑料板踢脚线，木质踢脚线，金属踢脚线，防静电踢脚线。其工程量均按设计图示长度乘高度以面积计算，或按其长度以延长米计算。

6．楼梯面层

楼梯面层所用材料及做法不同，分为石材楼梯面层，块料楼梯面层，拼碎块料面层，水泥砂浆楼梯面层，现浇水磨石楼梯面层，地毯楼梯面层，木板楼梯面层，橡胶板楼梯面层，塑料板楼梯面层，工程量均按设计图示尺寸楼梯(包括踏步、休息平台及小于或等于500mm 的楼梯井)水平投影面积计算。楼梯与楼地面相连时，算至梯口梁内侧边沿；无梯口梁者，算至最上一层踏步边沿加 300mm。

7．台阶装饰

台阶根据面层所用材料及做法不同，分为石材台阶面，块料台阶面，拼碎块料台阶面，水泥砂浆台阶面，现浇水磨石台阶面，剁假石台阶面，工程量均按设计图示尺寸以台阶(包括最上层踏步边沿加 300mm)水平投影面积计算。

8．零星装饰项目

零星装饰项目分为石材零星项目，拼碎石材零星项目，块料零星项目，水泥砂浆零星项目，工程量均按设计图示尺寸以面积计算。

7.4.2 墙、柱面装饰与隔断、幕墙工程

《计算规范》中墙、柱面装饰与隔断、幕墙工程包括墙面抹灰、柱(梁)面抹灰、零星抹

灰、墙面块料面层、柱(梁)面镶贴块料、镶贴零星块料、墙饰面、柱(梁)饰面、幕墙工程、隔断项目。

1. 墙面抹灰

墙面抹灰在《建设工程工程量清单计价规范》中分为墙面一般抹灰，墙面装饰抹灰，墙面勾缝和立面砂浆找平层，均按设计图示尺寸以面积计算。扣除墙裙、门窗洞口及单个大于 0.3m^2 的孔洞面积，不扣除踢脚线、挂镜线(见图 7-86)和墙与构件交接处的面积，门窗洞口和孔洞的侧壁及顶面不增加面积。附墙柱、梁、垛、烟囱侧壁并入相应的墙面面积内。

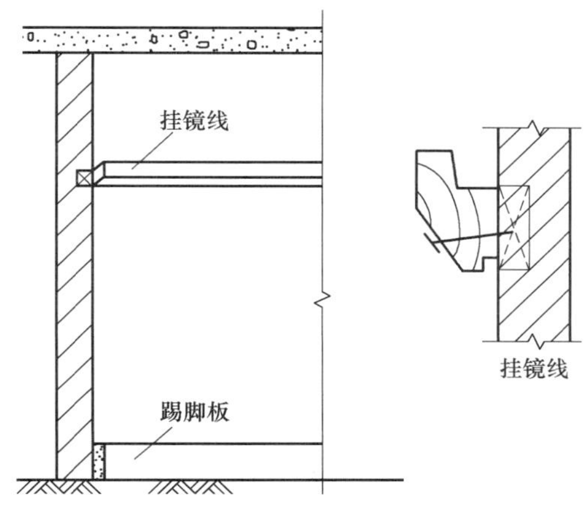

图 7-86　挂镜线示意图

(1) 外墙抹灰面积按外墙垂直投影面积计算。

(2) 外墙裙抹灰面积按其长度乘以高度计算。

(3) 内墙抹灰面积按主墙间的净长乘以高度计算。其高度按以下规则计算：无墙裙的，按室内楼地面至天棚底面计算；有墙裙的，按墙裙顶至天棚底面计算。

(4) 内墙裙抹灰面按内墙净长乘以高度计算。

立面砂浆找平项目适用于仅做找平层的立面抹灰。墙面抹灰砂浆、水泥砂浆、混合砂浆、聚合物水泥砂浆、麻刀石灰浆、石膏灰浆等按墙面一般抹灰列项；墙面水刷石、斩假石、干粘石、假面砖等按墙面装饰抹灰列项。

【例 7-16】某建筑物平面图如图 7-87 所示，内墙抹灰施工方法：基层 1∶1∶6 混合砂浆抹灰 15mm，面层 1∶1∶4 混合砂浆抹灰 5mm。又知房间抹灰高度 3.6m，求内墙抹灰工程量。

解：抹灰墙面长度=4×(4.00−0.24)+2×(9.00−2×0.12−2×0.24)
+4×0.25=32.6(m)

应扣除的门窗洞口面积=1.0×2.0+2×0.9×2.0−4×1.5×1.8=16.4(m^2)

所以，墙面抹灰面积=32.6×3.6−16.4=100.96(m^2)

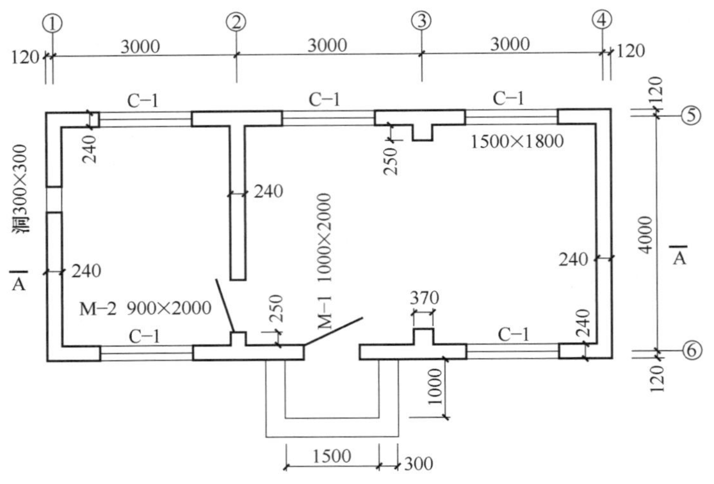

图 7-87　建筑物平面图

2. 柱(梁)面抹灰

包括柱(梁)面一般抹灰、柱(梁)面装饰抹灰、柱(梁)面砂浆找平层、柱面勾缝。工程量均按设计图示柱(梁)断面周长乘以高度(长度)以面积计算。

砂浆找平项目适用于仅做找平层的柱(梁)面抹灰。

柱(梁)面抹石灰砂浆、水泥砂浆、混合砂浆、聚合物水泥砂浆、麻刀石灰浆、石膏灰浆等按柱(梁)面一般抹灰编码列项；柱(梁)面水刷石、斩假石、干粘石、假面砖等柱(梁)面装饰抹灰项目编码列项。

3. 零星抹灰

墙、柱(梁)面小于或等于 0.5m^2 的少量分散的抹灰按零星抹灰项目编码列项，包括零星项目一般抹灰、零星项目装饰抹灰、零星砂浆找平层，工程量均按设计图示尺寸以面积计算。

4. 墙面块料面层

(1) 石材墙面、碎拼石材、块料墙面。按镶贴表面积计算。

项目特征中“安装的方式”可描述为砂浆或黏结剂粘贴、挂贴、干挂等，不论哪种安装方式，都要详细描述与组价相关的内容。

(2) 干挂石材钢骨架按设计图示尺寸以质量计算。

5. 柱(梁)面镶贴块料

包括石材柱面、块料柱面、拼碎块柱面、石材梁面、块料梁面。均按镶贴表面积计算。柱(梁)面干挂石材的钢骨架按墙面块料面层中干挂石材钢骨架编码列项。

6. 镶贴零星块料

墙柱面小于或等于 0.5m^2 的少量分散的镶贴块料面层按零星项目执行。包括石材零星项目、块料零星项目、拼碎块零星项目。均按镶贴表面积计算。

7．墙饰面

(1) 墙面装饰板，按设计图示墙净长乘净高以面积计算。扣除门额洞口及大于 0.3m^2 的孔洞所占面积。

(2) 墙面装饰浮雕，按图示尺寸以面积计算。

8．柱(梁)饰面

(1) 柱(梁)面装饰，工程量按设计图示饰面外围尺寸以面积计算。柱帽、柱墩并入相应柱饰面工程量。

(2) 成品装饰柱，工程量按设计数量，以根计量；或按设计长度，以米计量。

9．幕墙工程

(1) 带骨架幕墙。按设计图示框外围尺寸以面积计算。与幕墙同种材质的窗所占面积不扣除。

(2) 全玻(无框玻璃)幕墙。按设计图示尺寸以面积计算。带肋全玻幕墙按展开面积计算。幕墙钢骨架按墙面块料面层中干挂石材钢骨架编码列项。

10．隔断

(1) 木隔断、金属隔断。按设计图示框外围尺寸以面积计算。不扣除单个小于或等于 0.3m^2 的孔洞所占面积；浴厕门的材质与隔断相同时，门的面积并入隔断面积内。

(2) 玻璃隔断、塑料隔断、其他隔断。按设计图示框外围尺寸以面积计算。不扣除单个小于或等于 0.3m^2 的孔洞所占面积。

(3) 成品隔断。按设计图示框外围尺寸以面积计算；或按设计间的数量计算，以间计量。

7.4.3　天棚工程

《建设工程工程量清单计价规范》中天棚工程包括天棚抹灰、天棚吊顶、采光天棚及天棚其他装饰天棚项目。

1．天棚抹灰

天棚抹灰，按设计图示尺寸以水平投影面积计算。不扣除间壁墙、垛、柱、附墙烟囱、检查口和管道所占的面积，带梁天棚的梁两侧抹灰面积并入天棚面积内，板式楼梯底面抹灰按斜面积计算，锯齿形楼梯底板抹灰按展开面积计算。

2．天棚吊顶

(1) 吊顶天棚(见图 7-88)。按设计图示尺寸以水平投影面积计算。天棚面中的灯槽及跌级、锯齿形、吊挂式、藻井式天棚面积不展开计算。不扣除间壁墙、检查口、附墙烟囱、柱垛和管道所占面积，扣除单个大于 0.3m^2 的孔洞、独立柱及与天棚相连的窗帘盒所占的

面积。

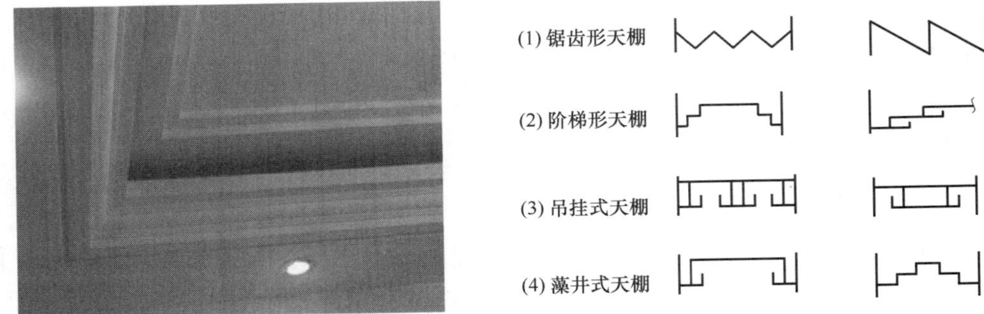

图 7-88　艺术天棚(跌级)造型种类示意图

(2) 格栅吊顶、吊筒吊顶(见图 7-89)、藤条造型悬挂吊顶、织物软雕吊顶、装饰网架吊顶。按设计图示尺寸以水平投影面积计算。

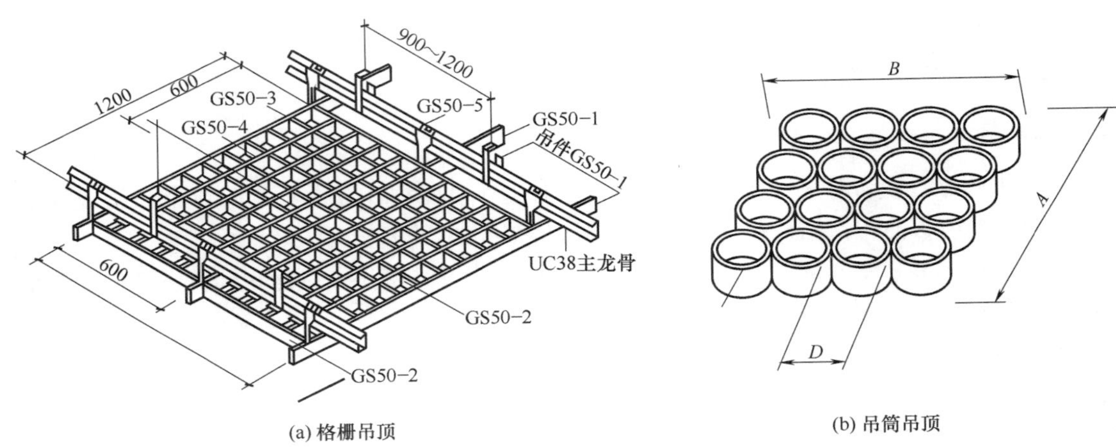

(a) 格栅吊顶　　(b) 吊筒吊顶

图 7-89　格栅(吊筒)吊顶示意图

3．采光天棚

采光天棚骨架不包括在本节中，应单独按金属结构工程相关项目编码列项。其工程量计算按框外围展开面积计算。

4．天棚其他装饰。

(1) 灯带(槽)，按设计图示尺寸以框外围面积计算。

(2) 送风口、回风口，按设计图示数量计算，以个计量。

7.4.4　油漆、涂料、裱糊工程

《建设工程工程量清单计价规范》中油漆、涂料、裱糊工程包括门油漆，窗油漆，木扶

手及其他板条，线条油漆，木材面油漆，金属面油漆，抹灰面油漆，喷刷涂料，裱糊项目。

1．门油漆

包括木门油漆、金属门油漆，其工程量计算按设计图示数量，以樘计量；或按设计图示洞口尺寸以面积计算。

木门油漆应区分木大门、单层木门、双层(一玻一纱)木门、双层(单裁口)木门、全玻自由门、半玻自由门、装饰门及有框门或无框门等项目，分别编码列项。金属门油漆应区分平开门、推拉门、钢制防火门等项目，分别编码列项。

2．窗油漆

包括木窗油漆、金属窗油漆，其工程量计算按设计图示数量，以樘计量；或按设计图示洞口尺寸以面积计算。

木窗油漆应区分单层木窗、双层(一玻一纱)木窗、双层框扇(单裁口)木窗、双层框三层(二玻一纱)木窗、单层组合窗、双层组合窗、木百叶窗、木推拉窗等，分别编码列项。金属窗油漆应区分平开窗、推拉窗、固定窗、组合窗、金属隔栅窗等项目，分别编码列项。

3．木扶手及其他板条、线条油漆

包括木扶手油漆，窗帘盒油漆，封檐板、顺水板油漆，挂衣板、黑板框油漆，挂镜线、窗帘棍、单独木线油漆。按设计图示尺寸以长度计算。

木扶手应区分带托板与不带托板，分别编码列项。若木栏杆带扶手，木扶手不应单独列项，应包含在木栏杆油漆中。

4．木材面油漆

(1) 包括木护墙、木墙裙油漆，窗台板、筒子板、盖板、门窗套、踢脚线油漆，清水板条天棚、檐口油漆，木方格吊顶天棚油漆，吸声板墙面、天棚面油漆，暖气罩油漆及其他木材面油漆。其工程量均按设计图示尺寸以面积计算。

(2) 包括木间壁、木隔断油漆，玻璃间壁露明墙筋油漆，木栅栏、木栏杆(带扶手)油漆。按设计图示尺寸以单面外围面积计算。

(3) 包括衣柜、壁柜油漆，梁柱饰面油漆，零星木装修油漆。按设计图示尺寸以油漆部分展开面积计算。

(4) 包括木地板油漆、木地板烫硬蜡面。按设计图示尺寸以面积计算。空洞、空圈、暖气包槽、壁龛的开口部分并入相应的工程量内。

5．金属面油漆

金属面油漆，其工程量可按设计图示尺寸以质量计算，以吨计量；或按设计展开面积计算。

6．抹灰面油漆

(1) 抹灰面油漆。按设计图示尺寸以面积计算。

(2) 抹灰线条油漆。按设计图示尺寸以长度计算。

(3) 满刮腻子。按设计图示尺寸以面积计算。

7. 喷刷涂料

(1) 包括墙面喷刷涂料、天棚喷刷涂料。按设计图示尺寸以面积计算。

(2) 空花格、栏杆刷涂料。按设计图示尺寸以单面外围面积计算。

(3) 线条刷涂料。按设计图示尺寸以长度计算。

(4) 金属构件刷防火涂料。可按设计图示尺寸以质量计算，以吨计量；或按设计展开面积计算。

(5) 木材构件喷刷防火涂料。工程量按设计图示以面积计算。

8. 裱糊

包括墙纸裱糊、织锦缎裱糊。工程量均按设计图示尺寸以面积计算。

7.4.5 其他装饰工程

《建设工程工程量清单计价规范》中其他装饰工程包括柜类、货架，压条、装饰线，扶手、栏杆、栏板装饰，暖气罩，浴厕配件，雨篷、旗杆，招牌、灯箱，美术字项目。

1. 柜类、货架

包括柜台、酒柜、衣柜、存包柜、鞋柜、书柜、厨房壁柜、木壁柜、厨房低柜、厨房吊柜、矮柜、吧台背柜、酒吧吊柜、酒吧台、展台、收银台、试衣间、货架、书架、服务台。工程量计算有 3 种方式可供选择：按设计图示数量计算，以个计量；或按设计图示尺寸以延长米计算；或按设计图示尺寸以体积计算。

2. 装饰线

包括金属装饰线、木质装饰线、石材装饰线、石膏装饰线、镜面玻璃线、铝塑装饰线、塑料装饰线、GRC(Glassfibre Reinforced Concrete，玻璃纤维增强混凝土)装饰线。均按设计图示尺寸以长度计算。

3. 扶手、栏杆、栏板装饰

包括金属扶手、栏杆、栏板，硬木扶手、栏杆、栏板，塑料扶手、栏杆、栏板，GRC 栏杆、扶手，金属靠墙扶手，硬木靠墙扶手，塑料靠墙扶手，玻璃栏板。均按设计图示尺寸以扶手中心线以长度(包括弯头长度)计算。

4. 暖气罩

包括饰面板暖气罩、塑料板暖气罩、金属暖气罩。均按设计图示尺寸以垂直投影面积(不展开)计算。

5．浴厕配件

(1) 洗漱台。按设计图示尺寸以台面外接矩形面积计算。不扣除孔洞、挖弯、削角所占面积，挡板、吊沿板面积并入台面面积内；或按设计图示数量计算，以个计量。

(2) 包括晒衣架、帘子杆、浴缸拉手、卫生间扶手、毛巾杆(架)、毛巾环、卫生纸盒、肥皂盒。按设计图示数量计算，分别以个、套、副计量。

(3) 镜面玻璃。按设计图示尺寸以边框外围面积计算。

(4) 镜箱。按设计图示数量计算，以个计量。

6．雨篷、旗杆

(1) 雨篷吊挂饰面，玻璃雨篷。按设计图示尺寸以水平投影面积计算。

(2) 金属旗杆。按设计图示数量计算，以根计量。

7．招牌、灯箱

(1) 平面、箱式招牌。按设计图示尺寸以正立面边框外围面积计算。复杂形的凸凹造型部分不增加面积。

(2) 包括竖式标箱、灯箱、信报箱。按设计图示数量计算，以个计量。

8．美术字

包括泡沫塑料字、有机玻璃字、木质字、金属字、吸塑字。按设计图示数量计算，以个计量。

复习思考题

1. 什么是工程量？工程量有什么作用？

2. 什么叫统筹法计算工程量？什么是“三线一面”？

3. 某框架结构 KL1 设计如图 7-90 所示，作为 KL1 支座的 KZ1 截面宽度尺寸为 $H_b \times H_c$，其中，H_b 均为 600mm，H_c 尺寸如图所示。已知该框架结构为一级抗震等级，KL1、KZ1 混凝土强度等级均为 C25，钢筋抗震锚固长度均为 35d，梁保护层厚度 25mm，支座保护层厚度 30mm，分别为计算 KL2 中所有钢筋的下料长度。

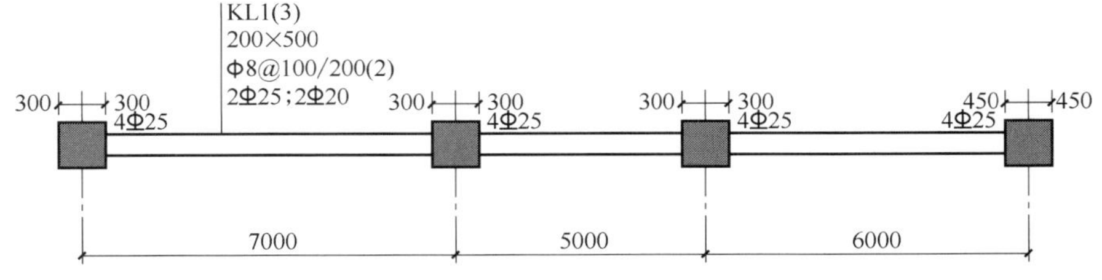

图 7-90　框架梁 KL1 配筋图

第 8 章 建设工程招投标与工程量清单计价

8.1 建设工程招投标

8.1.1 建设工程招投标的概念

建设工程招标投标，是指在市场经济条件下，国内外的工程承包市场上为买卖“特殊商品”而进行的由一系列特定环节组成的交易活动。建设单位对拟建工程发布公告，通过法定的程序和方式吸引潜在投标者并从中择优选择中标人的法律行为。这种交易活动由招标、投标、开标、评标和决标、授标和中标、签约等特定环节组成。

招标和投标是完成一项工程的两个方面，包含招标发包和投标承包两个内容。所谓招标是指建设单位按照规定的招标程序，采用一定的招标方式，择优选定承担可行性研究、勘察设计、施工以及材料设备供应的单位。投标是指具有合法资格和能力，并愿意承揽工程的承包商按照招标者的意图和要求，按规定的投标程序和投标方式，提出报价，供招标单位择优选择。招标投标对于打破垄断，促进竞争，提高企业自身素质，推动市场经济的发展，均有重要作用。

我国法学界一般认为，在合同订立过程中，建设工程招标文件属邀约邀请，而建设工程投标文件是要约，招标人发出的中标通知书则是承诺。我国《合同法》也明确规定，招标公告(投标邀请书)是要约邀请。也就是说，招标实际上是邀请投标人对招标人提出要约(即报价)。投标则是一种要约，它符合要约的所有条件，如具有缔结合同的主观目的等，一旦中标，投标人将受投标书的约束，投标书的内容具有足以使合同成立的主要条件等。招标人向中标的投标人发出的中标通知书，则是招标人同意接受中标的投标人的投标条件，即同意接受该投标人的要约的意思表示，属于承诺。

上述“特殊商品”指的是建设工程，既包括项目的施工委托也包括勘察、设计、监理以及与工程建设有关的重要设备、材料等的采购，本书主要讲述建设工程施工招投标。

8.1.2 建设工程招投标分类

1. 按工程建设程序分类

按工程建设程序可以将建设工程招标投标分为建设项目前期咨询招标投标、工程勘察设计招标投标、材料设备采购招标投标、施工招标投标等。

(1) 建设项目前期咨询招标。是指对建设项目的可行性研究任务进行的招标投标。投标方一般为工程咨询企业。中标的承包方要根据招标文件的要求，向发包方提供拟建工程的可行性研究报告，并对其结论的准确性负责。承包方提供的可行性研究报告，应获得发包方的认可。

项目投资者有的缺乏建设管理经验，通过招标选择项目咨询者及建设管理者，即工程投资方在缺乏工程实施管理经验时，通过招标方式选择具有专业的管理经验工程咨询单位，为其制订科学、合理的投资开发建设方案，并组织控制方案的实施。

(2) 勘察设计招标。是指根据批准的可行性研究报告，择优选择勘察设计单位的招标。勘察和设计是两种不同性质的工作，可由勘察单位和设计单位分别完成。勘察单位最终提出施工现场的地形、地貌、地质、水文等在内的勘察报告。设计单位最终提供设计图纸和成本预算结果。设计招标还可以进一步分为建筑方案设计招标、施工图设计招标。当施工图设计由专业承包商负责完成时，一般不进行单独招标。

(3) 材料设备采购招标。是指在工程项目初步设计完成后，对建设项目所需的建筑材料和设备(如电梯、供配电系统、空调系统等)采购任务进行的招标。投标方通常为材料供应商、成套设备供应商。

(4) 工程施工招标。在工程项目的初步设计或施工图设计完成后，用招标的方式选择建筑承包商的招标。建筑承包商最终向业主交付按招标设计文件规定的建筑产品。

2. 按工程项目承包的范围分类

按工程项目承包的范围可将工程招标划分为项目总承包招标、项目阶段性招标、设计施工招标、工程分承包招标及专项工程承包招标。

(1) 项目全过程总承包招标，即选择项目全过程总承包人招标。这种又可分为两种类型，其一是指工程项目实施阶段全过程的招标；其二是指工程项目建设全过程的招标。前者是在设计任务书完成后，从项目勘察、设计到施工交付使用进行一次性招标；后者则是从项目的可行性研究到交付使用进行一次性招标，业主只需提供项目投资和使用要求及竣工、交付使用期限，其可行性研究、勘察设计、材料和设备采购、土建施工设备安装及调试、生产准备和试运行、交付使用，均由一个总承包商负责承包，即所谓“交钥匙工程”。承揽“交钥匙工程”的承包商被称为总承包商，绝大多数情况下，总承包商要将工程部分阶段的实施任务分包出去。

无论是项目实施的全过程还是某一阶段或程序，按照工程建设项目的构成，可以将建设工程招标投标分为全部工程招标投标、单项工程招标投标、单位工程招标投标、分部工

程招标投标、分项工程招标投标。全部工程招标投标是指对一个建设项目(如一所学校)的全部工程进行的招标。单项工程招标是指对一个工程建设项目中所包含的单项工程(如一所学校的教学楼、图书馆、食堂等)进行的招标。单位工程招标是指对一个单项工程所包含的若干单位工程(如实验楼的土建工程)进行的招标。分部工程招标是指对一项单位工程包含的分部工程(如土石方工程、深基坑工程、楼地面工程、装饰工程)进行招标。

应当强调的是，为了防止将工程肢解后进行发包，我国一般不允许对分部工程招标，允许特殊专业工程招标，如深基础施工、大型土石方工程施工等。但是，国内工程招标中的所谓项目总承包招标往往是指对一个项目施工过程全部单项工程或单位工程进行的总招标，与国际惯例所指的总承包尚有相当大的差距，为与国际接轨，提高我国建筑企业在国际建筑市场的竞争能力，深化施工管理体制的改革，造就一批具有真正总包能力的智力密集型的龙头企业，是我国建筑业发展的重要战略目标。

(2) 工程分承包招标。是指中标的工程总承包人作为其中标范围内的工程任务的招标人，将其中标范围内的工程任务，通过招标投标的方式，分包给具有相应资质的分承包人，中标的分承包人只对招标的总承包人负责，但根据我国法律规定，工程的基础部分、结构主体部分等不得分包。

(3) 专项工程承包招标。是指在工程承包招标中，对其中某项比较复杂或专业性强、施工和制作要求特殊的单项工程进行单独招标。

3. 按行业或专业类别分类

按与工程建设相关的业务性质及专业类别划分，可将工程招标分为土木工程招标、勘察设计招标、材料设备采购招标、安装工程招标、建筑装饰装修招标、生产工艺技术转让招标、咨询服务(工程咨询)及建设监理招标等。

(1) 土木工程招标。是指对建设工程中土木工程施工任务进行的招标。

(2) 勘察设计招标投标。是指对建设项目的勘察设计任务进行的招标投标。

(3) 货物采购招标投标。是指对建设项目所需的建筑材料和设备采购任务进行的招标。

(4) 安装工程招标投标。是指对建设项目的设备安装任务进行的招标。

(5) 建筑装饰装修招标投标。是指对建设项目的建筑装饰装修的施工任务进行的招标。

(6) 生产工艺技术转让招标投标。是指对建设工程生产工艺技术转让进行的招标。

(7) 工程咨询和建设监理招标投标。是指对工程咨询和建设监理任务进行的招标。

4. 按工程承发包模式分类

随着建筑市场运作模式与国际接轨进程的深入，我国承发包模式也逐渐呈多样化，主要包括工程咨询承包、交钥匙工程承包模式、设计施工承包模式、设计管理承包模式、EPC承包模式、BOT 工程模式、CM 模式等。

设计施工招标是指将设计及施工作为一个整体标的以招标的方式进行发包，投标人必须为同时具有设计能力和施工能力的承包商。我国由于长期采取设计与施工分开的管理体制，目前具备设计、施工双重能力的施工企业为数不多。

EPC(Engineering Procurement Construction)是指公司受业主委托，按照合同约定对工程建设项目的设计、采购、施工、试运行等实行全过程或若干阶段的承包。通常公司在总价合同条件下，对所承包工程的质量、安全、费用和进度负责。

在 EPC 总承包模式下，其合同结构形式通常表现为以下几种形式。

(1) 交钥匙总承包。

(2) 设计—采购总承包(E-P)。

(3) 采购—施工总承包(P-C)。

(4) 设计—施工总承包(D-B)。

(5) 建设—转让(B-T)等。

其中，最为常见的是第(1)、(4)、(5)这 3 种形式，下面分别具体介绍。

第一，交钥匙总承包是指设计、采购、施工总承包，总承包商最终是向业主提交一个满足使用功能、具备使用条件的工程项目。该种模式是典型的 EPC 总承包模式。

第二，设计—施工总承包是指工程总承包企业按照合同约定，承担工程项目设计和施工，并对承包工程的质量、安全、工期、造价全面负责。在该种模式下，建设工程涉及的建筑材料、建筑设备等采购工作，由发包人(业主)来完成。

第三，建设—转让总承包是指有投融资能力的工程总承包商受业主委托，按照合同约定对工程项目的勘察、设计、采购、施工、试运行实现全过程总承包；同时工程总承包商自行承担工程的全部投资，在工程竣工验收合格并交付使用后，业主向工程总承包商支付总承包价。

BOT(Build-Operate-Transfer) 即建造—运营—移交模式。这是指东道国政府开放本国基础设施建设和运营市场，吸收国外资金，授给项目公司以特许权，由该公司负责融资和组织建设，建成后负责运营及偿还贷款。在特许期满时将工程移交给东道国政府。BOT 工程招标即是对这些工程环节的招标。

8.1.3 建设工程施工招标

1. 招标的分类

根据《中华人民共和国招标投标法》(以下简称《招投标法》)的规定，招标分为公开招标和邀请招标。

(1) 公开招标，是指招标人通过报刊、广播或电视等公共传播媒介介绍、发布招标公告或信息而进行招标，是一种无限制的竞争方式。公开招标的优点是招标人有较大的选择范围，可在众多的投标人中选定报价合理、工期较短、信誉良好的承包商，有助于打破垄断，实行公平竞争。

(2) 邀请招标，是指招标人以投标邀请书的方式邀请特定的法人或者其他组织投标。招标人采用邀请招标方式的，应当向 3 个以上具备承担招标项目的能力、资信良好的特定的法人或者其他组织发出投标邀请书。邀请招标虽然也能够邀请到有经验和资信可靠的投标者投标，保证履行合同，但限制了竞争范围，可能会失去技术上和报价上有竞争力的投标者。因此，在我国建设市场中应大力推行公开招标。

一般国际上把公开招标称为无限竞争性招标，把邀请招标称为有限竞争性招标。

国有资金占控股或者主导地位的依法必须进行招标的项目，应当公开招标；但有下列情形之一的，可以邀请招标。

(1) 技术复杂、有特殊要求或者受自然环境限制，只有少量潜在投标人可供选择；

(2) 采用公开招标方式的费用占项目合同金额的比例过大。

2. 招标范围

根据《招投标法》的规定，在中华人民共和国境内进行下列工程建设项目，包括项目的勘察、设计、施工、监理以及与工程建设有关的重要设备、材料等的采购，必须进行招标。

(1) 大型基础设施、公用事业等关系社会公共利益、公众安全的项目；

(2) 全部或者部分使用国有资金投资或者国家融资的项目；

(3) 使用国际组织或者外国政府贷款、援助资金的项目。

除《招投标法》第六十六条(涉及国家安全、国家秘密、抢险救灾或者属于利用扶贫资金实行以工代赈、需要使用农民工等特殊情况，不适宜进行招标的项目，按照国家有关规定可以不进行招标)规定的可以不进行招标的特殊情况外，有下列情形之一的，可以不进行招标。

(1) 需要采用不可替代的专利或者专有技术；

(2) 采购人依法能够自行建设、生产或者提供；

(3) 已通过招标方式选定的特许经营项目投资人依法能够自行建设、生产或者提供；

(4) 需要向原中标人采购工程、货物或者服务，否则将影响施工或者功能配套要求；

(5) 国家规定的其他特殊情形。

3. 招标公告(投标邀请书)、招标文件基本内容

1) 招标公告或者投标邀请书基本内容

招标公告或者投标邀请书应当至少载明下列内容。

(1) 招标人的名称和地址；

(2) 招标项目的内容、规模、资金来源；

(3) 招标项目的实施地点和工期；

(4) 获取招标文件或者资格预审文件的地点和时间；

(5) 对招标文件或者资格预审文件收取的费用；

(6) 对招标人的资质等级的要求。

依法必须进行招标的项目的资格预审公告和招标公告，应当在国务院发展改革部门依法指定的媒介发布。在不同媒介发布的同一招标项目的资格预审公告或者招标公告的内容应当一致。指定媒介发布依法必须进行招标的项目的境内资格预审公告、招标公告，不得收取费用。

编制依法必须进行招标的项目的资格预审文件和招标文件，应当使用国务院发展改革

部门会同有关行政监督部门制定的标准文本。

2) 招标文件基本内容

招标人根据施工招标项目的特点和需要编制招标文件。招标文件一般包括：①投标邀请书；②投标人须知；③合同主要条款；④投标文件格式；⑤采用工程量清单招标的，应当提供工程量清单；⑥技术条款；⑦设计图纸；⑧评标标准和方法；⑨投标辅助材料。

4．现场踏勘

招标人根据招标项目的具体情况，可以组织潜在投标人踏勘项目现场，向其介绍工程场地和相关环境的有关情况。潜在投标人依据招标人介绍情况做出的判断和决策，由投标人自行负责。

招标人不得单独或者分别组织任何一个投标人进行现场踏勘。

对于潜在投标人在阅读招标文件和现场踏勘中提出的疑问，招标人可以书面形式或召开投标预备会的方式解答，但需同时将解答以书面方式通知所有购买招标文件的潜在投标人。该解答的内容为招标文件的组成部分。

5．工程标底

招标工程标底是招标人对拟建工程的期望价格，也是招标人用来衡量投标人投标报价的基准价格。

我国的招标投标法并没有规定必须编制招标标底。招标人可以自行决定是否编制标底。一个招标项目只能有一个标底。标底必须保密。接受委托编制标底的中介机构不得参加受托编制标底项目的投标，也不得为该项目的投标人编制投标文件或者提供咨询。如招标人不编制标底，则称为无标底招标。

招标人设有最高投标限价的(招标控制价)，应当在招标文件中明确最高投标限价或者最高投标限价的计算方法。招标人不得规定最低投标限价。

6．投标预备会

投标预备会的目的在于澄清招标文件中的疑问，解答投标人对招标文件和现场勘察所提出的问题。投标预备会由招标人主持，招标监督机构监督。会议主要内容是：对图纸或有关问题交底；澄清招标文件的疑问问题或补充修改招标文件；解答投标人提出的疑问；通知有关事宜。

7．资格审查

资格审查可采用资格预审和资格后审两种方法，并应在公告中载明。国有资金占控股或者主导地位的依法必须进行招标的项目，招标人应当组建资格审查委员会审查资格预审申请文件。资格审查委员会及其成员应当遵守招标投标法和本条例有关评标委员会及其成员的规定。

资格预审应当按照资格预审文件载明的标准和方法进行。资格预审结束后，招标人应当及时向资格预审申请人发出资格预审结果通知书。未通过资格预审的申请人不具有投标资格。通过资格预审的申请人少于 3 个的，应当重新招标。

招标人采用资格后审办法对投标人进行资格审查的，应当在开标后由评标委员会按照招标文件规定的标准和方法对投标人的资格进行审查。

潜在投标人或者其他利害关系人对资格预审文件有异议的，应当在提交资格预审申请文件截止时间 2 日前提出；对招标文件有异议的，应当在投标截止时间 10 日前提出。招标人应当自收到异议之日起 3 日内做出答复；做出答复前，应当暂停招标投标活动。

招标人编制的资格预审文件、招标文件的内容违反法律、行政法规的强制性规定，违反公开、公平、公正和诚实信用原则，影响资格预审结果或者潜在投标人投标的，依法必须进行招标的项目的招标人应当在修改资格预审文件或者招标文件后重新招标。

8．招标文件的澄清与修改

招标人可以对已发出的资格预审文件或者招标文件进行必要的澄清或者修改。澄清或者修改的内容可能影响资格预审申请文件或者投标文件编制的，招标人应当在提交资格预审申请文件截止时间至少 3 日前，或者投标截止时间至少 15 日前，以书面形式通知所有获取资格预审文件或者招标文件的潜在投标人；不足 3 日或者 15 日的，招标人应当顺延提交资格预审申请文件或者投标文件的截止时间。

9．招标过程中的其他时间要求

招标人应当确定投标人编制投标文件所需要的合理时间；但是，依法必须进行招标的项目，自招标文件开始发出之日起至投标人提交投标文件截止之日止，最短不得少于 20 日。

招标人应当按照资格预审公告、招标公告或者投标邀请书规定的时间、地点发售资格预审文件或者招标文件。资格预审文件或者招标文件的发售期不得少于 5 日。

招标人应当在招标文件中载明投标有效期。投标有效期从提交投标文件的截止之日起算。

10．其他规定

(1) 招标人可以依法对工程以及与工程建设有关的货物、服务全部或者部分实行总承包招标。以暂估价形式包括在总承包范围内的工程、货物、服务属于依法必须进行招标的项目范围且达到国家规定规模标准的，应当依法进行招标。

暂估价是指总承包招标时不能确定价格而由招标人在招标文件中暂时估定的工程、货物、服务的金额。

(2) 对技术复杂或者无法精确拟定技术规格的项目，招标人可以分两阶段进行招标。

第一阶段，投标人按照招标公告或者投标邀请书的要求提交不带报价的技术建议，招标人根据投标人提交的技术建议确定技术标准和要求，编制招标文件。

第二阶段，招标人向在第一阶段提交技术建议的投标人提供招标文件，投标人按照招标文件的要求提交包括最终技术方案和投标报价的投标文件。

招标人要求投标人提交投标保证金的，应当在第二阶段提出。

(3) 招标人终止招标的，应当及时发布公告，或者以书面形式通知被邀请的或者已经获取资格预审文件、招标文件的潜在投标人。已经发售资格预审文件、招标文件或者已经收取投标保证金的，招标人应当及时退还所收取的资格预审文件、招标文件的费用，以及所收取的投标保证金及银行同期存款利息。

(4) 招标人不得以不合理的条件限制、排斥潜在投标人或者投标人。

招标人有下列行为之一的，属于以不合理条件限制、排斥潜在投标人或者投标人。

① 就同一招标项目向潜在投标人或者投标人提供有差别的项目信息；

② 设定的资格、技术、商务条件与招标项目的具体特点和实际需要不相适应或者与合同履行无关；

③ 依法必须进行招标的项目以特定行政区域或者特定行业的业绩、奖项作为加分条件或者中标条件；

④ 对潜在投标人或者投标人采取不同的资格审查或者评标标准；

⑤ 限定或者指定特定的专利、商标、品牌、原产地或者供应商；

⑥ 依法必须进行招标的项目非法限定潜在投标人或者投标人的所有制形式或者组织形式；

⑦ 以其他不合理条件限制、排斥潜在投标人或者投标人。

8.1.4 建设工程施工投标

1. 投标文件基本内容

投标文件应当对招标文件提出的实质性要求和条件做出响应。根据《招投标法》，投标文件一般包括的内容为：①投标函；②法定代表人身份证明；③已标价工程量清单；④投标保证金；⑤施工组织设计；⑥项目管理机构；⑦拟分包项目情况表；⑧资格审查资料；⑨招标人要求提供的其他材料。

投标人应当按照招标文件的要求编制投标文件。投标文件应当对招标文件提出的实质性要求和条件做出响应。

2. 工程担保与投标保证金

在工程承包市场中，当事一方为避免因对方违约而遭受损失，要求对方提供可靠的担保，这是公认的正常保证措施。工程担保使得合同双方的义务有了双重信用保障，在工程合同双方发生经济纠纷时，对受损失一方起到保障作用。在工程承发包过程中业主要求承包商提供的担保种类包括：投标担保、履约担保、工程预付款担保、工程维修担保等。

担保形式主要有：现金、银行保函、第三者的保证书、不可撤销的银行备用信用证、财产的物权担保等。具体来说，工程担保的种类及形式取决于招标文件的具体规定。

在各类工程担保中，银行保函是最常见，也是最有效的一种担保形式。由于这种担保方式不需占用承包商的资金而且当承包商违约时能够使业主迅速得到补偿，因此在国际工程中大量地被采用。

根据计价规范，招标人可以在招标文件中要求投标人提交投标保证金。投标保证金除现金外，可以是银行出具的银行保函、保兑支票、银行汇票或现金支票。

投标保证金一般不得超过投标总价的 2%。

投标人不按招标文件要求提交投标保证金的，该投标文件将被拒绝，作废标处理。

3．投标人资格

投标人是响应招标、参加投标竞争的法人或者其他组织。

依法招标的科研项目允许个人参加投标的，投标的个人适用本法有关投标人的规定。

投标人应当具备承担招标项目的能力；国家有关规定对投标人资格条件或者招标文件对投标人资格条件有规定的，投标人应当具备规定的资格条件。

投标人发生合并、分立、破产等重大变化的，应当及时书面告知招标人。投标人不再具备资格预审文件、招标文件规定的资格条件或者其投标影响招标公正性的，其投标无效。

使用通过受让或者租借等方式获取的资格、资质证书投标的，属于《招投标法》第三十三条规定的以他人名义投标，其投标无效。

4．联合体投标

两个以上法人或者其他组织可以组成一个联合体，以一个投标人的身份共同投标。

联合体各方均应当具备承担招标项目的相应能力；国家有关规定或者招标文件对投标人资格条件有规定的，联合体各方均应当具备规定的相应资格条件。由同一专业的单位组成的联合体，按照资质等级较低的单位确定资质等级。

联合体各方应当签订共同投标协议，明确约定各方拟承担的工作和责任，并将共同投标协议连同投标文件一并提交招标人。联合体中标的，联合体各方应当共同与招标人签订合同，就中标项目向招标人承担连带责任。

招标人不得强制投标人组成联合体共同投标，不得限制投标人之间的竞争。

招标人应当在资格预审公告、招标公告或者投标邀请书中载明是否接受联合体投标。

招标人接受联合体投标并进行资格预审的，联合体应当在提交资格预审申请文件前组成。资格预审后联合体增减、更换成员的，其投标无效。

联合体各方在同一招标项目中以自己名义单独投标或者参加其他联合体投标的，相关投标均无效。

5．投标文件的撤回与修改

投标人在招标文件要求提交投标文件的截止时间前，可以补充、修改或者撤回已提交的投标文件，并书面通知招标人。补充、修改的内容为投标文件的组成部分。

投标人撤回已提交的投标文件，应当在投标截止时间前书面通知招标人。招标人已收取投标保证金的，应当自收到投标人书面撤回通知之日起 5 日内退还。

投标截止后投标人撤销投标文件的，招标人可以不退还投标保证金。

6．投标文件的接收

投标人应当在招标文件要求提交投标文件的截止时间前，将投标文件密封送达投标地点。招标人收到投标文件后，应当向投标人出具标明签收人和签收时间的凭证，在开标前任何单位和个人不得开启投标文件。投标人少于 3 个的，招标人应当依照《招投标法》重新招标。

在招标文件要求提交投标文件的截止时间后送达的投标文件，招标人应当拒收。

未通过资格预审的申请人提交的投标文件，以及逾期送达或者不按照招标文件要求密封的投标文件，招标人应当拒收。

招标人应当如实记载投标文件的送达时间和密封情况，并存档备查。

7. 投标过程中的违法及不当行为

(1) 有下列情形之一的，属于投标人相互串通投标。

① 投标人之间协商投标报价等投标文件的实质性内容；

② 投标人之间约定中标人；

③ 投标人之间约定部分投标人放弃投标或者中标；

④ 属于同一集团、协会、商会等组织成员的投标人按照该组织要求协同投标；

⑤ 投标人之间为谋取中标或者排斥特定投标人而采取的其他联合行动。

(2) 有下列情形之一的，视为投标人相互串通投标。

① 不同投标人的投标文件由同一单位或者个人编制；

② 不同投标人委托同一单位或者个人办理投标事宜；

③ 不同投标人的投标文件载明的项目管理成员为同一人；

④ 不同投标人的投标文件异常一致或者投标报价呈规律性差异；

⑤ 不同投标人的投标文件相互混装；

⑥ 不同投标人的投标保证金从同一单位或者个人的账户转出。

(3) 有下列情形之一的，属于招标人与投标人串通投标。

① 招标人在开标前开启投标文件并将有关信息泄露给其他投标人；

② 招标人直接或者间接向投标人泄露标底、评标委员会成员等信息；

③ 招标人明示或者暗示投标人压低或者抬高投标报价；

④ 招标人授意投标人撤换、修改投标文件；

⑤ 招标人明示或者暗示投标人为特定投标人中标提供方便；

⑥ 招标人与投标人为谋求特定投标人中标而采取的其他串通行为。

(4) 投标人有下列情形之一的，属于《招投标法》第三十三条规定的以其他方式弄虚作假的行为。

① 使用伪造、变造的许可证件；

② 提供虚假的财务状况或者业绩；

③ 提供虚假的项目负责人或者主要技术人员简历、劳动关系证明；

④ 提供虚假的信用状况；

⑤ 其他弄虚作假的行为。

(5) 投标人不得以低于成本的报价竞标，也不得以他人名义投标或者以其他方式弄虚作假，骗取中标。

8.1.5 建设工程开标、评标和定标

1. 开标

开标应当在招标文件确定的提交投标文件截止时间的同一时间公开进行；开标地点应当为招标文件中确定的地点。投标人少于 3 个的，不得开标；招标人应当重新招标。投标人对开标有异议的，应当在开标现场提出，招标人应当当场做出答复，并制作记录。

开标由招标人主持，邀请所有投标人参加。

招标人在招标文件要求提交投标文件的截止时间前收到的所有投标文件，开标时都应当当众予以拆封、宣读。开标过程应当记录，并存档备查。

投标文件有下列情形之一的，由评标委员会初审后按废标处理。

(1) 投标文件未经投标单位盖章和单位负责人签字；

(2) 投标联合体没有提交共同投标协议；

(3) 投标人不符合国家或者招标文件规定的资格条件；

(4) 同一投标人提交两个以上不同的投标文件或者投标报价，但招标文件要求提交备选投标的除外；

(5) 投标报价低于成本或者高于招标文件设定的最高投标限价；

(6) 投标文件没有对招标文件的实质性要求和条件做出响应；

(7) 投标人有串通投标、弄虚作假、行贿等违法行为。

2. 评标、定标

1) 评标委员会构成及权力

评标由招标人依法组建的评标委员会负责。

依法必须进行招标的项目，其评标委员会由招标人的代表和有关技术、经济等方面的专家组成，成员人数为 5 人以上单数，其中技术、经济等方面的专家不得少于成员总数的 2/3。

评标委员会可以要求投标人对投标文件中含义不明确的内容做必要的澄清或者说明，但是澄清或者说明不得超出投标文件的范围或者改变投标文件的实质性内容。评标委员会不得暗示或者诱导投标人做出澄清、说明，不得接受投标人主动提出的澄清、说明。

评标委员会应当按照招标文件确定的评标标准和方法，对投标文件进行评审和比较；设有标底的，应当参考标底。评标委员会完成评标后，应当向招标人提出书面评标报告，并推荐合格的中标候选人。

招标人根据评标委员会提出的书面评标报告和推荐的中标候选人确定中标人。招标人也可以授权评标委员会直接确定中标人。

评标委员会经评审，认为所有投标都不符合招标文件要求的，可以否决所有投标。

依法必须进行招标的项目的所有投标被否决的，招标人应当依照本法重新招标。

评标完成后，评标委员会应当向招标人提交书面评标报告和中标候选人名单。中标候

选人应当不超过 3 个，并标明排序。招标人应当接受评标委员会推荐的中标候选人，不得在评标委员会推荐的中标候选人之外确定中标人。

2) 中标条件

中标人的投标应当符合下列条件之一。

(1) 能够最大限度地满足招标文件中规定的各项综合评价标准；

(2) 能够满足招标文件的实质性要求，并且经评审的投标价格最低；但是投标价格低于成本的除外。

3) 中标通知与合同订立

依法必须进行招标的项目，招标人应当自收到评标报告之日起 3 日内公示中标候选人，公示期不得少于 3 日。

投标人或者其他利害关系人对依法必须进行招标的项目的评标结果有异议的，应当在中标候选人公示期间提出。招标人应当自收到异议之日起 3 日内做出答复；做出答复前，应当暂停招标投标活动。

在确定中标人前，招标人不得与投标人就投标价格、投标方案等实质性内容进行谈判。

国有资金占控股或者主导地位的依法必须进行招标的项目，招标人应当确定排名第一的中标候选人为中标人。排名第一的中标候选人放弃中标、因不可抗力不能履行合同、不按照招标文件要求提交履约保证金，或者被查实存在影响中标结果的违法行为等情形，不符合中标条件的，招标人可以按照评标委员会提出的中标候选人名单排序依次确定其他中标候选人为中标人，也可以重新招标。中标人确定后，招标人应当向中标人发出中标通知书，并同时将中标结果通知所有未中标的投标人。

中标通知书对招标人和中标人具有法律效力。中标通知书发出后，招标人改变中标结果的，或者中标人放弃中标项目的，应当依法承担法律责任。

招标人和中标人应当自中标通知书发出之日起 30 日内，按照招标文件和中标人的投标文件订立书面合同。合同的标的、价款、质量、履行期限等主要条款应当与招标文件和中标人的投标文件的内容一致。招标人和中标人不得再行订立背离合同实质性内容的其他协议。

招标文件要求中标人提交履约保证金的，中标人应当提交。履约保证金不得超过中标合同金额的 10%。

中标人应当按照合同约定履行义务，完成中标项目。中标人不得向他人转让中标项目，也不得将中标项目肢解后分别向他人转让。

中标人按照合同约定或者经招标人同意，可以将中标项目的部分非主体、非关键性工作分包给他人完成。接受分包的人应当具备相应的资格条件，并不得再次分包。

中标人应当就分包项目向招标人负责，接受分包的人就分包项目承担连带责任。

中标候选人的经营、财务状况发生较大变化或者存在违法行为，招标人认为可能影响其履约能力的，应当在发出中标通知书前由原评标委员会按照招标文件规定的标准和方法审查确认。

招标人最迟应当在书面合同签订后 5 日内向中标人和未中标的投标人退还投标保证金及银行同期存款利息。

8.1.6　投标策略分析

投标报价是业主选择中标单位的主要标准，也是业主和投标单位签订承包合同的依据。报价是工程投标的核心。报价过高，会失去中标机会；投标过低，即使中标，也会给工程带来亏损的风险。投标人应从宏观角度对工程总报价进行控制，力求报价适中，达到既能中标又能获得较好的经济收益。

投标策略是指承包商在投标竞价过程中，根据招标工程情况和企业自身的实力，组织有关人员进行投标策略分析，其中包括企业目前经营状况和自身实力分析、主要竞争对手分析和机会利益分析等。在投标过程中，能否科学、合理地运用投标技巧，使其在投标报价工作中发挥应有的作用，关系到最终能否中标，是整个投标报价工作的关键所在。

本节主要介绍几种常见的投标技巧。

1. 不平衡报价法

不平衡报价法是指一个投标工程在总价基本确定的基础上，通过调整不同清单项目的报价，以期达到不提高总价，不影响中标，又能在结算时得到理想的经济效益的投标方法。通常不平衡报价法的应用技巧包括以下几个。

(1) 能够早日收回资金的项目，如前期措施费、基础工程、土石方工程等可以适当提高报价水平，以利资金的尽快回收；后期工程项目如设备安装、装饰工程等的报价水平可适当降低。

(2) 经过工程量核算，预计今后工程量会增加的项目，综合单价适当提高，这样在最终结算时可获得超额利润。降低结算时工程量有可能减少的项目的综合单价，这样工程结算时损失不大。

(3) 对于设计图纸不明确，估计修改后工程量要增加的项目，可以适当提高单价，而工程内容不明确的项目，则可以降低单价。

(4) 在其他项目费中适当提高人工和机械台班单价，以便在日后招标人零星使用人工或机械时获取超额利润。但对其他项目中的工程量要具体分析，是否报高价，高出比例多少都应有一个限度，不然会抬高总价。

虽然不平衡报价对投标人来说可以降低一定的风险，但报价必须要建立在对工程量清单表中的工程量风险仔细核对的基础上，特别是对于降低单价的项目，如工程量一旦增多，将造成投标人的重大损失，同时要把提高报价的比例控制在合理幅度内，一般控制在 10%以内，以免引起招标人的反感，甚至导致个别清单项目报价不合理而废标。如果不注意这一点，有时招标人会选出报价过高的项目，要求投标人进行单价分析，而围绕单价分析中过高的内容压价，以致投标人得不偿失。

2．多方案报价法

有时招标文件规定，可以提一个建议方案或对于一些招标文件，如果发现工程范围不是很明确，条款不清楚或很不公正，或者技术规范要求过于苛刻时，则要在充分估计风险的基础上，按多方案报价法进行处理。即按原招标文件报价，然后再提出如果某条款做相应变动，报价可降低的额度。这样可以降低总造价，吸引招标人。投标人这时应组织一批有经验的设计和施工工程师，对原招标文件的设计方案仔细研究，提出更合理的方案以吸收招标人，促成自己的方案中标。这种新的建议可以降低总造价或提前竣工。但要注意的是一定要有一个原始报价方案，而新方案报价是供招标人比较的。当然，这种建议不是要求业主降低某技术要求和标准，而应当通过改进工艺流程或工艺方法来降低成本、降低报价。建议方案不宜写得太具体、详细，要保留方案的技术关键，防止业主将此方案交给其他承包商。同时要强调的是，建议方案一定要比较成熟，有较强的可操作性。

3．突然降价法

报价是保密的工作，但是对手往往会通过各种渠道、手段来刺探情报，因此采用突然降价法可以在报价时迷惑竞争对手。即先按一般情况报价或表现出自己对该工程兴趣不大，到投标截止时，才突然降价。采用这种方法，一定要在准备投标报价的过程中考虑好降价的幅度，在临近投标截止日期前，根据情况信息与分析判断，再做最后决策。突然降价法通常与不平衡报价法结合使用，即在降低总价的同时，分摊到各清单项内的单价部分采用不平衡报价进行，以期弥补降价损失，取得更高的收益。

4．先亏后盈法

对于大型分期建设的工程，在第一期工程投标时，可以将部分间接费分摊到第二期工程中去，少计算利润以争取中标。这样在第二期工程投标时，凭借一期工程的经验，临时设施以及创立的信誉，比较容易拿到第二期工程，通过二期工程的盈利弥补一期工程的损失。但二期工程遥遥无期时，则不应考虑先亏后盈法。

5．许诺优惠条件

投标报价附带优惠条件是行之有效的一种手段。招标人评标时，除了主要考虑报价和技术方案外，还要分析别的条件，如工期、支付条件等。所以投标人投标时主动提出提前竣工、低息贷款、赠给施工设备，免费转让新技术或某种技术专利、免费技术协作、代为培训人员等条件，其目的均是为了吸引招标人、利于中标的辅助手段。

【例 8-1】某安装工程的招标人于 2012 年 10 月 8 日向具备承担该项目能力的 A、B、C、D、E 5 家投标人发出投标邀请书，其中说明，10 月 12～18 日 9 至 16 时在该招标人总工办领取招标文件，11 月 8 日 14 时为投标截止时间。该 5 家投标人均接受邀请，并按规定时间提交了投标文件。但投标人 A 在送出投标文件后发现报价估算有较严重的失误，遂赶在投标截止时间前 10 分钟递交了一份书面声明，撤回已提交的投标文件。

开标时，由招标人委托的市公证处人员检查投标文件的密封情况，确认无误后，由工

作人员当众拆封。由于投标人 A 已撤回投标文件，故招标人宣布有 B、C、D、E 4 家投标人投标，并宣读该 4 家投标人的投标价格、工期和其他主要内容。

评标委员会委员由招标人直接确定，共由 7 人组成，其中招标人代表 2 人，本系统技术专家 2 人、经济专家 1 人，外系统技术专家 1 人、经济专家 1 人。

在评标过程中，评标委员会要求 B、D 两投标人分别对其施工方案做详细说明，并对若干技术要点和难点提出问题，要求其提出具体、可靠的实施措施。作为评标委员的招标人代表希望投标人 B 再适当考虑一下降低报价的可能性。

按照招标文件中确定的综合评标标准，4 个投标人综合得分从高到低的依次顺序为 B、D、C、E，故评标委员会确定投标人 B 为中标人。投标人 B 为外地企业，招标人于 11 月 20 日将中标通知书以挂号信方式寄出，投标人 B 于 11 月 24 日收到中标通知书。

由于从报价情况来看，4 个投标人的报价从低到高的依次顺序为 D、C、B、E，因此，从 11 月 26 日至 12 月 21 日招标人又与承包商 B 就合同价格进行了多次谈判，结果投标人 B 将价格降到略低于投标人 C 的报价水平，最终双方于 12 月 22 日签订了书面合同。

问题:

1. 从招标投标的性质看，本案例中的要约邀请、要约和承诺的具体表现是什么？

2. 从所介绍的背景资料来看，在该项目的招标投标程序中有哪些不妥之处？请逐一说明原因。

1. 答：在本案例中，要约邀请是招标人的投标邀请书，要约是投标人的投标文件，承诺是招标人发出的中标通知书。

2. 答：在该项目招标投标程序中有以下不妥之处，分述如下。

(1) “招标人宣布 B、C、D、E 4 家投标人参加投标”不妥，因为投标人 A 虽然已撤回投标文件，但仍应作为投标人加以宣布。

(2) “评标委员会委员由招标人直接确定”不妥，因为办公楼属于一般项目，招标人可选派 2 名相当专家资质人员参加，但另 5 名专家应采取(从专家库中)随机抽取方式确定评标委员会委员。

(3) “评标委员会要求投标人提出具体、可靠的实施措施”不妥，因为按规定，评标委员会可以要求投标人对投标文件中含义不明确的内容做必要的澄清或者说明，但是澄清或者说明不得超出投标文件的范围或者改变投标文件的实质性内容，因此，不能要求投标人就实质性内容进行补充。

(4) “作为评标委员的招标人代表希望投标人 B 再适当考虑一下降低报价的可能性”不妥，因为在确定中标人前，招标人不得与投标人就投标价格、投标方案的实质性内容进行谈判。

(5) 对“评标委员会确定投标人 B 为中标人”要进行分析。如果招标人授权评标委员会直接确定中标人，由评标委员会定标是对的，否则，就是错误的。

(6) “中标通知书发出后招标人与中标人就合同价格进行谈判”不妥，因为招标人和中标人应按照招标文件和投标文件订立书面合同，不得再行订立背离合同实质性内容的其他协议。

(7) 订立书面合同的时间不妥，因为招标人和中标人应当自中标通知书发出之日(不是中标人收到中标通知书之日)起 30 日内订立书面合同，而本案例为 32 日。

【例 8-2】某国有资金投资占控股地位的安装工程建设项目，施工图设计文件已经相关行政主管部门批准，建设单位采用了公开招标方式进行施工招标。

2008 年 3 月 1 日发布了该工程项目的施工招标公告，其内容如下。

(1) 招标单位的名称和地址；

(2) 招标项目的内容、规模、工期、项目经理和质量标准要求；

(3) 招标项目的实施地点、资金来源和评标标准；

(4) 施工单位应具有二级及以上施工总承包企业资质，并且近 3 年获得两项以上本市优质工程奖；

(5) 获得资格预审文件的时间、地点和费用。

某承包商经研究决定参与该工程投标。经造价工程师估价，该工程估算成本为 1 500 万元，其中材料费占 60%。经研究有高、中、低 3 个报价方案，其利润率分别为 10%、7%、4%，根据过去类似工程的投标经验，相应的中标概率分别为 0.3、0.6、0.9。编制投标文件的费用为 5 万元。该工程业主在招标文件中明确规定采用固定总价合同。据估计，在施工过程中材料费可能平均上涨 3%，其发生概率为 0.4。

问题:

1. 该工程招标公告中的各项内容是否妥当？对不妥当之处说明理由。

2. 试运用决策树法进行投标决策。相应的不含税报价为多少？

1. 答:

(1) 招标单位的名称和地址妥当。

(2) 招标项目的内容、规模和工期妥当。

(3) 招标项目的项目经理和质量标准要求不妥，招标公告的作用只是告知工程招标的信息，而项目经理和质量标准的要求涉及工程的组织安排和技术标准，应在招标文件中提出。

(4) 招标项目的实施地点和资金来源妥当。

(5) 招标项目的评标标准不妥，评标标准是为了比较投标文件并据此进行评审的标准，故不出现在招标公告中，应是招标文件中的重要内容。

(6) 施工单位应具有二级及其以上施工总承包企业资质妥当。

(7) 施工单位应在近 3 年获得两项以上本市优质工程奖不妥当，因为有的施工企业可能具有很强的管理和技术实力，虽然在其他省市获得了工程奖项，但并没有在本市获奖，所以以是否在本市获奖为条件来评价施工单位的水平是不公平的，是对潜在投标人的歧视性限制条件。

(8) 获得资格预审文件的时间、地点和费用妥当。

2. 解:

1) 计算各投标方案的利润

(1) 投高标材料不涨价时的利润：$1\,500 \times 10\% = 150$(万元)

(2) 投高标材料涨价时的利润：$150 - 1\,500 \times 60\% \times 3\% = 123$(万元)

(3) 投中标材料不涨价时的利润：1 500 × 7%=105(万元)

(4) 投中标材料涨价时的利润：105−1 500 × 60% × 3%=78(万元)

(5) 投低标材料不涨价时的利润：1 500 × 4%=60(万元)

(6) 投低标材料涨价时的利润：60−1 500 × 60% × 3%=33(万元)

须注意的是，亦可先计算因材料涨价而增加的成本额度：[1 500 × 60% × 3%=27(万元)]，再分别从高、中、低 3 个报价方案的预期利润中扣除。

将以上计算结果列于表 8-1。

表 8-1　方案评价参数表汇总表

方　案	效　果	概　率	利润/万元
高标	好	0.6	150
	差	0.4	123
中标	好	0.6	105
	差	0.4	78
低标	好	0.6	60
	差	0.4	33

2) 画出决策树

画出决策树，标明各方案的概率和利润，如图 8-1 所示。

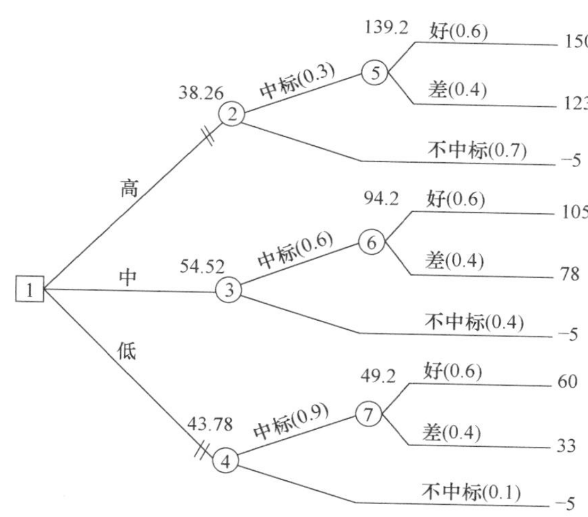

图 8-1　投标决策树

3) 计算表 8-1 中各机会点的期望值(将计算结果标在各机会点上方)

机会点⑤的期望利润：150 × 0.6+123 × 0.4=139.2(万元)

机会点⑥的期望利润：105 × 0.6+78 × 0.4=94.2(万元)

机会点⑦的期望利润：60 × 0.6+33 × 0.4=49.2(万元)

机会点②的期望利润：139.2 × 0.3−5 × 0.7=38.26(万元)

机会点③的期望利润：94.2 × 0.6−5 × 0.4=54.52(万元)

机会点④的期望利润：49.2 × 0.9−5 × 0.1=43.78(万元)

4) 决策

因为机会点③的期望利润最大，故应投中标。

相应的不含税报价为 1 500 × (1+7%)=1 605(万元)

8.2 建设工程工程量清单计价

8.2.1 工程量清单的概念及术语

1. 工程量清单的概念

工程量清单(Bill of quantity，BQ)是由建设工程招标人发出的，载明建设工程分部分项工程项目、措施项目、其他项目的名称和相应数量以及规费、税金项目等内容的明细清单。

工程量清单(BQ)是在 19 世纪 30 年代产生的，西方国家把计算工程量、提供工程量清单专业化为业主估价师的职责，所有的投标都要以业主提供的工程量清单为基础，从而使得最后的投标结果具有可比性。在国际工程施工承发包中，使用 FIDIC 合同条款时一般配套使用 FIDIC 工程量计算规则。它是在英国工程量计算规则(SMM)的基础上，根据工程项目、合同管理中的要求，由英国皇家特许测量师学会指定的委员会编写的。

建筑工程招标中，为了评标时有统一的尺度和依据，便于承包商公平地进行竞争，在招标文件中列出工程量清单，此举的目的并不是禁止承包商计算、复核工程量，但对承包商的要求是：必须按照工程量清单中的数量进行投标报价。如果工程量清单中的工程量与承包商自己计算复核的数量差别不大时，承包商的估价比较容易操作；但当业主工程量清单中的工程量与承包商计算复核的工程量差别较大时，承包商应尽可能在标前会议上提出加以解决。如果承包商认为该差异部分能够加以利用并可能为自己带来额外的利润时，承包商则可能通过相应的报价技巧加以处理。工程量清单中的数量属于“估量”的性质，只能作为承包商投标报价的参考，而不能作为承包商完成实际工程的依据，因而也不能作为业主结算工程价款的依据。

工程量清单基本涵盖了工程施工阶段的全过程：在建设前期用于招标控制价、投标报价的编制、合同价款的约定；在建设中期用于工程量的计量和价款支付、索赔与现场签证，工程价款调整等；在建设后期用于竣工结算的办理及工程计价争议的处理。

2. 工程量清单的术语

工程量清单涉及的相关术语介绍如下。

(1) 招标工程量清单，招标人依据国家标准、招标文件、设计文件以及施工现场实际情况编制的，随招标文件发布供投标报价的工程量清单，包括其说明和表格。

(2) 已标价工程量清单，构成合同文件组成部分的投标文件中已标明价格，经算术性错误修正(如有)且承包人已确认的工程量清单，包括其说明和表格。

(3) 分部分项工程，分部工程是单项或单位工程的组成部分，是按结构部位、路段长度及施工特点或施工任务将单项或单位工程划分为若干分部的工程；分项工程是分部工程的组成部分，是按不同施工方法、材料、工序及路段长度等将分部工程划分为若干个分项或项目的工程。

(4) 措施项目，为完成工程项目施工，发生于该工程施工准备和施工过程中的技术、生活、安全、环境保护等方面的项目。

(5) 项目编码，分部分项工程和措施项目清单名称的阿拉伯数字标识。

(6) 项目特征，构成分部分项工程项目、措施项目自身价值的本质特征。

(7) 综合单价，完成一个规定清单项目所需的人工费、材料和工程设备费、施工机具使用费和企业管理费、利润以及一定范围内的风险费用。

(8) 风险费用，隐含于已标价工程量清单综合单价中，用于化解发承包双方在工程合同中约定内容和范围内的市场价格波动风险的费用。

(9) 工程变更，合同工程实施过程中由发包人提出或由承包人提出经发包人批准的合同工程任何一项工作的增、减、取消或施工工艺、顺序、时间的改变；设计图纸的修改；施工条件的改变；招标工程量清单的错、漏从而引起合同条件的改变或工程量的增减变化。

(10) 工程量偏差，承包人按照合同工程的图纸(含经发包人批准由承包人提供的图纸)实施，按照现行国家计量规范规定的工程量计算规则计算得到的完成合同工程项目应予计量的工程量与相应的招标工程量清单项目列出的工程量之间出现的量差。

(11) 暂列金额，招标人在工程量清单中暂定并包括在合同价款中的一笔款项。用于工程合同签订时尚未确定或者不可预见的所需材料、工程设备、服务的采购，施工中可能发生的工程变更、合同约定调整因素出现时的合同价款调整以及发生的索赔、现场签证确认等的费用。

(12) 暂估价，招标人在工程量清单中提供的用于支付必然发生但暂时不能确定价格的材料、工程设备以及专业工程的金额。

(13) 计日工，在施工过程中，承包人完成发包人提出的工程合同范围以外的零星项目或工作，按合同中约定的单价计价的一种方式。

(14) 总承包服务费，总承包人为配合协调发包人进行的专业工程发包，对发包人自行采购的材料、工程设备等进行保管以及施工现场管理、竣工资料汇总整理等服务所需的费用。

(15) 安全文明施工费，在合同履行过程中，承包人按照国家法律、法规、标准等规定，为保证安全施工、文明施工，保护现场内外环境和搭拆临时设施等所采用的措施而发生的费用。

(16) 提前竣工(赶工)费，承包人应发包人的要求而采取加快工程进度措施，使合同工程工期缩短，由此产生的应由发包人支付的费用。

(17) 误期赔偿费，承包人未按照合同工程的计划进度施工，导致实际工期超过合同工期(包括经发包人批准的延长工期)，承包人应向发包人赔偿损失的费用。

(18) 不可抗力，发承包双方在工程合同签订时不能预见的，对其发生的后果不能避免，并且不能克服的自然灾害和社会性突发事件。

(19) 缺陷责任期，指承包人对已交付使用的合同工程承担合同约定的缺陷修复责任的期限。

(20) 质量保证金，发承包双方在工程合同中约定，从应付合同价款中预留，用以保证承包人在缺陷责任期内履行缺陷修复义务的金额。

(21) 工程计量，发承包双方根据合同约定，对承包人完成合同工程的数量进行的计算和确认。

(22) 招标控制价，招标人根据国家或省级、行业建设主管部门颁发的有关计价依据和办法，以及拟定的招标和招标工程量清单，结合工程具体情况编制的招标工程的最高投标限价。

(23) 投标价，投标人投标时响应招标文件要求所报出的对已标价工程量清单汇总后标明的总价。

(24) 签约合同价(合同价款)，发承包双方在工程合同中约定的工程造价，即包括了分部分项工程费、措施项目费、其他项目费、规费和税金的合同总金额。

(25) 预付款，在开工前，发包人按照合同约定，预先支付给承包人用于购买合同工程施工所需的材料、工程设备，以及组织施工机械和人员进场等的款项。

(26) 进度款，在合同工程施工过程中，发包人按照合同约定对付款周期内承包人完成的合同价款给予支付的款项，也是合同价款期中结算支付。

(27) 合同价款调整，在合同价款调整因素出现后，发承包双方根据合同约定，对合同价款进行变动的提出、计算和确认。

(28) 竣工结算价，发承包双方依据国家有关法律、法规和标准规定，按照合同约定确定的，包括在履行合同过程中按合同约定进行的合同价款调整，是承包人按合同约定完成了全部承包工作后，发包人应付给承包人的合同总金额。

8.2.2 工程量清单编制

1. 工程量清单编制一般规定

工程量清单编制应遵循以下一般规定。

(1) 招标工程量清单应由具有编制能力的招标人或受其委托、具有相应资质的工程造价咨询人编制。

(2) 招标工程量清单必须作为招标文件的组成部分，其准确性和完整性应由招标人负责。

采用工程量清单方式招标发包工程，招标工程量清单必须作为招标文件的组成部分。招标人应将工程量清单连同招标文件的其他内容一并发(或发售)给投标人。招标人对编制的招标工程量清单的准确性和完整性负责。作为投标人报价的共同平台，招标工程量清单的准确性、完整性均应由招标人负责。如招标人委托工程造价咨询人编制，责任仍应由招标人承担。

投标人依据招标工程量清单进行投标报价，对工程量清单不负有核实的义务，更不具有修改和调整的权力。

(3) 招标工程量清单是工程量清单计价的基础，应作为编制招标控制价、投标报价、计算或调整工程量、索赔等的依据之一。

(4) 招标工程量清单应以单位(项)工程为单位编制，应由分部分项工程项目清单、措施项目清单、其他项目清单、规费和税金项目清单组成。

(5) 编制招标工程量清单的依据包括：①《建设工程工程量清单计价规范》(GB 50500—2013)、《通用安装工程工程量计算规范》(GB 50856—2013)；②国家或省级、行业建设主管部门颁发的计价定额和办法；③建设工程设计文件及相关资料；④与建设工程有关的标准、规范、技术资料；⑤拟定的招标文件；⑥施工现场情况、地勘水文资料、工程特点及常规施工方案；⑦其他相关资料。

(6) 编制工程量清单出现附录中未包括的项目，编制人应做补充，并报省级或行业工程造价管理机构备案。安装工程补充项目的编码由《通用安装工程工程量计算规范》的代码03 与 B 和三位阿拉伯数字组成，并应从 03B001 起顺序编制，同一招标工程的项目不得重码。工程量清单中需附有补充项目的名称、项目特征、计量单位、工程量计算规则、工程内容。

2. 分部分项工程量清单编制

(1) 分部分项工程项目清单必须载明项目编码、项目名称、项目特征、计量单位和工程量。它们是构成一个分部分项工程项目清单的 5 个要件，在分部分项工程量清单的组成中缺一不可。这五个要件是在工程量清单编制和计价时，全国实行五个统一(统一项目编码、统一项目名称、统一项目特征、统一计量单位、统一工程量计算规则)的规范化和具体化。

(2) 分部分项工程项目清单必须根据相关工程现行国家计量规范规定的项目编码、项目名称、项目特征、计量单位和工程量计算规则进行编制。

(3) 工程量清单的项目编码，应采用十二位阿拉伯数字表示，一至九位应按计量规范的规定设置，十至十二位应根据拟建工程的工程量清单项目名称和项目特征设置，同一招标工程的项目编码不得有重码。

(4) 工程量清单项目特征应按计量规范附录中规定的项目特征，结合拟建工程项目的实际予以描述。

项目安装高度若超过基本高度时，应在“项目特征”中描述。计量规范规定的基本安装高度为：机械设备安装工程 10m；电气设备安装工程 5m；建筑智能化工程 5m；通风空调工程 6m；消防工程 5m；给排水、采暖、燃气工程 3.6m；刷油、防腐蚀、绝热工程 6m。

3. 措施项目清单编制

措施项目清单应根据拟建工程的实际情况列项。编制时，同分部分项工程一样，必须列出项目编码、项目名称、项目特征、计量单位、工程量计算规则，体现了对措施项目清单内容规范管理的要求。

措施项目清单的编制需考虑多种因素，除工程本身的因素外，还涉及水文、气象、环境、安全等因素。由于影响措施项目设置的因素太多，计量规范不可能将施工中可能出现的措施项目一一列出。在编制措施项目清单时，因工程情况不同，出现计量规范附录中未列的措施项目，可根据工程的具体情况对措施项目清单做补充。

计量规范将措施项目划分为两类：一类是不能计算工程量的项目，如文明施工和安全防护、临时设施等，就以“项”计价，称为“总价项目”；另一类是可以计算工程量的项目，如脚手架、降水工程等，就以“量”计价，更有利于措施费的确定和调整，称为“单价项目”。

建筑与装饰工程措施项目包括：脚手架工程、混凝土模板及支架、垂直运输、超高施工增加、大型机械进出场及安拆、施工排水、降水和安全文明及其他措施项目(以上内容见7.2.12 措施项目)。

通用安装工程措施项目包括专业措施项目和安全文明及其他措施项目，分别见表 8-2、表 8-3。

表 8-2　专业措施项目(编码：031301)

项目编码	项目名称	工作内容及包含范围
031301001	吊装加固	(1) 行车梁加固； (2) 桥式起重机加固及负荷试验； (3) 整体吊装临时加固件，加固设施拆除、清理
031301002	金属抱杆安装、拆除、移位	(1) 安装、拆除； (2) 位移； (3) 吊耳制作安装； (4) 拖拉坑挖埋
031301003	平台铺设、拆除	(1) 场地平整； (2) 基础及支墩砌筑； (3) 支架型钢搭设； (4) 铺设； (5) 拆除、清理
031301004	顶升、提升装置	安装、拆除
031301005	大型设备专用机具	
031301006	焊接工艺评定	焊接、试验及结果评价
031301007	胎(模)具制作、安装、拆除	制作、安装、拆除
031301008	防护棚制作安装拆除	防护棚制作、安装、拆除
031301009	特殊地区施工增加	(1) 高原、高寒施工防护； (2) 地震防护
0313010010	安装与生产同时进行施工增加	(1) 火灾防护； (2) 噪声防护
0313010011	在有害身体健康环境中施工增加	(1) 有害化合物防护； (2) 粉尘防护； (3) 有害气体防护； (4) 高浓度氧气防护
0313010012	工程系统检测、检验	(1) 锅炉、高压容器安装质量监督检测； (2) 由国家或地方检测部门进行的各类检测
0313010013	设备、管道施工的安全、防冻和焊接保护	为保证工程施工正常进行的防冻和焊接保护
0313010014	焦炉烘炉、热态工程	(1) 烘炉安装、拆除、外运； (2) 热态作业劳保消耗
0313010015	管道安拆后的充气保护	充气管道安装、拆除
0313010016	隧道内施工的通风、供水、供气、供电、照明及通信设施	通风、供水、供气、供电、照明及通信设施安装、拆除

续表

项目编码	项目名称	工作内容及包含范围
0313010017	脚手架搭拆	(1) 场内、场外材料搬运； (2) 搭、拆脚手架； (3) 拆除脚手架后材料的堆放
0313010018	其他措施	为保证工程施工正常进行所发生的费用

注：(1) 由国家或地方检测部门进行的各类检测，指安装工程不包括的属经营服务性项目，如通电测试、防雷装置检测、安全、消防工程检测、室内空气质量检测等。
(2) 脚手架按各附录分别列项。
(3) 其他措施项目必须根据实际措施项目名称确定项目名称，明确描述工作内容及包含范围

表 8-3　安全文明及其他措施项目

项目编码	项目名称	工作内容及包含范围
031302001	安全文明施工	(1) 环境保护：现场施工机械设备降低噪声、防扰民措施费用；水泥和其他易飞扬细颗粒建筑材料密闭存放或采取覆盖措施等费用；工程防扬尘洒水费用；土石方、建渣外运车辆冲洗、防洒漏等费用；现场污染源的控制、生活垃圾清理外运、场地排水排污措施的费用；其他环境保护措施费用。 (2) 文明施工：“五牌一图”的费用；现场围挡的墙面美化(包括内外粉刷、刷白、标语等)、压顶装饰费用；现场厕所便槽刷白、贴面砖，水泥砂浆地面或地砖费用，建筑物内临时便溺设施费用；其他施工现场临时设施的装饰装修、美化措施费用；现场生活卫生设施费用；符合卫生要求的饮水设备、淋浴、消毒等设施费用；生活用洁净燃料费用；防煤气中毒、防蚊虫叮咬等措施费用；施工现场操作场地的硬化费用；现场绿化费用、治安综合治理费用；现场配备医药保健器材、物品费用和急救人员培训费用；用于现场工人的防暑降温费、电风扇、空调等设备及用电费用；其他文明施工措施费用。 (3) 安全施工：安全资料、特殊作业专项方案的编制，安全施工标志的购置及安全宣传的费用；“三安”(安全帽、安全带、安全网)、“四口”(楼梯口、电梯井口、通道口、预留洞口)，“五临边”(阳台围边、楼板围边、屋面围边、槽坑围边、卸料平台两侧)，水平防护架、垂直防护架、外架封闭等防护的费用；施工安全用电的费用，包括配电箱三级配电、两级保护装置要求、外电防护措施；起重机、塔吊等起重设备(含井架、门架)及外用电梯的安全防护措施(含警示标志)费用及卸料平台的临边防护、层间安全门、防护棚等设施费用；建筑工地起重机械的检验检测费用；施工机具防护棚及其围栏的安全保护设施费用；施工安全防护通道的费用；工人的安全防护用品、用具购置费用；消防设施与消防器材的配置费用；电气保护、安全照明设施费；其他安全防护措施费用。 (4) 临时设施包含范围：施工现场采用彩色、定型钢板，砖、混凝土砌块等围挡的安砌、维修、拆除费或摊销费；施工现场临时建筑物、构筑物的搭设、维修、拆除或摊销的费用；如临时宿舍、办公室，食堂、厨房、厕所、诊疗所、临时文化福利用房、临时仓库、加工场、搅拌台、临时简易水塔、水池等。施工现场临时设施的搭设、维修、拆除或摊销的费用。如临时供水管道、临时供电管线、小型临时设施等；施工现场规定范围内临时简易道路铺设，临时排水沟、排水设施安砌、维修、拆除的费用；其他临时设施费搭设、维修、拆除或摊销的费用

续表

项目编码	项目名称	工作内容及包含范围
031302002	夜间施工增加	(1) 夜间固定照明灯具和临时可移动照明灯具的设置、拆除。 (2) 夜间施工时，施工现场交通标志、安全标牌、警示灯等的设置、移动、拆除。 (3) 包括夜间照明设备摊销及照明用电、施工人员夜班补助、夜间施工劳动效率降低等费用
031302003	非夜间施工增加	为保证工程施工正常进行，在地下(暗)室、设备及大口径管道内等特殊施工部位施工时所采用的照明设备的安拆、维护及照明用电、通风等；在地下(暗)室等施工引起的人工工效降低以及由于人工工效降低引起的机械降效
031302004	二次搬运	由于施工场地条件限制而发生的材料、成品、半成品等一次运输不能到达堆放地点，必须进行二次或多次搬运
031302005	冬雨季施工增加	(1) 冬雨(风)季施工时增加的临时设施(防寒保温、防雨、防风设施)的搭设、拆除。 (2) 冬雨(风)季施工时，对砌体、混凝土等采用的特殊加温、保温和养护措施。 (3) 冬雨(风)季施工时，施工现场的防滑处理、对影响施工的雨雪的清除。 (4) 包括冬雨(风)季施工时增加的临时设施的摊销、施工人员的劳动保护用品、冬雨(风)季施工劳动效率降低等费用
031302006	已完工程及设备保护	对已完工程及设备采取的覆盖、包裹、封闭、隔离等必要保护措施
031302007	高层施工增加	(1) 高层施工引起的人工工效降低以及由于人工工效降低引起的机械降效。 (2) 通信联络设备的使用

注：(1) 本表所列项目应根据工程实际情况计算措施项目费用，需分摊的应合理计算摊销费用。
(2) 施工排水是指为保证工程在正常条件下施工而采取的排水措施所发生的费用。
(3) 施工降水是指为保证工程在正常条件下施工而采取的降低地下水位的措施所发生的费用。
(4) 高层施工增加：①单层建筑物檐口高度超过 20m，多层建筑物超过 6 层时，按各附录分别列项。②突出主体建筑物顶的电梯机房、楼梯出口间、水箱间、瞭望塔、排烟机房等不计入檐口高度。计算层数时，地下室不计入层数。

工业炉烘炉、设备负荷试运转、联合试运转、生产准备试运转及安装工程设备场外运输应根据招标人提供的设备及安装主要材料堆放点按本节附录其他措施编码列项。

大型机械设备进出场及安拆，应按现行国家标准《房屋建筑与装饰工程工程量计算规范》(GB 50854—2013)相关项目编码列项。

4．其他项目清单编制

(1) 其他项目清单应按照下列内容列项：①暂列金额；②暂估价，包括材料暂估单价、工程设备暂估单价、专业工程暂估价；③计日工；④总承包服务费。

工程建设标准的高低、工程的复杂程度、工程的工期长短、工程的组成内容、发包人对工程管理要求等都直接影响其他项目清单的具体内容，规范提供了 4 项内容作为列项参考，不足部分，可根据工程的具体情况进行补充。

(2) 暂列金额应根据工程特点按有关计价规定估算。

暂列金额已经定义为招标人暂定并包括在合同中的一笔款项。不管采用何种合同形式，其理想的标准是，一份合同的价格就是其最终的竣工结算价格，或者至少两者应尽可能接近。我国规定对政府投资工程实行概算管理，经项目审批部门批复的设计概算是工程投资控制的刚性指标，即使商业性开发项目也有成本的预先控制问题；否则，无法相对准确地预测投资的收益和科学合理地进行投资控制。但工程建设自身的特性决定了工程的设计需要根据工程进展不断地进行优化和调整，业主需求可能会随工程建设进展而出现变化，工程建设过程还会存在一些不能预见、不能确定的因素。消化这些因素必然会影响合同价格的调整，暂列金额正是针对这类不可避免的价格调整而设立，以便达到合理确定和有效控制工程造价的目标。

(3) 暂估价中的材料、工程设备暂估单价应根据工程造价信息或参照市场价格估算，列出明细表；专业工程暂估价应分不同专业，按有关计价规定估算，列出明细表。

暂估价是指招标阶段直至签订合同协议时，招标人在招标文件中提供的用于支付必然要发生但暂时不能确定价格的材料以及专业工程的金额。暂估价类似于 FIDIC 合同条款中的 Prime Cost Items，在招标阶段预见肯定要发生，只是因为标准不明确或者需要由专业承包人完成，暂时无法确定价格。暂估价数量和拟用项目应当结合工程量清单中的“暂估价表”予以补充说明。

为方便合同管理，需要纳入分部分项工程项目清单综合单价中的暂估价应只是材料、工程设备费，以方便投标人组价。

专业工程的暂估价应是综合暂估价，包括除规费和税金以外的管理费、利润等。总承包招标时，专业工程设计深度往往是不够的，一般需要交由专业设计人设计，出于提高可建造性考虑，国际上惯例，一般由专业承包人负责设计，以发挥其专业技能和专业施工经验的优势。这类专业工程交由专业分包人完成是国际工程的良好实践，目前在我国工程建设领域也已经比较普遍。公开透明、合理地确定这类暂估价的实际开支金额的最佳途径就是通过施工总承包人与工程建设项目招标人共同组织招标。

(4) 计日工应列出项目名称、计量单位和暂估数量。

计日工是为了解决现场发生的零星工作的计价而设立的。国际上常见的标准合同条款中，大多数都设立了计日工(Day Work)计价机制。计日工对完成零星工作所消耗的人工工时、材料数量、施工机械台班进行计量，并按照计日工表中填报的适用项目的单价进行计价支付。计日工适用的所谓零星工作一般是指合同约定之外或者因变更而产生的、工程量清单中没有相应项目的额外工作，尤其是那些时间不允许事先商定价格的额外工作。

(5) 总承包服务费应列出服务项目及其内容等。

总承包服务费是为了解决招标人在法律、法规允许的条件下进行专业工程发包以及自行供应材料、工程设备，并需要总承包人对发包的专业工程提供协调和配合服务，对甲供材料、工程设备提供收、发和保管服务以及进行施工现场管理时发生并向总承包人支付的费用。招标人应预计该项费用，并按投标人的投标报价向投标人支付该项费用。

5．规费清单编制

(1) 规费项目清单应按照下列内容列项。

①社会保险费：包括养老保险费、失业保险费、医疗保险费、工伤保险费、生育保险费；②住房公积金；③工程排污费。

(2) 出现规范未列的项目，应根据省级政府或省级有关部门的规定列项。

6．税金清单编制

(1) 税金项目清单应包括下列内容：①营业税；②城市维护建设税；③教育费附加；④地方教育附加。

(2) 出现规范未列的项目，应根据税务部门的规定列项。

7．工程量清单应用表格

工程清单应采用统一格式。工程量清单格式应由下列内容组成。

(1) 招标工程量清单封面，见表 8-4。

表 8-4　招标工程量清单封面

招标工程量清单封面

______________________________工程

招标工程量清单

招　标　人：______________________
(单位盖章)

造价咨询人：______________________
(单位盖章)

年　月　日

(2) 招标工程量清单扉页，见表 8-5。

表 8-5　招标工程量清单扉页

______________________________工程

工 程 量 清 单

招　标　人：______________ (单位盖章)	工程造价 咨　询　人：______________ (单位资质专用章)
法定代表人 或其授权人：______________ (签字或盖章)	法定代表人 或其授权人：______________ (签字或盖章)
编　制　人：______________ (造价人员签字盖专用章)	复　核　人：______________ (造价工程师签字盖专用章)
编制时间：　　年　月　日	复核时间：　　年　月　日

(3) 招标控制价扉页，见表8-6。

表 8-6 招标控制价扉页

<table>
<tr><td colspan="2">

_______________工程

招 标 控 制 价

招标控制价(小写)：_______________

(大写)：_______________

</td></tr>
<tr><td>招　标　人：_______________
(单位盖章)</td><td>工程造价
咨　询　人：_______________
(单位资质专用章)</td></tr>
<tr><td>法定代表人
或其授权人：_______________
(签字或盖章)</td><td>法定代表人
或其授权人：_______________
(签字或盖章)</td></tr>
<tr><td>编　制　人：_______________
(造价人员签字盖专用章)</td><td>复　核　人：_______________
(造价工程师签字盖专用章)</td></tr>
<tr><td>编制时间：　　年　月　日</td><td>复核时间：　　年　月　日</td></tr>
</table>

(4) 工程计价总说明。(略)

(5) 分部分项工程和措施项目计价表，见表 8-7。

表 8-7 分部分项工程和措施项目计价表

工程名称： 标段： 第 页 共 页

序号	项目编码	项目名称	项目特征描述	计量单位	工程量	金额/元		
						综合单价	合价	其中
								暂估价
本页小计								
合 计								

注：为计取规费等的使用，可在表中增设“其中：定额人工费”。

(6) 暂列金额明细表，见表 8-8。

表 8-8　暂列金额明细表

工程名称：　　　　　　　　　　标段：　　　　　　　　　　第　页共　页

序　号	项目名称	计量单位	暂定金额/元	备　注
1				
2				
3				
4				
5				
6				
7				
8				
9				
10				
11				

注：此表由招标人填写，如不能详列，也可只列暂定金额总额，投标人应将上述暂列金额计入投标总价中。

(7) 材料(工程设备)暂估单价及调整表，见表 8-9。

表 8-9　材料(工程设备)暂估单价及调整表

工程名称：　　　　　　　　　　　　　　　标段：　　　　　　　　　　　　　　第　页 共　页

序号	材料(工程设备)名称、规格、型号	计量单位	数量		暂估/元		确认/元		差额±/元		备注
			暂估	确认	单价	合价	单价	合价	单价	合价	
合　计											

注：此表由招标人填写“暂估单价”，并在备注栏说明暂估价的材料、工程设备拟用在那些清单项目上，投标人应将上述材料、工程设备暂估单价计入工程量清单综合单价报价中。

(8) 专业工程暂估价表及结算价表，见表 8-10。

表 8-10　专业工程暂估价表及结算价表

工程名称：　　　　　　　　　　　　　　　标段：　　　　　　　　　　　　第　页 共　页

序号	工程名称	工程内容	暂估金额/元	结算金额/元	差额±/元	备注
合　计						

注：此表“暂估金额”由招标人填写，投标人应将“暂估金额”计入投标总价中。结算时按合同约定结算金额填写。

(9) 计日工表，见表 8-11。

表 8-11　计日工表

工程名称：　　　　　　　　　　　　　　标段：　　　　　　　　　　　　第　页共　页

编号	项目名称	单位	暂定数量	实际数量	综合单价/元	合价/元	
						暂定	实际
一	人　工						
1							
2							
3							
4							
人工小计							
二	材　料						
1							
2							
3							
4							
5							
6							
材料小计							
三	施工机械						
1							
2							
3							
4							
施工机械小计							
四、企业管理费和利润							
总　计							

注：此表项目名称、暂定数量由招标人填写，编制招标控制价时，单价由招标人按有关计价规定确定；投标时，单价由投标人自主报价，按暂定数量计算合价计入投标总价中。结算时，按发承包双方确认的实际数量计算合价。

8.2.3 工程量清单计价

工程量清单计价是指在建设工程发包与承包计价活动中，发包人按照统一的工程量清单计价规范提供招标工程分部分项工程项目、措施项目、其他项目等相应数量的明细清单，并作为招标文件的一部分提供给投标人，投标人依据工程量清单，根据各种渠道所获得的工程造价信息和经验数据，结合企业定额自主报价的计价方式。

新中国成立以来，我国长期实行计划经济，政府在工程造价管理方面实行宏观和微观并重的原则。这一阶段，工程造价的管理主要体现在工程概预算及定额的管理上。进入 20 世纪 90 年代后，我国逐步建立了社会主义市场经济体制并加入 WTO，为了满足建立市场经济体制的需要并与国际惯例接轨，90 年代末开始逐步推行工程量清单计价模式。2001 年 12 月 1 日起实施的《建筑工程施工发包与承包计价管理办法》就是一个标志。2003 年 7 月 1 日开始实施的《建设工程工程量清单计价规范》(GB 50500—2003)标志着工程量清单计价模式的正式建立。2013 年 7 月 1 日开始实施的《建设工程工程量清单计价规范》(GB 50500—2013)则标志着我国工程量清单计价模式的成熟与发展。

在工程量清单计价模式下，以招标人提供的工程量清单为平台，投标人根据自身的技术、财务、管理能力进行投标报价，招标人根据具体的评标细则进行优选，这种计价方式是市场定价体系的具体表现形式。因此，在市场经济比较发达的国家，工程量清单计价法是非常流行的。随着我国建设市场的不断成熟和发展，工程量清单计价方法也必然会越来越成熟和规范。

1. 工程量清单计价一般规定

在工程量清单计价过程中，必须符合以下规定。

1) 应用范围

使用国有资金投资的建设工程发承包，必须采用工程量清单计价。国有投资的资金包括国家融资资金、国有资金为主的投资资金。

(1) 国有资金投资的工程建设项目包括：①使用各级财政预算资金的项目；②使用纳入财政管理的各种政府性专项建设资金的项目；③使用国有企事业单位自有资金，并且国有资产投资者实际又有控制权的项目。

(2) 国家融资资金投资的工程建设项目包括：①使用国家发行债券所筹资金的项目；②使用国家对外借款或者担保所筹资金的项目；③使用国家政策性贷款的项目；④国家授权投资主体融资的项目；⑤国家特许的融资项目。

(3) 国有资金(含国家融资资金)为主的工程建设项目是指国有资金占投资总额 50%以上，或虽不足 50%，但国有投资者实质上拥有控股权的工程建设项目。

2) 发包人提供材料和工程设备

(1) 发包人提供的材料和工程设备(以下简称甲供材料)应在招标文件中按照规范的规定

填写《发包人提供材料和工程设备一览表》，写明甲供材料的名称、规格、数量、单价、交货方式、交货地点等。

承包人投标时，甲供材料单价应计入相应项目的综合单价中，签约后，发包人应按合同约定扣除甲供材料款，不予支付。

(2) 承包人应根据合同工程进度计划的安排，向发包人提交甲供材料交货的日期计划。发包人应按计划提供。

(3) 发包人提供的甲供材料如规格、数量或质量不符合合同要求，或由于发包人原因发生交货日期延误、交货地点及交货方式变更等情况的，发包人应承担由此增加的费用和(或)工期延误，并应向承包人支付合理利润。

(4) 发承包双方对甲供材料的数量发生争议不能达成一致的，应按照相关工程的计价定额同类项目规定的材料消耗量计算。

(5) 若发包人要求承包人采购已在招标文件中确定为甲供材料的，材料价格应由发承包双方根据市场调查确定，并应另行签订补充协议。

3) 承包人提供材料和工程设备

(1) 除合同约定的发包人提供的甲供材料外，合同工程所需的材料和工程设备应由承包人提供，承包人提供的材料和工程设备均应由承包人负责采购、运输和保管。

(2) 承包人应按合同约定将采购材料和工程设备的供货人及品种、规格、数量和供货时间等提交发包人确认，并负责提供材料和工程设备的质量证明文件，满足合同约定的质量标准。

(3) 对承包人提供的材料和工程设备经检测不符合合同约定的质量标准，发包人应立即要求承包人更换，由此增加的费用和(或)工期延误应由承包人承担。对发包人要求检测承包人已具有合格证明的材料、工程设备，但经检测证明该项材料、工程设备符合合同约定的质量标准，发包人应承担由此增加的费用和(或)工期延误，并向承包人支付合理利润。

4) 计价风险

(1) 建设工程发承包，必须在招标文件、合同中明确计价中的风险内容及其范围，不得采用无限风险、所有风险或类似语句规定计价中的风险内容及范围。

(2) 由于下列因素出现，影响合同价款调整的，应由发包人承担。

① 国家法律、法规、规章和政策发生变化；

② 省级或行业建设主管部门发布的人工费调整，但承包人对人工费或人工单价的报价高于发布的除外；

③ 由政府定价或政府指导价管理的原材料等价格进行了调整。

因承包人原因导致工期延误的，应按计价规范第 9.2.2 条、第 9.8.3 条的规定执行。

(3) 由于市场物价波动影响合同价款的，应由发承包双方合理分摊，按计价规范规定填写《承包人提供主要材料和工程设备一览表》作为合同附件；当合同中没有约定，发承包双方发生争议时，应按计价规范第 9.8.1 至第 9.8.3 条的规定调整合同价款。

(4) 由于承包人使用机械设备、施工技术以及组织管理水平等自身原因造成施工费用增加的，应由承包人全部承担。

(5) 当不可抗力发生，影响合同价款时，应按计价规范 9.10 节的规定执行。

本条规定了招标人应在招标文件中或在签订合同时载明投标人应考虑的风险内容及其风险范围或风险幅度。

风险是一种客观存在的、可能会带来损失的、不确定的状态，具有客观性、损失性、不确定性的特点，并且风险始终是与损失相联系的。工程施工发包是一种期货交易行为。工程建设本身又具有单件性和建设周期长的特点。在工程施工过程中影响工程施工及工程造价的风险因素很多，但并非所有的风险都是承包人能预测、能控制和应承担其造成的损失。基于市场交易的公平性要求和工程施工过程中发承包双方权、责的对等性要求，发承包双方应合理分摊风险，所以要求招标人在招标文件中或在合同中禁止采用无限风险、所有风险或类似的语句规定投标人应承担的风险内容及其风险范围或风险幅度。

5) 其他规定

(1) 实行工程量清单计价的工程，一般应采用单价合同方式，并采用综合单价计法。

单价合同方式，是指合同中的工程量清单项目综合单价在合同约定的条件内固定不变，超过合同约定条件时，依据合同约定进行调整；工程量清单项目及工程量依据承包人实际完成且应予计量的工程量确定。

综合单价应包括除规费和税金以外的全部费用。

(2) 措施项目中的安全文明施工费必须按国家或省级、行业建设主管部门的规定计算，不得作为竞争性费用。

遵照相关法律、法规，安全文明施工费纳入国家强制性管理范围，规定“投标方安全防护、文明施工措施的报价，不得低于依据工程所在地工程造价管理机构测定费率计算所需费用总额的 90%”。

(3) 规费和税金必须按国家或省级、行业建设主管部门的规定计算，不得作为竞争性费用。

2. 招标控制价的编制

1) 招标控制价的概念

招标控制价(Tender Sum Limit)是招标人根据国家或省级、行业建设主管部门颁发的有关计价依据和办法，以及拟定的招标和招标工程量清单，结合工程具体情况编制的招标工程的最高投标限价。

招标控制价是我国推行工程量清单计价以来，对招标时评标定价的管理方式发生的根本性的变化。从 1983 年我国建设工程试行施工招标投标制到 2003 年推行工程量清单计价，各地主要采取有标底招标，投标人的报价越接近标底中标的可能性越大。在这一评标方法下，标底必须保密。在 2003 年推行工程量清单计价以后，由于各地基本上不再编制标底，因而出现了新的问题，即根据什么来确定合理报价。实践中，一些工程项目在招标中除了过度的低价恶性竞争外，也出现了所有投标人的投标报价均高于招标人的预期价格。针对这一新情况，为避免投标人串标、哄抬标价，许多省、市相继出台了控制最高限价的规定，但在名称上有所不同，包括拦标价、最高报价值、预算控制价、最高限价等。2008 年修订后的《清单计价规范》将编制招标控制价作为控制工程造价的一种制度提出，并要求在招标文件中将其公布，投标人的报价如超过公布的最高限价，其投标将作为废标处理。

2) 招标控制价的一般规定

(1) 国有资金投资的建设工程招标，招标人必须编制招标控制价。

我国对国有资金投资项目的投资控制实行的是投资概算审批制度，国有资金投资的工程原则上不能超过批准的投资概算。

国有资金投资的工程实行工程量清单招标，为了客观、合理地评审投标报价和避免哄抬标价，避免造成国有资产流失，招标人必须编制招标控制价，规定最高投标限价。

招标控制价超过批准的概算时，招标人应将其报原概算审批部门审核。这是由于我国对国有资金投资项目的投资控制实行的是投资概算审批制度，国有资金投资的工程原则上不能超过批准的投资概算。

(2) 招标控制价应由具有编制能力的招标人或受其委托具有相应资质的工程造价咨询人编制和复核。工程造价咨询人接受招标人委托编制招标控制价，不得再就同一工程接受投标人委托编制投标报价。

(3) 招标控制价应按照计价规范第 5.2.1 条的规定编制，不应上调或下浮。

《建设工程质量管理条例》第十条规定："建设工程发包单位不得迫使承包方以低于成本的价格竞标"，本条规定不应对所编制的招标控制价进行上浮或下调。

(4) 招标人应在发布招标文件时公布招标控制价，同时应将招标控制价及有关资料报送工程所在地或有该工程管辖权的行业管理部门工程造价管理机构备查。

招标控制价的作用决定了招标控制价不同于标底，无须保密。为体现招标的公平、公正，防止招标人有意抬高或压低工程造价，招标人应在招标文件中如实公布招标控制价。同时，招标人应将招标控制价报工程所在地的工程造价管理机构备查。

3) 招标控制价的编制与复核

(1) 招标控制价应根据下列依据编制与复核：①计价规范；②国家或省级、行业建设主管部门颁发的计价定额和计价办法；③建设工程设计文件及相关资料；④拟定的招标文件及招标工程量清单；⑤与建设项目相关的标准、规范、技术资料；⑥施工现场情况、工程特点及常规施工方案；⑦工程造价管理机构发布的工程造价信息，当工程造价信息没有发布时，参照市场价；⑧其他的相关资料。

(2) 综合单价中应包括招标文件中划分的应由投标人承担的风险范围及其费用。招标文件中没有明确的，若是工程造价咨询人编制，应提请招标人明确；若是招标人编制，应予明确。

(3) 分部分项工程和措施项目中的单价项目，应根据拟定的招标文件和招标工程量清单项目中的特征描述及有关要求确定综合单价计算。措施项目中的总价项目应根据拟定的招标文件和常规施工方案按计价规范第 3.1.4 条和第 3.1.5 条的规定计价。

(4) 其他项目应按下列规定计价。

① 暂列金额，应按招标工程量清单中列出的金额填写。暂列金额应根据工程特点、工期长短，按有关计价规定进行估算确定，一般可按分部分项工程费的 10%～15%为参考。

② 暂估价中的材料、工程设备单价应按招标工程量清单中列出的单价计入综合单价。

③ 暂估价中的专业工程金额应按招标工程量清单中列出的金额填写。

④ 计日工应按招标工程量清单中列出的项目根据工程特点和有关计价依据确定综合单价计算。

⑤ 总承包服务费应根据招标工程量清单列出的内容和要求估算。可参照下列标准计算：

a. 招标人仅要求对分包的专业工程进行总承包管理和协调时，按分包的专业工程估算造价的 1.5%计算；

b. 招标人要求对分包的专业工程进行总承包管理和协调并同时要求提供配合服务时，根据招标文件中列出的配合服务内容和提出的要求按分包的专业工程估算造价的 3%～5%计算；

c. 招标人自行供应材料的，按招标人供应材料价值的 1%计算。

4) 投诉与处理

(1) 投标人经复核认为招标人公布的招标控制价未按照本规范的规定进行编制的，应在招标控制价公布后 5 日内向招投标监督机构和工程造价管理机构投诉。

(2) 投诉人投诉时，应当提交由单位盖章和法定代表人或其委托人签名或盖章的书面投诉书。投诉书应包括的内容为：①投诉人与被投诉人的名称、地址及有效联系方式；②投诉的招标工程名称、具体事项及理由；③投诉依据及有关证明材料；④相关的请求及主张。

(3) 工程造价管理机构在接到投诉书后应在 2 个工作日内进行审查，对有下列情况之一的，不予受理：①投诉人不是所投诉招标工程招标文件的收受人；②投诉书提交的时间不符合计价规范第 5.3.1 条规定的；③投诉书不符合计价规范第 5.3.2 条规定的；④投诉事项已进入行政复议或行政诉讼程序的。

(4) 工程造价管理机构应在不迟于结束审查的次日将是否受理投诉的决定书面通知投诉人、被投诉人以及负责该工程招投标监督的招投标管理机构。

工程造价管理机构受理投诉后，应立即对招标控制价进行复查，组织投诉人、被投诉人或其委托的招标控制价编制人等单位人员对投诉问题逐一核对。有关当事人应当予以配合，并应保证所提供资料的真实性。

工程造价管理机构应当在受理投诉的 10 日内完成复查，特殊情况下可适当延长，并做出书面结论通知投诉人、被投诉人及负责该工程招投标监督的招投标管理机构。

当招标控制价复查结论与原公布的招标控制价误差大于±3%时，应当责成招标人改正。

(5) 招标人根据招标控制价复查结论需要重新公布招标控制价的，其最终公布的时间至招标文件要求提交投标文件截止时间不足 15 日的，应相应延长投标文件的截止时间。

3. 投标价的编制

投标价的编制主要是投标人对承建工程所要发生的各种费用的计算。单计价规范规定：投标价是投标人投标时相应招标文件要求所报出的对已标价工程量清单汇总后标明的总价。具体来讲，投标价是在工程招标发包过程中，由投标人按照招标文件的要求，根据工程特点，并结合自身的施工技术、装备和管理水平，依据有关计价规定自主确定的工程造价，是投标人希望达成工程承包交易的期望价格，它不能高于招标人设定的招标控制价。作为投标计算的必要条件，应预先确定施工方案和施工进度。此外，投标计算还必须与采用的合同形式相协调。

1) 一般规定

投标价的编制应遵循以下一般规定。

(1) 投标价应由投标人或受其委托具有相应资质的工程造价咨询人编制，投标人依据规定自主确定投标报价。

(2) 投标报价不得低于工程成本。

《中华人民共和国反不正当竞争法》第十一条规定："经营者不得以排挤竞争对手为目的，以低于成本的价格销售商品。"《中华人民共和国招标投标法》第四十一条规定："中标人的投标应当符合下列条件……(二)能够满足招标文件的实质性要求，并且经评审的投标价格最低；但是投标价格低于成本的除外。"《评标委员会和评标方法暂行规定》(国家计委等七部委第 12 号令)第二十一条规定："在评标过程中，评标委员会发现投标人的报价明显低于其他投标报价或者在设有标底时明显低于标底的，使得其投标报价可能低于其个别成本的，应当要求该投标人做出书面说明并提供相关证明材料。投标人不能合理说明或者不能提供相关证明材料的，由评标委员会认定该投标人以低于成本报价竞标，其投标应作为废标处理。"根据上述法律、规章的规定，特别要求投标人的投标报价不得低于成本。

(3) 投标人必须按招标工程量清单填报价格。项目编码、项目名称、项目特征、计量单位、工程数量必须与招标工程量清单一致。

(4) 投标人的投标报价高于招标控制价的应予废标。

国有资金投资的工程，招标人编制并公布的招标控制价相当于招标人的采购预算，同时要求其不能超过批准的概算。因此，招标控制价是招标人在工程招标时能接受投标人报价的最高限价。国有资金中的财政性资金投资的工程在招标时还应符合《中华人民共和国政府采购法》相关条款的规定，该法第三十六条规定，"在招标采购中，出现下列情形之一的，应予废标……(三)投标人的报价均超过了采购预算，采购人不能支付的"。本条依据这一精神，规定了国有资金投资的工程，投标人的投标不能高于招标控制价；否则，其投标作废标处理。

2) 投标价的编制

(1) 投标报价应根据下列依据编制和复核：①计价规范；②国家或省级、行业建设主管部门颁发的计价办法；③企业定额，国家或省级、行业建设主管部门颁发的计价定额和计价办法；④招标文件、招标工程量清单及其补充通知、答疑纪要；⑤建设工程设计文件及相关资料；⑥施工现场情况、工程特点及投标时拟定的施工组织设计或施工方案；⑦与建设项目相关的标准、规范等技术资料；⑧市场价格信息或工程造价管理机构发布的工程造价信息；⑨其他的相关资料。

(2) 分部分项工程和措施项目中的单价项目，应根据招标文件和招标工程量清单项目中的特征描述确定综合单价计算。

措施项目中的总价项目金额应根据招标文件及投标时拟定的施工组织设计或施工方案，按计价规范第 3.1.4 条的规定自主确定。其中安全文明施工费应按照计价规范第 3.1.5 条的规定确定。

(3) 招标工程量清单与计价表中列明的所有需要填写单价和合价的项目，投标人均应填写且只允许有一个报价。未填写单价和合价的项目，可视为此项费用已包含在已标价工程量清单中其他项目的单价和合价之中。当竣工结算时，此项目不得重新组价予以调整。

(4) 投标总价应当与分部分项工程费、措施项目费、其他项目费和规费、税金的合计金额一致。

实行工程量清单招标，投标人的投标总价应当与组成工程量清单的分部分项工程费、措施项目费、其他项目费和规费、税金的合计金额一致，即投标人在投标报价时，不能进行投标总价优惠(或降价、让利)，投标人对招标人的任何优惠(或降价、让利)均应反映在相应清单项目的综合单价中。

3) 投标价的编制步骤及方法

投标报价的编制过程，应首先根据招标人提供的工程量清单编制分部分项工程量清单计价表、措施项目清单计价表、其他项目清单计价表、规费、税金项目清单计价表，计算完毕之后，汇总而得到单位工程投标报价汇总表，再层层汇总，分别得出单项工程投标报价汇总表和工程项目投标总价汇总表。在编制过程中，投标人应按招标人提供的工程量清单填报价格。填写的项目编码、项目名称、项目特征、计量单位、工程量必须与招标人提供的一致。

(1) 分部分项工程量清单与计价表的编制。承包人投标价中的分部分项工程费应按招标文件中分部分项工程量清单项目的特征描述确定综合单价计算。因此确定综合单价是分部分项工程工程量清单与计价表编制过程中最主要的内容。分部分项工程量清单综合单价，包括完成单位分部分项工程所需的人工费、材料费、机械使用费、管理费、利润，并考虑风险费用的分摊。

确定分部分项工程综合单价时应注意以下事项。

① 以项目特征描述为依据。确定分部分项工程量清单项目综合单价的最重要依据之一是该清单项目的特征描述，投标人投标报价时应依据招标文件中分部分项工程量清单项目的特征描述确定清单项目的综合单价。在招投标过程中，当出现招标文件中分部分项工程量清单特征描述与设计图纸不符时，投标人应以分部分项工程量清单的项目特征描述为准，

确定投标报价的综合单价。当施工中施工图纸或设计变更与工程量清单项目特征描述不一致时，发、承包双方应按实际施工的项目特征，依据合同约定重新确定综合单价。

② 材料暂估价的处理。招标文件中在其他项目清单中提供了暂估单价的材料，应按其暂估的单价计入分部分项工程量清单项目的综合单价中。

③ 应包括承包人承担的合理风险。招标文件中要求投标人承担的风险费用，投标人应计入综合单价。综合单价包括招标文件中划分的应由投标人承担的风险范围及其费用，招标文件中没有明确的，应提请招标人明确。在施工过程中，当出现的风险内容及其范围(幅度)在合同约定的范围内时，合同价款不做调整。

根据我国工程建设特点，投标人应完全承担的风险是技术风险和管理风险，如管理费和利润；应有限度承担的是市场风险，如材料价格、施工机械使用费等的风险；应完全不承担的是法律、法规、规章和政策变化的风险。

计价规范定义的风险是综合单价包含的内容。根据我国目前工程建设的实际情况，各省、自治区、直辖市建设行政主管部门均根据当地人力资源和社会保障行政主管部门的有关规定发布人工成本信息或人工费调整，对关系职工切身利益的人工费不应纳入风险，材料价格的风险宜控制在 5%以内，施工机械使用费的风险可控制在 10%以内，超过者予以调整，管理费和利润的风险由投标人全部承担。

对于法律、法规、规章或有关政策出台导致工程税金、规费、人工发生变化，并由省级、行业建设行政主管部门或其授权的工程造价管理机构根据上述变化发布的政策性调整，承包人不应承担此类风险，应按照有关调整规定执行。

对于承包人根据自身技术水平、管理、经营状况能够自主控制的风险，如承包人的管理费、利润的风险，承包人应结合市场情况，根据企业自身的实际合理确定、自主报价，该部分风险由承包人全部承担。

(2) 措施项目清单与计价表的编制。编制内容主要是计算各项措施项目费，措施项目费应根据招标文件中的措施项目清单及投标时拟定的施工组织设计或施工方案按不同报价方式自主报价。计算时应遵循以下原则。

① 投标人可根据工程实际情况结合施工组织设计，自主确定措施项目费。对招标人所列的措施项目可以进行增补。这是由于各投标人拥有的施工装备、技术水平和采用的施工方法有所差异，招标人提出的措施项目清单是根据一般情况确定的，没有考虑不同投标人的“个性”，投标人投标时应根据自身编制的投标施工组织设计或施工方案确定措施项目，对招标人提供的措施项目进行调整。投标人根据投标施工组织设计或施工方案调整和确定的措施项目应通过评标委员会的评审。

② 对于可以计算工程量的“单价项目”，宜采用分部分项工程量清单的方式编制，并采用综合单价计价。综合单价应包括除规费、税金外的全部费用；对于无法计算工程量的“总价项目”，以“项”为计量单位的，按项计价，其价格组成与综合单价相同，应包括除规费、税金以外的全部费用。

③ 措施项目清单中的安全文明施工费应按照国家或省级、行业建设主管部门的规定计价，不得作为竞争性费用。

(3) 其他项目与清单计价表的编制。其他项目费主要包括暂列金额、暂估价、计日工以及总承包服务费。投标人对其他项目费投标报价时应遵循以下原则。

① 暂列金额应按招标工程量清单中列出的金额填写；

② 材料、工程设备暂估价应按招标工程量清单中列出的单价计入综合单价；

③ 专业工程暂估价应按招标工程量清单中列出的金额填写；

④ 计日工应按招标工程量清单中列出的项目和数量，自主确定综合单价并计算计日工金额；

⑤ 总承包服务费应根据招标工程量清单中列出的内容和提出的要求自主确定。

(4) 规费、税金项目清单与计价表的编制。规费和税金应按国家或省级、行业建设主管部门的规定计算，不得作为竞争性费用。这是由于规费和税金的计取标准是依据有关法律、法规和政策规定制定的，具有强制性。因此，投标人在投标报价时必须按照国家或省级、行业建设主管部门的有关规定计算规费和税金。

(5) 投标价的汇总。投标人的投标总价应当与组成工程量清单的分部分项工程费、措施项目费、其他项目费和规费、税金的合计金额相一致，即投标人在进行工程量清单招标的投标报价时，不能进行投标总价优惠(或降价、让利)，投标人对投标报价的任何优惠(或降价、让利)均应反映在相应清单项目的综合单价中。

4. 工程量清单计价表格

在工程量清单计价中，投标人应用的计价表格采用统一格式，由下列内容组成。

(1) 投标总价封面。(略)

(2) 投标总价扉页，见表 8-12。

(3) 建设项目招标控制价/投标报价汇总表，见表 8-13。

(4) 单项工程招标控制价/投标报价汇总表。(略)

(5) 单位工程招标控制价/投标报价汇总表。(略)

(6) 综合单价分析表，见表 8-14。

(7) 总价措施项目清单与计价表，见表 8-15。

(8) 其他项目清单与计价表汇总表。(略)

(9) 其他。

表 8-12　投标总价扉页

投 标 总 价

招　标　人：________________

工 程 名 称：________________

投标总价(小写)：________________

(大写)：________________

投　标　人：________________
(单位盖章)

法定代表人
或其授权人：________________
(签字或盖章)

编　制　人：________________
(造价人员签字盖专用章)

时　　　间：　　年　月　日

表 8-13　建设项目招标控制价/投标报价汇总表

工程名称：　　　　　　　　　　　　　　　　　　　　　　　　第　页 共　页

序号	单项工程名称	金额/元	其中		
			暂估价/元	安全文明施工费/元	规费/元
合　计					

注：本表适用于建设项目招标控制价或投标报价的汇总。

表 8-14　综合单价分析表

工程名称：　　　　　　　　　　　　标段：　　　　　　　　　　　第　页 共　页

<table>
<tr><td colspan="2">项目编码</td><td colspan="2"></td><td colspan="2">项目名称</td><td colspan="2"></td><td colspan="2">计量单位</td><td></td><td>工程量</td><td></td></tr>
<tr><td colspan="13">清单综合单价组成明细</td></tr>
<tr><td rowspan="2">定额编号</td><td rowspan="2">定额项目名称</td><td rowspan="2">定额单位</td><td rowspan="2">数量</td><td colspan="4">单　价</td><td colspan="4">合　价</td><td rowspan="2"></td></tr>
<tr><td>人工费</td><td>材料费</td><td>机械费</td><td>管理费和利润</td><td>人工费</td><td>材料费</td><td>机械费</td><td>管理费和利润</td></tr>
<tr><td></td><td></td><td></td><td></td><td></td><td></td><td></td><td></td><td></td><td></td><td></td><td></td><td></td></tr>
<tr><td></td><td></td><td></td><td></td><td></td><td></td><td></td><td></td><td></td><td></td><td></td><td></td><td></td></tr>
<tr><td></td><td></td><td></td><td></td><td></td><td></td><td></td><td></td><td></td><td></td><td></td><td></td><td></td></tr>
<tr><td></td><td></td><td></td><td></td><td></td><td></td><td></td><td></td><td></td><td></td><td></td><td></td><td></td></tr>
<tr><td></td><td></td><td></td><td></td><td></td><td></td><td></td><td></td><td></td><td></td><td></td><td></td><td></td></tr>
<tr><td></td><td></td><td></td><td></td><td></td><td></td><td></td><td></td><td></td><td></td><td></td><td></td><td></td></tr>
<tr><td></td><td></td><td></td><td></td><td></td><td></td><td></td><td></td><td></td><td></td><td></td><td></td><td></td></tr>
<tr><td></td><td></td><td></td><td></td><td></td><td></td><td></td><td></td><td></td><td></td><td></td><td></td><td></td></tr>
<tr><td colspan="2">人工单价</td><td colspan="6">小　计</td><td></td><td></td><td></td><td></td><td></td></tr>
<tr><td colspan="2">元/工日</td><td colspan="6">未计价材料费</td><td colspan="5"></td></tr>
<tr><td colspan="8">清单项目综合单价</td><td colspan="5"></td></tr>
<tr><td rowspan="10">材料费明细</td><td colspan="5">主要材料名称、规格、型号</td><td>单位</td><td>数量</td><td>单价(元)</td><td>合价(元)</td><td>暂估单价(元)</td><td>暂估合价(元)</td><td></td></tr>
<tr><td colspan="5"></td><td></td><td></td><td></td><td></td><td></td><td></td><td></td></tr>
<tr><td colspan="5"></td><td></td><td></td><td></td><td></td><td></td><td></td><td></td></tr>
<tr><td colspan="5"></td><td></td><td></td><td></td><td></td><td></td><td></td><td></td></tr>
<tr><td colspan="5"></td><td></td><td></td><td></td><td></td><td></td><td></td><td></td></tr>
<tr><td colspan="5"></td><td></td><td></td><td></td><td></td><td></td><td></td><td></td></tr>
<tr><td colspan="5"></td><td></td><td></td><td></td><td></td><td></td><td></td><td></td></tr>
<tr><td colspan="5"></td><td></td><td></td><td></td><td></td><td></td><td></td><td></td></tr>
<tr><td colspan="7">其他材料费</td><td>—</td><td></td><td>—</td><td></td><td></td></tr>
<tr><td colspan="7">材料费小计</td><td>—</td><td></td><td>—</td><td></td><td></td></tr>
</table>

注：1. 如不使用省级或行业建设主管部门发布的计价依据，可不填定额编号、名称等。
2. 招标文件提供了暂估单价的材料，按暂估的单价填入表内“暂估单价”栏及“暂估合价”栏。

表 8-15　总价措施项目清单与计价表

工程名称：　　　　　　　　　　　　　　标段：　　　　　　　　　　　　第　　页 共　　页

序号	项目编码	项目名称	计算基础	费率/%	金额/元	调整费率/%	调整后金额/元	备注
		安全文明施工费						
		夜间施工增加费						
		二次搬运费						
		冬雨季施工增加费						
		已完工程及设备保护费						
合　计								

编制人(造价人员)：　　　　　　　　　　　　　　　　复核人(造价工程师)：

注：1. “计算基础”中安全文明施工费可为“定额基价”“定额人工费”或“定额人工费+定额机械费”，其他项目可为“定额人工费”或“定额人工费+定额机械费”。

2. 按施工方案计算的措施费，若无“计算基础”和“费率”的数值，也可只填“金额”数值，但应在备注栏说明施工方案出处或计算方法。

8.3　工程量计算与工程量清单计价实例

8.3.1　工程量计算

工程造价的有效确定与控制，应以构成工程实体的分部分项工程项目以及所需采取的措施项目的数量标准为依据。由于工程造价的多次性计价特点，工程计量也具有多阶段性和多次性，不仅包括招标阶段工程量清单编制中的工程计量，也包括投资估算、设计概算、投标报价以及合同履约阶段的变更、索赔、支付和结算中的工程计量。本章及后续章节所涉及的安装工程量计算是根据《通用安装工程工程量计算规范》(GB 50856—2013)(以下简称计算规范)完成的，适用于安装工程施工发承包计价活动中的工程量清单编制和工程量计算。

1．工程量的含义及作用

工程量是指以物理计量单位或自然计量单位所表示的分部分项工程项目和措施项目的数量。

物理计量单位是指需经量度的具有物理属性的单位，一般是以公制度量单位表示，如长度(m)、面积(m^2)、体积(m^3)、重量(t)等；自然计量单位是指无须量度的具有自然属性的单位，如个、台、组、套、樘等，如门窗工程可以以“樘”为计量单位；桩基工程可以以“根”为计量单位等。

计算规范附录中有两个或两个以上计量单位的，应结合拟建工程项目的实际情况，确定其中一个为计量单位。同一工程项目的计量单位应一致。

进行工程计量时每一项目汇总的有效位数应遵守下列规定。

(1) 以“t”为单位，应保留小数点后三位数字，第四位小数四舍五入。

(2) 以“m”“m^2”“m^3”“kg”为单位，应保留小数点后两位数字，第三位小数四舍五入。

(3) 以“台”“个”“件”“套”“根”“组”“系统”等为单位，应取整数。

工程量的作用体现在以下几个方面。

(1) 工程量是确定建筑安装工程造价的重要依据。只有准确计算工程量，才能正确计算工程相关费用，合理确定工程造价。

(2) 工程量是承包方生产经营管理的重要依据。工程量是编制项目管理规划、安排工程施工进度、编制材料供应计划、进行工料分析、进行工程统计和经济核算的重要依据，也是编制工程形象进度统计报表，向工程建设发包方结算工程价款的重要依据。

(3) 工程量是发包方管理工程建设的重要依据。工程量是编制建设计划、筹集资金、工程招标文件、工程量清单、建筑工程预算、安排工程价款的拨付和结算、进行投资控制的重要依据。

2．工程量计算的依据

工程量是根据施工图及其相关说明，按照一定的工程量计算规则逐项进行计算并汇总得到的。主要依据如下。

(1) 经审定的施工设计图纸及其说明。施工图纸全面反映建筑物(或构筑物)的结构构造、各部位的尺寸及工程做法，是工程量计算的基础资料和基本依据。

(2) 工程施工合同、招标文件的商务条款等。

(3) 经审定的施工组织设计(项目管理实施规划)或施工技术措施方案。施工图纸主要表现拟建工程的实体项目，分项工程的具体施工方法及措施，应按施工组织设计(项目管理实施规划)或施工技术措施方案确定。

(4) 工程量计算规则。工程量计算规则是规定在计算工程实物数量时，从设计文件和图纸中摘取数值的取定原则。我国目前的工程量计算规则主要有两类，一是与预算定额相配套的工程量计算规则，原建设部制定了《全国统一建筑工程预算工程量计算规则》(GJD_{GZ}-101-95)；二是与清单计价相配套的计算规则，原建设部分别于 2003 年和 2008 年先后公布了两版《建设工程工程量清单计价规范》，在规范的附录部分明确了分部分项工程的工程量计算规则。2013 年住建部又颁布了房屋建筑与装饰工程、仿古建筑工程、通用安装工程、市政工程、园林绿化工程、矿山工程、构筑物工程、城市轨道交通工程、爆破工程九个专业的工程量计算规范，进一步规范了工程造价中工程量计量行为，统一了各专业工程量清单的编制、项目设置和工程量计算规则。

(5) 经审定的其他有关技术经济文件。

3．工程量计算规范

工程量计算规范是工程量计算的主要依据之一，按照现行规定，安装工程采用工程量清单计价的，其工程量计算应执行《通用安装工程工程量计算规范》(GB 50856)。

计算规范包括总则、术语、工程计量、工程量清单编制、附录以及条文说明等。计算规范附录中分部分项工程项目的内容包括项目编码、项目名称、项目特征、计量单位、工程量计算规则和工作内容 6 个部分。

计算规范附录中列出了两种类型的措施项目，一类措施项目中列出了项目编码、项目名称、项目特征、计量单位、工程量计算规则的项目，编制工程量清单时，与分部分项工程项目的相关规定一致；另一类措施项目列出项目编码、项目名称，未列出项目特征、计量单位和工程量计算规则的项目，编制工程量清单时，应按规范中措施项目规定的项目编码、项目名称确定。

计价规范各项目仅列出了主要工作内容，除另有规定和说明外，应视为已经包括完成该项目所列或未列的全部工作内容。

计价规范电气设备安装工程适用于电气 10kV 以下的工程。

计价本规范与现行国家标准《市政工程工程量计算规范》(GB 50857)相关内容在执行上的划分界线如下。

(1) 计价规范电气设备安装工程与市政工程路灯工程的界定：厂区、住宅小区的道路路灯安装工程、庭院艺术喷泉等电气设备安装工程按通用安装工程“电气设备安装工程”相应项目执行；涉及市政道路、市政庭院等电气安装工程的项目，按市政工程中“路灯工程”的相应项目执行。

(2) 计价规范工业管道与市政工程管网工程的界定：给水管道以厂区入口水表井为界；排水管道以厂区围墙外第一个污水井为界；热力和燃气以厂区入口第一个计量表(阀门)为界。

(3) 计价规范给排水、采暖、燃气工程与市政工程管网工程的界定：室外给排水、采暖、燃气管道以市政管道碰头井为界；厂区、住宅小区的庭院喷灌及喷泉水设备安装按计价规范相应项目执行；公共庭院喷灌及喷泉水设备安装按现行国家标准《市政工程工程量计算规范》(GB 50857)管网工程的相应项目执行。

(4) 计价规范涉及管沟、坑及井类的土方开挖、垫层、基础、砌筑、抹灰、地沟盖板预制安装、回填、运输、路面开挖及修复、管道支墩的项目，按现行国家标准《房屋建筑与装饰工程工程量计算规范》(GB 50854)和《市政工程工程量计算规范》(GB 50857)的相应项目执行。

8.3.2　工程量清单计价下的投标报价

1. 工程量清单计价基本程序

工程量清单计价的基本过程可以描述为：在统一的工程量计算规则的基础上，制定工程量清单项目设置规则，根据具体工程的施工图纸计算出各个清单项目的工程量，再根据各种渠道所获得的工程造价信息和经验数据计算得到工程造价。这一基本的计算过程如图 8-2 所示。

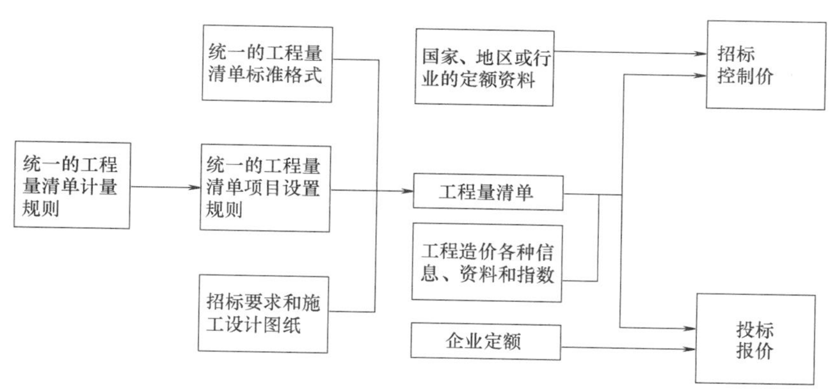

图 8-2　工程量清单计价基本程序示意图

从工程量清单计价的过程示意图中可以看出，其编制过程可以分为两个阶段：工程量清单的编制和利用工程量清单来编制投标报价。投标报价是在业主提供的工程量计算结果的基础上，根据企业自身所掌握的各种信息、资料，结合企业定额编制得出的。

2．投标总价计算

工程量清单计价下的投标报价应包括按招投标文件规定完成工程量清单所需的全部费用，通常由分部分项工程费、措施项目费和其他项目费和规费、税金组成。

分部分项工程费是指为完成项目施工所发生的工程实体部分的费用。

措施项目费是指分部分项工程费以外，为完成该工程项目施工，发生于该工程施工前和施工过程中技术、生活、安全、环境保护等方面的非工程实体部分所需的费用。

其他项目费是指分部分项工程费和措施项目费以外，该工程项目施工中可能发生的其他费用。

(1) 建设项目总报价=$\sum$单项工程报价 (8-1)

(2) 单项工程报价=$\sum$单位工程报价 (8-2)

(3) 单位工程报价=分部分项工程费+措施项目费+规费+其他项目费+税金 (8-3)

① 分部分项工程费=$\sum$分部分项工程量×综合单价 (8-4)

② 措施项目费=(单价措施项目措施费+总价措施项目措施费) (8-5)

其中：单价措施项目措施费=$\sum$单价措施项目工程量×综合单价 (8-6)

③ 其他项目费(按规定计算)

④ 规费(根据各地区规定计算)

⑤ 税金=(分部分项工程费+措施项目费+其他项目费+规费)×税率 (8-7)

3．综合单价计算

综合单价是指完成一个规定清单项目所需的人工费、材料和工程设备费、施工机具使用费和企业管理费、利润以及一定范围内的风险费用。

综合单价=工料机单价+管理费单价+利润单价+风险单价 (8-8)

其中：

工料机单价=人工费+材料费+机械费 (8-9)

管理费单价=工料机单价×管理费费率 (8-10)

利润单价=(工料机单价+管理费单价)×利润率 (8-11)

风险单价=(工料机单价+管理费单价)×风险率 (8-12)

8.3.3 工程量清单计价实例

1．土建工程实例

【例 8-3】某拟建项目机修车间，厂房设计方案采用预制钢筋混凝土排架结构。其平面布置图及构件详图分别如图 8-3、图 8-4 所示。结构体系中现场预制标准构件和非标准构件的混凝土强度等级、设计控制参考钢筋含量等如表 8-16 所示。

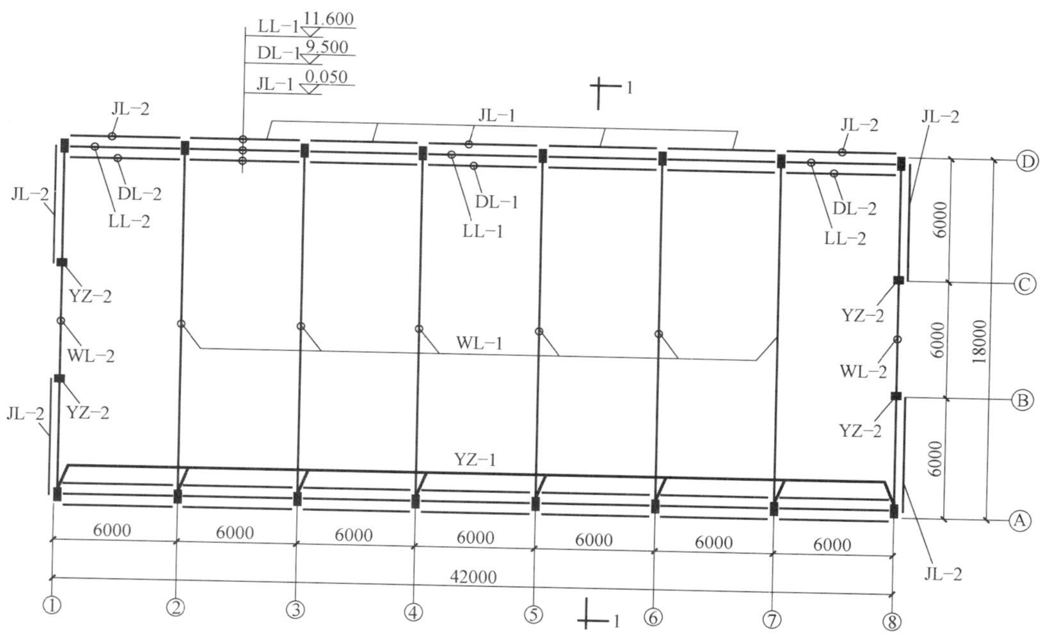

图 8-3　机修车间平面布置图

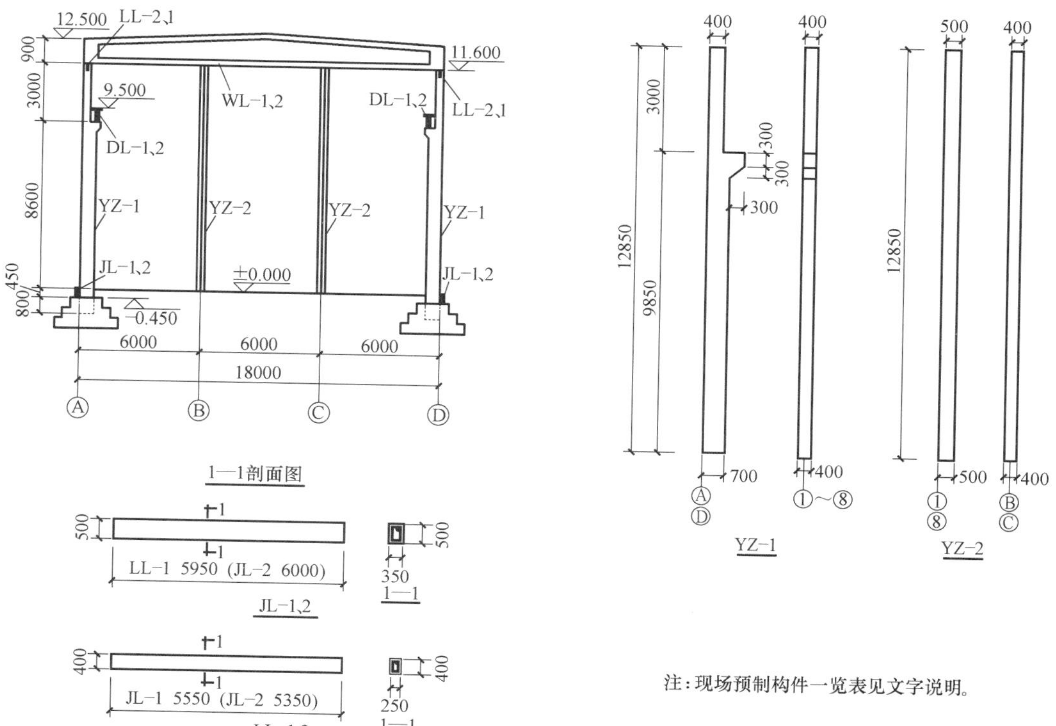

图 8-4　机修车间构件详图

表 8-16　现场预制构件一览表

序　号	构件名称	型　号	强度等级	钢筋含量/(kg/m³)
1	预制混凝土矩形柱	YZ-1	C30	152.00
2	预制混凝土基础梁	YZ-2	C30	138.00
3	预制混凝土基础梁	JL-1	C25	95.00
4	预制混凝土基础梁	JL-2	C25	95.00
5	预制混凝土柱顶连系梁	LL-1	C25	84.00
6	预制混凝土柱顶连系梁	LL-2	C25	84.00
7	预制混凝土 T 形吊车梁	DL-1	C35	141.00
8	预制混凝土 T 形吊车梁	DL-2	C35	141.00
9	预制混凝土薄腹屋面梁	WL-1	C35	135.00
10	预制混凝土薄腹屋面梁	WL-2	C35	135.00

另经查阅国家标准图集，所选用的薄腹屋面梁混凝土用量为 3.11m³/榀(厂房中间与两端山墙处屋面梁的混凝土用量相同，仅预埋铁件不同)；所选用 T 形吊车梁混凝土用量，车间两端部为 1.13m³/根，其余为 1.08m³/根。

问题：

1．根据上述条件，按《房屋建筑与装饰工程工程量计算规范》(GB 50854—2013)的计算规则，在表 8-17 中，列式计算该机修车间上部结构预制混凝土柱、梁工程量及根据设计提供的控制参考钢筋含量计算相关钢筋工程量。

表 8-17　工程量计算表

序　号	项目名称	单　位	工 程 量	计算过程

2．利用问题 1 的计算结果和以下相关数据，按《建设工程工程量清单计价规范》(GB 50500—2013)、《房屋建筑与装饰工程工程量计算规范》(GB 50854—2013)的要求，在表 8-18 中，编制该机修车间上部结构分部分项工程和单价措施项目清单与计价表。已知相关数据为：

(1) 预制混凝土矩形柱的清单编码为 010509001，本车间预制混凝土柱单件体积小于

3.5m^3，就近插入基础杯口，人材机合计 513.71 元/m^3;

(2) 预制混凝土基础梁的清单编码为 010510001，本车间基础梁就近地面安装，单件体积小于 1.2m^3，人材机合计 402.98 元/m^3;

(3) 预制混凝土柱顶连系梁的清单编码为 010510001，本车间连系梁单件体积小于 0.6m^3，就近插入基础杯口，安装高度小于 12m，人材机合计 423.21 元/m^3;

(4) 预制混凝土 T 形吊车梁的清单编码为 010510002，本车间 T 形吊车梁单件体积小于 1.2m^3，安装高度小于或等于 9.5m，人材机合计 530.38 元/m^3;

(5) 预制混凝土薄腹屋面梁的清单编码为 010511003，本车间薄腹屋面梁单件体积小于 3.2m^3，安装高度 13m，人材机合计 561.35 元/m^3;

(6) 预制混凝土构件钢筋的清单编码为 010515002，本车间所用钢筋直径为 6～25mm，人材机合计 6 018.70 元/t。

以上项目管理费均以人材机为基数按 10%计算，利润均以人材机和管理费合计为基数按 5%计算。

表 8-18　分部分项工程和单价措施项目与计价表

工程名称：机修车间　　　　　　　　　　　　　　　　　　　标段：

序号	项目编码	项目名称	项目特征描述	计量单位	工程量	金额/元		
						综合单价	合　价	其中：暂估价
本页小计								
合计								

3. 利用以下相关数据，在表 8-19 中，编制该机修车间土建单位工程招标控制价汇总表。已知相关数据为：

(1) 一般土建分部分项工程费用 785 000.00 元;

(2) 措施项目费用 62 800.00 元，其中安全文明施工费 26 500.00 元;

(3) 其他项目费用为屋顶防水专业分包暂估 70 000.00 元;

(4) 规费以分部分项工程、措施项目、其他项目之和为基数计取，综合费率为 5.28%;

(5) 综合税率为 3.477%。

(注：计算结果保留两位小数即可)

表 8-19　单位工程招标控制价汇总表

序　号	汇总内容	金额/元
1	分部分项工程	
2	措施项目费	
2.1	其中：安全文明施工费	
3	其他项目	
3.1	其中：防水专业分包暂估	
4	规费	
5	税金	
招标控制价合计		

解：1. 问题 1，计算结果如表 8-20 所示。

表 8-20　工程量计算表

序号	项目名称	单位	工程量	计算过程
1	预制混凝土矩形柱	m^3	62.95	YZ-1 V=16×[0.4×0.4×3.0+0.4×0.7×9.85 +0.4×0.3×0.3×1/2+0.3×0.3×0.4]=52.67(m^3) YZ-2 V=4×0.4×0.5×12.85=10.28(m^3) 合计 V=52.67+10.28=62.95(m^3)
2	预制混凝土基础梁	m^3	18.81	JL-1 V=10×0.35×0.5×5.95=10.41(m^3) JL-2 V=8×0.35×0.5×6.0=8.40(m^3) 合计 V=10.41+8.40=18.81(m^3)
3	预制混凝土柱顶连系梁	m^3	7.69	LL-1 V=10×0.25×0.4×5.55=5.55(m^3) LL-2 V=4×0.25×0.4×5.35=2.14(m^3) 合计 V=5.55+2.14=7.69(m^3)
4	预制混凝土 T 形吊车梁	m^3	15.32	DL-1 V=10×1.08=10.80(m^3) DL-2 V=4×1.13=4.52(m^3) 合计 V=10.80+4.52=15.32(m^3)
5	预制混凝土薄腹屋面梁	m^3	24.88	WL-1 V=6×3.11=18.66(m^3) WL-2 V=2×3.11=6.22(m^3) 合计 V=18.66+6.22=24.88(m^3)

续表

序号	项目名称	单位	工程量	计算过程
6	预制构件钢筋	t	17.38	预制柱 G=52.67×0.152+10.28×0.138=9.42(t) 基础梁 G=18.81×0.095=1.79(t) 柱顶连系梁 G=7.69×0.084=0.65(t) 吊车梁 G=15.32×0.141=2.16(t) 屋面梁 G=24.88×0.135=3.36(t) 合计 G=9.42+1.79+0.65+2.16+3.36=17.38(t)

2. 问题 2，计算结果如表 8-21 所示。

表 8-21　分部分项工程和单价措施项目与计价表

序号	项目编码	项目名称	项目特征描述	计量单位	工程量	金额/元		
						综合单价	合价	其中：暂估价
1	010509001001	预制混凝土矩形柱	单件体积<3.5m³ 就近插入基础杯口 混凝土强度 C30	m³	62.95	593.34	37 350.75	
2	010510001001	预制混凝土基础梁	单件体积<1.2m³ 就近地面安装 混凝土强度 C25	m³	18.81	465.44	8 754.93	
3	010510001002	预制混凝土柱顶连系梁	单件体积<0.6m³ 安装高度<12m 混凝土强度 C25	m³	7.69	488.81	3 758.95	
4	010510002001	预制混凝土 T 形吊车梁	单件体积<1.2m³ 安装高度≤9.5m 混凝土强度 C35	m³	15.32	612.59	9 384.88	
5	010511003001	预制混凝土薄腹屋面梁	单件体积<3.2m³ 安装高度 13m 混凝土强度 C35	m³	24.88	648.36	16 131.20	
6	010515002001	预制构件钢筋	钢筋直径： 6～25mm	t	17.38	6 951.60	120 818.81	
本页小计							196 199.52	
合计							196 199.52	

3. 问题 3，计算结果如表 8-22 所示。

表 8-22　单位工程招标控制价汇总表

序　号	汇总内容	金额/元
1	分部分项工程	785 000.00
2	措施项目费	62 800.00
2.1	其中：安全文明施工费	26 500.00
3	其他项目	70 000.00
3.1	其中：防水专业分包暂估	70 000.00
4	规费	48 459.84
5	税金	33 596.85
招标控制价合计		999 856.69

2. 管道和设备工程实例

【例 8-4】

1. 图 8-5 所示为某加压泵房工艺管道系统安装的截取图。

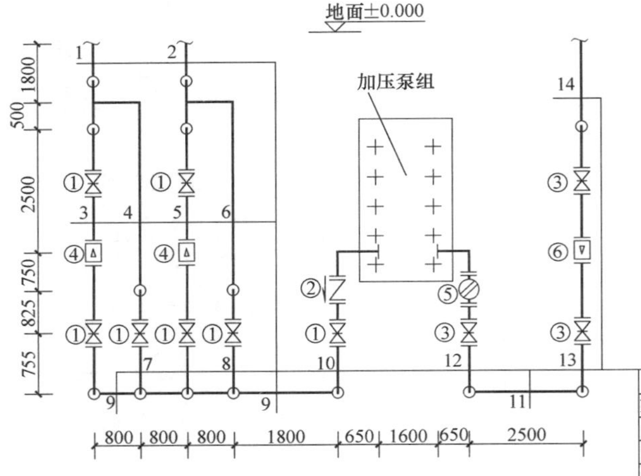

说明：
1. 本图为某加压泵房站工艺管道系统部分安装图。标高以m计，其余尺寸均以mm计。
2. 管道材质为20#碳钢无缝钢管；管件为成品；法兰：进口管段为低压碳钢平焊法兰，出口管段为中压碳钢对焊法兰。均为氩电联焊。
3. 管道水压强度及严密性试验合格后，压缩空气吹扫。
4. 地下管道外壁喷砂除锈、氯磺化聚乙烯防腐；地下管道外壁喷砂除锈、聚乙烯粘胶带防腐。

序号	管线规格	相对标高
14	φ325×8	▼−2.00
12、13	φ325×8	▼+1.00
11	φ325×8	▼−1.00
10	φ219×32	▼+1.00
9	φ219×32	▼−1.00
7、8	φ219×32	▼+1.00
4、6	φ219×32	▼−1.00
3、5	φ219×32	▼+1.00
1、2	φ219×32	▼−2.00

设备材料表

编号	名称型号及规格	单位	数量
⑥	流量计 DN300	台	1
⑤	过滤器 DN300	台	1
④	流量计 DN200	台	2
③	阀门Z41H-16C DN300	个	3
②	阀门H41H-40C DN200	个	1
①	阀门Z41H-40C DN200	个	7

图 8-5　泵房工艺管道系统安装平面图

2. 假设管道的清单工程量如下。

低压管道：$\phi 325 \times 8$，21m；中压管道：$\phi 219 \times 32$，32m；$\phi 168 \times 24$，23m，$\phi 114 \times 16$，7m。

3. 相关分部分项工程量清单统一项目编码如表 8-23 所示。

表 8-23　工程量清单统一项目编码

项目编码	项目名称	项目编码	项目名称
030801001	低压碳钢管	030810002	低压碳钢平焊法兰
030802001	中压碳钢管	030811002	中压碳钢对焊法兰

4. ϕ219×32 碳钢管道工程的相关定额如表 8-24 所示。

表 8-24　碳钢管道定额

定额编号	项目名称	计量单位	安装基价/元			未计价主材	
			人工费	材料费	机械费	单　价	耗量
6-36	低压管道电弧焊安装	10m	672.80	80.00	267.00	6.50 元/kg	9.38m
6-411	中压管道氩电联焊安装	10m	699.20	80.00	277.00	6.50 元/kg	9.38m
6-2429	中低压管道水压试验	100m	448.00	81.30	21.00		
11-33	管道喷砂除锈	$10m^2$	164.80	30.60	236.80	115.00	$0.83m^3$
11-474～477	氯磺化聚乙烯防腐	$10m^2$	309.4	39.00	112	22.00	7.75kg
6-2483	管道空气吹扫	100m	169.60	120.00	28.00		
6-2476	管道水冲洗	100m	272.00	102.50	22.00	5.50	43.70

该工程的人工单价为 80 元/工日，管理费和利润分别按人工费的 83%和 35%计。

问题：

1. 按照图 8-5 所示内容，列式计算管道、管件安装项目的清单工程量。

2. 按照背景资料给出的管道工程量和相关分部分项工程量清单统一编码，图 8-5 规定的管道安装技术要求及所示法兰数量，根据《通用安装工程工程量计算规范》(GB 50856—2013)、《建设工程工程量清单计价规范》(GB 50500—2013)规定，编制管道、法兰安装项目的分部分项工程量清单，填入表 8-25 中。

表 8-25　分部分项工程和单价措施项目与计价表

工程名称：某泵房　　　　标段：工艺管道系统安装

序号	项目编码	项目名称	项目特征描述	计量单位	工程量	金额/元		
						综合单价	合价	其中：暂估价
本页小计								
合计								

3. 按照背景资料中的相关定额，根据《通用安装工程工程量计算规范》(GB 50856—2013)、《建设工程工程量清单计价规范》(GB 50500—2013)规定，编制ϕ219 × 32 管道(单重147.5kg/m)安装分部分项工程量清单“综合单价分析表”，填入表 8-26 中。

(数量栏保留三位小数，其余保留两位小数)

表 8-26　综合单价分析表

工程名称：某泵房　　　　　　　　　　　　　　标段：工艺管道系统安装

<table>
<tr><td>项目编码</td><td colspan="2"></td><td>项目名称</td><td colspan="3"></td><td>计量单位</td><td></td><td colspan="2">工程量</td><td></td></tr>
<tr><td colspan="12">清单综合单价组成明细</td></tr>
<tr><td rowspan="2">定额编号</td><td rowspan="2">定额项目名称</td><td rowspan="2">定额单位</td><td rowspan="2">数量</td><td colspan="4">单　价</td><td colspan="4">合　价</td></tr>
<tr><td>人工费</td><td>材料费</td><td>机械费</td><td>管理费和利润</td><td>人工费</td><td>材料费</td><td>机械费</td><td>管理费和利润</td></tr>
<tr><td></td><td></td><td></td><td></td><td></td><td></td><td></td><td></td><td></td><td></td><td></td><td></td></tr>
<tr><td></td><td></td><td></td><td></td><td></td><td></td><td></td><td></td><td></td><td></td><td></td><td></td></tr>
<tr><td></td><td></td><td></td><td></td><td></td><td></td><td></td><td></td><td></td><td></td><td></td><td></td></tr>
<tr><td colspan="2">人工单价</td><td colspan="6">小计</td><td></td><td></td><td></td><td></td></tr>
<tr><td colspan="2">80 元/工日</td><td colspan="6">未计价材料费</td><td colspan="4"></td></tr>
<tr><td colspan="8">清单项目综合单价</td><td colspan="4"></td></tr>
<tr><td rowspan="4">材料费明细</td><td colspan="3">主要材料名称、规格、型号</td><td colspan="2">单位</td><td colspan="2">数量</td><td>单价/元</td><td>合价/元</td><td>暂估单价/元</td><td>暂估合价/元</td></tr>
<tr><td colspan="3"></td><td colspan="2"></td><td colspan="2"></td><td></td><td></td><td></td><td></td></tr>
<tr><td colspan="7">其他材料费</td><td></td><td></td><td></td><td></td></tr>
<tr><td colspan="7">材料费小计</td><td></td><td></td><td></td><td></td></tr>
</table>

解：

1. (1) ϕ325×8 碳钢管道工程量计算式。

地下：1.8 + 0.5 + 2.0 + 1.0 + 2.5 + 1.0 = 8.8(m)

地上：1.0 + 2.5 + 0.75 + 0.825 + 0.755 + 1.0 + 0.755 + 0.825 + 0.75 + 0.65 = 10.81(m)

合计：8.8 + 10.81=19.61(m)

(2) ϕ219×32 碳钢管道工程量计算式。

地下：(1.8 + 0.5 + 1.0 + 1.0)×2 + (0.8 + 0.5 + 2.5 + 0.75 + 1.0)×2
　　+ 0.8×3 + 1.8 + 1.0×5 = 28.9(m)

地上：(1.0 + 2.5 + 0.75 + 0.825 + 0.755 + 1.0)×2 + (1.0 + 0.825 + 0.755 + 1.0)×2 + 1.0 + 0.755 + 0.825 + 0.75 + 0.65 = 24.8(m)

合计：28.9+24.8=53.7(m)

(3) 管件工程量计算式。

DN300 弯头：2 + 2 + 2 + 1 = 7(个)

DN200 弯头：(2 + 2)×2 + (1 + 2)×2 + 1×4 + 1 + 2 + 1=229(个)

三通：1×2 + 1×3=5(个)

2. 工艺管道系统分部分项工程和单价措施项目计价如表 8-27 所示。

表 8-27　分部分项工程和单价措施项目与计价表

工程名称：某泵房　　　　　　　　　　　　标段：工艺管道系统安装

序号	项目编码	项目名称	项目特征描述	计量单位	工程量	金额/元		
						综合单价	合价	其中：暂估价
1	030801001001	低压碳钢管	ϕ325×8、20#碳钢、氩电联焊、水压试验、空气吹扫	m	21			
2	030802001001	中压碳钢管	ϕ219×32、20#碳钢、氩电联焊、水压试验、空气吹扫	m	32			
3	030802001002	中压碳钢管	ϕ168×24、20#碳钢、氩电联焊、水压试验、空气吹扫	m	23			
4	030802001003	中压碳钢管	ϕ114×16、20#碳钢、氩电联焊、水压试验、空气吹扫	m	7			
5	030810002001	低压焊接法兰	DN300　16MPa　碳钢　平焊	副	5			
6	030810002002	低压焊接法兰	DN300　1.6MPa　碳钢　平焊	片	1			
7	030811002001	中压焊接法兰	DN200　4.0MPa　碳钢　对焊	副	10			
8	030811002002	中压焊接法兰	DN200　4.0MPa　碳钢　对焊	片	1			
本页小计								
合　计								

3. ϕ219 × 32 中压管道综合单价分析如表 8-28 所示。

表 8-28　综合单价分析表

工程名称：某泵房　　　　　　　　　　　　　标段：工艺管道系统安装

<table>
<tr><td>项目编码</td><td colspan="2">030802001001</td><td>项目名称</td><td colspan="2">φ219×32 中压管道</td><td colspan="2">计量单位</td><td>m</td><td>工程量</td><td colspan="2">32</td></tr>
<tr><td colspan="12">清单综合单价组成明细</td></tr>
<tr><td rowspan="2">定额编号</td><td rowspan="2">定额项目名称</td><td rowspan="2">定额单位</td><td rowspan="2">数量</td><td colspan="4">单价</td><td colspan="4">合价</td></tr>
<tr><td>人工费</td><td>材料费</td><td>机械费</td><td>管理费和利润</td><td>人工费</td><td>材料费</td><td>机械费</td><td>管理费和利润</td></tr>
<tr><td>6-411</td><td>中压管道氩电联焊安装</td><td>10m</td><td>0.1</td><td>699.20</td><td>80.00</td><td>277.00</td><td>825.06</td><td>69.92</td><td>8.00</td><td>27.70</td><td>82.51</td></tr>
<tr><td>6-2429</td><td>中压管道水压试验</td><td>100m</td><td>0.01</td><td>448.00</td><td>81.30</td><td>21.00</td><td>528.64</td><td>4.48</td><td>0.81</td><td>0.21</td><td>5.29</td></tr>
<tr><td>6-2483</td><td>管道空气吹扫</td><td>100m</td><td>0.01</td><td>169.60</td><td>120.00</td><td>28.00</td><td>200.13</td><td>1.70</td><td>1.20</td><td>0.28</td><td>2.00
(2.01)</td></tr>
<tr><td colspan="2">人工单价</td><td colspan="6">小　计</td><td>76.10</td><td>10.01</td><td>28.19</td><td>89.80
(89.81)</td></tr>
<tr><td colspan="2">80 元/工日</td><td colspan="6">未计价材料费</td><td colspan="4">899.31</td></tr>
<tr><td colspan="8">清单项目综合单价</td><td colspan="4">1 103.41(1 103.42)</td></tr>
<tr><td rowspan="5">材料费明细</td><td colspan="3">主要材料名称规格、型号</td><td colspan="2">单位</td><td colspan="2">数量</td><td>单价/元</td><td>合价/元</td><td>暂估单价/元</td><td>暂估合价/元</td></tr>
<tr><td colspan="3">φ219×32 钢管</td><td colspan="2">kg</td><td colspan="2">138.355</td><td>6.5</td><td>899.31</td><td>—</td><td>—</td></tr>
<tr><td colspan="3">或：φ219×32 钢管</td><td colspan="2">m</td><td colspan="2">0.938</td><td>958.75</td><td>899.31</td><td>—</td><td>—</td></tr>
<tr><td colspan="7">其他材料费</td><td>—</td><td></td><td>—</td><td></td></tr>
<tr><td colspan="7">材料费小计</td><td>—</td><td>899.31</td><td>—</td><td></td></tr>
</table>

3. 电气和自动化控制工程实例

【例 8-5】

1. 图 8-6 所示为某综合楼底层会议室的照明平面图。

2. 相关分部分项工程量清单项目统一编码如表 8-29 所示。

3. 照明工程的相关定额如表 8-30 所示，该工程的人工费单价为 80 元/工日，管理费和利润分别按人工费的 50%和 30%计算。

问题：

1. 按照背景资料和图 8-6 所示内容，根据《建设工程工程量清单计价规范》(GB 50500—2013)和《通用安装工程工程量计算规范》(GB 50856—2013)的规定，分别列式计算管、线工程量，并完成分部分项工程和单价措施项目清单与计价表的编制，将结果填入表 8-25。

2. 设定该工程镀锌电线管φ20 暗配的清单工程量为 70m，其余条件均不变，根据上述相关定额计算镀锌电线管φ20 暗配项目的综合单价，完成该清单项目的综合单价分析，将结果填入表 8-26。(保留两位小数)

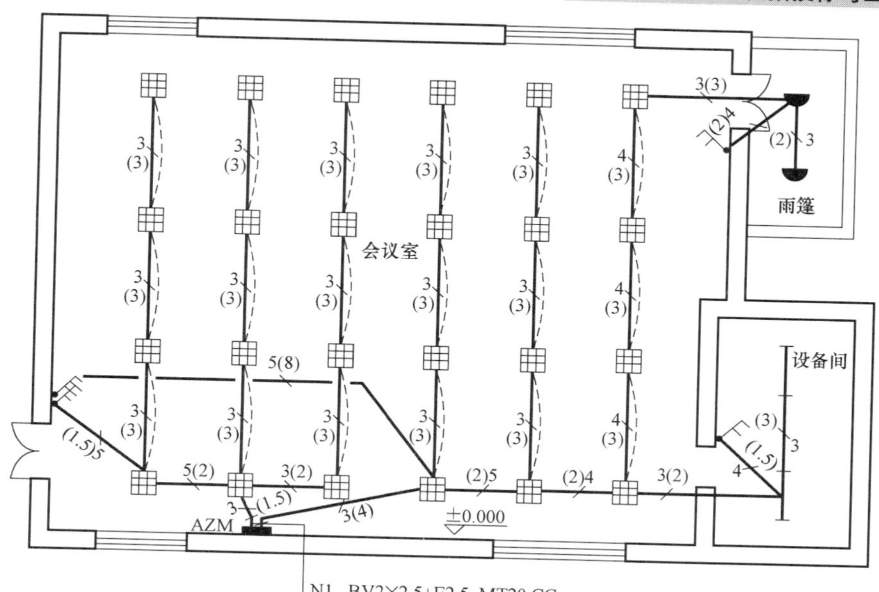

说明:
1.照明配电箱AZM电源由本层总配电箱引来。
2.管路为镀锌电线管ϕ20或ϕ25沿墙、楼板暗配,顶管敷设标高除雨篷为4m外,其余均为5m。管内穿绝缘导线BV-500 2.5mm^2。管内穿线管径选择:3根线选用ϕ20镀锌电线管;4~5根线选用ϕ25镀锌电线管。所有管路内均带一根专用接地线(PE线)。
3.配管水平长度见括号内数字,单位为m。

序号	图例	名称　型号　规格	备注
1		照明配电箱AZM 500mm×300mm×150mm 宽×高×厚	箱底高度1.5m
2		格栅荧光灯盘 XD512-Y20×3	吸顶
3		单管荧光灯 YG2-1 1×40W	
4		半圆球吸顶灯 JXD2-1 1×18W	
5		双联单控暗开关 250V 10A	安装高度1.3m
6		三联单控暗开关 250V 10A	

图 8-6　会议室照明平面图

表 8-29　相关分部分项工程量清单项目统一编码

项目编码	项目名称	项目编码	项目名称
030404017	配电箱	030404034	照明开关
030412001	普通灯具	030404036	其他电器
030412004	装饰灯	030411005	接线箱
030412005	荧光灯	030411006	接线盒
030404019	控制开关	030411001	配管
030404031	小电器	030411004	配线

表 8-30 相关项目工程定额

定额编号	项目名称	定额单位	安装基价/元			主材	
			人工费	材料费	机械费	单价	损耗率/%
2-263	成套配电箱嵌入式安装(半周长 0.5m 以内)	台	119.98	79.58	0	250.00 元/台	
2-264	成套配电箱嵌入式安装(半周长 1m 以内)	台	144.00	85.98	0	300.00 元/台	
2-1596	格栅荧光灯盘 XD-512-Y20×3 吸顶安装	10 套	243.97	53.28	0	120.00 元/套	1
2-1594	单管荧光灯 YG2-1 吸顶安装	10 套	173.59	53.28	0	70.00 元/套	1
2-1384	半圆球吸顶灯 JXD2-1 安装	10 套	179.69	299.60	0	50.00 元/套	1
2-1637	单联单控暗开关安装	10 个	68.00	11.18	0	12.00 元/个	2
2-1638	双联单控暗开关安装	10 个	71.21	15.45	0	15.00 元/个	2
2-1639	三联单控暗开关安装	10 个	74.38	19.70	0	18.00 元/个	2
2-1377	暗装接线盒	10 个	36.00	53.85	0	2.70 元/个	2
2-1378	暗装开关盒	10 个	38.41	24.93	0	2.30 元/个	2
2-982	镀锌电线管 ϕ20 沿砖、混凝土结构暗配	100m	471.96	82.65	35.68	6.00 元/m	3
2-983	镀锌电线管 ϕ25 沿砖、混凝土结构暗配	100m	679.94	144.68	36.50	8.00 元/m	3
2-1172	管内穿线 BV-2.5mm^2	100m	79.99	44.53	0	2.20 元/m	16

解:

1. (1) 镀锌电线管 ϕ20 暗配工程量计算式。

三线: $3\times3\times5+2+[3+(5-4)]+2+3+2+[1.5+(5-1.5-0.3)]$
$+[4+(5-1.5-0.3)]=69.9(m)$

(2) 镀锌电线管 ϕ25 暗配工程量计算式:

四线: $3\times3+2+[1.5+(5-1.3)]-1-[2+(4-1.3)]=20.9$ (m)

五线: $2+2+[8+(5-1.3)]+[1.5+(5-1.3)]=20.9$ (m)

合计: $20.9+20.9=41.8$ (m)

(3) 管内穿线 BV－2.5mm^2 工程量计算式:

$$3\times69.9+4\times20.9+5\times20.9+[(0.5+0.3)\times3\times2]=402.6\ (m)$$

(4) 会议室照明工程分部分项工程和单价措施项目计价如表 8-31 所示。

表 8-31 分部分项工程和单价措施项目与计价表

工程名称：会议室照明工程　　　　　　　　　　　标段：

序号	项目编码	项目名称	项目特征描述	计量单位	工程量	金额/元		
						综合单价	合价	其中：暂估价
1	030404017001	配电箱	照明配电箱(AZM)嵌入式安装，尺寸：500mm×300mm×150mm(宽×高×厚)	台	1	645.18	645.18	
2	030412005001	荧光灯	格栅荧光灯盘 XD-512-Y20×3	套	24	170.44	4 090.56	
3	030412005002	荧光灯	单管荧光灯 YG2-1 吸顶安装	套	2	107.27	215.54	
4	030412001001	普通灯具	半圆球吸顶灯 JXD2-1 安装	套	2	112.80	225.60	
5	030404034001	照明开关	双联单控暗开关安装 250V　10A	个	2	29.66	59.32	
6	030404034002	照明开关	三联单控暗开关安装 250V　10A	个	2	33.72	67.44	
7	030411006001	接线盒	暗装接线盒	个	28	14.62	409.36	
8	030411006002	接线盒	暗装开关盒	个	4	11.75	47.00	
9	030411001001	配管	镀锌电线管 ϕ20 沿砖、混凝土结构暗配	m	69.9	15.86	1 108.61	
10	030411001002	配管	镀锌电线管 ϕ25 沿砖、混凝土结构暗配	m	41.8	22.29	931.72	
11	030411004001	配线	管内穿线 BV-2.5mm^2	m	402.6	4.44	1 787.54	
本页小计								
合计							9 586.87	

2. 会议室配管工程综合单价分析如表 8-32 所示。

表 8-32 综合单价分析表

工程名称：会议室照明工程　　　　　　　　　　　标段：

项目编码	030411001001	项目名称	配管	计量单位		m		工程量		70	
清单综合单价组成明细											
定额编号	定额项目名称	定额单位	数量	单价				合价			
				人工费	材料费	机械费	管理费和利润	人工费	材料费	机械费	管理费和利润
2-982	镀锌电线管 ϕ20 暗配	100m	0.01	471.96	82.65	35.68	377.57	4.72	0.83	0.36	3.78
人工单价		小　计						4.72	0.83	0.36	3.78
80 元/工日		未计价材料费						6.18			
清单项目综合单价								15.87			

续表

	主要材料名称、规格、型号	单位	数量	单价(元)	合价(元)	暂估单价(元)	暂估合价(元)
材料费明细	镀锌电线管ϕ20	m	1.03	6.00	6.18		
	其他材料费			—	0.83	—	
	材料费小计			—	7.01	—	

复习思考题

1. 什么是建设工程招标与投标?
2. 简述招标、投标文件的主要内容。
3. 在建设项目招投标过程中如何合理分配工程风险?
4. 什么是工程量清单?什么是工程量清单计价?
5. 什么是综合单价?
6. 什么是总承包服务费?什么是暂列金额?什么是专业工程暂估价、材料暂估价?
7. 建筑与装饰工程安装工程有哪些措施项目?

第 9 章　工程结算与索赔估价

9.1　建设工程价款结算

建设工程价款结算，通常称为工程结算，根据《建设工程价款结算暂行办法》的规定，所谓工程价款结算，是指对建设工程的发承包合同价款进行约定和依据合同约定进行工程预付款、工程进度款、工程竣工价款结算的活动。工程价款结算应按合同约定办理，合同未做约定或约定不明的，发、承包双方应依照下列规定与文件协商处理。

(1) 国家有关法律、法规和规章制度。

(2) 国务院建设行政主管部门，省、自治区、直辖市或有关部门发布的工程造价计价标准、计价办法等有关规定。

(3) 建设项目的补充协议、变更签证和现场签证，以及经发、承包人认可的其他有效文件。

(4) 其他可依据的材料。

工程价款的结算方式主要有以下两种。

(1) 按月结算与支付。即实行按月支付进度款，竣工后清算的办法。合同工期在两个年度以上的工程，在年终进行工程盘点，办理年度结算。

(2) 分段结算与支付。即当年开工、当年不能竣工的工程按照工程形象进度，划分不同阶段支付工程进度款。具体划分在合同中明确。

除上述两种主要方式，双方还可以约定其他结算方式。

9.1.1　合同价款约定

1. 一般规定

(1) 实行招标的工程合同价款应在中标通知书发出之日起 30 日内，由发承包双方依据招标文件和中标人的投标文件在书面合同中约定。合同约定不得违背招标、投标文件中关于工期、造价、质量等方面的实质性内容。招标文件与中标人投标文件不一致的地方，应以投标文件为准。

《中华人民共和国合同法》第二百七十条规定："建设工程合同应采用书面形式"；《中华人民共和国招标投标法》第四十六条规定："招标人和中标人应当自中标通知书发出之日起30日内，按照招标文件和中标人的投标文件订立书面合同。招标人和中标人不得再行订立背离合同实质性内容的其他协议。"

工程合同价款的约定是建设工程合同的主要内容，根据有关法律条款的规定，工程合同价款的约定应满足以下几个方面的要求。

① 约定的依据要求：招标人向中标的投标人发出的中标通知书。

② 约定的时间要求：自招标人发出中标通知书之日起30日内。

③ 约定的内容要求：招标文件和中标人的投标文件。

④ 合同的形式要求：书面合同。

在工程招投标及建设工程合同签订过程中，招标文件应视为要约邀请，投标文件为要约，中标通知书为承诺。因此，在签订建设工程合同时，若招标文件与中标人的投标文件有不一致的地方，应以投标文件为准。

(2) 不实行招标的工程合同价款，应在发承包双方认可的工程价款基础上，由发承包双方在合同中约定。

(3) 应根据工程特点确定不同工程应采用的合同形式。

① 实行工程量清单计价的工程应采用单价合同方式。即合同约定的工程价款中包含的工程量清单项目综合单价在约定条件内是固定的，不予调整，工程量允许调整。工程量清单项目综合单价在约定的条件外，允许调整。调整方式、方法应在合同中约定。

② 建设规模较小、技术难度较低、施工工期较短，并且施工图设计审查已经完备的工程，可以采用总价合同。采用总价合同，除工程变更外，其工程量不予调整。

③ 紧急抢险、救灾以及施工技术特别复杂的建设工程可以采用成本加酬金合同。

2. 约定内容

(1) 发承包双方应在合同条款中对下列事项进行约定。

① 预付工程款的数额、支付时间及抵扣方式；

② 安全文明施工措施的支付计划、使用要求等；

③ 工程计量与支付工程进度款的方式、数额及时间；

④ 工程价款的调整因素、方法、程序、支付及时间；

⑤ 施工索赔与现场签证的程序、金额确认与支付时间；

⑥ 承担计价风险的内容、范围以及超出约定内容、范围的调整办法；

⑦ 工程竣工价款结算编制与核对、支付及时间；

⑧ 工程质量保证金的数额、预留方式及时间；

⑨ 违约责任以及发生合同价款争议的解决方法及时间；

⑩ 与履行合同、支付价款有关的其他事项等。

(2) 合同中没有按照计价规范的要求约定或约定不明的，若发承包双方在合同履行中发生争议由双方协商确定；当协商不能达成一致时，应按计价规范的相关规定执行。

9.1.2 工程计量

1. 一般规定

(1) 工程量必须按照相关工程现行国家计量规范规定的工程量计算规则计算。

正确的计量是发包人向承包人支付合同价款的前提和依据。不论何种计价方式，其工程量必须按照相关工程的现行国家计量规范规定的工程量计算规则计算。

(2) 工程计量可选择按月或按工程形象进度分段计量，具体计量周期应在合同中约定。

(3) 因承包人原因造成的超出合同工程范围施工或返工的工程量，发包人不予计量。

(4) 成本加酬金合同应按计价规范第 8.2 节的规定计量。

2. 单价合同的计量

(1) 工程量必须以承包人完成合同工程应予计量的工程量确定。

招标工程量清单所列的工程量是一个预计工程量，一方面是各投标人进行投标报价的共同基础，另一方面也是对各投标人的投标报价进行评审的共同平台，体现了招投标活动中的公开、公平、公正和诚实信用原则。发承包双方竣工结算的工程量应以承包人按照现行国家计量规范规定的工程量计算规则计算的实际完成应予计量的工程量确定，而非招标工程量清单所列的工程量。

(2) 施工中进行工程计量，当发现招标工程量清单中出现缺项、工程量偏差，或因工程变更引起工程量增减时，应按承包人在履行合同义务中完成的工程量计算。

(3) 承包人应当按照合同约定的计量周期和时间向发包人提交当期已完工程量报告。发包人应在收到报告后 7 日内核实，并将核实计量结果通知承包人。发包人未在约定时间内进行核实的，承包人提交的计量报告中所列的工程量应视为承包人实际完成的工程量。

(4) 发包人认为需要进行现场计量核实时，应在计量前 24 小时通知承包人，承包人应为计量提供便利条件并派人参加。当双方均同意核实结果时，双方应在上述记录上签字确认。承包人收到通知后不派人参加计量，视为认可发包人的计量核实结果。发包人不按照约定时间通知承包人，致使承包人未能派人参加计量，计量核实结果无效。

(5) 当承包人认为发包人核实后的计量结果有误时，应在收到计量结果通知后的 7 日内向发包人提出书面意见，并应附上其认为正确的计量结果和详细的计算资料。发包人收到书面意见后，应在 7 日内对承包人的计量结果进行复核后通知承包人。承包人对复核计量结果仍有异议的，按照合同约定的争议解决办法处理。

(6) 承包人完成已标价工程量清单中每个项目的工程量并经发包人核实无误后，发承包双方应对每个项目的历次计量报表进行汇总，以核实最终结算工程量，并应在汇总表上签字确认。

3．总价合同的计量

(1) 采用工程量清单方式招标形成的总价合同，其工程量应按照计价规范第 8.2 节的规定计算。

采用工程量清单方式招标形成的总价合同，由于工程量由招标人提供，按照计价规范第 4.1.2 条、第 8.1.1 条的规定，工程量与合同工程实施中的差异应予调整，因此，应按第 8.2 节的规定计量。

(2) 采用经审定批准的施工图纸及其预算方式发包形成的总价合同，除按照工程变更规定的工程量增减外，总价合同各项目的工程量应为承包人用于结算的最终工程量。

采用经审定批准的施工图纸及其预算方式发包形成的总价合同，由于承包人自行对施工图纸进行计量，因此，除按照工程变更规定引起的工程量增减外，总价合同各项目的工程量是承包人用于结算的最终工程量。这是总价合同与单价合同的最本质区别。

(3) 总价合同约定的项目计量应以合同工程经审定批准的施工图纸为依据，发承包双方应在合同中约定工程计量的形象目标或时间节点进行计量。

(4) 承包人应在合同约定的每个计量周期内对已完成的工程进行计量，并向发包人提交达到工程形象目标完成的工程量和有关计量资料的报告。

(5) 发包人应在收到报告后 7 日内对承包人提交的上述资料进行复核，以确定实际完成的工程量和工程形象目标。对其有异议的，应通知承包人进行共同复核。

9.1.3 工程变更与合同价款调整

1．工程变更的分类

由于工程建设周期长、受自然条件和客观因素的影响大，往往会发生合同约定的工程材料性质和品种、建筑物结构形式、施工工艺和方法，以及施工工期等的变动，必须变更才能维护合同公平。工程变更可以理解为合同工程实施过程中由发包人提出或由承包人提出经发包人批准的合同工程的任何改变。

计价规范对工程变更的若干规定是为维护合同公平，防止某些发包人在签约后擅自取消合同中的工作，转由发包人或其他承包人实施而使本合同工程承包人蒙受损失。发包人以变更的名义将取消的工作转由自己或其他人实施即构成违约，按照《中华人民共和国合同法》第一百一十三条规定，发包人应赔偿承包人损失。

通常将工程变更分为设计变更和其他变更两大类。

(1) 设计变更。在施工过程中如果发生设计变更，将对施工进度产生很大影响。因此，应尽量减少设计变更。如果必须对设计进行变更，必须严格按照国家的规定和合同约定的程序进行。

由于发包人对原设计进行变更，以及经工程师同意的、承包人要求进行的设计变更，导致合同价款的增减及造成的承包人损失，由发包人承担，延误的工期相应顺延。

(2) 其他变更。合同履行中发包人要求变更工程质量标准及发生其他实质性变更，由双方协商解决。包括项目特征不符、工程量清单缺项、工程量偏差、计日工等情况。

2．工程变更的范围及处理要求

1) 工程变更范围

根据《标准施工招标文件》(2007 年版)中的通用合同条款，工程变更的范围和内容如下。

(1) 取消合同中任何一项工作，但被取消的工作不能转由发包人或其他人实施；

(2) 改变合同中任何一项工作的质量或其他特性；

(3) 改变合同工程的基线、标高、位置或尺寸；

(4) 改变合同中任何一项工作的施工时间或改变已批准的施工工艺或顺序；

(5) 为完成工程需要追加的额外工作。

2) 工程变更处理要求

(1) 如果出现了必须变更的情况，应当尽快变更。如果变更不可避免，不论是停止施工等待变更指令，还是继续施工，无疑都会增加损失。

(2) 工程变更后，应当尽快落实变更。工程变更指令发出后，应当迅速落实指令，全面修改相关的各种文件。承包人也应当抓紧落实，如果承包人不能全面落实变更指令，则扩大的损失应当由承包人承担。

(3) 对工程变更的影响应当做进一步分析。工程变更的影响往往是多方面的，影响持续的时间也往往较长，对此应当有充分的分析。

3．合同价款调整

1) 变更后合同价款的确定程序

设计变更发生后，承包人在工程设计变更确定后 14 日内，提出变更工程价款的报告，经工程师确认后调整合同价款。工程设计变更确认后 14 日内，如承包人未提出适当的变更价格，则发包人可根据所掌握的资料决定是否调整合同价款和调整的具体金额。重大工程变更涉及工程价款变更报告和确认的时限由发承包双方协商确定。收到变更工程价款报告的一方，应在收到之日起 14 日内予以确认或提出协商意见，自变更工程价款报告送达之日起 14 日内，对方未确认也未提出协商意见时，视为变更工程价款报告已被确认。

2) 变更后合同价款的确定方法

在工程变更确定后 14 日内，设计变更涉及工程价款调整的，由承包人向发包人提出，经发包人审核同意后调整合同价款。变更合同价款按照下列方法进行。

(1) 分部分项工程费的调整。

因变更引起的价格调整按照下列原则处理。

① 已标价工程量清单中有适用于变更工程项目的，且工程变更导致的该清单项目的工程数量变化不足 15%时，采用该项目的单价。

② 已标价工程量清单中没有适用、但有类似于变更工程项目的，可在合理范围内参照类似项目的单价或总价调整。

③ 已标价工程量清单中没有适用也没有类似于变更工程项目的，由承包人根据变更工程资料、计量规则和计价办法、工程造价管理机构发布的信息(参考)价格和承包人报价浮动

率，提出变更工程项目的单价或总价，报发包人确认后调整。承包人报价浮动率可按下列公式计算。

a. 实行招标的工程。

$$承包人报价浮动率\ L=(1-中标价/招标控制价)\times 100\% \tag{9-1}$$

b. 不实行招标的工程。

$$承包人报价浮动率\ L=(1-报价值/施工图预算)\times 100\% \tag{9-2}$$

注：上述公式中的中标价、招标控制价或报价值、施工图预算，均不含安全文明施工费。

④ 已标价工程量清单中没有适用也没有类似于变更工程项目，且工程造价管理机构发布的信息(参考)价格缺价的，由承包人根据变更工程资料、计量规则、计价办法和通过市场调查等的有合法依据的市场价格提出变更工程项目的单价或总价，报发包人确认后调整。

(2) 措施项目费的调整。

工程变更引起措施项目发生变化的，承包人提出调整措施项目费的，应事先将拟实施的方案提交发包人确认，并详细说明与原方案措施项目相比的变化情况。拟实施的方案经发承包双方确认后执行。并应按照下列规定调整措施项目费。

① 安全文明施工费，按照实际发生变化的措施项目调整，不得浮动。

② 采用单价计算的措施项目费，按照实际发生变化的措施项目按前述分部分项工程费的调整方法确定单价。

③ 按总价(或系数)计算的措施项目费，除安全文明施工费外，按照实际发生变化的措施项目调整，但应考虑承包人报价浮动因素，即调整金额按照实际调整金额乘以按照式(9-1)或式(9-2)得出的承包人报价浮动率(L)计算。

如果承包人未事先将拟实施的方案提交给发包人确认，则视为工程变更不引起措施项目费的调整或承包人放弃调整措施项目费的权利。

(3) 删减工程或工作的补偿。

如果发包人提出的工程变更，非因承包人原因删减了合同中的某项原定工作或工程，致使承包人发生的费用或(和)得到的收益不能被包括在其他已支付或应支付的项目中，也未被包含在任何替代的工作或工程中，则承包人有权提出并得到合理的费用及利润补偿。

9.1.4 其他工程变更情况下的合同价款调整

1. 项目特征描述不符

1) 项目特征描述

项目的特征描述是确定综合单价的重要依据之一。承包人在投标报价时应依据发包人提供的招标工程量清单中的项目特征描述，确定其清单项目的综合单价。发包人在招标工程量清单中对项目特征的描述，应被认为是准确的和全面的，并且与实际施工要求相符合。承包人应按照发包人提供的招标工程量清单，根据其项目特征描述的内容及有关要求实施合同工程，直到其被改变为止。

2) 合同价款的调整方法

承包人应按照发包人提供的设计图纸实施合同工程。若在合同履行期间，出现设计图纸(含设计变更)与招标工程量清单任意一个项目的特征描述不符，且该变化引起该项目的工程造价增减变化的，发承包双方应当按照实际施工的项目特征，重新确定相应工程量清单项目的综合单价，调整合同价款。

2. 招标工程量清单缺项

1) 清单缺项漏项的责任

招标工程量清单必须作为招标文件的组成部分，其准确性和完整性由招标人负责。作为投标人的承包人不应承担因工程量清单的缺项、漏项以及计算错误带来的风险与损失。

2) 合同价款的调整方法

(1) 分部分项工程费的调整。在施工合同履行期间，由于招标工程量清单中分部分项工程出现缺项漏项，造成新增工程清单项目的，应按照工程变更事件中关于分部分项工程费的调整方法，调整合同价款。

(2) 措施项目费的调整。由于招标工程量清单中分部分项工程出现缺项漏项，引起措施项目发生变化的，应当按照工程变更事件中关于措施项目费的调整方法，在承包人提交的实施方案被发包人批准后，调整合同价款；由于招标工程量清单中措施项目缺项，承包人应将新增措施项目实施方案提交发包人批准后，按照工程变更事件中的有关规定调整合同价款。

3. 工程量偏差

承包人根据发包人提供的图纸(包括由承包人提供经发包人批准的图纸)进行施工，按照现行国家计量规范规定的工程量计算规则，计算得到的完成合同工程项目应予计量的工程量与相应的招标工程量清单项目列出的工程量之间出现的量差，称为工程量偏差。

施工过程中，由于施工条件、地质水文、工程变更等变化以及招标工程量清单编制人专业水平的差异，往往会造成实际工程量与招标工程量清单出现偏差，工程量偏差过大，对综合成本的分摊带来影响。如突然增加太多，仍按原综合单价计价，对发包人不公平；如突然减少太多，仍按原综合单价计价，对承包人不公平。并且，这给有经验的承包人的不平衡报价打开了大门。因此，为维护合同的公平，计价规范做出规定：对于任一招标工程量清单项目，如果工程量偏差和工程变更等原因导致工程量偏差超过 15%，调整的原则为，当工程量增加 15%以上时，其增加部分的工程量的综合单价应予调低；当工程量减少 15%以上时，减少后剩余部分的工程量的综合单价应予调高。可按下列公式调整。

(1) 当 $Q_1>1.15Q_0$ 时

$$S=1.15Q_0\times P_0+(Q_1-1.15Q_0)\times P_1 \tag{9-3}$$

(2) 当 $Q_1<0.85Q_0$ 时

$$S=Q_1\times P_1 \tag{9-4}$$

式中：S——调整后的某一分部分项工程费结算价；

Q_1——最终完成的工程量；

Q_0——招标工程量清单中列出的工程量；

P_1——按照最终完成工程量重新调整后的综合单价；

P_0——承包人在工程量清单中填报的综合单价。

如果工程量变化引起相关措施项目相应发生变化，如按系数或单一总价方式计价的，工程量增加的措施项目费调增，工程量减少的措施项目费调减。具体的调整方法，则应由双方当事人在合同专用条款中约定。

4. 计日工

1) 计日工费用的产生

发包人通知承包人以计日工方式实施的零星工作，承包人应予执行。采用计日工计价的任何一项变更工作，承包人应在该项变更的实施过程中，按合同约定提交以下报表和有关凭证送发包人复核。

(1) 工作名称、内容和数量；

(2) 投入该工作所有人员的姓名、工种、级别和耗用工时；

(3) 投入该工作的材料名称、类别和数量；

(4) 投入该工作的施工设备型号、台数和耗用台时；

(5) 发包人要求提交的其他资料和凭证。

2) 计日工费用的确认和支付

任一计日工项目实施结束，承包人应按照确认的计日工现场签证报告核实该类项目的工程数量，并根据核实的工程数量和承包人已标价工程量清单中的计日工单价计算，提出应付价款；已标价工程量清单中没有该类计日工单价的，由发承包双方按工程变更的有关规定商定计日工单价计算。

每个支付期末，承包人应与进度款同期向发包人提交本期间所有计日工记录的签证汇总表，以说明本期间自己认为有权得到的计日工金额，调整合同价款，列入进度款支付。

5. 物价变化

施工合同履行期间，因人工、材料、工程设备和施工机械台班等价格波动影响合同价款时，发承包双方可以根据合同约定的调整方法，对合同价款进行调整。因物价波动引起的合同价款调整方法有两种：一种是采用价格指数调整价格差额；另一种是采用造价信息调整价格差额。承包人采购材料和工程设备的，应在合同中约定主要材料、工程设备价格变化的范围或幅度，如没有约定，则材料、工程设备单价变化超过5%，超过部分的价格按两种方法之一进行调整。

1) 采用价格指数调整价格差额

采用价格指数调整价格差额的方法，主要适用于施工中所用的材料品种较少，但每种材料使用量较大的土木工程，如公路、水坝等。

(1) 价格调整公式。因人工、材料、工程设备和施工机械台班等价格波动影响合同价款时，根据投标函附录中的价格指数和权重表约定的数据，按以下价格调整公式计算差额并调整合同价款：

$$\Delta P = P_0\left[A+\left(B_1\times\frac{F_{t1}}{F_{01}}+B_2\times\frac{F_{t2}}{F_{02}}+B_3\times\frac{F_{t3}}{F_{03}}+\cdots+B_n\times\frac{F_{tn}}{F_{0n}}\right)-1\right] \tag{9-5}$$

式中：ΔP——需调整的价格差额；

P_0——根据进度付款、竣工付款和最终结清等付款证书中，承包人应得到的已完成工程量的金额。此项金额应不包括价格调整、不计质量保证金的扣留和支付、预付款的支付和扣回。变更及其他金额已按现行价格计价的，也不计在内；

A——定值权重(即不调部分的权重)；

B_1，B_2，B_3，…，B_n——各可调因子的变值权重(即可调部分的权重)为各可调因子在投标函投标总报价中所占的比例；

F_{t1}，F_{t2}，F_{t3}，…，F_{tn}——各可调因子的现行价格指数，指根据进度付款、竣工付款和最终结清等约定的付款证书相关周期最后一天的前 42 日的各可调因子的价格指数；

F_{01}，F_{02}，F_{03}，…，F_{0n}——各可调因子的基本价格指数，指基准日的各可调因子的价格指数。

以上价格调整公式中的各可调因子、定值和变值权重，以及基本价格指数及其来源在投标函附录价格指数和权重表中约定。价格指数应首先采用工程造价管理机构提供的价格指数，缺乏上述价格指数时，可采用工程造价管理机构提供的价格代替。

在计算调整差额时得不到现行价格指数的，可暂用上一次价格指数计算，并在以后的付款中再按实际价格指数进行调整。

(2) 权重的调整。按变更范围和内容所约定的变更，导致原定合同中的权重不合理时，由承包人和发包人协商后进行调整。

(3) 工期延误后的价格调整。

由于发包人原因导致工期延误的，则对于计划进度日期(或竣工日期)后续施工的工程，在使用价格调整公式时，应采用计划进度日期(或竣工日期)与实际进度日期(或竣工日期)的两个价格指数中较高者作为现行价格指数。

由于承包人原因导致工期延误的，则对于计划进度日期(或竣工日期)后续施工的工程，在使用价格调整公式时，应采用计划进度日期(或竣工日期)与实际进度日期(或竣工日期)的两个价格指数中较低者作为现行价格指数。

2) 采用造价信息调整价格差额

采用造价信息调整价格差额的方法，主要适用于使用的材料品种较多，相对而言每种材料使用量较小的房屋建筑与装饰工程。

施工合同履行期间，因人工、材料、工程设备和施工机械台班价格波动影响合同价格时，人工、施工机械使用费按照国家或省、自治区、直辖市建设行政管理部门、行业建设管理部门或其授权的工程造价管理机构发布的人工成本信息、施工机械台班单价或施工机械使用费系数进行调整；需要进行价格调整的材料，其单价和采购数应由发包人复核，发包人确认需调整的材料单价及数量，作为调整合同价款差额的依据。

(1) 人工单价的调整。人工单价发生变化时，发承包双方应按省级或行业建设主管部门或其授权的工程造价管理机构发布的人工成本文件调整合同价款。

(2) 材料和工程设备价格的调整。材料、工程设备价格变化的价款调整，按照承包人提供主要材料和工程设备一览表，根据发承包双方约定的风险范围，按以下规定进行调整。

① 如果承包人投标报价中材料单价低于基准单价，工程施工期间材料单价涨幅以基准单价为基础超过合同约定的风险幅度值时，或材料单价跌幅以投标报价为基础超过合同约定的风险幅度值时，其超过部分按实调整。

② 如果承包人投标报价中材料单价高于基准单价，工程施工期间材料单价跌幅以基准单价为基础超过合同约定的风险幅度值时，或材料单价涨幅以投标报价为基础超过合同约定的风险幅度值时，其超过部分按实调整。

③ 如果承包人投标报价中材料单价等于基准单价，工程施工期间材料单价涨、跌幅以基准单价为基础超过合同约定的风险幅度值时，其超过部分按实调整。

④ 承包人应当在采购材料前将采购数量和新的材料单价报发包人核对，确认用于本合同工程时，发包人应当确认采购材料的数量和单价。发包人在收到承包人报送的确认资料后 3 个工作日不予答复的，视为已经认可，作为调整合同价款的依据。如果承包人未报经发包人核对即自行采购材料，再报发包人确认调整合同价款的，如发包人不同意，则不作调整。

(3) 施工机械台班单价的调整。施工机械台班单价或施工机械使用费发生变化超过省级或行业建设主管部门或其授权的工程造价管理机构规定的范围时，按照其规定调整合同价款。

6. 暂估价

暂估价是指招标人在工程量清单中提供的用于支付必然发生但暂时不能确定价格的材料、工程设备的单价以及专业工程的金额。

1) 给定暂估价的材料、工程设备

(1) 不属于依法必须招标的项目。发包人在招标工程量清单中给定暂估价的材料和工程设备不属于依法必须招标的，由承包人按照合同约定采购，经发包人确认后以此为依据取代暂估价，调整合同价款。

(2) 属于依法必须招标的项目。发包人在招标工程量清单中给定暂估价的材料和工程设备属于依法必须招标的，由发承包双方以招标的方式选择供应商。依法确定中标价格后，以此为依据取代暂估价，调整合同价款。

2) 给定暂估价的专业工程

(1) 不属于依法必须招标的项目。发包人在工程量清单中给定暂估价的专业工程不属于依法必须招标的，应按照前述工程变更事件的合同价款调整方法，确定专业工程价款。并以此为依据取代专业工程暂估价，调整合同价款。

(2) 属于依法必须招标的项目。发包人在招标工程量清单中给定暂估价的专业工程，依法必须招标的，应当由发承包双方依法组织招标选择专业分包人，并接受有关建设工程招标投标管理机构的监督。

除合同另有约定外，承包人不参加投标的专业工程，应由承包人作为招标人，但拟定的招标文件、评标方法、评标结果应报送发包人批准。与组织招标工作有关的费用应当被认为已经包括在承包人的签约合同价(投标总报价)中。

承包人参加投标的专业工程，应由发包人作为招标人，与组织招标工作有关的费用由发包人承担。同等条件下，应优先选择承包人中标。

专业工程依法进行招标后，以中标价为依据取代专业工程暂估价，调整合同价款。

7. 不可抗力

1) 不可抗力的范围

不可抗力是指合同双方在合同履行中出现的不能预见、不能避免并不能克服的客观情况。不可抗力的范围一般包括因战争、敌对行动(无论是否宣战)、入侵、外敌行为、军事政变、恐怖主义、骚动、暴动、空中飞行物坠落或其他非合同双方当事人责任或原因造成的罢工、停工、爆炸、火灾等，以及当地气象、地震、卫生等部门规定的情形。双方当事人应当在合同专用条款中明确约定不可抗力的范围以及具体的判断标准。

2) 不可抗力造成损失的承担

因不可抗力事件导致的人员伤亡、财产损失及其费用增加，发承包双方应按以下原则分别承担并调整合同价款和工期。

(1) 合同工程本身的损害、因工程损害导致第三方人员伤亡和财产损失以及运至施工场地用于施工的材料和待安装的设备的损害，由发包人承担。

(2) 发包人、承包人人员伤亡由其所在单位负责，并承担相应费用。

(3) 承包人的施工机械设备损坏及停工损失，由承包人承担。

(4) 停工期间，承包人应发包人要求留在施工场地的必要的管理人员及保卫人员的费用由发包人承担。

(5) 工程所需清理、修复费用，由发包人承担。

因发生不可抗力事件导致工期延误的，工期相应顺延。发包人要求赶工的，承包人应采取赶工措施，赶工费用由发包人承担。

8. 提前竣工(赶工补偿)与误期赔偿

1) 提前竣工(赶工补偿)

(1) 赶工费用。发包人应当依据相关工程的工期定额合理计算工期，压缩的工期天数不得超过定额工期的 20%，超过的，应在招标文件中明示增加赶工费用。

(2) 提前竣工奖励。发承包双方可以在合同中约定提前竣工的奖励条款，明确每日历天应奖励额度。约定提前竣工奖励的，如果承包人的实际竣工日期早于计划竣工日期，承包人有权向发包人提出并得到提前竣工天数和合同约定的每日历天应奖励额度的乘积计算的提前竣工奖励。一般来说，双方还应当在合同中约定提前竣工奖励的最高限额(如合同价款的 5%)。提前竣工奖励列入竣工结算文件中，与结算款一并支付。

发包人要求合同工程提前竣工，应征得承包人同意后与承包人商定采取加快工程进度的措施，并修订合同工程进度计划。发包人应承担承包人由此增加的赶工费。发承包双方也可在合同中约定每日历天的赶工补偿额度，此项费用作为增加合同价款，列入竣工结算文件中，与结算款一并支付。

2) 误期赔偿

发承包双方可以在合同中约定误期赔偿费，明确每日历天应赔偿额度。如果承包人的实际进度迟于计划进度，发包人有权向承包人索取并得到实际延误天数和合同约定的每日历天应赔偿额度的乘积计算的误期赔偿费。一般来说，双方还应当在合同中约定误期赔偿费的最高限额(如合同价款的 5%)。误期赔偿费列入进度款支付文件或竣工结算文件中，在进度款或结算款中扣除。

合同工程发生误期的，承包人应当按照合同的约定向发包人支付误期赔偿费。如果约定的误期赔偿费低于发包人由此造成的损失的，承包人还应继续赔偿。即使承包人支付误期赔偿费，也不能免除承包人按照合同约定应承担的任何责任和义务。

如果在工程竣工之前，合同工程内的某单项(或单位)工程已通过了竣工验收，且该单项(或单位)工程接收证书中表明的竣工日期并未延误，而是合同工程的其他部分产生了工期延误，则误期赔偿费应按照已颁发工程接收证书的单项(或单位)工程造价占合同价款的比例幅度予以扣减。

9．工程索赔

由于篇幅限制，该部分内容本节不再介绍，详细内容参见本章 9.2 工程索赔估价。

10．现场签证

现场签证是指发包人现场代表(或其授权的监理人、工程造价咨询人)与承包人现场代表就施工过程中涉及合同约定内容以外的责任事件所做的签认证明。

由于施工生产的特殊性，施工过程中往往会出现一些与合同工程或合同约定不一致或未约定的事项，这时就需要发承包双方用书面形式记录下来，各地对此的称谓不一，如工程签证、施工签证、技术核定单等，计价规范将其定义为现场签证。签证有多种情形，一是发包人的口头指令，需要承包人将其提出，由发包人转换成书面签证；二是发包人的书面通知如涉及工程实施，需要承包人就完成此通知需要的人工、材料、机械设备等内容向发包人提出，取得发包人的签证确认；三是合同工程招标工程量清单中已有，但施工中发现与其不符，比如土方类别、出现流沙等，需要承包人及时向发包人提出签证确认，以便调整合同价款；四是由于发包人原因未按合同约定提供场地、材料、设备或停水、停电等造成承包人停工，需承包人及时向发包人提出签证确认，以便计算索赔费用；五是合同中约定材料、设备等价格，由于市场发生变化，需承包人向发包人提出采纳数量及其单价，以便发包人核对后取得发包人的签证确认；六是其他由于施工条件、合同条件变化需现场签证的事项等。

施工合同履行期间出现现场签证事件的，发承包双方应调整合同价款。

1) 现场签证的提出

承包人应发包人要求完成合同以外的零星项目、非承包人责任事件等工作的，发包人应及时以书面形式向承包人发出指令，提供所需的相关资料；承包人在收到指令后，应及时向发包人提出现场签证要求。

承包人在施工过程中，若发现合同工程内容因场地条件、地质水文、发包人要求等不一致时，应提供所需的相关资料，提交发包人签证认可，作为合同价款调整的依据。

2) 现场签证报告的确认

承包人应在收到发包人指令后的 7 日内，向发包人提交现场签证报告，发包人应在收到现场签证报告后的 48 小时内对报告内容进行核实，予以确认或提出修改意见。发包人在收到承包人现场签证报告后的 48 小时内未确认也未提出修改意见的，视为承包人提交的现场签证报告已被发包人认可。

3) 现场签证报告的要求

(1) 现场签证的工作如果已有相应的计日工单价，现场签证报告中仅列明完成该签证工作所需的人工、材料、工程设备和施工机械台班的数量。

(2) 如果现场签证的工作没有相应的计日工单价，应当在现场签证报告中列明完成该签证工作所需的人工、材料、工程设备和施工机械台班的数量及其单价。

现场签证工作完成后的 7 日内，承包人应按照现场签证内容计算价款，报送发包人确认后，作为增加合同价款，与进度款同期支付。

4) 现场签证的限制

合同工程发生现场签证事项，未经发包人签证确认，承包人便擅自实施相关工作的，除非征得发包人书面同意，否则发生的费用由承包人承担。

11. 暂列金额

已签约合同价中的暂列金额只能按照发包人的指示使用。暂列金额虽然列入合同价款，但并不属于承包人所有，也不必然发生。只有按照合同约定实际发生后，才能成为承包人的应得金额，纳入工程合同结算价款中，扣除发包人按照计价规范第 9.1 节至第 9.14 节的规定所作支付后，暂列金额余额(如有)仍归发包人所有。

9.1.5 合同价款期中支付(中间结算)

1. 工程预付款的支付及扣回

工程预付款是指建设工程施工合同订立后，工程开工前，发包人按照合同约定，预先支付给承包人用于购买合同工程施工所需的材料、工程设备，以及组织施工机械和人员进场等的款项。习惯上又称为预付备料款。

1) 一般规定

预付款是发包人为解决承包人在施工准备阶段资金周转问题提供的协助。据此，计价规范规定了工程预付款的若干事项。

(1) 预付款的用途。用于承包人为合同工程施工购置材料、工程设备，购置或租赁施工设备以及组织施工人员进场。预付款应专用于合同工程。

(2) 预付款的支付比例。根据《建设工程价款结算暂行办法》的规定，包工包料的工程不得低于签约合同价(扣除暂列金额，下同)的 10%，不宜高于签约合同价的 30%。

(3) 预付款的支付前提。承包人应在签订合同或向发包人提供与预付款等额的预付款保函(如有)后向发包人提交预付款支付申请。

(4) 预付款的支付时限。发包人应在收到支付申请的 7 日内进行核实，向承包人发出预付款支付证书，并在签发支付证书后的 7 日内向承包人支付预付款。

(5) 未按约定支付预付款的后果。发包人没有按合同约定按时支付预付款的，承包人可催告发包人支付；发包人在预付款期满后的 7 日内仍未支付的，承包人可在付款期满后的第 8 日起暂停施工。发包人应承担由此增加的费用和(或)延误的工期，并向承包人支付合理利润。

(6) 预付款的扣回。预付款应从每一个支付期应支付给承包人的工程进度款中扣回，直到扣回的金额达到合同约定的预付款金额为止。

(7) 预付款保函的期限。承包人的预付款保函(如有)的担保金额根据预付款扣回的数额相应递减，但在预付款全部扣回之前一直保持有效。发包人应在预付款扣完后的 14 日内将预付款保函退还给承包人。

2) 工程预付款的支付

工程预付款额度，各地区、各部门的规定不完全相同，主要是保证施工所需材料和构件的正常储备。工程预付款额度一般是根据施工工期、建安工作量、主要材料和构件费用占建安工程费的比例以及材料储备周期等因素经测算来确定。

(1) 百分比法。发包人根据工程的特点、工期长短、市场行情、供求规律等因素，招标时在合同条件中约定工程预付款的百分比。预付款的比例原则上不低于合同金额的 10%，不高于合同金额的 30%。

(2) 公式计算法。公式计算法是根据主要材料(含结构件等)占年度承包工程总价的比重，材料储备定额天数和年度施工天数等因素，通过公式计算预付款额度的一种方法。

其计算公式为：

$$\text{工程预付款数额}=\frac{\text{年度工程总价}\times\text{材料比例(\%)}}{\text{年度施工天数}}\times\text{材料储备定额天数} \tag{9-6}$$

式中，年度施工天数按 365 个日历天计算；材料储备定额天数由当地材料供应的在途天数、加工天数、整理天数、供应间隔天数、保险天数等因素决定。

3) 工程预付款的扣回

发包人支付给承包人的工程预付款属于预支性质，随着工程的逐步实施后，原已支付的预付款应以充抵工程价款的方式陆续扣回，抵扣方式应当由双方当事人在合同中明确约定。扣款的方法主要有以下两种。

(1) 按合同约定扣款。预付款的扣款方法由发包人和承包人通过洽商后在合同中予以确定，一般是在承包人完成金额累计达到合同总价的一定比例后，由承包人开始向发包人还款，发包人从每次应付给承包人的金额中扣回工程预付款，发包人至少在合同规定的完工期前将工程预付款的总金额逐次扣回。国际工程中的扣款方法一般为：当工程进度款累计金额超过合同价格的 10%～20%时开始起扣，每月从进度款中按一定比例扣回。

(2) 起扣点计算法。从未施工工程尚需的主要材料及构件的价值相当于工程预付款数额时起扣，此后每次结算工程价款时，按材料所占比重扣减工程价款，至工程竣工前全部扣清。起扣点的计算公式如下：

$$T = P - \frac{M}{N} \tag{9-7}$$

式中：T——起扣点(即工程预付款开始扣回时)的累计完成工程金额；

M——工程预付款总额；

N——主要材料及构件所占比重；

P——承包工程合同总额。

该方法对承包人比较有利，最大限度地占用了发包人的流动资金，但是显然不利于发包人的资金使用。

4) 预付款担保

预付款担保是指承包人与发包人签订合同后领取预付款前，承包人正确、合理使用发包人支付的预付款而提供的担保。其主要作用是保证承包人能够按合同规定的目的使用并及时偿还发包人已支付的全部预付金额。如果承包人中途毁约，中止工程，使发包人不能在规定期限内从应付工程款中扣除全部预付款，则发包人有权从该项担保金额中获得补偿。

预付款担保的主要形式为银行保函。预付款担保的担保金额通常与发包人的预付款是等值的。预付款一般逐月从工程预付款中扣除，预付款担保的担保金额也相应逐月减少。承包人在施工期间，应当定期从发包人处取得同意此保函减值的文件，并送交银行确认。承包人还清全部预付款后，发包人应退还预付款担保，承包人将其退回银行注销，解除担保责任。

预付款担保也可以采用发承包双方约定的其他形式，如由担保公司提供担保，或采取抵押等担保形式。承包人的预付款保函的担保金额根据预付款扣回的数额相应递减，但在预付款全部扣回之前一直保持有效。

2. 安全文明施工费的支付

发包人应在工程开工后的 28 日内预付不低于当年施工进度计划的安全文明施工费总额的 60%，其余部分按照提前安排的原则进行分解，与进度款同期支付。

发包人没有按时支付安全文明施工费的，承包人可催告发包人支付；发包人在付款期满后的 7 日内仍未支付的，若发生安全事故，发包人应承担连带责任。

承包人对安全文明施工费应专款专用，在财务账目中应单独列项备查，不得挪作他用，否则发包人有权要求其限期改正；逾期未改正的，造成的损失和延误的工期应由承包人承担。

3. 进度款期中支付

进度款的期中支付，是指发包人在合同工程施工过程中，按照合同约定对付款周期内承包人完成的合同价款给予支付的款项，也就是工程进度款的结算支付。发承包双方应按照合同约定的时间、程序和方法，根据工程计量结果，办理期中价款结算，支付进度款。进度款支付周期，应与合同约定的工程计量周期一致。

1) 期中支付价款的计算

(1) 已完工程的结算价款。已标价工程量清单中的单价项目，承包人应按工程计量确认的工程量与综合单价计算。如综合单价发生调整的，以发承包双方确认调整的综合单价计算进度款。

已标价工程量清单中的总价项目，承包人应按合同中约定的进度款支付分解，分别列入进度款支付申请中的安全文明施工费和本周期应支付的总价项目的金额中。

(2) 结算价款的调整。承包人现场签证和得到发包人确认的索赔金额列入本周期应增加的金额中。由发包人提供的材料、工程设备金额，应按照发包人签约提供的单价和数量从进度款支付中扣出，列入本周期应扣减的金额中。

(3) 进度款的支付比例。进度款的支付比例按照合同约定，按期中结算价款总额计，不低于60%，不高于90%。

2) 期中支付的文件

(1) 进度款支付申请。承包人应在每个计量周期到期后向发包人提交已完工程进度款支付申请一式四份，详细说明此周期认为有权得到的款额，包括分包人已完工程的价款。支付申请的内容包括：

一是累计已完成的合同价款；

二是累计已实际支付的合同价款；

三是本周期合计完成的合同价款，其中包括：①本周期已完成单价项目的金额；②本周期应支付的总价项目的金额；③本周期已完成的计日工价款；④本周期应支付的安全文明施工费；⑤本周期应增加的金额；

四是本周期合计应扣减的金额，其中包括：①本周期应扣回的预付款；②本周期应扣减的金额。

五是本周期实际应支付的合同价款。

(2) 进度款支付证书。发包人应在收到承包人进度款支付申请后，根据计量结果和合同约定对申请内容予以核实，确认后向承包人出具进度款支付证书。若发承包双方对有的清单项目的计量结果出现争议，发包人应对无争议部分的工程计量结果向承包人出具进度款支付证书。

(3) 支付证书的修正。发现已签发的任何支付证书有错、漏或重复的数额，发包人有权予以修正，承包人也有权提出修正申请。经发承包双方复核同意修正的，应在本次到期的进度款中支付或扣除。

9.1.6 竣工结算与支付

工程竣工结算是指工程项目完工并经竣工验收合格后，发承包双方按照施工合同的约定对所完成的工程项目进行的工程价款的计算、调整和确认。工程竣工结算分为单位工程竣工结算、单项工程竣工结算和建设项目竣工总结算，其中，单位工程竣工结算和单项工程竣工结算也可看作是分阶段结算。

工程竣工价款结算的金额可用公式(9-8)表示。

$$\frac{\text{竣工结算}}{\text{工程价款}}=\text{合同价款}+\frac{\text{施工过程中合同}}{\text{价款调整数额}}-\frac{\text{预付及已结算}}{\text{工程价款}}-\text{保修金} \tag{9-8}$$

1. 工程竣工结算的编制和审核

单位工程竣工结算由承包人编制，发包人审查；实行总承包的工程，由具体承包人编制，在总包人审查的基础上，发包人审查。单项工程竣工结算或建设项目竣工总结算由总(承)包人编制，发包人可直接进行审查，也可以委托具有相应资质的工程造价咨询机构进行审查。政府投资项目，由同级财政部门审查。单项工程竣工结算或建设项目竣工总结算经发承包人签字盖章后有效。承包人应在合同约定期限内完成项目竣工结算编制工作，未在规定期限内完成的并且提不出正当理由延期的，责任自负。

1) 工程竣工结算的编制依据

工程竣工结算由承包人或受其委托具有相应资质的工程造价咨询人编制，由发包人或受其委托具有相应资质的工程造价咨询人核对。工程竣工结算编制的主要依据有：①建设工程工程量清单计价规范；②工程合同；③发承包双方实施过程中已确认的工程量及其结算的合同价款；④发承包双方实施过程中已确认调整后追加(减)的合同价款；⑤建设工程设计文件及相关资料；⑥投标文件；⑦其他依据。

2) 工程竣工结算的计价原则

在采用工程量清单计价的方式下，工程竣工结算的编制应当规定的计价原则如下。

(1) 分部分项工程和措施项目中的单价项目应依据双方确认的工程量与已标价工程量清单的综合单价计算；如发生调整的，以发承包双方确认调整的综合单价计算。

(2) 措施项目中的总价项目应依据合同约定的项目和金额计算；如发生调整的，以发承包双方确认调整的金额计算，其中安全文明施工费必须按照国家或省级、行业建设主管部门的规定计算。

(3) 其他项目应遵循的计价规定为：①计日工应按发包人实际签证确认的事项计算；②暂估价应按发承包双方按照《建设工程工程量清单计价规范》的相关规定计算；③总承包服务费应依据合同约定金额计算，如发生调整的，以发承包双方确认调整的金额计算；④施工索赔费用应依据发承包双方确认的索赔事项和金额计算；⑤现场签证费用应依据发承包双方签证资料确认的金额计算；⑥暂列金额应减去工程价款调整(包括索赔、现场签证)金额计算，如有余额归发包人。

(4) 规费和税金应按照国家或省级、行业建设主管部门的规定计算。规费中的工程排污费应按工程所在地环境保护部门规定标准缴纳后按实列入。

此外，发承包双方在合同工程实施过程中已经确认的工程计量结果和合同价款，在竣工结算办理中应直接进入结算。

3) 工程竣工结算的审核

(1) 国有资金投资建设工程的发包人，应当委托具有相应资质的工程造价咨询企业对竣工结算文件进行审核，并在收到竣工结算文件后的约定期限内向承包人提出由工程造价咨询企业出具的竣工结算文件审核意见；逾期未答复的，按照合同约定处理，合同没有约定的，竣工结算文件视为已被认可。

(2) 非国有资金投资的建筑工程发包人，应当在收到竣工结算文件后的约定期限内予以答复，逾期未答复的，按照合同约定处理，合同没有约定的，竣工结算文件视为已被认可；发包人对竣工结算文件有异议的，应当在答复期内向承包人提出，并可以在提出异议之日起的约定期限内与承包人协商；发包人在协商期内未与承包人协商或者经协商未能与承包人达成协议的，应当委托工程造价咨询企业进行竣工结算审核，并在协商期满后的约定期限内向承包人提出由工程造价咨询企业出具的竣工结算文件审核意见。

(3) 发包人委托工程造价咨询机构核对竣工结算的，工程造价咨询机构应在规定期限内核对完毕，核对结论与承包人竣工结算文件不一致的，应提交给承包人复核，承包人应在规定期限内将同意核对结论或不同意见的说明提交工程造价咨询机构。工程造价咨询机构收到承包人提出的异议后，应再次复核，复核无异议的，发承包双方应在规定期限内在竣工结算文件上签字确认，竣工结算办理完毕；复核后仍有异议的，对于无异议部分办理不完全竣工结算；有异议部分由发承包双方协商解决，协商不成的，按照合同约定的争议解决方式处理。

承包人逾期未提出书面异议的，视为工程造价咨询机构核对的竣工结算文件已经被承包人认可。

(4) 承包人对发包人提出的工程造价咨询企业竣工结算审核意见有异议的，在接到该审核意见后 1 个月内，可以向有关工程造价管理机构或者有关行业组织申请调解，调解不成的，可以依法申请仲裁或者向人民法院提起诉讼。

4) 质量争议工程的竣工结算

发包人以对工程质量有异议，拒绝办理工程竣工结算的：

(1) 已经竣工验收或已竣工未验收但实际投入使用的工程，其质量争议按该工程保修合同执行，竣工结算按合同约定办理；

(2) 已竣工未验收且未实际投入使用的工程以及停工、停建工程的质量争议，双方应就有争议的部分委托有资质的检测鉴定机构进行检测，根据检测结果确定解决方案，或按工程质量监督机构的处理决定执行后办理竣工结算，无争议部分的竣工结算按合同约定办理。

2. 竣工结算款的支付

工程竣工结算文件经发承包双方签字确认的，应当作为工程结算的依据，未经对方同意，另一方不得就已生效的竣工结算文件委托工程造价咨询企业重复审核。发包方应当按照竣工结算文件及时支付竣工结算款。

1) 承包人提交竣工结算款支付申请

承包人应根据办理的竣工结算文件，向发包人提交竣工结算款支付申请。该申请应包括的内容为：①竣工结算合同价款总额；②累计已实际支付的合同价款；③应扣留的质量保证金；④实际应支付的竣工结算款金额。

2) 发包人签发竣工结算支付证书

发包人应在收到承包人提交竣工结算款支付申请后 7 日内予以核实，向承包人签发竣工结算支付证书。

3) 支付竣工结算款

发包人签发竣工结算支付证书后的 14 日内，按照竣工结算支付证书列明的金额向承包人支付结算款。

发包人在收到承包人提交的竣工结算款支付申请后 7 日内不予核实，不向承包人签发竣工结算支付证书的，视为承包人的竣工结算款支付申请已被发包人认可；发包人应在收到承包人提交的竣工结算款支付申请 7 日后的 14 日内，按照承包人提交的竣工结算款支付申请列明的金额向承包人支付结算款。

发包人未按照规定的程序支付竣工结算款的，承包人可催告发包人支付，并有权获得延迟支付的利息。发包人在竣工结算支付证书签发后或者在收到承包人提交的竣工结算款支付申请 7 日后的 56 日内仍未支付的，除法律另有规定外，承包人可与发包人协商将该工程折价，也可直接向人民法院申请将该工程依法拍卖。承包人就该工程折价或拍卖的价款优先受偿。

3．合同解除的价款结算与支付

发承包双方协商一致解除合同的，按照达成的协议办理结算和支付合同价款。

1) 不可抗力解除合同

由于不可抗力解除合同的，发包人除应向承包人支付合同解除之日前已完成工程但尚未支付的合同价款，还应支付下列金额。

(1) 合同中约定应由发包人承担的费用。

(2) 已实施或部分实施的措施项目应付价款。

(3) 承包人为合同工程合理订购且已交付的材料和工程设备货款。发包人一经支付此项货款，该材料和工程设备即成为发包人的财产。

(4) 承包人撤离现场所需的合理费用，包括员工遣送费和临时工程拆除、施工设备运离现场的费用。

(5) 承包人为完成合同工程而预期开支的任何合理费用，且该项费用未包括在本款其他各项支付之内。

发承包双方办理结算合同价款时，应扣除合同解除之日前发包人应向承包人收回的价款。当发包人应扣除的金额超过了应支付的金额，则承包人应在合同解除后的 56 日内将其差额退还给发包人。

2) 违约解除合同

(1) 承包人违约。因承包人违约解除合同的，发包人应暂停向承包人支付任何价款。发包人应在合同解除后 28 日内核实合同解除时承包人已完成的全部合同价款以及按施工进度计划已运至现场的材料和工程设备货款，按合同约定核算承包人应支付的违约金以及造成损失的索赔金额，并将结果通知承包人。发承包双方应在 28 日内予以确认或提出意见，并办理结算合同价款。如果发包人应扣除的金额超过了应支付的金额，则承包人应在合同解除后的56日内将其差额退还给发包人。发承包双方不能就解除合同后的结算达成一致的，按照合同约定的争议解决方式处理。

(2) 因发包人违约解除合同的，发包人除应按照有关不可抗力解除合同的规定向承包人支付各项价款外，还需按合同约定核算发包人应支付的违约金以及给承包人造成损失或损害的索赔金额费用。该笔费用由承包人提出，发包人核实后与承包人协商确定后的7日内向承包人签发支付证书。协商不能达成一致的，按照合同约定的争议解决方式处理。

4．质量保证金

1) 缺陷责任期的概念和期限

(1) 缺陷责任期与保修期的概念区别。

缺陷责任期是指承包人对已交付使用的合同工程承担合同约定的缺陷修复责任的期限，其实质上就是指预留质保金(即保证金)的一个期限，具体可由发承包双方在合同中约定。

保修期自实际竣工日期起计算。保修的期限应当按照保证建筑物合理寿命期内正常使用，维护使用者合法权益的原则确定。按照《建设工程质量管理条例》的规定，保修期限如下。

① 地基基础工程和主体结构工程，为设计文件规定的该工程的合理使用年限；

② 屋面防水工程、有防水要求的卫生间、房间和外墙面的防渗漏为5年；

③ 供热与供冷系统为2个采暖期和供热期；

④ 电气管线、给排水管道、设备安装和装修工程为2年。

(2) 缺陷责任期的期限。

缺陷责任期一般为6个月、12个月或24个月，具体可由发承包双方在合同中约定。

缺陷责任期从工程通过竣(交)工验收之日起计。由于承包人原因导致工程无法按规定期限进行竣(交)工验收的，缺陷责任期从实际通过竣(交)工验收之日起计。由于发包人原因导致工程无法按规定期限进行竣(交)工验收的，在承包人提交竣(交)工验收报告90日后，工程自动进入缺陷责任期。

(3) 缺陷责任期内的维修及费用承担。

① 保修责任。在缺陷责任期内，属于保修范围、内容的项目，承包人应当在接到保修通知之日起 7 日内派人保修。发生紧急抢修事故的，承包人在接到事故通知后，应当立即到达事故现场抢修。对于涉及结构安全的质量问题，应当按照《房屋建筑工程质量保修办法》的规定，立即向当地建设行政主管部门报告，采取安全防范措施；由原设计单位或者有相应资质等级的设计单位提出保修方案，承包人实施保修。质量保修完成后，由发包人组织验收。

② 费用承担。由他人及不可抗力原因造成的缺陷，发包人负责维修，承包人不承担费用，且发包人不得从保证金中扣除费用。如发包人委托承包人维修的，发包人应该支付相应的维修费用。

发承包双方就缺陷责任有争议时，可以请有资质的单位进行鉴定，责任方承担鉴定费用并承担维修费用。

在缺陷责任期内，由承包人原因造成的缺陷，承包人应负责维修，并承担鉴定及维修费用。如承包人不维修也不承担费用，发包人可按合同约定扣除保留金，并由承包人承担违约责任。承包人维修并承担相应费用后，不免除对工程的一般损失赔偿责任。

缺陷责任期的起算日期必须以工程的实际竣工日期为准，与之相对应的工程照管义务期的计算时间是以业主签发的工程接收证书起。对于有一个以上交工日期的工程，缺陷责任期应分别从各自不同的交工日期算起。

由于承包人原因造成某项缺陷或损坏使某项工程或工程设备不能按原定目标使用而需要再次检查、检验和修复的，发包人有权要求承包人相应延长缺陷责任期，但缺陷责任期最长不超过 2 年。

2) 质量保证金的使用及返还

(1) 质量保证金的含义。

建设工程质量保证金(以下简称保证金)是指发包人与承包人在建设工程承包合同中约定，从应付的工程款中预留，用以保证承包人在缺陷责任期内对建设工程出现的缺陷进行维修的资金。缺陷是指建设工程质量不符合工程建设强制标准、设计文件，以及承包合同的约定。

(2) 质量保证金预留及管理。

① 质量保证金的预留。发包人应按照合同约定的质量保证金比例从结算款中扣留质量保证金。全部或者部分使用政府投资的建设项目，按工程价款结算总额 5%左右的比例预留保证金，社会投资项目采用预留保证金方式的，预留保证金的比例可以参照执行。发包人与承包人应该在合同中约定保证金的预留方式及预留比例，建设工程竣工结算后，发包人应按照合同约定及时向承包人支付工程结算价款并预留保证金。

② 质量保证金的管理。缺陷责任期内，实行国库集中支付的政府投资项目，保证金的管理应按国库集中支付的有关规定执行。其他政府投资项目，保证金可以预留在财政部门或发包方。缺陷责任期内，如发包方被撤销，保证金随交付使用资产一并移交使用单位，由使用单位代行发包人职责。

社会投资项目采用预留保证金方式的，发承包双方可以约定将保证金交由金融机构托管；采用工程质量保证担保、工程质量保险等其他方式的，发包人不得再预留保证金，并按照有关规定执行。

③ 质量保证金的使用。承包人未按照合同约定履行属于自身责任的工程缺陷修复义务的，发包人有权从质量保证金中扣留用于缺陷修复的各项支出。若经查验，工程缺陷属于发包人原因造成的，应由发包人承担查验和缺陷修复的费用。

(3) 质量保证金的返还。

在合同约定的缺陷责任期终止后的 14 日内，发包人应将剩余的质量保证金返还给承包人。剩余质量保证金的返还，并不能免除承包人按照合同约定应承担的质量保修责任和应履行的质量保修义务。

5．最终结清

所谓最终结清，是指合同约定的缺陷责任期终止后，承包人已按合同规定完成全部剩余工作且质量合格的，发包人与承包人结清全部剩余款项的活动。

(1) 最终结清申请单。缺陷责任期终止后，承包人已按合同规定完成全部剩余工作且质量合格的，发包人签发缺陷责任期终止证书，承包人可按合同约定的份数和期限向发包人提交最终结清申请单，并提供相关证明材料，详细说明承包人根据合同规定已经完成的全部工程价款金额以及承包人认为根据合同规定应进一步支付给他的其他款项。发包人对最终结清申请单内容有异议的，有权要求承包人进行修正和提供补充资料，由承包人向发包人提交修正后的最终结清申请单。

(2) 最终支付证书。发包人收到承包人提交的最终结清申请单后的 14 日内予以核实，向承包人签发最终支付证书。发包人未在约定时间内核实，又未提出具体意见的，视为承包人提交的最终结清申请单已被发包人认可。

发包人应在收到最终结清支付申请后的 14 日内予以核实，向承包人签发最终结清支付证书。若发包人未在约定的时间内核实，又未提出具体意见的，视为承包人提交的最终结清支付申请已被发包人认可。

(3) 最终结清付款。发包人应在签发最终结清支付证书后的 14 日内，按照最终结清支付证书列明的金额向承包人支付最终结清款。发承包双方在合同约定办理了竣工结算后，应被认为承包人已无权再提出竣工结算前所发生的任何索赔。承包人在提交的最终结清申请中，只限于提出竣工结算后的索赔，提出索赔的期限应自发承包双方最终结清时终止。发包人未按期支付的，承包人可催告发包人在合理的期限内支付，并有权获得延迟支付的利息。

最终结清时，如果承包人被扣留的质量保证金不足以抵减发包人工程缺陷修复费用的，承包人应承担不足部分的补偿责任。

最终结清付款涉及政府投资资金的，按照国库集中支付等国家相关规定和专用合同条款的约定办理。

承包人对发包人支付的最终结清款有异议的，按照合同约定的争议解决方式处理。

6．合同解除的价款结算与支付

(1) 发承包双方协商一致解除合同的，应按照达成的协议办理结算和支付合同价款。

(2) 由于不可抗力致使合同无法履行解除合同的，发包人应向承包人支付合同解除之日前已完成工程但尚未支付的合同价款，此外，还应支付下列金额。

① 计价规范第 9.11.1 条规定的由发包人承担的费用；

② 已实施或部分实施的措施项目应付价款；

③ 承包人为合同工程合理订购且已交付的材料和工程设备货款；

④ 承包人撤离现场所需的合理费用，包括员工遣送费和临时工程拆除、施工设备运离现场的费用；

⑤ 承包人为完成合同工程而预期开支的任何合理费用，且该项费用未包括在本款其他各项支付之内。

发承包双方办理结算合同价款时，应扣除合同解除之日前发包人应向承包人收回的价款。当发包人应扣除的金额超过了应支付的金额，承包人应在合同解除后的 56 日内将其差额退还给发包人。

(3) 因承包人违约解除合同的，发包人应暂停向承包人支付任何价款。发包人应在合同解除后 28 日内核实合同解除时承包人已完成的全部合同价款以及按施工进度计划已运至现场的材料和工程设备货款，按合同约定核算承包人应支付的违约金以及造成损失的索赔金额，并将结果通知承包人。发承包双方应在 28 日内予以确认或提出意见，并应办理结算合同价款。如果发包人应扣除的金额超过了应支付的金额，承包人应在合同解除后的 56 日内将其差额退还给发包人。发承包双方不能就解除合同后的结算达成一致的，按照合同约定的争议解决方式处理。

(4) 因发包人违约解除合同的，发包人除应按照计价规范第 12.0.2 条的规定向承包人支付各项价款外，应按合同约定核算发包人应支付的违约金以及给承包人造成损失或损害的索赔金额费用。该笔费用应由承包人提出，发包人核实后应与承包人协商确定后的 7 日内向承包人签发支付证书。协商不能达成一致的，应按照合同约定的争议解决方式处理。

9.1.7　建设工程合同价款纠纷处理

建设工程合同价款纠纷，是指发承包双方在建设工程合同价款的确定、调整以及结算等过程中所发生的争议。按照争议合同的类型不同，可以把工程合同价款纠纷分为总价合同价款纠纷、单价合同价款纠纷以及成本加酬金合同价款纠纷；按照纠纷发生的阶段不同，可以把工程合同价款纠纷分为合同价款确定纠纷、合同价款调整纠纷和合同价款结算纠纷；按照纠纷的成因不同，可以把工程合同价款纠纷分为合同无效的价款纠纷、工期延误的价款纠纷、质量争议的价款纠纷以及工程索赔的价款纠纷。

1. 合同价款纠纷的解决途径

建设工程合同价款纠纷的解决途径主要有 4 种：和解、调解、仲裁和诉讼。建设工程合同发生纠纷后，当事人可以通过和解或者调解来解决合同争议。当事人不愿和解、调解或者和解、调解不成的，可以根据仲裁协议向仲裁机构申请仲裁。当事人没有订立仲裁协议或者仲裁协议无效的，可以向人民法院起诉。当事人应当履行发生法律效力的法院判决或裁定、仲裁裁决、法院或仲裁调解书；拒不履行的，对方当事人可以请求人民法院执行。

1) 和解

和解是指当事人在自愿互谅的基础上，就已经发生的争议进行协商并达成协议，自行解决争议的一种方式。发生合同争议时，当事人应首先考虑通过和解解决争议。合同争议和解解决方式简便易行，能经济、及时地解决纠纷，同时有利于维护合同双方的友好合作关系，使合同能更好地得到履行。根据《建设工程工程量清单计价规范》(GB 50500—2013)的规定，双方可通过以下两种方式进行和解。

(1) 协商和解。合同价款争议发生后，发承包双方任何时候都可以进行协商。协商达成一致的，双方应签订书面和解协议，和解协议对发承包双方均有约束力。如果协商不能达成一致协议，发包人或承包人都可以按合同约定的其他方式解决争议。

(2) 监理或造价工程师暂定。若发包人和承包人之间就工程质量、进度、价款支付与扣除、工期延期、索赔、价款调整等发生任何法律上、经济上或技术上的争议，首先应根据已签约合同的规定，提交合同约定职责范围内的总监理工程师或造价工程师解决，并抄送另一方。总监理工程师或造价工程师在收到此提交件后 14 日内应将暂定结果通知发包人和承包人。发承包双方对暂定结果认可的，应以书面形式予以确认，暂定结果成为最终决定。

发承包双方在收到总监理工程师或造价工程师的暂定结果通知之后的 14 日内，未对暂定结果予以确认也未提出不同意见的，视为发承包双方已认可该暂定结果。

发承包双方或一方不同意暂定结果的，应以书面形式向总监理工程师或造价工程师提出，说明自己认为正确的结果，同时抄送另一方，此时该暂定结果成为争议。在暂定结果不实质影响发承包双方当事人履约的前提下，发承包双方应实施该结果，直到其按照发承包双方认可的争议解决办法被改变为止。

2) 调解

调解是指双方当事人以外的第三人应纠纷当事人的请求，依据法律规定或合同约定，对双方当事人进行疏导、劝说，促使他们互相谅解、自愿达成协议解决纠纷的一种途径。《建设工程工程量清单计价规范》(GB 50500—2013)规定了以下的调解方式。

(1) 管理机构的解释或认定。合同价款争议发生后，发承包双方可就工程计价依据的争议以书面形式提请工程造价管理机构对争议以书面文件进行解释或认定。工程造价管理机构应在收到申请的 10 个工作日内就发承包双方提请的争议问题进行解释或认定。

发承包双方或一方在收到工程造价管理机构书面解释或认定后仍可按照合同约定的争议解决方式提请仲裁或诉讼。除工程造价管理机构的上级管理部门做出了不同的解释或认定，或在仲裁裁决或法院判决中不予采信的外，工程造价管理机构做出的书面解释或认定是最终结果，对发承包双方均有约束力。

(2) 双方约定争议调解人进行调解。通常按照以下程序进行。

① 约定调解人。发承包双方应在合同中约定或在合同签订后共同约定争议调解人，负责双方在合同履行过程中发生争议的调解。合同履行期间，发承包双方可以协议调换或终止任何调解人，但发包人或承包人都不能单独采取行动。除非双方另有协议，在最终结清支付证书生效后，调解人的任期即终止。

② 争议的提交。如果发承包双方发生了争议，任何一方可以将该争议以书面形式提交调解人，并将副本抄送另一方，委托调解人调解。发承包双方应按照调解人提出的要求，给调解人提供所需要的资料、现场进入权及相应设施。调解人应被视为不是在进行仲裁人的工作。

③ 进行调解。调解人应在收到调解委托后 28 日内，或由调解人建议并经发承包双方认可的其他期限内，提出调解书，发承包双方接受调解书的，经双方签字后作为合同的补充文件，对发承包双方具有约束力，双方都应立即遵照执行。

④ 异议通知。如果发承包任意一方对调解人的调解书有异议，应在收到调解书后 28

日天内向另一方发出异议通知，并说明争议的事项和理由。但除非并直到调解书在协商和解或仲裁裁决、诉讼判决中做出修改，或合同已经解除，承包人应继续按照合同实施工程。

如果调解人已就争议事项向发承包双方提交了调解书，而任意一方在收到调解书后 28 日内，均未发出表示异议的通知，则调解书对发承包双方均具有约束力。

3) 仲裁或诉讼

仲裁是当事人根据在纠纷发生前或纠纷发生后达成的仲裁协议，自愿将纠纷提交仲裁机构做出裁决的一种纠纷解决方式。民事诉讼是指人民法院在当事人和其他诉讼参与人的参加下，以审理、判决、执行等方式解决民事纠纷的活动。

(1) 仲裁或诉讼方式的选择。用何种方式解决争端关键在于合同中是否约定了仲裁协议。

① 仲裁方式的选择。如果发承包双方的协商和解或调解均未达成一致意见，其中的一方已就此争议事项根据合同约定的仲裁协议申请仲裁，应同时通知另一方。

仲裁可在竣工之前或之后进行，但发包人、承包人、调解人各自的义务不得因在工程实施期间进行仲裁而有所改变。如果仲裁是在仲裁机构要求停止施工的情况下进行，承包人应对合同工程采取保护措施，由此增加的费用由败诉方承担。

若双方通过和解或调解形成的有关的暂定或和解协议或调解书已经有约束力的情况下，如果发承包中一方未能遵守暂定或和解协议或调解书，则另一方可在不损害他可能具有的任何其他权利的情况下，将未能遵守暂定或不执行和解协议或调解书达成的事项提交仲裁。

② 诉讼方式的选择。发包人、承包人在履行合同时发生争议，双方不愿和解、调解或者和解、调解不成，又没有达成仲裁协议的，可依法向人民法院提起诉讼。

2. 合同价款纠纷的处理原则

建设工程合同履行过程中会产生大量纠纷，而有些纠纷并不容易直接适用现有的法律条款予以解决。针对这些纠纷，可以通过相关司法解释的规定进行处理。2002 年 6 月 11 日，最高人民法院通过了《关于建设工程价款优先受偿权问题的批复》(法释〔2002〕16 号)。2004 年 9 月 29 日，最高人民法院通过了《关于审理建设工程施工合同纠纷案件适用法律问题的解释》(法释〔2004〕14 号)。这些司法解释和批复，虽然是为人民法院审理建设工程合同纠纷提供明确的指导意见，但是，同样为建设工程实践中出现的合同纠纷指明了解决的办法。司法解释中关于施工合同价款纠纷的处理原则和方法，更是可以为发承包双方在工程合同履行过程中出现的类似纠纷的处理，提供参考性极强的借鉴。

1) 施工合同无效的价款纠纷处理

建设工程施工合同无效，但建设工程经竣工验收合格，承包人请求参照合同约定支付工程价款的，应予支持。建设工程施工合同无效，且建设工程经竣工验收不合格的，按照以下情形分别处理。

(1) 修复后的建设工程经竣工验收合格，发包人请求承包人承担修复费用的，应予支持；

(2) 修复后的建设工程经竣工验收不合格，承包人请求支付工程价款的，不予支持。

因建设工程不合格造成的损失，发包人有过错的，也应承担相应的民事责任。

承包人非法转包、违法分包建设工程或者没有资质的实际施工人借用有资质的建筑施工企业名义与他人签订建设工程施工合同的行为无效。人民法院可以根据相关法律的规定，收缴当事人已经取得的非法所得。

2) 垫资施工合同的价款纠纷处理

对于发包人要求承包人垫资施工的项目，对于垫资施工部分的工程价款结算，最高人民法院《关于审理建设工程施工合同纠纷案件适用法律问题的解释》提出了以下处理意见。

(1) 当事人对垫资和垫资利息有约定，承包人请求按照约定返还垫资及其利息的，应予支持，但是约定的利息计算标准高于中国人民银行发布的同期同类贷款利率的部分除外。

(2) 当事人对垫资没有约定的，按照工程欠款处理。

(3) 当事人对垫资利息没有约定，承包人请求支付利息的，不予支持。

3) 施工合同解除后的价款纠纷处理

(1) 建设工程施工合同解除后，已经完成的建设工程质量合格的，发包人应当按照约定支付相应的工程价款；

(2) 已经完成的建设工程质量不合格的：

① 修复后的建设工程经验收合格，发包人请求承包人承担修复费用的，应予支持；

② 修复后的建设工程经验收不合格，承包人请求支付工程价款的，不予支持。

4) 工程设计变更的合同价款纠纷处理

当事人对建设工程的计价标准或者计价方法有约定的，按照约定结算工程价款。因设计变更导致建设工程的工程量或者质量标准发生变化，当事人对该部分工程价款不能协商一致的，可以参照签订建设工程施工合同时当地建设行政主管部门发布的计价方法或者计价标准结算工程价款。

5) 工程结算价款纠纷的处理

(1) 阴阳合同的结算依据。当事人就同一建设工程另行订立的建设工程施工合同与经过备案的中标合同实质性内容不一致的，应当以备案的中标合同作为结算工程价款的根据。

(2) 对承包人竣工结算文件的认可。当事人约定，发包人收到竣工结算文件后，在约定期限内不予答复，视为认可竣工结算文件的，按照约定处理。承包人请求按照竣工结算文件结算工程价款的，应予支持。

(3) 工程欠款的利息支付。

① 利率标准。当事人对欠付工程价款利息计付标准有约定的，按照约定处理；没有约定的，按照中国人民银行发布的同期同类贷款利率计息。

② 计息日。利息从应付工程价款之日计付。当事人对付款时间没有约定或者约定不明的，下列时间视为应付款时间：若建设工程已实际交付的，为交付之日；建设工程没有交付的，为提交竣工结算文件之日；建设工程未交付，工程价款也未结算的，为当事人起诉之日。

9.2　工程索赔估价

9.2.1　工程索赔的概念和分类

1. 工程索赔的概念

工程索赔是在工程承包合同履行中，当事人一方由于另一方未履行合同所规定的义务或者出现了应当由对方承担的风险而遭受损失时，向另一方提出赔偿要求的行为。在实际工作中，“索赔”是双向的，我国《标准施工招标文件》中的索赔就是双向的，既包括承包人向发包人的索赔，也包括发包人向承包人的索赔。在工程实践中，通常将承包商向业主的施工索赔称为“索赔”(Claims)，而将业主向承包商的施工索赔称为“反索赔” (Counter Claims)。

中华人民共和国《民法通则》第一百一十一条规定：当事人履行合同义务不符合约定条件的，另一方有权要求履行或采取补救措施，并有权要求赔偿损失。

索赔有较广泛的含义，可以概括为如下 3 个方面。

(1) 一方违约使另一方蒙受损失，受损方向对方提出赔偿损失的要求。

(2) 发生应由业主承担责任的特殊风险或遇到不利自然条件等情况，使承包商蒙受较大损失而向业主提出补偿损失要求。

(3) 承包商本人应当获得的正当利益，由于没能及时得到监理工程师的确认和业主应给予的支付，而以正式函件向业主索赔。

索赔是一种补偿行为，不是惩罚。

2. 工程索赔的分类

工程索赔依据不同的标准可以进行不同的分类。

1) 按索赔的合同依据分类

按索赔的合同依据可以将工程索赔分为合同中明示的索赔和合同中默示的索赔。

(1) 合同中明示的索赔。合同中明示的索赔是指承包人所提出的索赔要求，在该工程项目的合同文件中有文字依据，承包人可以据此提出索赔要求，并取得经济补偿。这些在合同文件中有文字规定的合同条款，称为明示条款。

(2) 合同中默示的索赔。合同中默示的索赔，即承包人的该项索赔要求，虽然在工程项目的合同条款中没有专门的文字叙述，但可以根据该合同的某些条款的含义，推论出承包人有索赔权。

2) 按索赔目的分类

按索赔目的可以将工程索赔分为工期索赔和费用索赔。

(1) 工期索赔。由于非承包人责任的原因而导致施工进程延误，要求批准顺延合同工期的索赔，称之为工期索赔。

(2) 费用索赔。费用索赔的目的是要求经济补偿。当施工的客观条件改变导致承包人增加开支，要求对超出计划成本的附加开支给予补偿，以挽回不应由他承担的经济损失。

3) 按当事人主体分类

(1) 承包人与发包人之间的索赔。该类索赔发生在建设工程施工合同的双方当事人之间，既包括承包人向发包人的索赔，也包括发包人向承包人的索赔。但是在工程实践中，经常发生的索赔事件，大都是承包人向发包人提出的，教材中所提及的索赔，如果未做特别说明，即是指此类情形。

(2) 总承包人和分包人之间的索赔。在建设工程分包合同履行过程中，索赔事件发生后，无论是发包人的原因还是总承包人的原因所致，分包人都只能向总承包人提出索赔要求，而不能直接向发包人提出。

4) 按索赔事件的性质分类

根据索赔事件的性质不同，可以将工程索赔分为以下几个方面。

(1) 工程延误索赔。因发包人未按合同要求提供施工条件，或因发包人指令工程暂停或不可抗力事件等原因造成工期拖延的，承包人可以向发包人提出索赔；如果由于承包人原因导致工期拖延，发包人可以向承包人提出索赔。

(2) 加速施工索赔。由于发包人指令承包人加快施工速度，缩短工期，引起承包人的人力、物力、财力的额外开支，承包人提出的索赔。

(3) 工程变更索赔。由于发包人指令增加或减少工程量或增加附加工程、修改设计、变更工程顺序等，造成工期延长和(或)费用增加，承包人就此提出索赔。

(4) 合同终止的索赔。由于发包人违约或发生不可抗力事件等原因造成合同非正常终止，承包人因其遭受经济损失而提出索赔。如果由于承包人的原因导致合同非正常终止，或者合同无法继续履行，发包人可以就此提出索赔。

(5) 不可预见的不利条件索赔。承包人在工程施工期间，施工现场遇到一个有经验的承包人通常不能合理预见的不利施工条件或外界障碍，例如地质条件与发包人提供的资料不符，出现不可预见的地下水、地质断层、溶洞、地下障碍物等，承包人可以就因此遭受的损失提出索赔。

(6) 不可抗力事件的索赔。工程施工期间，因不可抗力事件的发生而遭受损失的一方，可以根据合同中对不可抗力风险分担的约定，向对方当事人提出索赔。

(7) 其他索赔。如因货币贬值、汇率变化、物价上涨、政策法令变化等原因引起的索赔。

9.2.2 工程索赔程序与计算

1. 《标准施工招标文件》规定的工程索赔程序

1) 索赔的提出

根据合同约定，承包人认为有权得到追加付款和(或)延长工期的，应按以下程序向发包人提出索赔。

(1) 承包人应在知道或应当知道索赔事件发生后 28 日内，向监理人递交索赔意向通知

书，并说明发生索赔事件的事由。承包人未在前述 28 日内发出索赔意向通知书的，丧失要求追加付款和(或)延长工期的权利。

(2) 承包人应在发出索赔意向通知书后 28 日内，向监理人正式递交索赔通知书。索赔通知书应详细说明索赔理由以及要求追加的付款金额和(或)延长的工期，并附必要的记录和证明材料。

(3) 索赔事件具有连续影响的，承包人应按合理时间间隔继续递交延续索赔通知，说明连续影响的实际情况和记录，列出累计的追加付款金额和(或)工期延长天数。在索赔事件影响结束后的 28 日内，承包人应向监理人递交最终索赔通知书，说明最终要求索赔的追加付款金额和延长的工期，并附必要的记录和证明材料。

2) 承包人索赔的处理程序

监理人收到承包人提交的索赔通知书后，应按照以下程序进行处理。

(1) 监理人收到承包人提交的索赔通知书后，应及时审查索赔通知书的内容、查验承包人的记录和证明材料，必要时监理人可要求承包人提交全部原始记录副本。

(2) 监理人应商定或确定追加的付款和(或)延长的工期，并在收到上述索赔通知书或有关索赔的进一步证明材料后的 42 日内，将索赔处理结果答复承包人。

(3) 承包人接受索赔处理结果的，发包人应在做出索赔处理结果答复后 28 日内完成赔付。承包人不接受索赔处理结果的，按合同中争议解决条款的约定处理。

3) 承包人提出索赔的期限

承包人接受了竣工付款证书后，应被认为已无权再提出在合同工程接收证书颁发前所发生的任何索赔。承包人提交的最终结清申请单中，只限于提出工程接收证书颁发后发生的索赔。提出索赔的期限自接受最终结清证书时终止。

2. FIDIC 合同条件规定的工程索赔程序

FIDIC 合同条件只对承包商的索赔做出了如下规定。

(1) 承包商发出索赔通知。如果承包商认为有权得到竣工时间的任何延长期和(或)任何追加付款，承包商应当向工程师发出通知，说明索赔的事件或情况。该通知应当尽快在承包商察觉或者应当察觉该事件或情况后 28 日内发出。

(2) 承包商未及时发出索赔通知的后果。如果承包商未能在上述 28 日期限内发出索赔通知，则竣工时间不得延长，承包商无权获得追加付款，而业主应免除有关该索赔的全部责任。

(3) 承包商递交详细的索赔报告。在承包商察觉或者应当察觉该事件或情况后 42 日内，或在承包商可能建议并经工程师认可的其他期限内，承包商应当向工程师递交一份充分详细的索赔报告，包括索赔的依据、要求延长的时间和(或)追加付款的全部详细资料。

(4) 如果引起索赔的事件或者情况具有连续影响，则：①上述充分详细索赔报告应被视为中间的；②承包商应当按月递交进一步的中间索赔报告，说明累计索赔延误时间和(或)金额，以及能说明其合理要求的进一步详细资料；③承包商应当在索赔的事件或者情况产生影响结束后 28 日内，或在承包商可能建议并经工程师认可的其他期限内，递交一份最终索赔报告。

(5) 工程师的答复。工程师在收到索赔报告或对过去索赔的任何进一步证明资料后 42 日内，或在工程师可能建议并经承包商认可的其他期限内，做出回应，表示批准或不批准或不批准并附具体意见。工程师应当商定或者确定应给予竣工时间的延长期及承包商有权得到的追加付款。

3．索赔的计算

1) 费用索赔

归纳起来，索赔费用的要素与工程造价的构成基本类似，一般可归结为人工费、材料费、施工机械使用费、分包费、施工管理费、利息、利润、保险费等。

(1) 人工费。人工费的索赔包括：由于完成合同之外的额外工作所花费的人工费用；超过法定工作时间加班劳动；法定人工费增长；非因承包商原因导致工效降低所增加的人工费用；非因承包商原因导致工程停工的人员窝工费和工资上涨费等。在计算停工损失中人工费时，通常采取人工单价乘以折算系数计算。

(2) 材料费。材料费的索赔包括：由于索赔事件的发生造成材料实际用量超过计划用量而增加的材料费；由于发包人原因导致工程延期期间的材料价格上涨和超期储存费用。材料费中应包括运输费、仓储费以及合理的损耗费用。如果由于承包商管理不善，造成材料损坏失效，则不能列入索赔款项内。

(3) 施工机械使用费。施工机械使用费的索赔包括：由于完成合同之外的额外工作所增加的机械使用费；非因承包人原因导致工效降低所增加的机械使用费；由于发包人或工程师指令错误或迟延导致机械停工的台班停滞费。在计算机械设备台班停滞费时，不能按机械设备台班费计算，因为台班费中包括设备使用费。如果机械设备是承包人自有设备，一般按台班折旧费计算；如果是承包人租赁的设备，一般按台班租金加上每台班分摊的施工机械进出场费计算。

(4) 现场管理费。现场管理费的索赔包括承包人完成合同之外的额外工作以及由于发包人原因导致工期延期期间的现场管理费，包括管理人员工资、办公费、通信费、交通费等。

现场管理费索赔金额的计算公式为：

$$现场管理费索赔金额=索赔的直接成本费用\times现场管理费率 \tag{9-9}$$

其中，现场管理费率的确定可以选用下面的方法：①合同百分比法，即管理费比率在合同中规定；②行业平均水平法，即采用公开认可的行业标准费率；③原始估价法，即采用投标报价时确定的费率；④历史数据法，即采用以往相似工程的管理费率。

(5) 总部(企业)管理费。总部管理费的索赔主要是指由于发包人原因导致工程延期期间所增加的承包人向公司总部提交的管理费，包括总部职工工资、办公大楼折旧、办公用品、财务管理、通信设施以及总部领导人员赴工地检查指导工作等开支。总部管理费索赔金额的计算，目前还没有统一的方法。通常可采用以下两种方法。

① 按总部管理费的比率计算：

$$总部管理费索赔金额=(人材机费索赔金额+现场管理费索赔金额)\times总部管理费比率(\%) \quad (9\text{-}10)$$

其中，总部管理费的比率可以按照投标书中的总部管理费比率计算(一般为 3%～8%)，也可以按照承包人公司总部统一规定的管理费比率计算。

② 按已获补偿的工程延期天数为基础计算。该公式是在承包人已经获得工程延期索赔的批准后，进一步获得总部管理费索赔的计算方法。计算步骤如下。

第一步，计算被延期工程应当分摊的总部管理费：

$$延期工程应分摊的总部管理费=同期公司计划总部管理费\times\frac{延期工程合同价格}{同期公司所有工程合同总价} \quad (9\text{-}11)$$

第二步，计算被延期工程的日平均总部管理费：

$$延期工程的日平均总部管理费=\frac{延期工程应分摊的总部管理费}{延期工程计划工期} \quad (9\text{-}12)$$

第三步，计算索赔的总部管理费：

$$索赔的总部管理费=延期工程的日平均总部管理费\times工程延期的天数$$

(6) 保险费。因发包人原因导致工程延期时，承包人必须办理工程保险、施工人员意外伤害保险等各项保险的延期手续，对于由此而增加的费用，承包人可以提出索赔。

(7) 保函手续费。因发包人原因导致工程延期时，承包人必须办理相关履约保函的延期手续，对于由此而增加的手续费，承包人可以提出索赔。

(8) 利息。利息的索赔包括：发包人拖延支付工程款利息；发包人迟延退还工程质量保证金的利息；承包人垫资施工的垫资利息；发包人错误扣款的利息等。至于具体的利率标准，双方可以在合同中明确约定，没有约定或约定不明的，可以按照中国人民银行发布的同期同类贷款利率计算。

(9) 利润。一般来说，由于工程范围的变更、发包人提供的文件有缺陷或错误、发包人未能提供施工场地以及因发包人违约导致的合同终止等事件引起的索赔，承包人都可以列入利润。比较特殊的是，根据《标准施工招标文件》(2007 年版)通用合同条款第 11.3 款的规定，对于因发包人原因暂停施工导致的工期延误，承包人有权要求发包人支付合理的利润。索赔利润的计算通常是与原报价单中的利润百分率保持一致。但是应当注意的是，由于工程量清单中的单价是综合单价，已经包含了人工费、材料费、施工机械使用费、企业管理费、利润以及一定范围内的风险费用，在索赔计算中不应重复计算。

同时，由于一些引起索赔的事件，也可能是合同中约定的合同价款调整因素(如工程变更、法律法规的变化以及物价波动等)，因此，对于已经进行了合同价款调整的索赔事件，承包人在费用索赔的计算时，不能重复计算。

(10) 分包费用。由于发包人的原因导致分包工程费用增加时，分包人只能向总承包人提出索赔，但分包人的索赔款项应当列入总承包人对发包人的索赔款项中。分包费用索赔指的是分包人的索赔费用，一般也包括与上述费用类似的内容索赔。

根据《标准施工招标文件》中通用合同条款的内容，可以合理补偿承包人的条款如表 9-1 所示。

表 9-1　《标准施工招标文件》中承包人的索赔事件及可补偿内容

序号	条款号	索赔事件	可补偿内容		
			工期	费用	利润
1	1.6.1	迟延提供图纸	√	√	√
2	1.10.1	施工中发现文物、古迹	√	√	
3	2.3	迟延提供施工场地	√	√	√
4	3.4.5	监理人指令迟延或错误	√	√	
5	4.11	施工中遇到不利物质条件	√	√	
6	5.2.4	提前向承包人提供材料、工程设备		√	
7	5.2.6	发包人提供材料、工程设备不合格或迟延提供或变更交货地点	√	√	√
8	5.4.3	发包人更换其提供的不合格材料、工程设备	√	√	
9	8.3	承包人依据发包人提供的错误资料导致测量放线错误	√	√	√
10	9.2.6	因发包人原因造成承包人人员工伤事故		√	
11	11.3	因发包人原因造成工期延误	√	√	√
12	11.4	异常恶劣的气候条件导致工期延误	√		
13	11.6	承包人提前竣工		√	
14	12.2	发包人暂停施工造成工期延误	√	√	√
15	12.4.2	工程暂停后因发包人原因无法按时复工	√	√	√
16	13.1.3	因发包人原因导致承包人工程返工	√	√	√
17	13.5.3	监理人对已经覆盖的隐蔽工程要求重新检查且检查结果合格	√	√	√
18	13.6.2	因发包人提供的材料、工程设备造成工程不合格	√	√	√
19	14.1.3	承包人应监理人要求对材料、工程设备和工程重新检验且检验结果合格	√	√	√
20	16.2	基准日后法律的变化		√	
21	18.4.2	发包人在工程竣工前提前占用工程	√	√	√
22	18.6.2	因发包人的原因导致工程试运行失败		√	√
23	19.2.3	工程移交后因发包人原因出现新的缺陷或损坏的修复		√	√
24	19.4	工程移交后因发包人原因出现的缺陷修复后的试验和试运行		√	
25	21.3.1(4)	因不可抗力停工期间应监理人要求照管、清理、修复工程		√	
26	21.3.1(4)	因不可抗力造成工期延误	√		
27	22.2.2	因发包人违约导致承包人暂停施工	√	√	√

索赔费用的计算应以赔偿实际损失为原则，包括直接损失和间接损失。索赔费用的计算方法通常有 3 种，即实际费用法、总费用法和修正的总费用法。

(1) 实际费用法。实际费用法又称分项法，即根据索赔事件所造成的损失或成本增加，按费用项目逐项进行分析、计算索赔金额的方法。这种方法比较复杂，但能客观地反映施

工单位的实际损失，比较合理，易于被当事人所接受，在国际工程中被广泛采用。

由于索赔费用组成的多样化，不同原因引起的索赔，承包人可索赔的具体费用内容有所不同，必须具体问题具体分析。由于实际费用法所依据的是实际发生的成本记录或单据，所以，在施工过程中，系统而准确地积累记录资料是非常重要的。

(2) 总费用法。总费用法，也被称为总成本法，就是当发生多次索赔事件后，重新计算工程的实际总费用，再从该实际总费用中减去投标报价时的估算总费用，即为索赔金额。总费用法计算索赔金额的公式如下：

索赔金额=实际总费用-投标报价估算总费用

但是，在总费用法的计算方法中，没有考虑实际总费用中可能包括由于承包商的原因(如施工组织不善)而增加的费用，投标报价估算总费用也可能由于承包人为谋取中标而导致过低的报价，因此，总费用法并不十分科学。只有在难以精确地确定某些索赔事件导致的各项费用增加额时，总费用法才得以采用。

(3) 修正的总费用法。修正的总费用法是对总费用法的改进，即在总费用计算的原则上，去掉一些不合理的因素，使其更为合理。修正的内容包括：①将计算索赔款的时段局限于受到索赔事件影响的时间，而不是整个施工期；②只计算受到索赔事件影响时段内的某项工作所受影响的损失，而不是计算该时段内所有施工工作所受的损失；③与该项工作无关的费用不列入总费用中；④对投标报价费用重新进行核算，即按受影响时段内该项工作的实际单价进行核算，乘以实际完成的该项工作的工程量，得出调整后的报价费用。

按修正后的总费用计算索赔金额的公式如下：

索赔金额=某项工作调整后的实际总费用-该项工作的报价费用　　(9-13)

修正的总费用法与总费用法相比，有了实质性改进，它的准确程度已接近于实际费用法。

2) 工期索赔

(1) 工期索赔中应当注意的问题。

① 划清施工进度拖延的责任。因承包人的原因造成施工进度滞后，属于不可原谅的延期；只有承包人不应承担任何责任的延误，才是可原谅的延期。有时工程延期的原因中可能包含有双方责任，此时监理人应进行详细分析，分清责任比例，只有可原谅延期部分才能批准顺延合同工期。可原谅延期，又可细分为可原谅并给予补偿费用的延期和可原谅但不给予补偿费用的延期；后者是指非承包人责任的影响并未导致施工成本的额外支出，大多属于发包人应承担风险责任事件的影响，如异常恶劣的气候条件影响的停工等。

② 被延误的工作应是处于施工进度计划关键线路上的施工内容。只有位于关键线路上工作内容的滞后，才会影响到竣工日期。但有时也应注意。既要看被延误的工作是否在批准进度计划的关键线路上，又要详细分析这一延误对后续工作的可能影响。因为若对非关键线路工作的影响时间较长，超过了该工作可用于自由支配的时间，也会导致进度计划中非关键线路转化为关键线路，其滞后将影响总工期的拖延。此时，应充分考虑该工作的自由时间，给予相应的工期顺延，并要求承包人修改施工进度计划。

(2) 工期索赔的计算。工期索赔的计算主要有网络图分析和比例计算法两种。

① 网络分析法是利用进度计划的网络图，分析其关键线路。如果延误的工作为关键工

作，则总延误的时间为批准顺延的工期；如果延误的工作为非关键工作，当该工作由于延误超过时差限制而成为关键工作时，可以批准延误时间与时差的差值；若该工作延误后仍为非关键工作，则不存在工期索赔问题。

② 比例计算法。

应用于工程量有增加时工期索赔的计算时，公式为

$$\text{工期索赔值}=\frac{\text{额外增加的工程量的价格}}{\text{原合同总价}}\times\text{原合同总工期} \tag{9-14}$$

应用于已知受干扰部分工程的延期时间时，公式为

$$\text{工期索赔值}=\text{受干扰部分工期拖延时间}\times\frac{\text{受干扰部分工程的合同价格}}{\text{原合同总价}} \tag{9-15}$$

③ 直接法。如果某干扰事件直接发生在关键线路上，造成总工期的延误，可以直接将该干扰事件的实际干扰时间(延误时间)作为工期索赔值。

(3) 共同延误的处理。在实际施工过程中，工期拖期很少是只由一方造成的，往往是两三种原因同时发生(或相互作用)而形成的，故称为“共同延误”。在这种情况下，要具体分析哪一种情况延误是有效的，应依据以下原则。

① 首先判断造成拖期的哪一种原因是最先发生的，即确定“初始延误”者，它应对工程拖期负责。在初始延误发生作用期间，其他并发的延误者不承担拖期责任。

② 如果初始延误者是发包人原因，则在发包人原因造成的延误期内，承包人既可得到工期延长，又可得到经济补偿。

③ 如果初始延误者是客观原因，则在客观因素发生影响的延误期内，承包人可以得到工期延长，但很难得到费用补偿。

④ 如果初始延误者是承包人原因，则在承包人原因造成的延误期内，承包人既不能得到工期补偿，也不能得到费用补偿。

【例 9-1】某工程原合同规定分两阶段进行施工，土建工程 21 个月，安装工程 12 个月。假定以一定量的劳动力需要量为相对单位，则合同规定的土建工程量可折算为 310 个相对单位，安装工程量折算为 70 个相对单位。合同规定，在工程量增减 15%的范围内，作为承包商的工期风险，不能要求工期补偿。在工程施工过程中，土建和安装的工程量都有较大幅度的增加。实际土建工程量增加到 430 个相对单位，实际安装工程量增加到 117 个相对单位。求承包商可以提出的工期索赔额。

解：承包商提出的工期索赔为：

不索赔的土建工程量的上限为：310 × 1.15=341(个相对单位)

不索赔的安装工程量的上限为：70 × 1.15=77(个相对单位)

由于工程量增加而造成的工期延长：

土建工程工期延长=21 × (430/341 − 1)=5.5(个月)

安装工程工期延长=12 × (117/77 − 1)=6.2(个月)

总工期索赔为：5.5+6.2=11.7(个月)

【例 9-2】某工程施工合同中约定：合同工期为 30 周，合同价为 827.28 万元(含规费 38

万元)，其中，管理费为直接费(分部分项工程和措施项目工程的人工费、材料费、机械费之和)的 18%，利润为直接费、管理费之和的 5%，营业税税率、城市维护建设税税率、教育费附加费和地方教育附加费率分别为 3%、7%、3%和 2%；因通货膨胀导致价格上涨时，业主只对人工费、主要材料费和机械费(三项费用占合同价的比例分别为 22%、40%和 9%)进行调整；因设计变更产生的新增工程，业主既补偿成本又补偿利润。

该工程的 D 工作和 H 工作安排使用同一台施工机械，机械每天工作一个台班，机械台班单价为 1 000 元/台班，台班折旧费为 600 元/台班。施工单位编制的施工进度计划，如图 9-1 所示。

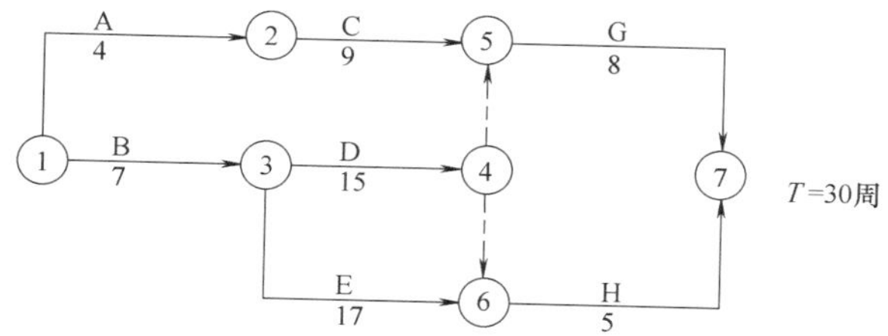

图 9-1　施工进度计划

施工过程中发生如下事件。

事件 1：考虑物价上涨因素，业主与施工单位协议对人工费、主要材料费和机械费分别上调 5%、6%和 3%。

事件 2：因业主设计变更新增 F 工作，F 工作为 D 工作的紧后工作，为 H 工作的紧前工作，持续时间为 6 周。经双方确认，F 工作的直接费(分部分项工程和措施项目工程的人工费、材料费、机械费之和)为 126 万元，规费为 8 万元。

事件 3：G 工作开始前，业主对 G 工作的部分施工图纸进行修改，由于未能及时提供给施工单位，致使 G 工作延误 6 周。经双方协商，仅对因业主延迟提供图纸而造成的工期延误，业主按原合同工期和价格确定分摊的每周管理费标准补偿施工单位管理费。

上述事件发生后，施工单位在合同规定的时间内向业主提出索赔并提供了相关资料。

1. 事件 1 中，调整后的合同价款为多少万元？

2. 事件 2 中，应计算 F 工作的工程价款为多少万元？

3. 事件 2 发生后，以工作表示的关键线路是哪一条？列式计算应批准延长的工期和可索赔的费用(不含 F 工作工程价款)。

4. 按合同工期分摊的每周管理费应为多少万元？发生事件 2 和事件 3 后，项目最终的工期是多少周？业主应批准补偿的管理费为多少万元？

解：1. 不调整部分占合同价比例：1−22%−40%−9%=29%

调整后的合同价款为：827.28 × (0.29+1.05 × 22%+1.06 × 40%+1.03 × 9%)=858.47(万元)

2. F 工作的工程价款为：

[126 × (1+18%) × (1+5%)+8] × 1/[1−3%−(3% × 7%)−(3% × 3%)−(3% × 2%)]

=169.82(万元)

3. 若仅发生事件 2，关键线路为：B—D—F—H

应批准延长的工期为：(7+15+6+5)−30=3(周)

增加 F 工作导致 H 工作较原计划晚开工 4 周，造成 H 工作机械窝工台班为：4 × 7=28(台班)，可索赔的费用为：28 × 600=16 800(元)。

4. 3%+3% × 7%+3% × 3%+3% × 2%=3.36%

合同价中的税金为：827.28 × 3.36%=27.80(万元)

合同价中的利润为：(827.28−27.80−38) × 5%/(1+5%)=36.26(万元)

合同价中的管理费为：(827.28−27.80−38−36.26) × 18%/(1+18%)=110.63(万元)

则每周分摊的管理费为：110.63/30=3.69(万元/周)

项目最终工期为：7+15+8+6=36(周)

业主应批准补偿管理费的周数为：36−33=3(周)

业主应补偿的管理费为：3.68 × 3=11.07(万元)

复习思考题

1. 合同价款的确定应遵循什么原则?
2. 工程施工过程中出现哪些事项可以进行工程价款调整?
3. 出现工程变更时，如何调整工程价款?
4. 出现工程量偏差时，如何调整工程价款?
5. 出现不可抗力时，如何调整工程价款?
6. 合同解除后如何进行工程价款结算?
7. 简述我国工程价款的主要结算方式。
8. 工程预付款应如何支付、如何扣回?
9. 什么叫索赔? 简述工程索赔的分类。
10. 按照《标准施工招标文件》，工程索赔应遵循什么样的程序?

第 10 章　工程量清单编制实例

10.1　咨询公司办公楼工程量清单编制实例

10.1.1　咨询公司办公楼建筑施工图

某咨询公司办公楼建筑施工图目录如图 10-1～图 10-12 所示。

目　录

		建设单位	××管理咨询有限公司	电　话	
		工程名称	××办公楼	Q Q	
0	目录		建施-00	A3	
1	建筑施工总说明，门窗表		建施-01	A3	
2	建筑施工总说明-装修做法表		建施-02	A3	
3	卫生间、阳台、空调洞、墙身大样图		建施-03	A3	
4	一层平面图		建施-04	A3	
5	二层平面图		建施-05	A3	
6	三层平面图		建施-06	A3	
7	屋顶平面图		建施-07	A3	
8	东立面		建施-08	A3	
9	南立面		建施-09	A3	
10	西立面		建施-10	A3	
11	北立面		建施-11	A3	
12	剖面1-1		建施-12	A3	
13	楼梯平面图		建施-13	A3	
校对		制表		日期	共　页　第　页

图 10-1　办公楼建筑施工图目录

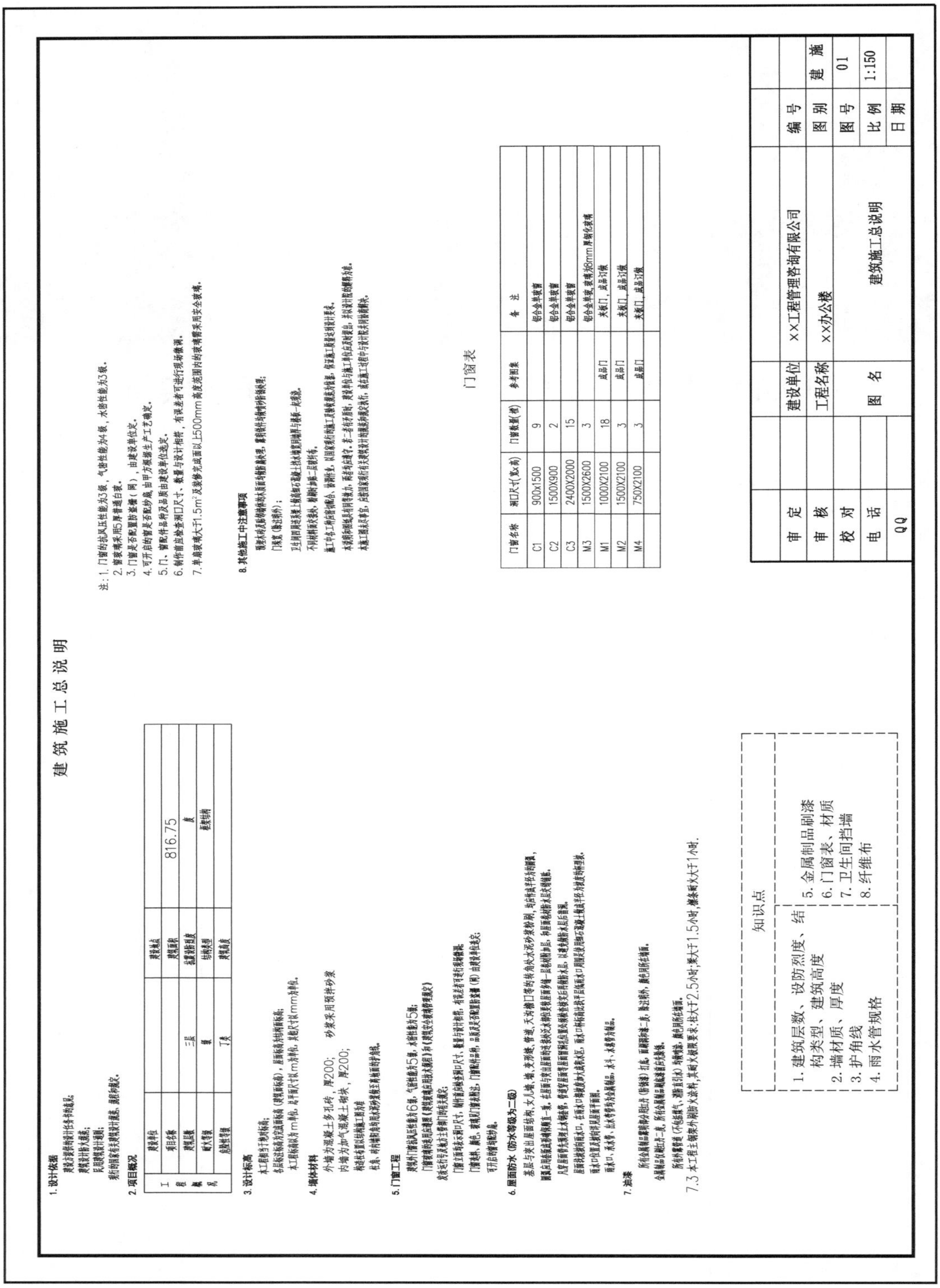

建筑施工总说明

1. 设计依据

建设方提供的设计任务书的意见;
建筑设计防火规范;
民用建筑设计通则;
现行的国家有关建筑设计规范、规程和规定。

2. 项目概况

工程概况	建设单位		建设地点	
	项目名称		建筑面积	816.75
	建筑层数	三层	抗震设防烈度	度
	耐火等级	级	结构类型	框架结构
	危险性等级	丁类	建筑高度	

3. 设计标高

本工程相当于绝对标高;
各层标注标高为完成面标高（建筑面标高），屋面标高为结构面标高;
本工程标高以为m单位，总平面尺寸以m为单位，其他尺寸以mm为单位。

4. 墙体材料

外墙为混凝土多孔砖，厚200;　　砂浆采用预拌砂浆
内墙为加气混凝土砌块，厚200;
构造柱布置以结构施工图为准
柱角、砖内墙阳角均用水泥砂浆做至离地面的护角线。

5. 门窗工程

建筑外门窗抗风压性能为6级，气密性能为5级，水密性能为5级;
门窗玻璃的选用应遵照《建筑玻璃应用技术规程》和《建筑安全玻璃管理规定》
发改运行号及地方主管部门的有关规定;
门窗立面均表示洞口尺寸，制作前应检查洞口尺寸、数量与设计相符，有误差者可进行现场微调;
门窗选料、颜色、玻璃见门窗表附注，门窗配件品种，品质及是否配置防盗栅（网）由建设单位选定;
可开启的窗均配纱扇。

6. 屋面防水（防水等级为二级）

基层与突出屋面结构、女儿墙、墙、变形缝、管道、天沟檐口等的转角处水泥砂浆粉刷，均应作成半径为的圆弧，
圆弧应用套版成形确保顺直一致。在屋面与突出屋面的连接处泛水部位要较屋面多铺一层卷材附加层，和屋面卷材防水层交错铺贴。
凡穿屋面管先预埋止水钢套管，管道穿屋面等屋面留洞孔位置必须检查核实后再做防水层，以避免做防水层后凿洞。
屋面找坡坡向雨水口，在雨水口部坡度加大成积水区，雨水口杯标高比找平层低雨水口周围是使用细石混凝土做成半径为坡度的杯型坡。
雨水口位置及坡向详见屋面平面图。
雨水口、系水管、出水弯管均为金属制品，水斗、水落管为制品。

7. 油漆

所有金属制品露明部分用红丹（防锈漆）打底，面刷调和漆二度，除注明外，颜色同所在墙面。
金属制品仅刷红丹二度，所有金属制品刷底漆前应先除锈。
所有外露管道（不包括煤气、消防直引水）均做喷涂，颜色同所在墙面。
7.3 本工程主钢架外刷防火涂料，其耐火极限要求：柱大于2.5小时；梁大于1.5小时，檩条耐火大于1小时。

注：1. 门窗的抗风压性能为3级，气密性能为4级，水密性能为3级。
2. 窗玻璃采用5厚普通白玻。
3. 门窗是否配置防盗栅（网），由建设单位定。
4. 可开启的窗是否配纱扇，由甲方根据生产工艺确定。
5. 门、窗配件品种及品质由建设单位选定。
6. 制作前应检查洞口尺寸、数量与设计相符，有误差者可进行现场微调。
7. 单扇玻璃大于1.5m²及装修完成面以上500mm高度范围内的玻璃需采用安全玻璃。

8. 其他施工中注意事项

预埋木砖及贴邻墙体的木质面均做防腐处理，露明铁件均做喷砂防锈处理;
门梁宽（除注明外）;
卫生间四周连系梁上做高细石混凝土挡水墙宽同墙厚与楼板一起现浇。
不同材料面交接处，粉刷时加贴二层玻纤布。
施工中各工种应密切配合、协调作业，以国家现行的施工及验收规范为依据，保证施工质量达到设计要求。
本说明和图纸具有同等效力，两者均应遵守。若二者有矛盾时，建设单位与施工单位应及时提出，并以设计院的解释为准。
本施工图未尽事宜，应按国家现行有关建筑设计的规范和规定执行，或在施工过程中与设计院共同协商解决。

门窗表

门窗名称	洞口尺寸(宽x高)	门窗数量(樘)	参考图集	备　注
C1	900x1500	9		铝合金单玻窗
C2	1500X900	2		铝合金单玻窗
C3	2400X2000	15		铝合金单玻窗
M3	1500X2600	3		铝合金单玻，玻璃为8mm厚钢化玻璃
M1	1000X2100	18	成品门	夹板门，成品订做
M2	1500X2100	3	成品门	夹板门，成品订做
M4	750X2100	3	成品门	夹板门，成品订做

知识点

1. 建筑层数、设防烈度、结构类型、建筑高度
2. 墙材质、厚度
3. 护角线
4. 雨水管规格
5. 金属制品刷漆
6. 门窗表、材质
7. 卫生间挡墙
8. 纤维布

审　定		建设单位	××工程管理咨询有限公司	编　号	
审　核		工程名称	××办公楼	图　别	建　施
校　对		图　名	建筑施工总说明	图　号	01
电　话				比　例	1:150
QQ				日　期	

图 10-2　建筑施工总说明

分类	编号	做法	做法及说明	使用部位	备注
墙基防潮	1	防水砂浆防潮层	20 厚1：2水泥砂浆掺5%避水浆		标高-0.06m处
地面	1	水泥地面	1.20 厚1：2水泥砂浆压实抹光 2.60 厚C15混凝土 3.100 厚碎石或碎砖夯实 4.素土夯实	储物间	
	2	防滑地砖地面	1.8~10 厚地面砖，干水泥擦缝 2.撒素水泥面（洒适量清水） 3.20 厚1：2干硬性水泥砂浆 4.刷素水泥浆（或界面剂）一道 5.40 厚C20细石混凝土 6.聚氨酯三遍涂膜防水层，厚1.8 7.60 厚C15混凝土，随捣随抹平 8.100 厚碎石夯实 9.素土夯实	开水间，卫生间	
	3	地砖地面	1.8~10 厚地面砖，干水泥擦缝 2.撒素水泥面（洒适量清水） 3.20 厚1：2干硬性水泥砂浆 4.刷素水泥浆（或界面剂）一道 5.60 厚C15混凝土，随捣随抹平 6.100 厚碎石夯实 7.素土夯实	其余房间	地砖按400×400大小
楼面	1	水泥楼面	1.20 厚1：2水泥砂浆面层 2.刷素水泥浆结合层一道	储物间	
	2	防滑地砖楼面	1.8~10 厚地面砖，干水泥擦缝 2.5 厚1：1水泥细砂结合层 3.30 厚C20细石混凝土 4.聚氨酯二遍涂膜，厚1.2 5.20 厚1：3水泥砂浆找平层（四周做圆弧状或钝角）	开水间，卫生间	
	3	地砖楼面	1.8~10 厚地面砖，干水泥擦缝 2.5 厚1：1水泥细砂结合层 3.20 厚1：3水泥砂浆找平层	其余房间，楼梯间	
内墙	1	瓷砖墙面	1.5 厚釉面砖白水泥擦缝 2.6 厚1：0.1：2.5水泥石灰膏砂浆结合层 3.12 厚1：3水泥砂浆打底 4.刷界面处理剂一道	开水间，卫生间	
	2	乳胶漆墙面	1.刷乳胶漆 2.5 厚1：0.3：3水泥石灰膏砂浆粉面 3.12 厚1：1：6水泥石灰膏砂浆打底 4.刷界面处理剂一道	其余房间	
外墙	1	外墙涂料饰面	1.喷（刷）外墙涂料 2.6 厚1：2.5水泥砂浆粉面，水刷带出小麻面 3.12 厚1：3水泥砂浆打底 4.刷界面处理剂一道	详立面图	
	2	面砖饰面	1.1：1水泥砂浆勾缝或用专用勾缝剂勾缝 2.6~12 厚面砖（在面砖粘面上随贴随刷一道混凝土界面处理剂，增强黏结性） 3.10 厚12水泥砂浆黏结层 4.10 厚1：3水泥砂浆打底扫毛 5.刷界面处理剂一道	详立面图	
	3	抹水泥砂浆	1.8 厚1：2.5水泥砂浆粉面 2.12 厚1：3水泥砂浆打底 3.刷界面处理剂一道	女儿墙内侧	
屋面	1	卷材防水屋面	1.40 厚C20细石混凝土内配 Φ4@150 双向钢筋，粉平压光 2.隔离层 3.SBS 改性沥青防水卷材 3厚 4.20 厚1：3水泥砂浆找平层	平屋面	结构找坡
平顶	1	PVC条板吊顶	1.PVC 成品板 2.铝合金横撑⊥25×22×1.3或⊥23×23×1.3，中距等于板材宽度 3.铝合金中龙骨⊥32×22×1.3或⊥23×23×1.3，中距等于板材宽度（边龙骨L35×11×0.75或L25×25×1） 4.轻钢大龙骨（不上人） [45×15×1.2（吊点附吊挂），中距<1200] 5.φ8钢筋吊杆、双向吊点（中距900~1200一个） 6.钢筋混凝土板内预留φ6铁环，双向中距900~1200	卫生间、盥洗间、开水间	吊顶高度2.5m
	2	乳胶漆顶棚	1.刷乳胶漆 2.6 厚1：0.3：3水泥石灰膏砂浆粉面 3.6 厚1：0.3：3水泥石灰膏砂浆打底扫毛 4.刷素水泥浆一道（内掺建筑胶）	其他房间，楼梯间	
踢脚	1	水泥砂浆	1. 8 厚1:2.5水泥砂浆 2.10 厚1:3水泥砂浆 3.界面处理剂一道	储物间	
	2	地砖踢脚	1.8 厚地砖素水泥擦缝 2.5 厚1:1水泥细砂结合层 3.12 厚1:3水泥砂浆打底 4.界面处理剂一道	用于除开水间、卫生间外的地砖楼地面	
挑板、空调板	1	水泥砂浆抹灰	1.20 厚1：2水泥砂浆抹灰		
油漆	1	调和漆	1.调和漆二度 2.刮腻子 3.防锈漆或红丹一度		楼梯栏杆，预埋铁件
	2	清漆	1.磨退出亮 2.清漆四度 3.刷油色 4.刷底油一度 5.满刮腻子 6.润油粉一道		木门，木扶手

知识点

1. 基础防潮
2. 楼地面划分
3. 对应房间
4. 天棚与吊顶的区别

建设单位	××管理咨询有限公司	编号	
工程名称		图别	建施
图名	建筑施工装修做法表	图号	02
		比例	1:150
		日期	

审定
审核
校对
电话
QQ

图 10-3 建筑施工装修做法表

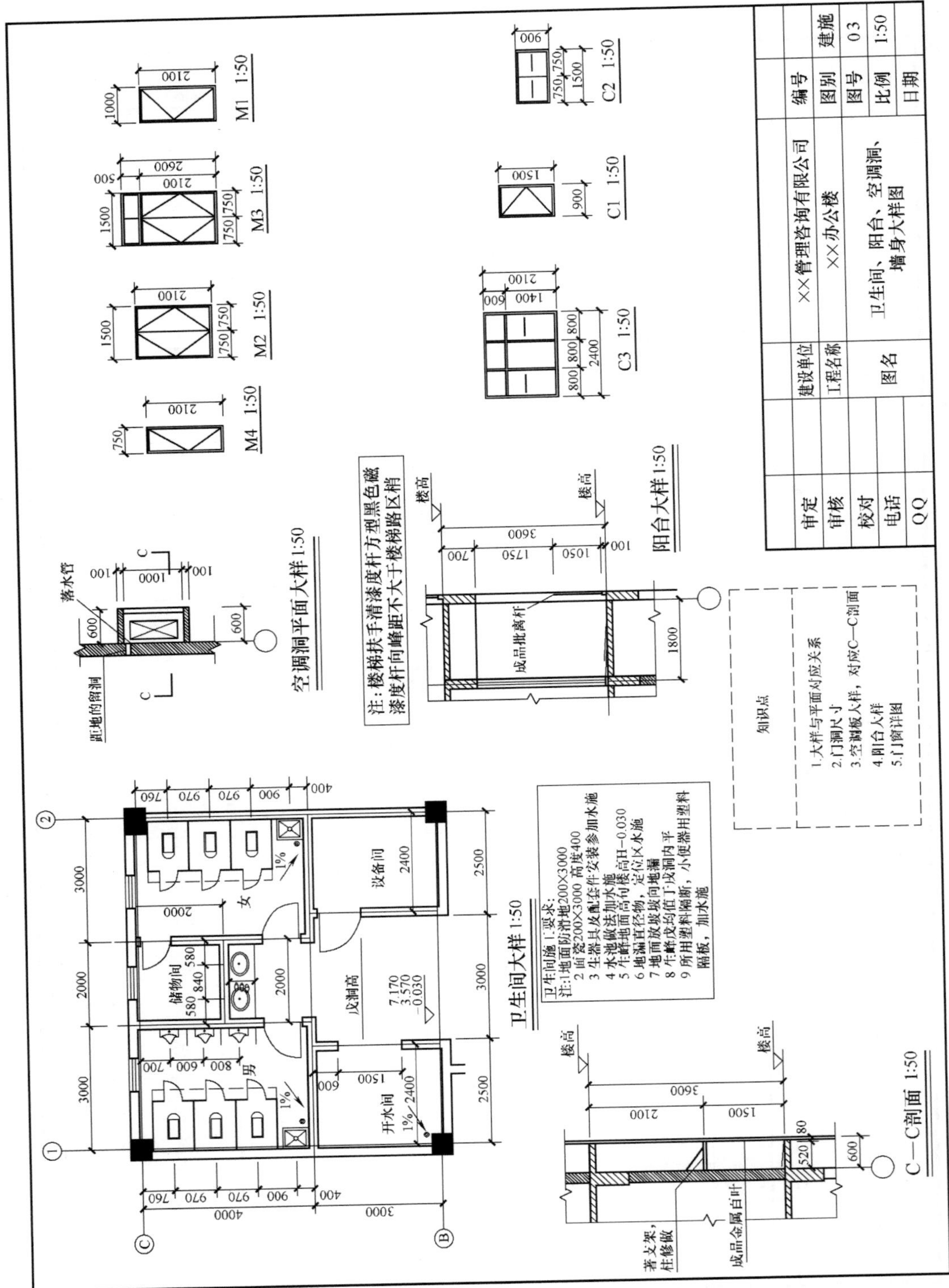

图 10-4　卫生间、阳台、空调洞、墙身大样图

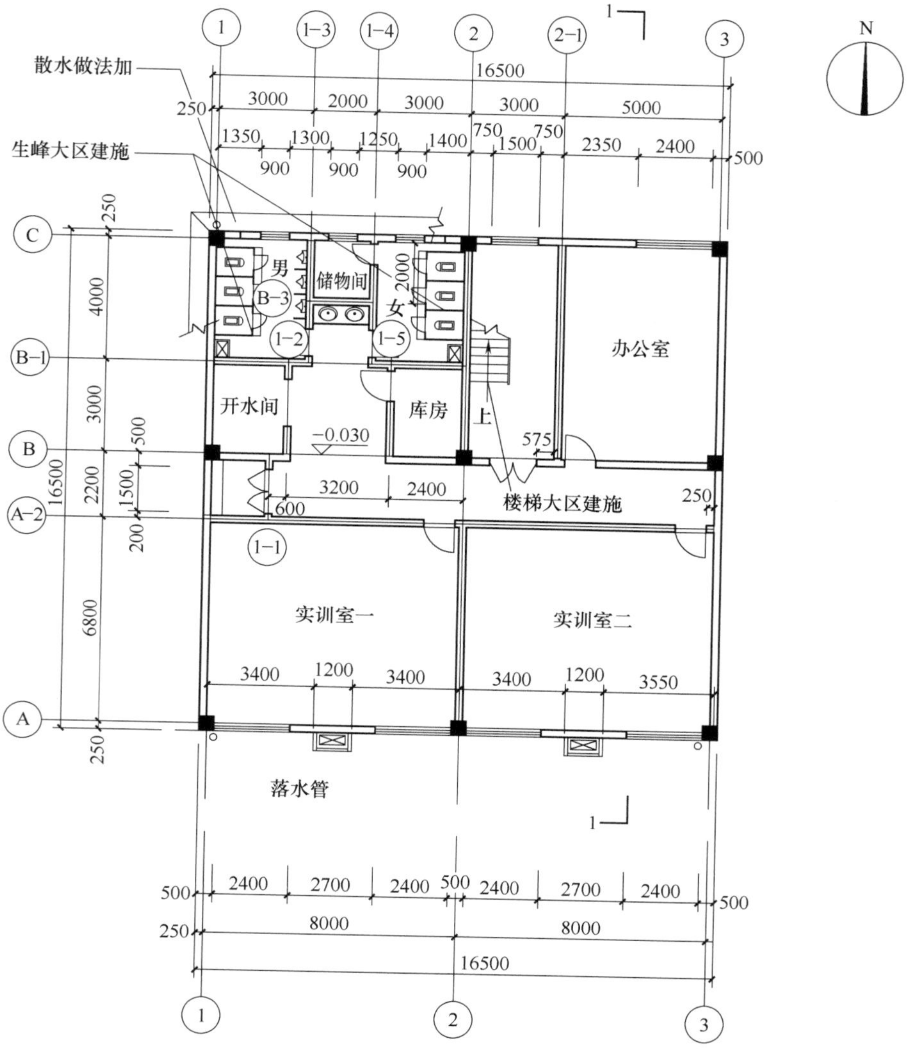

散水做法加

生峰大区建施

男 储物间 女

开水间 库房 办公室

−0.030

楼梯大区建施

实训室一 实训室二

落水管

16500

3000 2000 3000 3000 5000

1350 1300 1250 1400 750 1500 750 2350 2400

900 900 900

2400 2700 2400 500 2400 2700 2400

8000 8000

一层平面

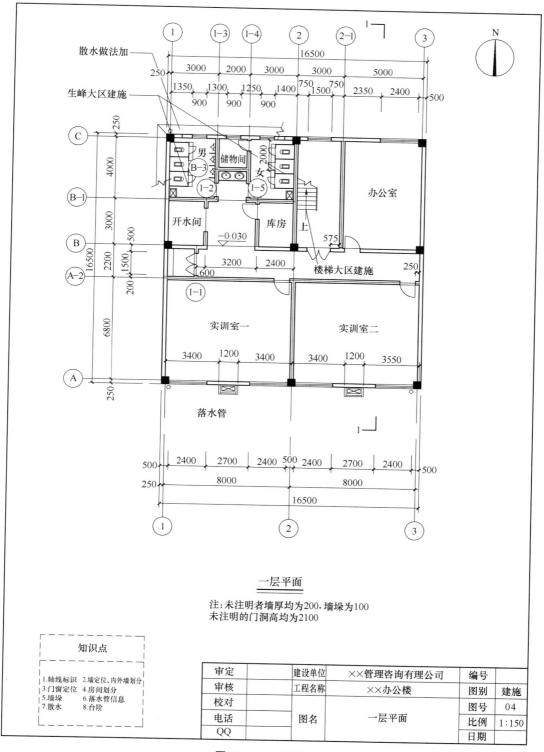

注：未注明者墙厚均为200，墙垛为100
未注明的门洞高均为2100

知识点

1.轴线标识 2.墙定位、内外墙划分
3.门窗定位 4.房间划分
5.墙垛 6.落水管信息
7.散水 8.台阶

审定		建设单位	××管理咨询有理公司	编号	
审核		工程名称	××办公楼	图别	建施
校对		图名	一层平面	图号	04
电话				比例	1:150
QQ				日期	

图 10-5　一层平面

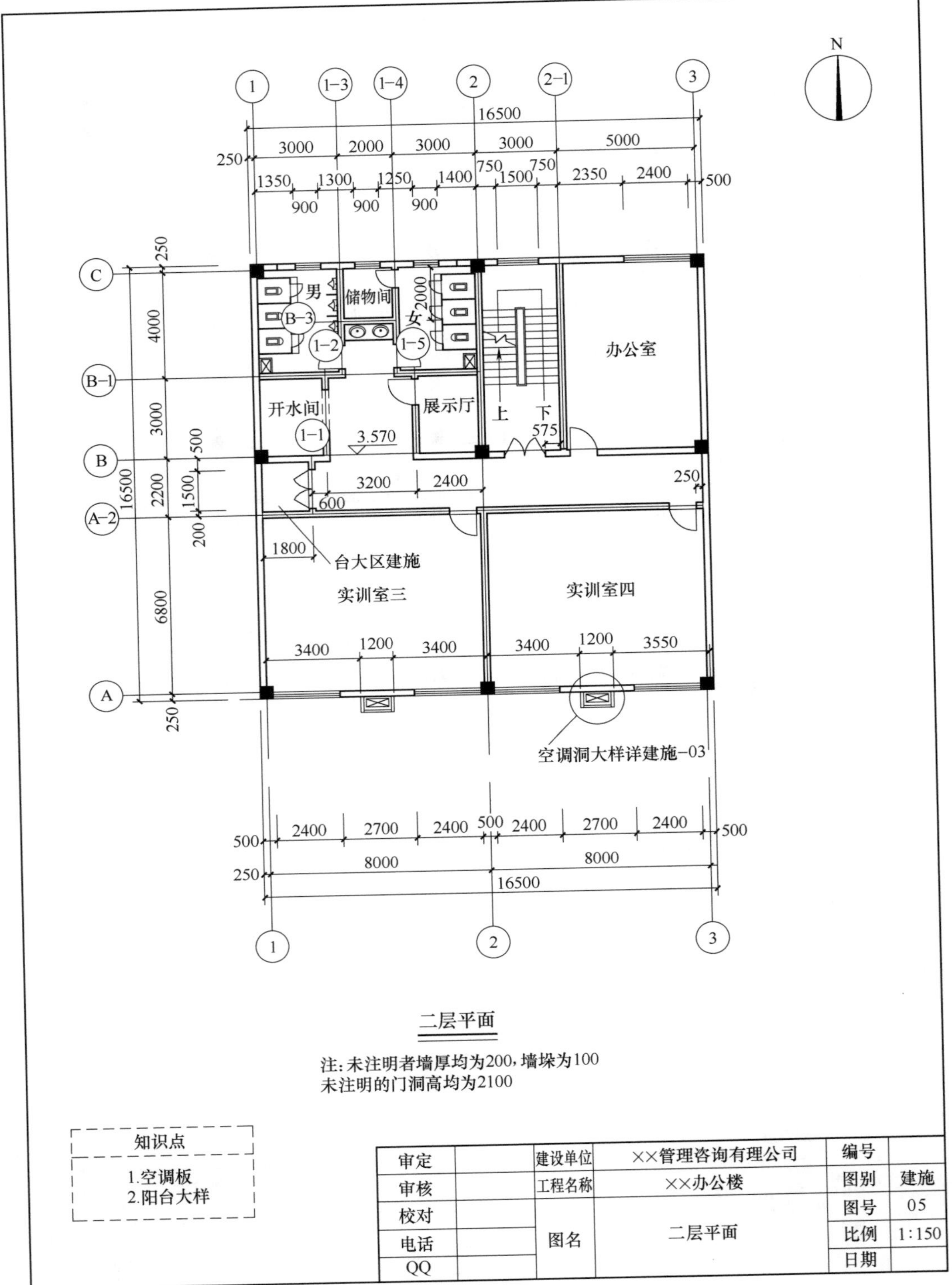
二层平面
注：未注明者墙厚均为200，墙垛为100
未注明的门洞高均为2100
知识点
1.空调板
2.阳台大样
审定
审核
校对
电话
QQ
建设单位
××管理咨询有限公司
工程名称
××办公楼
图名
二层平面
编号
图别
建施
图号
05
比例
1:150
日期
办公室
实训室三
实训室四
开水间
展示厅
储物间
空调洞大样详建施-03

图 10-6　二层平面

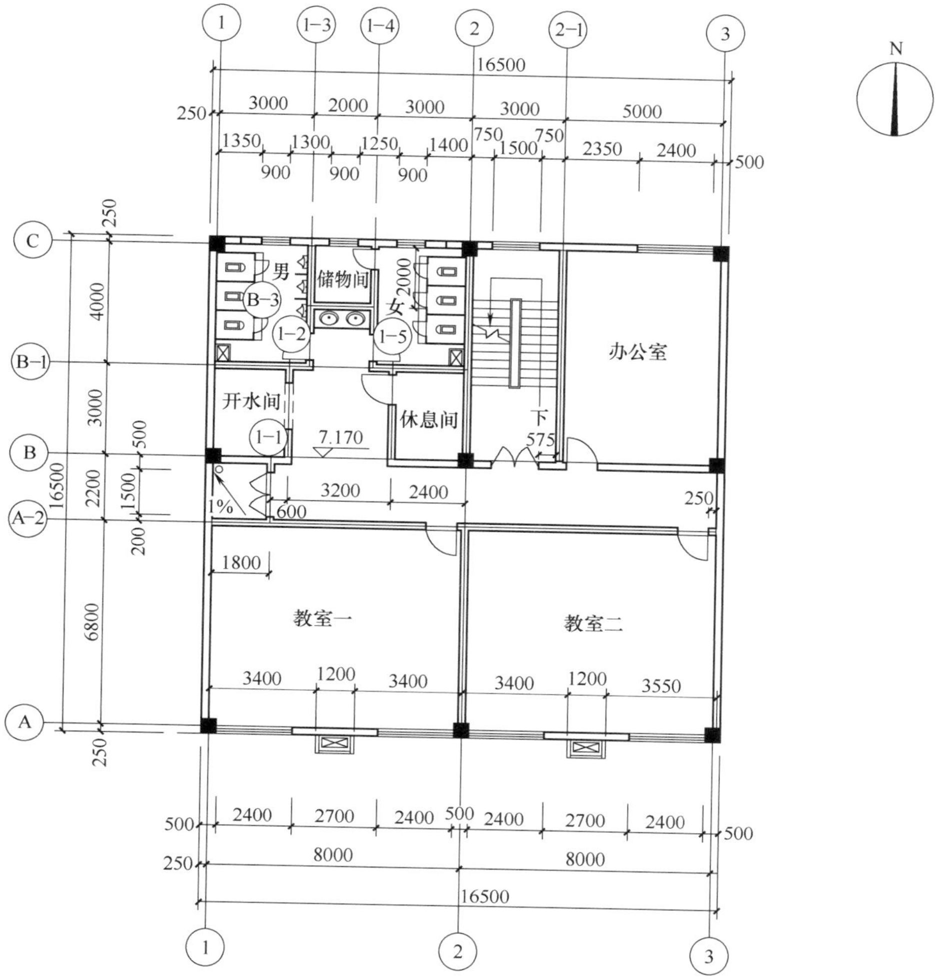

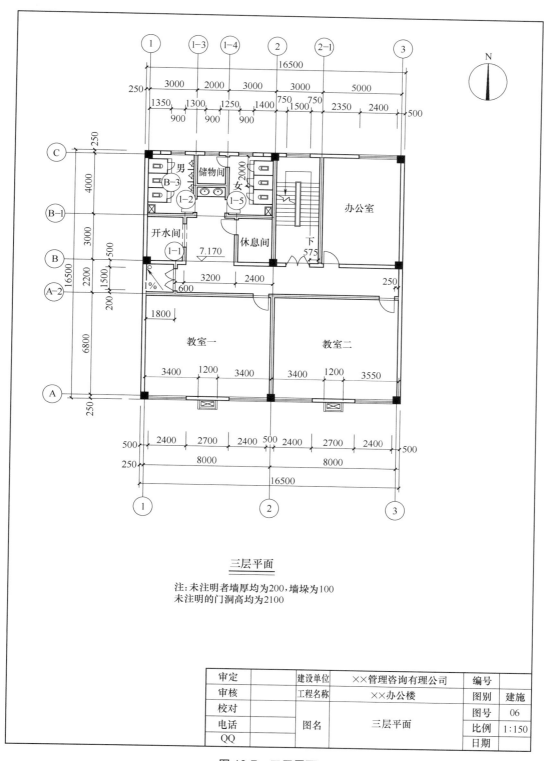

三层平面

注：未注明者墙厚均为200，墙垛为100
未注明的门洞高均为2100

审定		建设单位	××管理咨询有理公司	编号	
审核		工程名称	××办公楼	图别	建施
校对		图名	三层平面	图号	06
电话				比例	1:150
QQ				日期	

图 10-7 三层平面

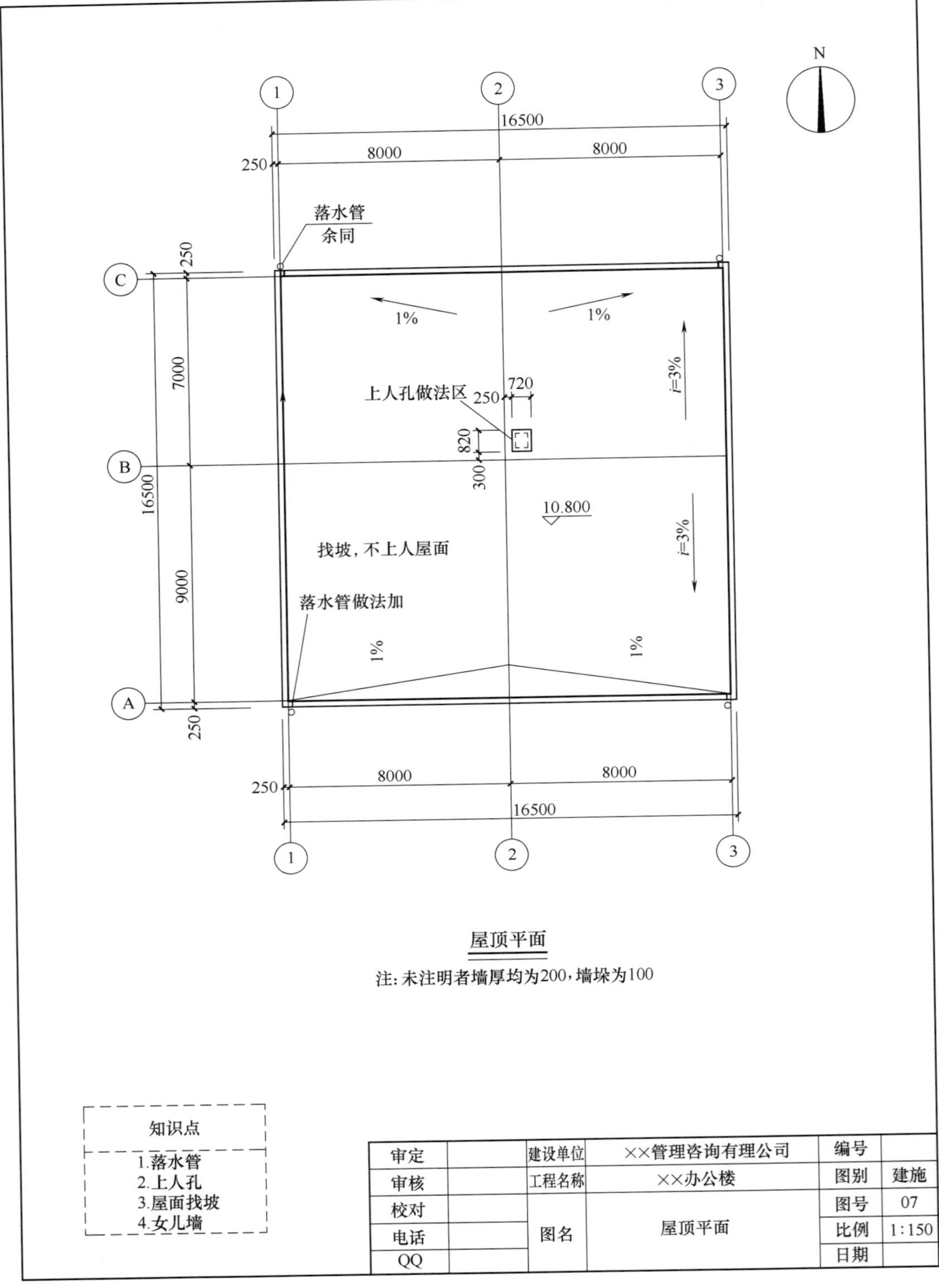
N
1
2
3
16500
8000
8000
250
落水管
余同
C
250
1%
1%
7000
i=3%
上人孔做法区
250
720
820
B
300
16500
10.800
i=3%
找坡，不上人屋面
9000
落水管做法加
1%
1%
A
250
250
8000
8000
16500
屋顶平面
注：未注明者墙厚均为200，墙垛为100
知识点
1.落水管
2.上人孔
3.屋面找坡
4.女儿墙
审定
审核
校对
电话
QQ
建设单位
××管理咨询有理公司
工程名称
××办公楼
图名
屋顶平面
编号
图别
建施
图号
07
比例
1:150
日期

图 10-8　屋顶平面

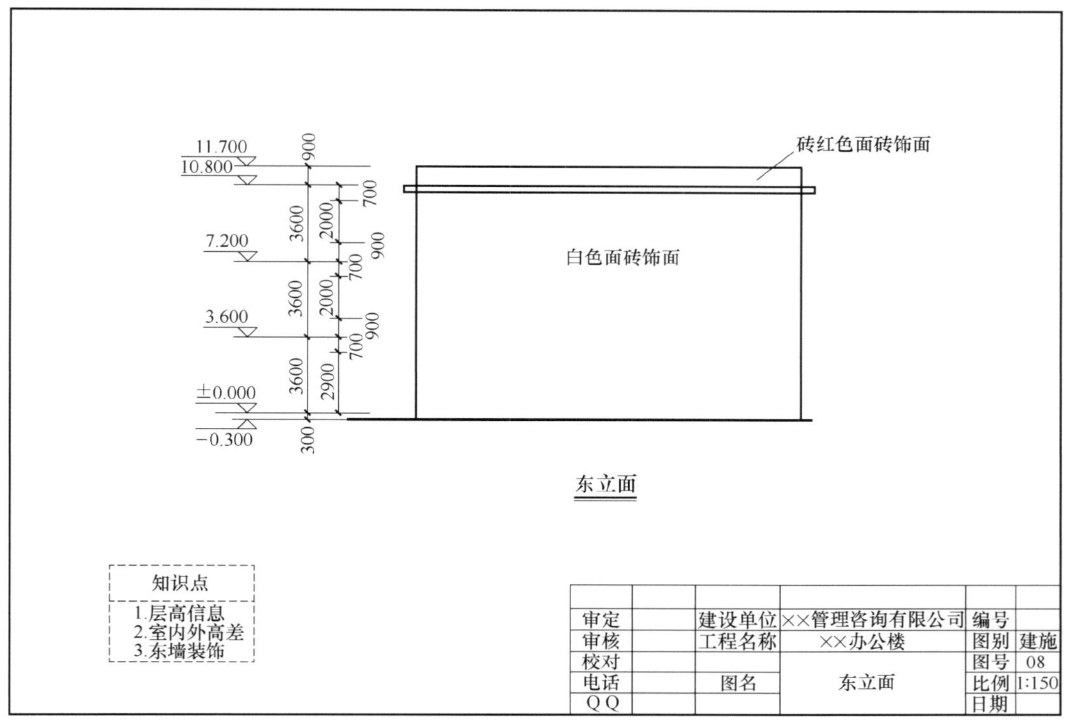

图 10-9　东立面

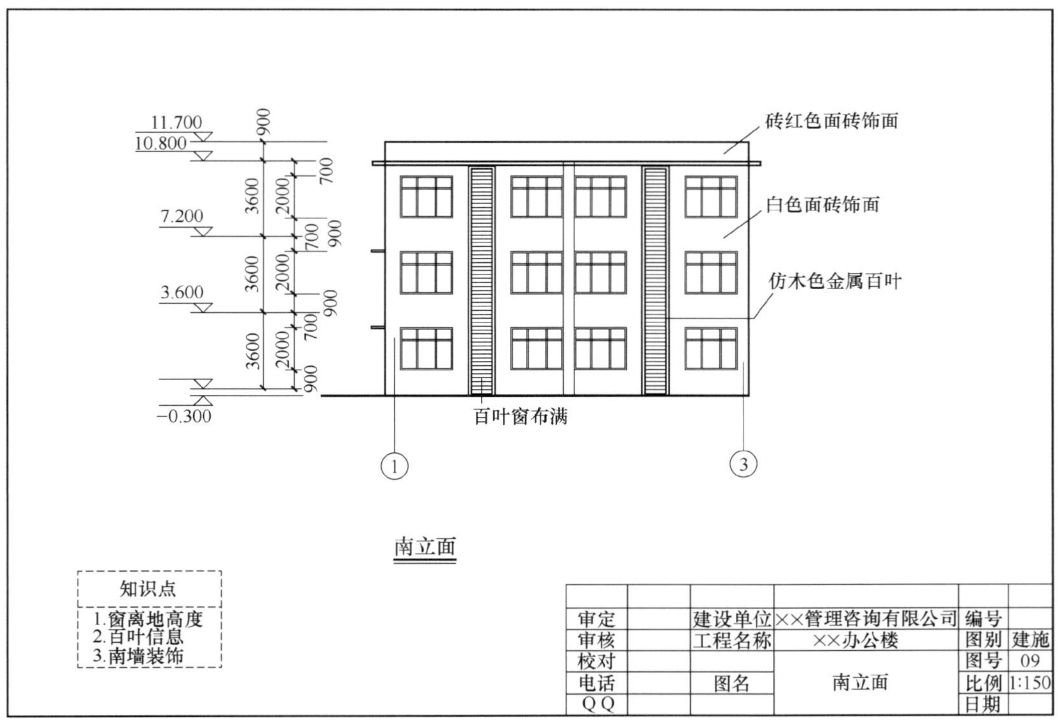

图 10-10　南立面

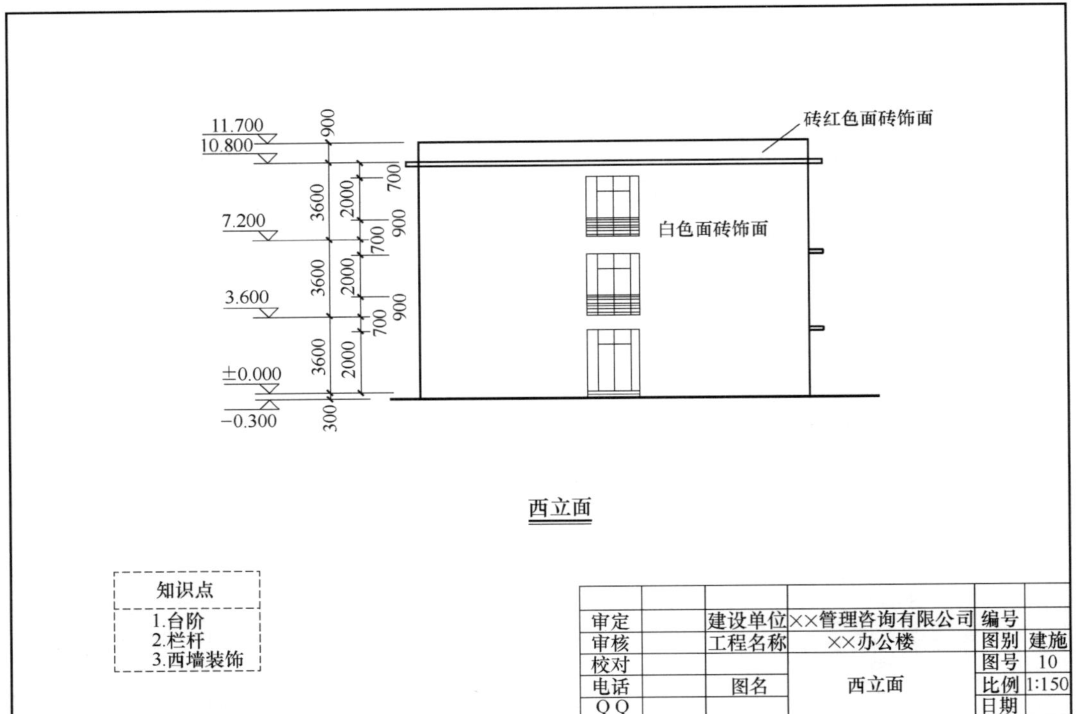

图 10-11　西立面

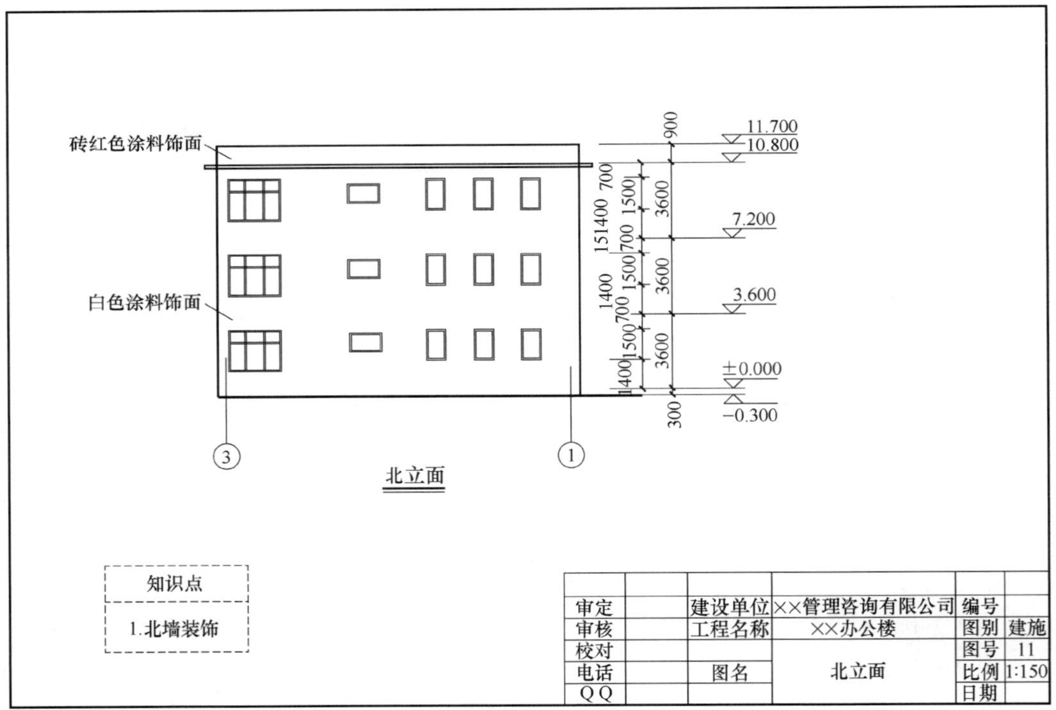

图 10-12　北立面

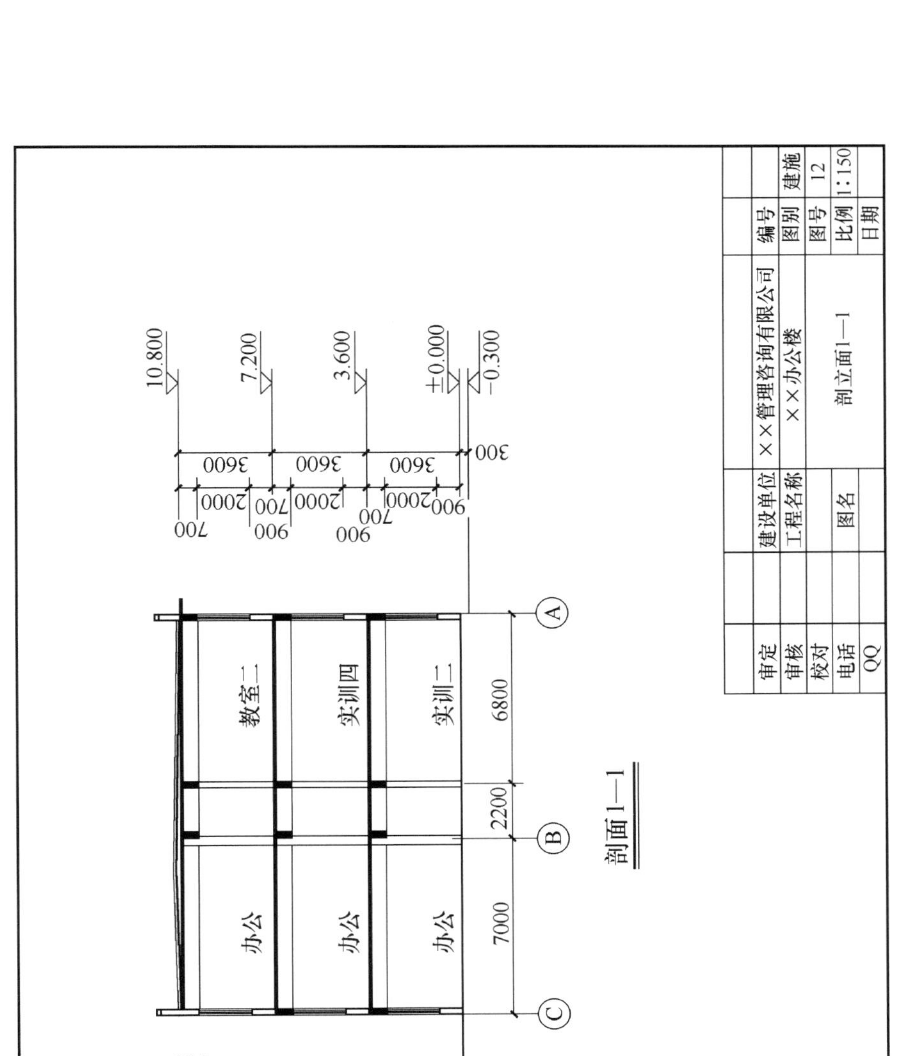
剖面1—1
办公
办公
办公
教室二
实训四
实训二
7000
2200
6800
A
B
C
10.800
7.200
3.600
±0.000
-0.300
3600
2000
700
900
300
知识点
1.对应平面位置(建施04)
2.剖面方向
审定
审核
校对
电话
QQ
建设单位
××管理咨询有限公司
工程名称
××办公楼
图名
剖立面1—1
编号
图别
建施
图号
12
比例
1:150
日期

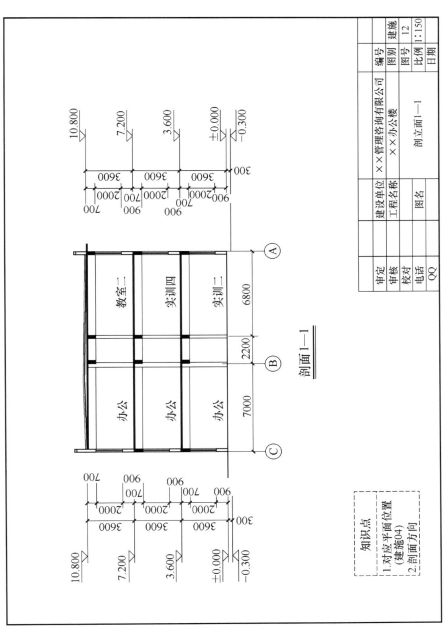

图 10-13　剖面图 1—1

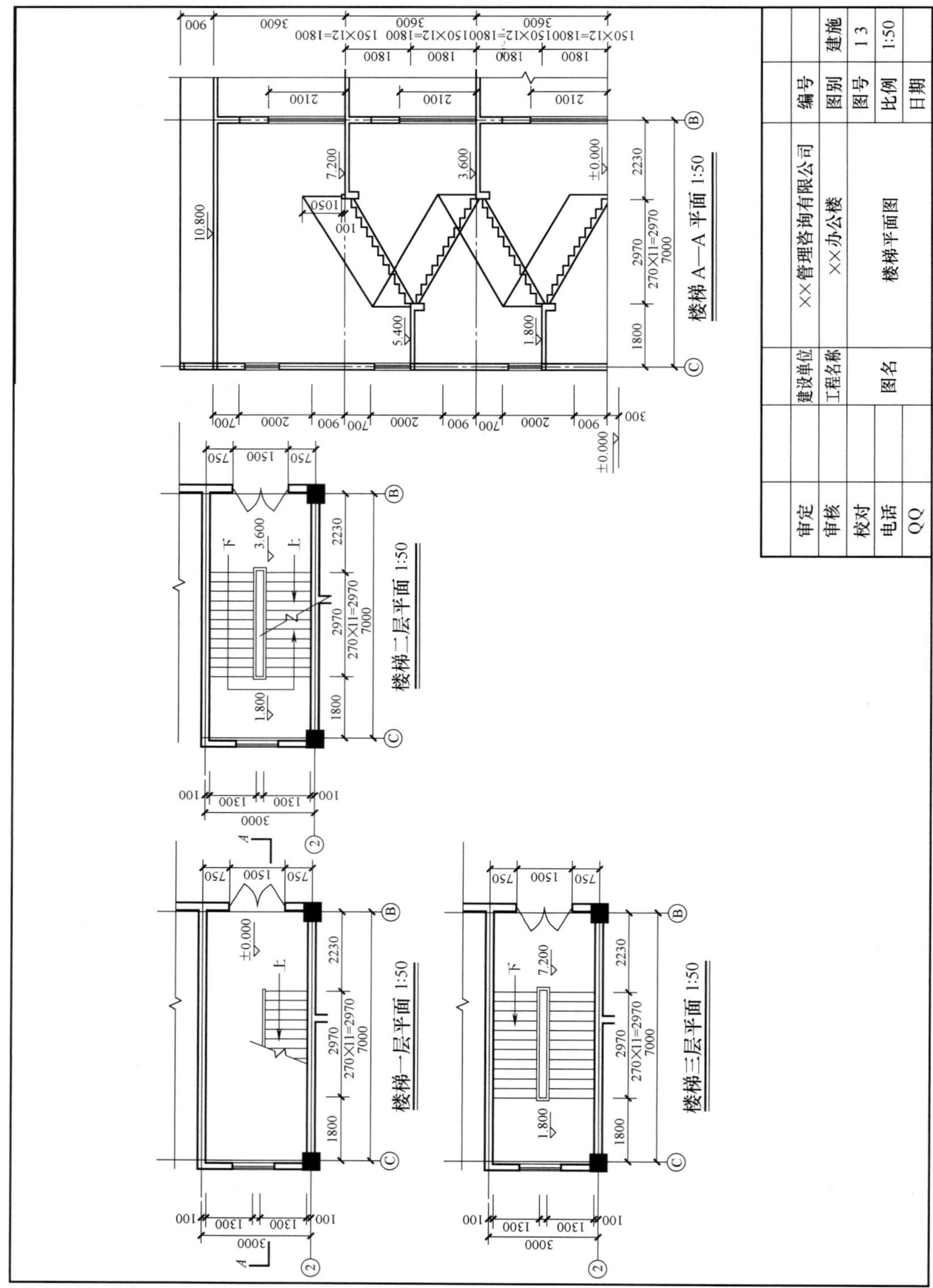

楼梯 A—A 平面 1:50
楼梯一层平面 1:50
楼梯二层平面 1:50
楼梯三层平面 1:50
建设单位
××管理咨询有限公司
工程名称
××办公楼
图名
楼梯平面图
审定
审核
校对
电话
QQ
编号
图别
建施
图号
13
比例
1:50
日期

图 10-14　楼梯平面图

10.1.2　咨询公司办公楼结构施工图

某咨询公司办公楼结构施工图如图 10-15～图 10-30 所示。

目 录

		建设单位	××工程管理咨询有限公司	电 话	
		工程名称	××办公楼	Q Q	
序 号	图 纸 名 称		图 纸 编 号	图 幅	
0	目录		结施-00	A4	
1	结构施工总说明一		结施-01	A4	
2	结构施工总说明二		结施-02	A4	
3	结构施工总说明三		结施-03	A4	
4	结构施工总说明四		结施-04	A4	
5	基础平面布置图		结施-05	A4	
6	基础承台大样图		结施-06	A4	
7	基础施工说明		结施-07	A4	
8	柱平面配筋图		结施-08	A4	
9	二层梁配筋图		结施-09	A4	
10	三层梁配筋图		结施-10	A4	
11	屋面梁配筋图		结施-11	A4	
12	二层板配筋图		结施-12	A4	
13	三层板配筋图		结施-13	A4	
14	屋面板配筋图		结施-14	A4	
15	楼梯配筋图		结施-15	A4	
校 对		制 表	日 期		共 页 第 页

图 10-15　办公楼结构施工图目录

结构施工说明

一、设计总则

1. 本工程为三层整体现浇框架结构。
2. 建筑结构的安全等级为二级，结构重要性系数为ro=1.0。
3. 设计使用年限为50年。
4. 抗震设防烈度为7度，设计基本地震加速度值为0.10g，设计地震分组为第一组，建筑抗震设防类别为丙类建筑，框架抗震等级为三级。
5. 该场地土属抗震一般地段，地基基础设计安全等级为丙级，建筑场地类别为二类。
6. 本工程全部尺寸均以毫米为单位，标高以米为单位，图中所注标高均为结构标高。
7. 本工程±0.000标高相当于吴淞高程12.700，室内外高差−0.300。
8. 本工程框架柱、框架梁、梁配筋构造大样(除图中注明者外)均按《混凝土结构施工图平面整体表示方法制图规则和构造详图》标准图集(11G101−1)执行和《建筑物抗震构造详图》。
9. 本工程结构设计软件采用PKPM。
10. 本工程砌体施工质量控制等级为B级。

二、设计依据

a. 建筑结构可靠度设计统一标准(GB50068−2001)

b. 建筑结构荷载规范(GB50009−2001)(2006年版)

c. 建筑抗震设计规范(GB50011−2001)(2008年版)

d. 混凝土结构设计规范(GB50010−2010)

e. 建筑地基基础设计规范(GB50007−2002)

f. 辽宁省地方标准《建筑地基基础技术规范》DB21−907−2005

g. 建筑桩基技术规范(JGJ94−2008)

三、使用荷载取值(标准值)

楼面活载： 办公楼面： 2.5kN/m^2、 楼梯： 3.5kN/m^2

不上人屋面： 0.5kN/m^2、 上人屋面： 2.0kN/m^2

基本风压： 0.40kN/m^2、 基本雪压： 0.65kN/m^2

地面粗糙度： B类

四、基础部分

基础做法详见基础施工图。

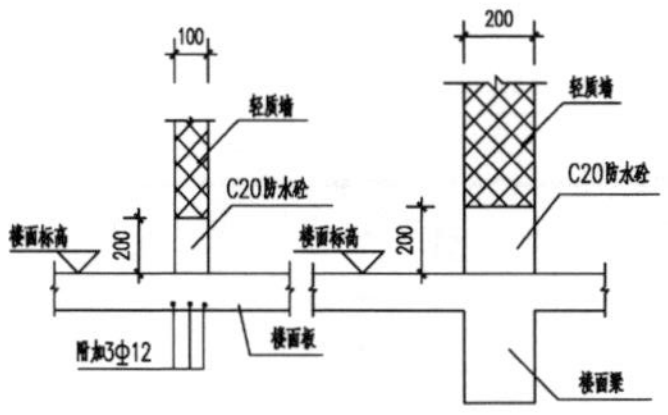

用于二、三层卫生间及潮湿部位

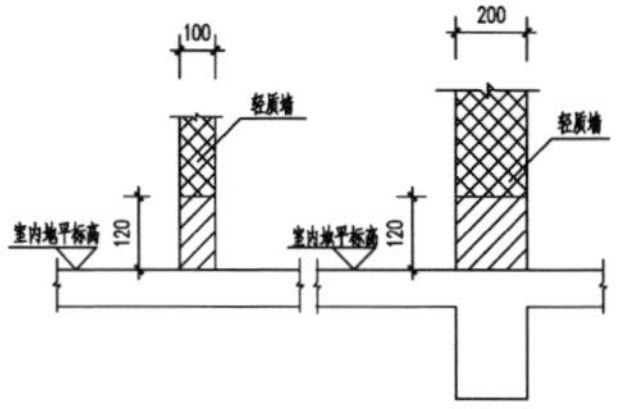

用于首层卫生间及潮湿部位

知识点
1.抗震等级 2.室内外高差 3.卫生间挡墙 4.混凝土标号 5.保护层 6.弯钩 7.温度筋

五、钢筋混凝土结构部分

1. 混凝土强度等级见下表，构造柱、圈梁均采用C20，保护层20mm，垫层C15。

部位 / 混凝土强度等级	基础 ·基础梁	上部结构			
		柱	梁	板	楼梯
强度等级	C30	C30	C30	C30	C30

2. 混凝土保护层厚度

部位 / 混凝土强度等级	基础		基础梁		柱	梁	板	楼梯
	板底	板面	梁底	梁顶				
C20					30	30	20	20
C25~C45	40	40	40	40	30	25	15	15

3. 钢筋：Φ为HPB300，Φ为HRB335，Φ为HRB400，其材料技术性质及指标必须符合中华人民共和国行业标准要求，钢埋件均采用Q300钢。
4. 钢筋锚固长度、搭接长度均不少于《混凝土结构设计规范》(GB 50010—2010)的要求。
5. 钢筋的连接，接头类型及质量，接头连接区段长度，同一连接区段内纵向钢筋搭接接头面积等均应符合《混凝土结构设计规范》(GB50010—2010)的要求。
6. 梁、柱的箍筋末端应做成135°弯钩，弯钩平直长度，不小于箍筋直径的10倍，施工下料时应放足尺寸。
7. 屋面板的上表面未配筋处设置温度收缩钢筋ø6@200(双向)，与周边支座钢筋搭接长度>1.2L_a。
8. 当需要以强度等级较高的替代原设计中的纵向受力钢筋时，应按照钢筋承载力设计值相等的原则换算，并应满足最小配筋率、抗裂验算等要求。

审 定		建设单位	××工程管理咨询有限公司	编 号	
审 核		工程名称	××办公楼	图 别	结 施
校 对		图 名	结构施工总说明一	图 号	0 1
电 话				比 例	1:100
QQ				日 期	12-4-18

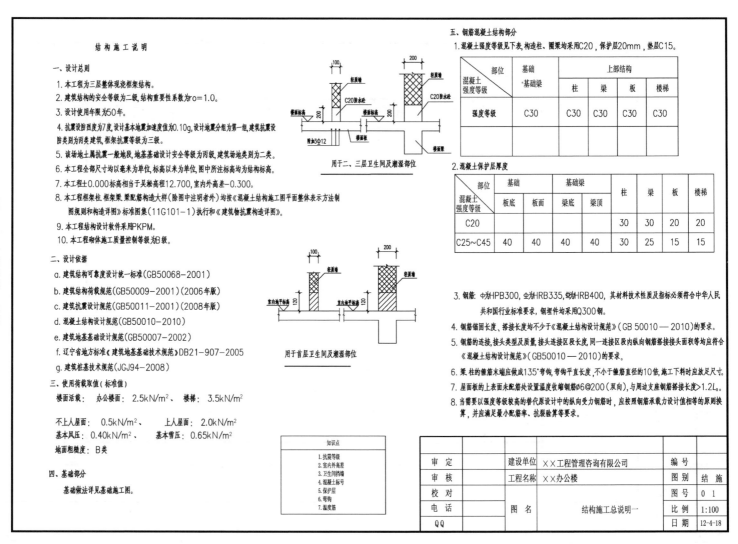

图 10-16 结构施工总说明一

8. 楼板。

（a）板内分布筋除注明者外，分布筋均为Φ6@200。

（b）双向板的底筋，短向筋放在底层，长向筋放在短向筋之上，当板底与梁底平时，板底钢筋放在梁下部纵筋之上。

（c）结构平面图中板支座负筋长度均从梁边计算。

（d）板钢筋锚入梁或墙内做法详见图一。

（e）对于配有双层钢筋的楼板除注明做法要求外，均应加支撑钢筋其型式如⼌以保证上下层钢筋位置准确，支撑筋用Φ8，每平方米设置一个，其中水平长度均为200。

（f）楼板上开洞除图中注明外，当洞宽小于300时，可不设附加筋，板中钢筋绕过洞边不切断，当洞宽大于300小于等于800时见图二。

（g）设备预留洞位置均需对照设备图后方可预留，不得事后凿楼板。

（h）当屋面为结构找坡时，均需按建筑平面图所示坡度要求施工，卫生间及厨房等的排水坡均采用建筑找坡。

9. 梁。

（a）跨度$L\geqslant4$m的支承梁及$L\geqslant2$m的悬臂梁，应按施工规范要求起拱。

（b）当主梁上搁置次梁，连梁上搁置次梁时，各交点处均有附加钢筋，做法详见图三。

（c）梁内不得随意开洞，因设备需要开洞，经设计人员同意后并有加强措施后，方可开洞，孔洞不得后凿。

（d）只画断面的梁，其纵筋应按规范要求的锚固长度锚入柱、梁内，所有梁上有楼梯柱或楼梯梁处均设2Φ16吊筋。

（e）当腹板位高≥450时，在梁的两个侧面配置纵向构造钢筋Φ12，间距不大于200，详见图四。

六、砌体部分

1. ±0.000以下均采用Mu15混凝土普通砖，M10水泥砂浆±0.000以上外墙采用Mu10混凝土多孔砖块，内墙为加气混凝土砌块，M7.5混合砂浆砌筑。

混凝土多孔砖容重为19kN/m^3，加气混凝土砌块容重为6KN/m^3，后期装修若有内隔墙时，需采用轻钢龙骨分隔。

2. 填充墙沿框架柱全高每隔500设2Φ6拉筋，拉筋伸入墙内长度不应小于墙长的1/5且不小于700。

3. 填充墙内在以下情况均须设置构造柱。

a：墙长≥3000者，沿墙中设置构造柱；　b：门窗洞≥2000时两侧设置构造柱。

c：当填充墙端部为悬墙时，应在墙端部设置构造柱。

4. 屋面女儿墙≤4.0m设置构造柱 构造柱200X200，4Φ12，Φ6@200，沿柱高每隔500设2Φ6拉筋，拉筋伸入墙内长度不小于1000，先砌墙后浇柱。

5. 每层墙高的中部设置与柱连接且沿墙全长贯通的钢筋混凝土水平系梁，墙厚X120，4Φ12，Φ6@200。

6. 当框架柱因设置连系梁或填充墙等形成的柱净高与柱截面高度之比不大于4时，箍筋沿全高加密。

7. 凡门窗洞顶无梁处，均设钢筋混凝土过梁，若洞口紧靠柱边时，应加设预留筋，做法详见图六。过梁长为洞口宽加500，每边伸过洞边250。

8. 填充墙的圈梁及构造柱见图七。

9. 120 厚墙体尚需在1200左右高度处设2Φ6通长钢筋压砖槛，与柱内伸出钢筋搭接，遇门洞可断开。

七、施工要求

1. 本建筑的防雷接地的位置及做法详见电气施工图。

2. 沉降观测按《建筑变形测量规程》(JGJ/T8－97)的要求进行。

3. 楼梯栏杆、门窗等预埋件请见有关建筑施工详图及厂方技术要求。

4. 外墙建筑装饰所需铁件必须预埋，埋件要求按建施或厂家安装图。

5. 所有结构施工图仅仅是整个工程施工图的一部分，施工单位必须仔细阅读其他工种施工图，并确认各图纸间无矛盾后方可施工。

6. 施工单位不得随意更改设计，若照设计图实施有困难，必须事先提出，经设计认可并有书面文件后方可照新设计图施工。

7. 与电梯安装有关的图纸内容均需和电梯供货商商定后方可施工。

8. 本说明未经指出处均按国家有关规范及施工验收规程执行。

9. 施工过程中应设置至少8个沉降观测点并由专业单位进行沉降观测，每施工完一层测量一次，主体完成后，每月测量一次，工程竣工后，每三月测量一次，直至沉降稳定。若有异常情况，应立即通知设计单位。

过梁断面及配筋表

跨度＼墙厚	墙厚120			墙厚200			墙厚240		
	①	②	梁高/H	①	②	梁高/H	①	②	梁高/H
$L\leqslant1200$		2Φ12	100		2Φ12	100		3Φ12	100
$L\leqslant1500$		2Φ12	100		3Φ12	100		2Φ12	100
$L\leqslant1800$	2Φ12	2Φ14	200	2Φ12	3Φ14	200	2Φ12	3Φ14	200
$L\leqslant2400$	2Φ12	2Φ16	200	2Φ12	3Φ16	200	2Φ12	3Φ16	200
$L\leqslant3000$					3Φ16	300			

知识点

1. 板分布筋	7. 侧面构造筋
2. 板负筋长度计算	8. 砌体信息
3. 马凳筋（支撑钢筋）	9. 墙拉结筋
4. 洞口加筋	10. 构造柱
5. 次梁加筋	11. 水平系梁
6. 梯柱、梯梁处加筋	12. 过梁、过梁表

审　定		建设单位	××工程管理咨询有限公司	编　号	
审　核		工程名称	××办公楼	图　别	结　施
校　对		图　名	结构施工总说明二	图　号	0 2
电　话				比　例	1:100
QQ				日　期	12 4 18

图 10-17　结构施工总说明二

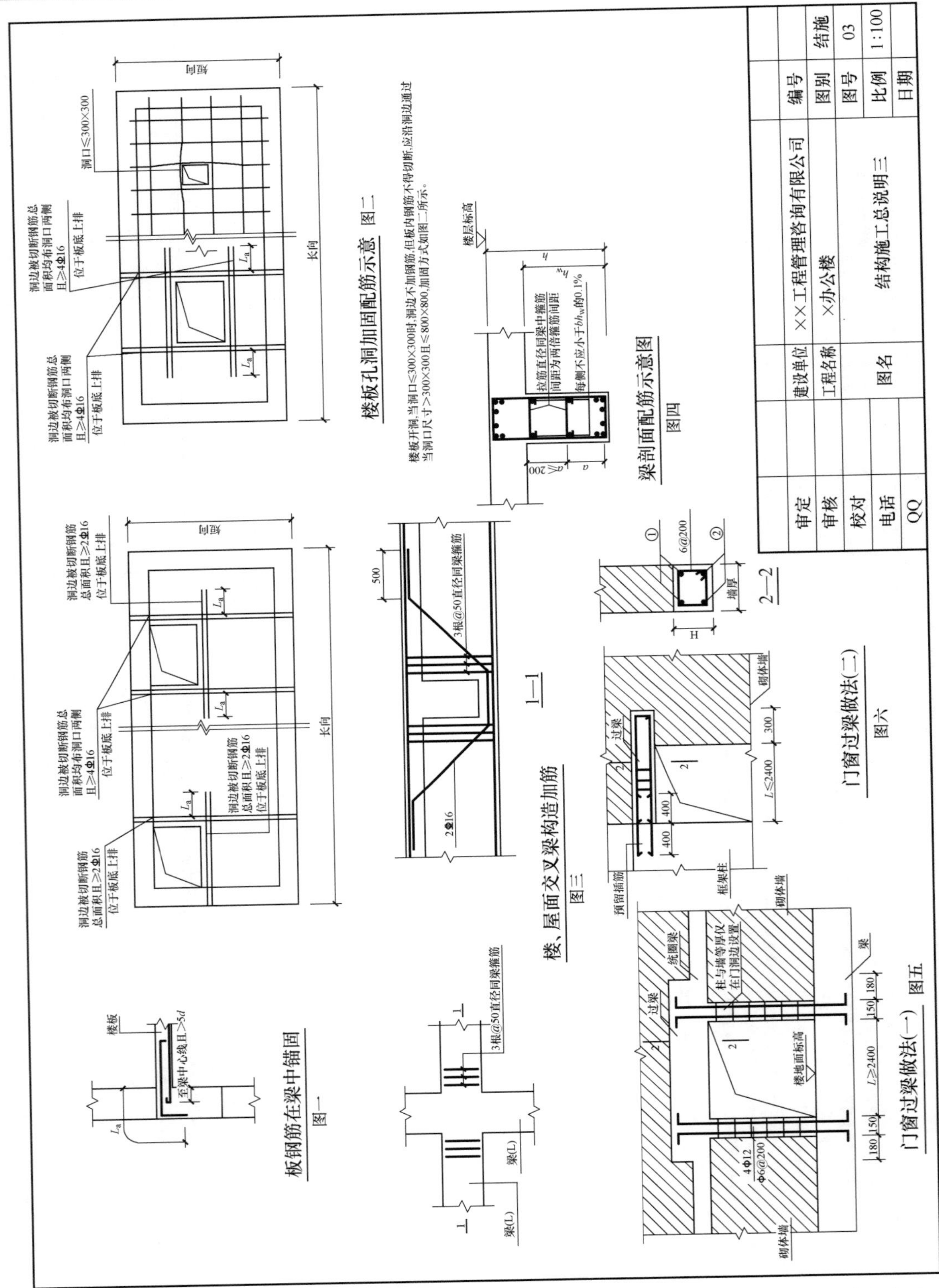

图 10-18　结构施工总说明三

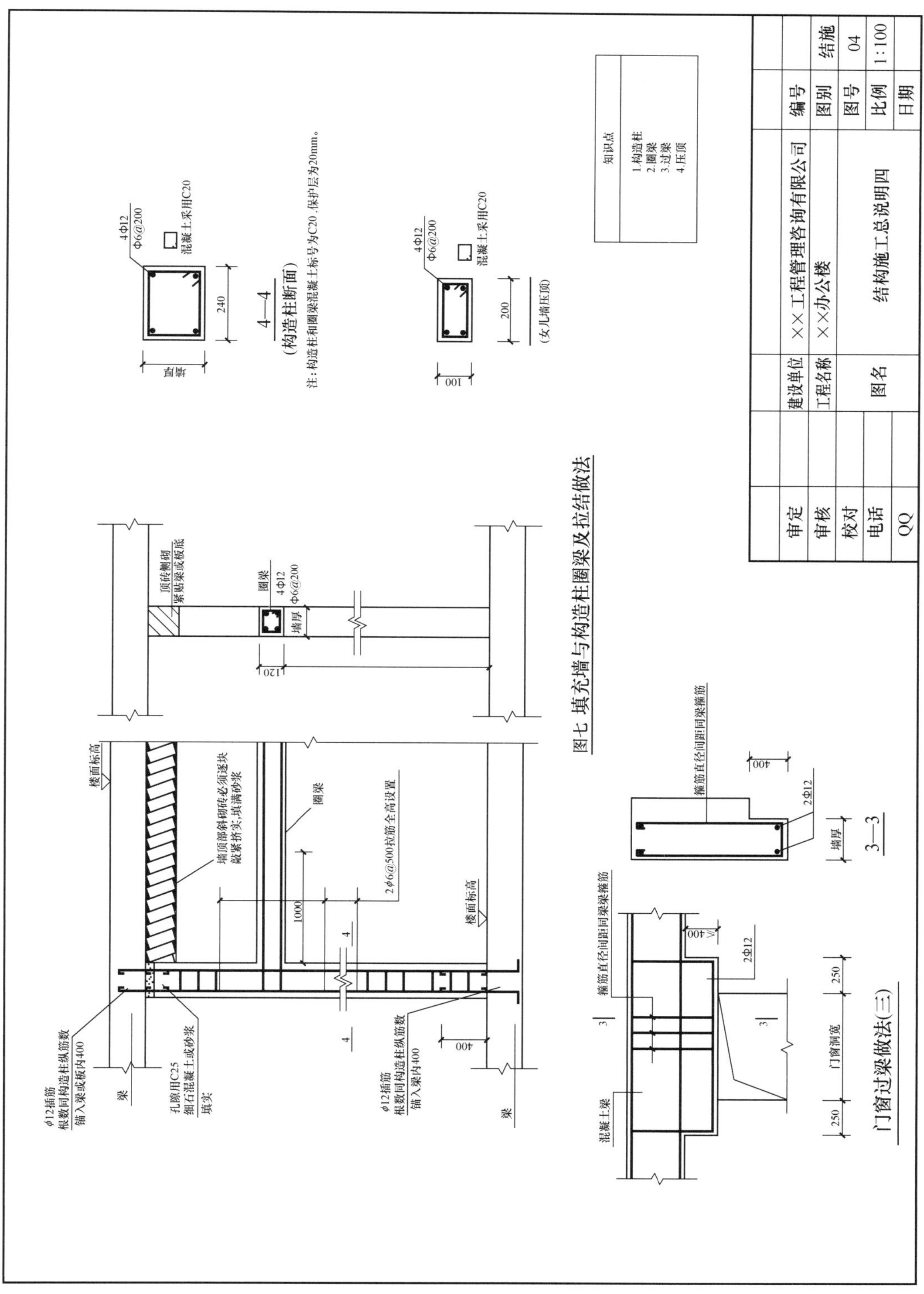

图 10-19　结构施工总说明四

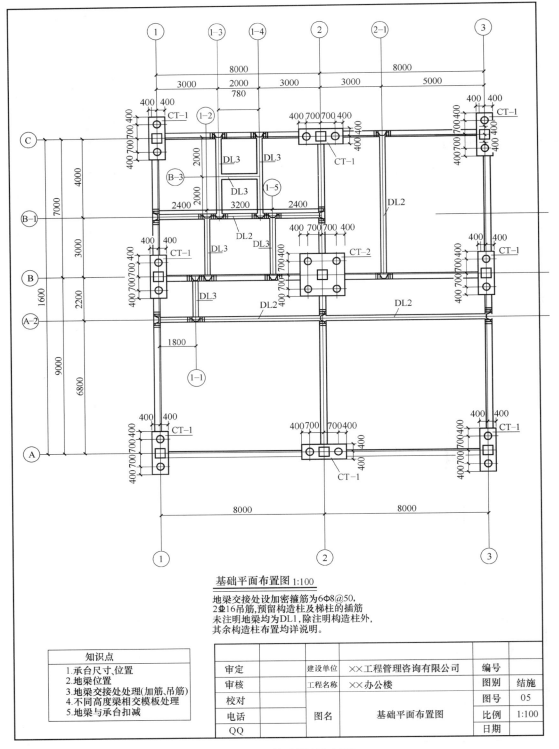

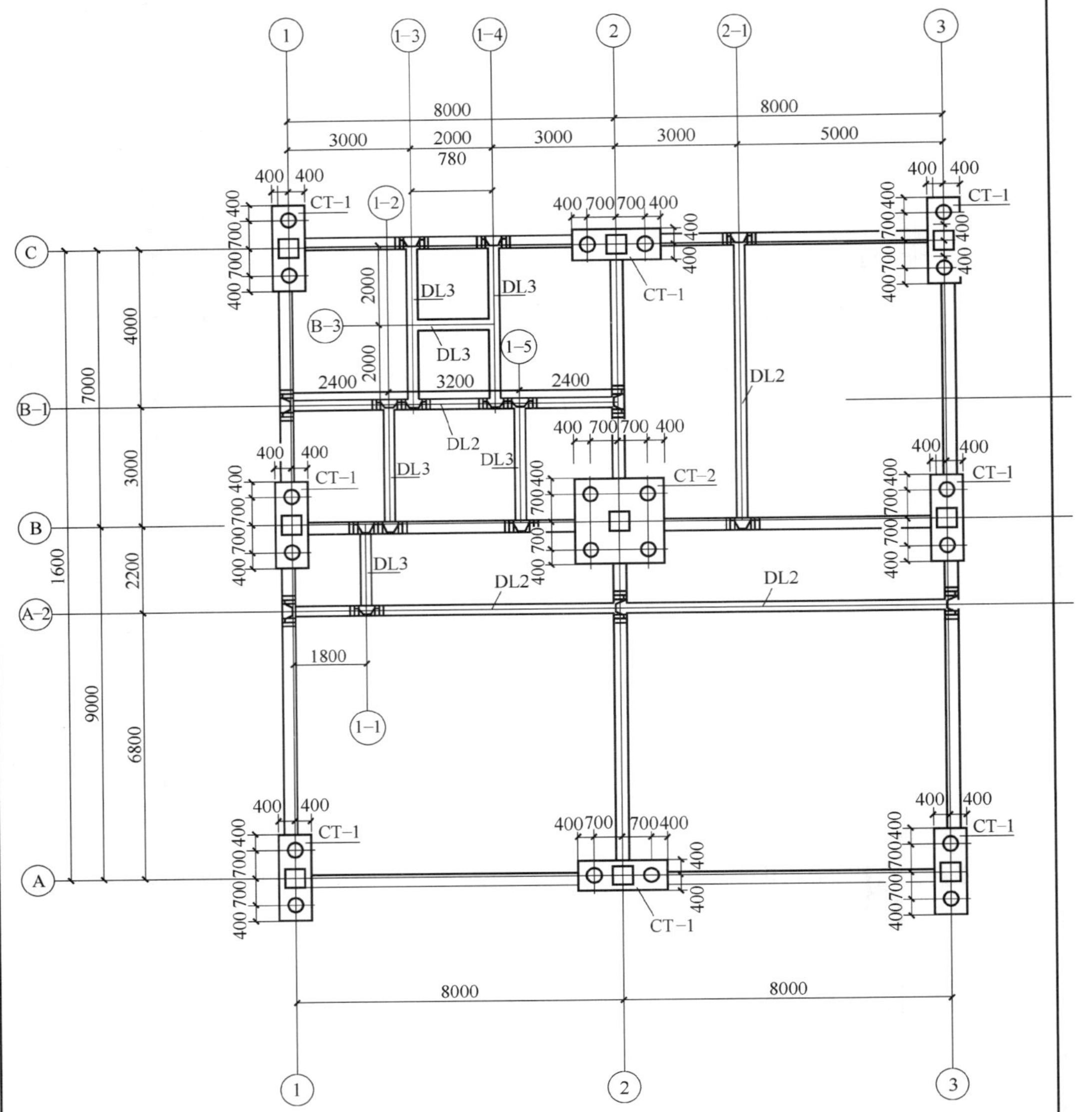

基础平面布置图 1:100

地梁交接处设加密箍筋为6Φ8@50，
2Φ16吊筋，预留构造柱及梯柱的插筋
未注明地梁均为DL1，除注明构造柱外，
其余构造柱布置均详说明。

知识点

1. 承台尺寸、位置
2. 地梁位置
3. 地梁交接处处理(加筋、吊筋)
4. 不同高度梁相交模板处理
5. 地梁与承台扣减

审定		建设单位	××工程管理咨询有限公司	编号	
审核		工程名称	××办公楼	图别	结施
校对		图名	基础平面布置图	图号	05
电话				比例	1:100
QQ				日期	

图 10-20　基础平面布置图

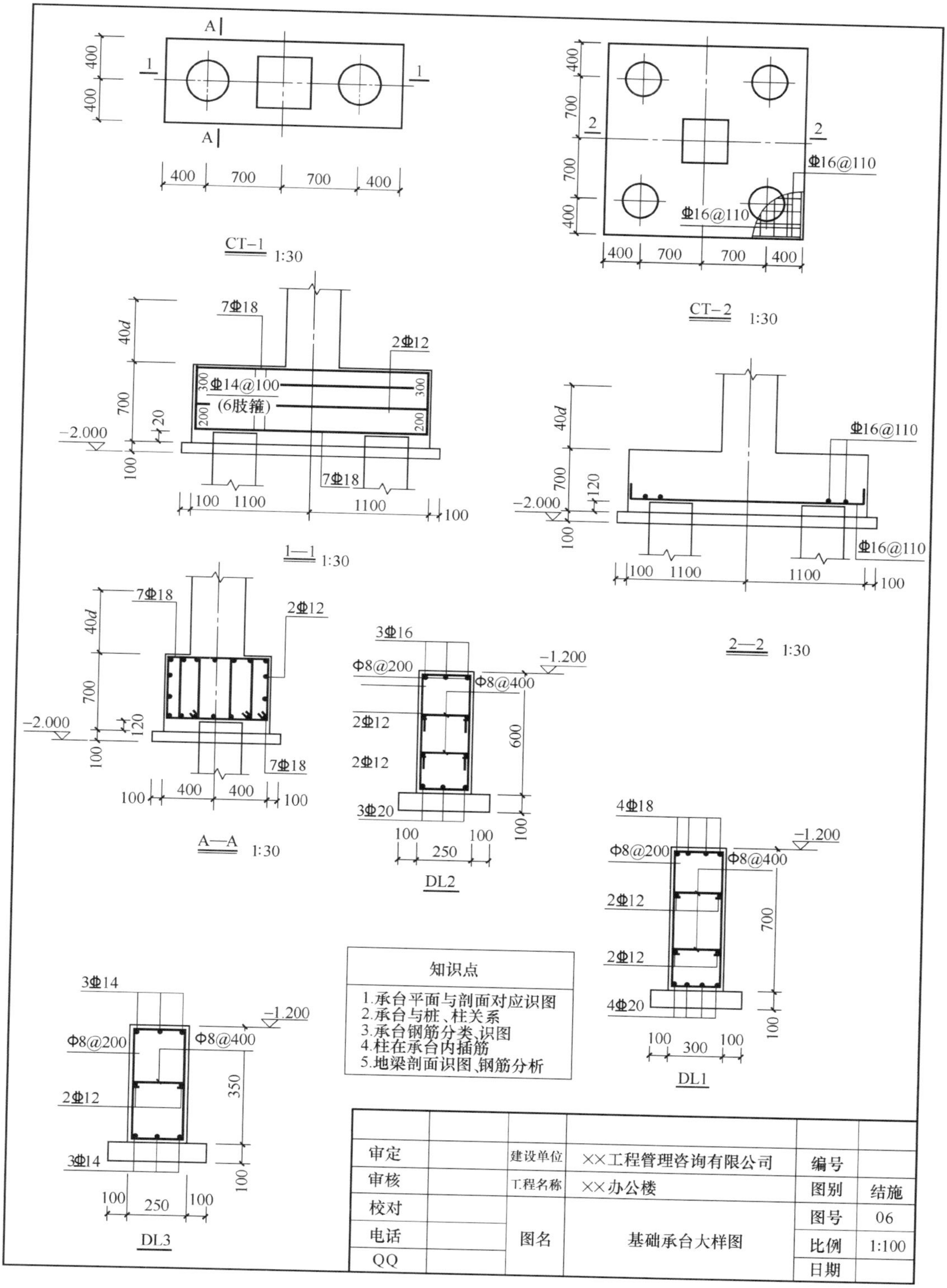

CT−1　1:30

CT−2　1:30

Φ16@110

1—1　1:30

7Φ18　2Φ12　Φ14@100 (6肢箍)　40d　700　−2.000　100　1100　1100　100

2—2　1:30

Φ16@110　40d　700　120　−2.000　100　1100　1100　100

A—A　1:30

7Φ18　2Φ12　40d　700　120　−2.000　100　400　400　100

DL2

3Φ16　Φ8@200　Φ8@400　2Φ12　2Φ12　3Φ20　−1.200　600　100　250　100

DL1

4Φ18　Φ8@200　Φ8@400　2Φ12　2Φ12　4Φ20　−1.200　700　100　300　100

DL3

3Φ14　Φ8@200　Φ8@400　2Φ12　3Φ14　−1.200　350　100　250　100

知识点

1.承台平面与剖面对应识图
2.承台与桩、柱关系
3.承台钢筋分类、识图
4.柱在承台内插筋
5.地梁剖面识图、钢筋分析

审定		建设单位	××工程管理咨询有限公司	编号	
审核		工程名称	××办公楼	图别	结施
校对		图名	基础承台大样图	图号	06
电话				比例	1:100
QQ				日期	

图 10-21　基础承台大样图

基础施工说明

1. 本工程基础设计依据：××勘察提供的××办公楼工程编号：20112069进行设计。
   本工程采用静压法预应力混凝土管桩（ø400），以强风化凝灰岩为桩端的持力层。
   PC-400(90)A-C60。

2. 本工程基础施工前须做试桩，试桩根数不少于3根，试桩过程中若有异常情况，及时通知设计勘探单位。
   本设计基地质报告及地基基础规范估算单桩竖向承载力特征值（见表一）。
   （钢筋Φ-HPB235，Φ-HRB335，Φ-HRB400）

表一（±0.000相对于绝对标高18.500）

符号	特征值Ra / kN	参考桩长 / m	桩顶控制标高 / m	桩端持力层
○	1100	20	−1.900	⑤-1

注：施工时有效桩长及工地配桩应根据地质报告及试压桩情况确定。

3. 桩基施工时，为避免或减小沉桩挤土效应，应采取合理的施工方案和相应措施，
   如跳打、复打等，同时在施工现场不得堆载荷载较大的材料。
   沉桩前业主应会同有关部门（监理、检测、施工等单位）对场地周围建筑物、构筑物、地下管线等进行观察调研，以避免沉桩对周围环境造成危害。
4. 沉桩要求：采用桩长和贯入度双控，以压力控制为主。
5. 材料：基础垫层为C15级，其余为C30级；±0.000以下采用MU15混凝土普通砖，M10级水泥砂浆。
6. 管桩单桩承载力特征值，以现场试压得到的单桩承载力特征值为最终设计单桩承载力特征值。
   桩机应配足额定重量，并根据施工现场情况和地质情况适当调整配重。
7. 施工完毕后要求工程桩应严格按照桩基检测规范执行桩基检测。工程桩应进行。
   承载力和桩身质量检验。其数量可根据现行行业标准《建筑基桩检测技术规范》(JGJ106)确定。
8. 本设计基础砼环境类别为二a级，地梁钢筋保护层厚度为40，承台钢筋保护层厚度为40。

知识点
1. 桩类别 2. 桩直径 3. 混凝土标号、保护层 4. 桩长

审 定		建设单位	××工程管理咨询有限公司	编 号	
审 核		工程名称	××办公楼	图 别	结 施
校 对		图 名	基础施工说明	图 号	07
电 话				比 例	1:100
QQ				日 期	

图 10-22 基础施工说明

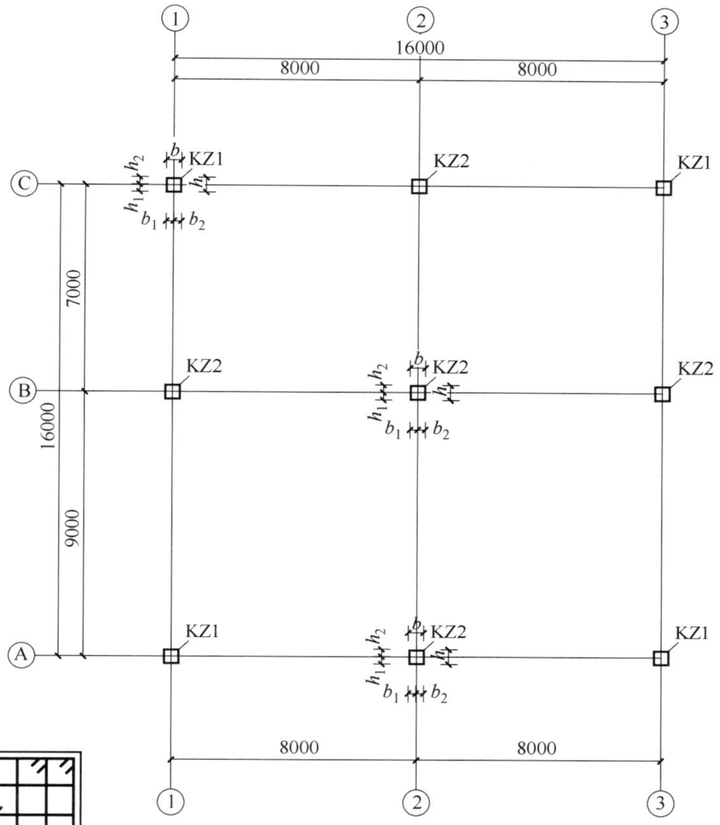

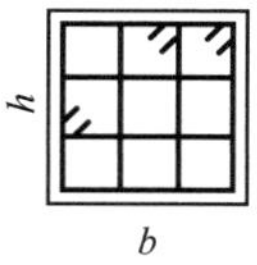

柱平面配筋图

箍筋类型1.($m\times n$)

楼梯峰与平台梁相交之框架柱全加密

柱号	标高	$b\times h$（圆柱直径D）	b_1	b_2	h_1	h_2	全部纵筋	角筋	b边一侧中部筋	h边一侧中部筋	箍筋类型号	箍筋	备注
KZ1	基础顶-3.600	500×500	250	250	250	250	12Φ22				1(4×4)	Φ10@100/200	
	3.600-7.200	500×500	250	250	250	250	12Φ20				1(4×4)	Φ10@100/200	
	7.200-10.800	500×500	250	250	250	250		4Φ20	2Φ18	2Φ18	1(4×4)	Φ8@100/200	
KZ2	基础顶-3.600	500×500	250	250	250	250	12Φ22				1(4×4)	Φ10@100/200	
	3.600-7.200	500×500	250	250	250	250	12Φ20				1(4×4)	Φ10@100/200	
	7.200-10.800	500×500	250	250	250	250		4Φ20	2Φ18	2Φ18	1(4×4)	Φ8@100/200	

知识点

1.柱表识别
2.柱定位
3.柱与平台梁相交部位
4.柱箍筋种类
5.柱箍筋计算
6.柱与基础的关系

审定		建设单位	××工程管理咨询有限公司	编号	
审核		工程名称	××办公楼	图别	结施
校对		图名	柱平面配筋图	图号	08
电话				比例	1:100
QQ				日期	

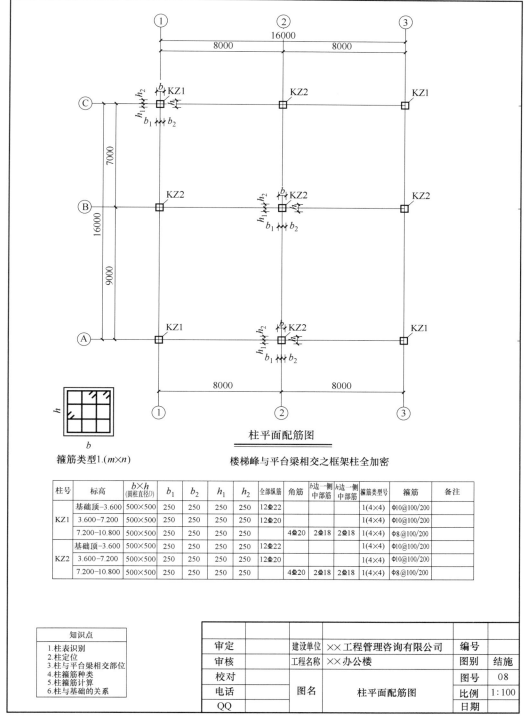

图 10-23　柱平面配筋图

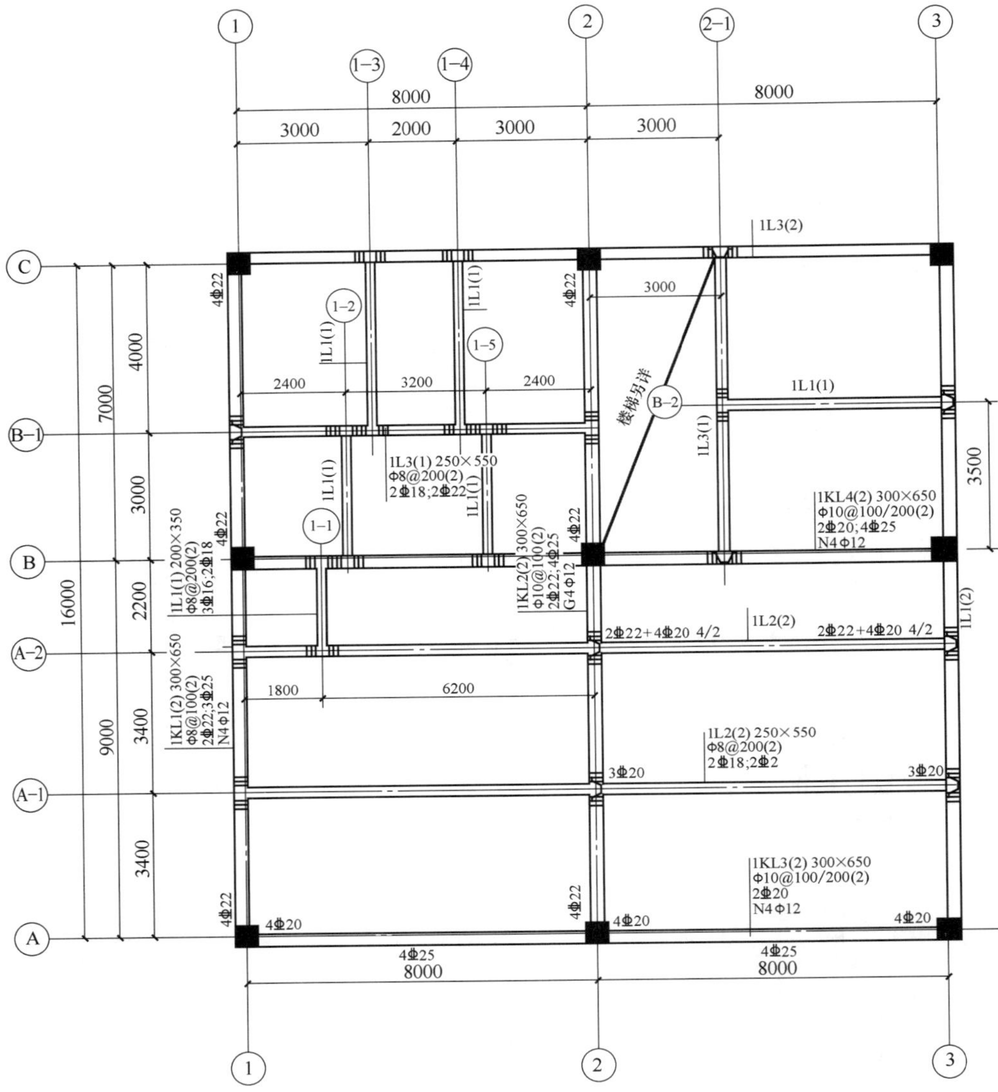

1 1-3 1-4 2 2-1 3

8000 8000

3000 2000 3000 3000

1L3(2)

C B-1 B A-2 A-1 A

16000 7000 9000 4000 3000 2200 3400 3400

3000

2400 3200 2400

1-2 1-5 1-1 B-2

1L1(1)

楼梯另详

1L3(1)

1L1(1)

3500

1L3(1) 250×550
Φ8@200(2)
2Φ18;2Φ22

1KL4(2) 300×650
Φ10@100/200(2)
2Φ20;4Φ25
N4Φ12

1L1(1) 200×350
Φ8@200(2)
3Φ16;2Φ18

1KL2(2) 300×650
Φ10@100(2)
2Φ22;4Φ25
G4Φ12

4Φ22

1L2(2)

2Φ22+4Φ20 4/2　　2Φ22+4Φ20 4/2

1L1(2)

1KL1(2) 300×650
Φ8@100(2)
2Φ22;3Φ25
N4Φ12

1800 6200

1L2(2) 250×550
Φ8@200(2)
2Φ18;2Φ2

3Φ20 3Φ20

1KL3(2) 300×650
Φ10@100/200(2)
2Φ20
N4Φ12

4Φ20 4Φ20 4Φ20

4Φ25 4Φ25

8000 8000

1 2 3

3.550　梁配筋图

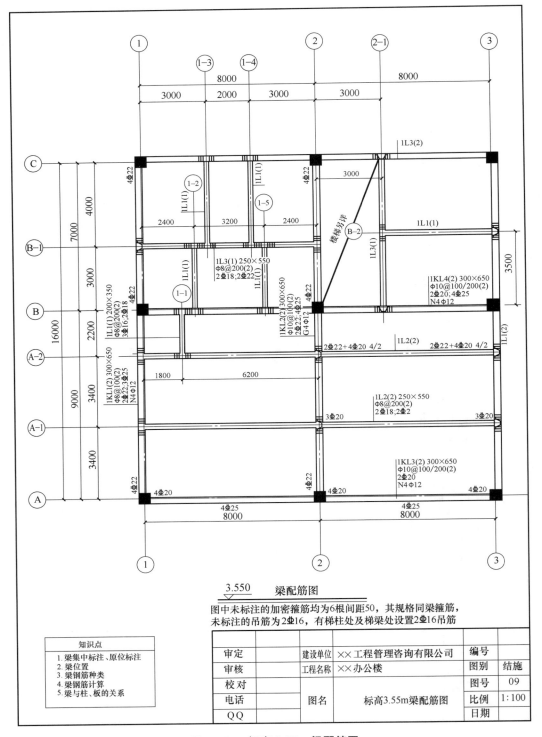

图中未标注的加密箍筋均为6根间距50，其规格同梁箍筋，
未标注的吊筋为2Φ16，有梯柱处及梯梁处设置2Φ16吊筋

知识点
1. 梁集中标注、原位标注
2. 梁位置
3. 梁钢筋种类
4. 梁钢筋计算
5. 梁与柱、板的关系

审定		建设单位	××工程管理咨询有限公司	编号	
审核		工程名称	××办公楼	图别	结施
校对		图名	标高3.55m梁配筋图	图号	09
电话				比例	1:100
QQ				日期	

图 10-24　标高 3.55m 梁配筋图

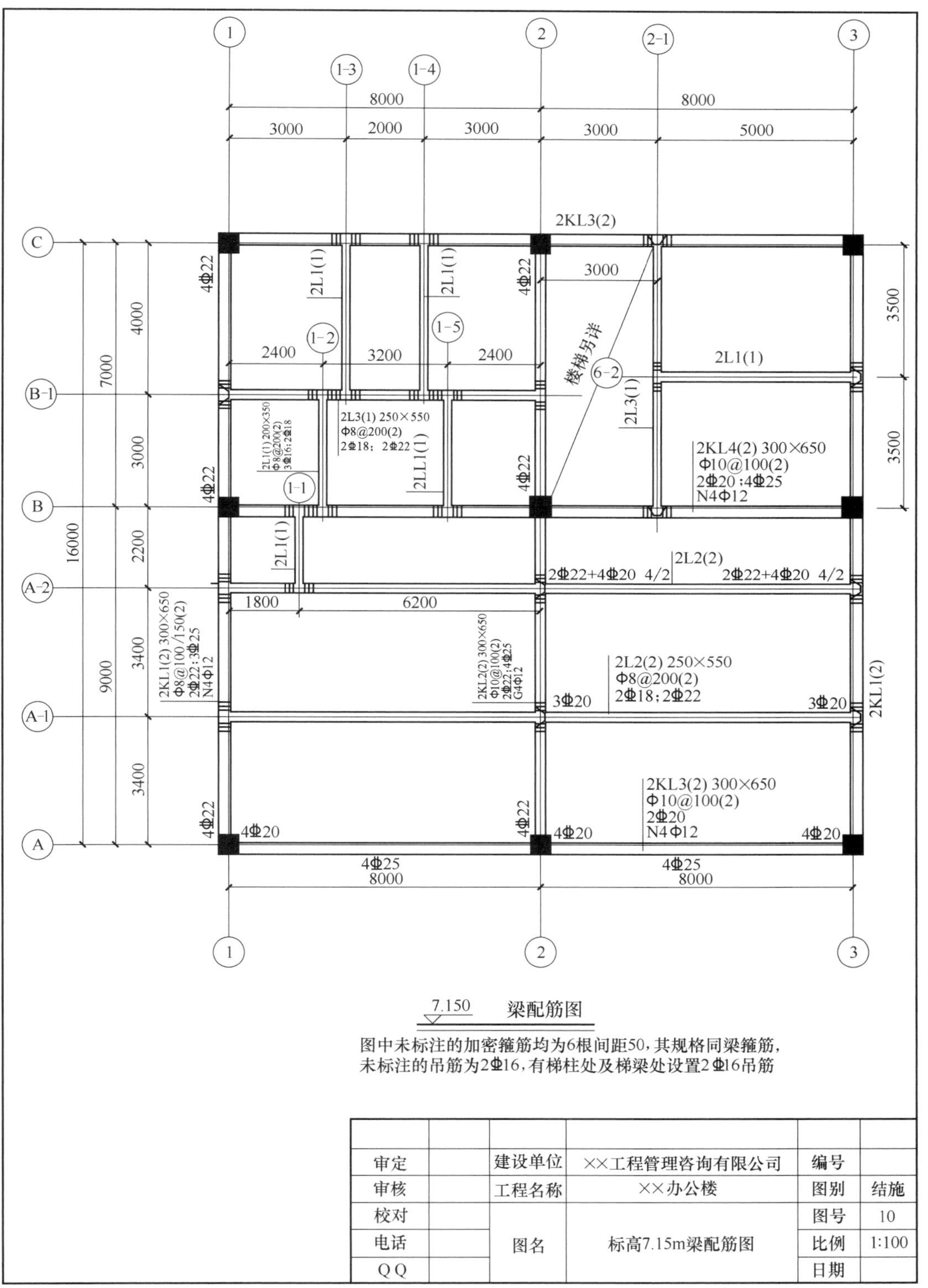

审定		建设单位	××工程管理咨询有限公司	编号	
审核		工程名称	××办公楼	图别	结施
校对		图名	标高7.15m梁配筋图	图号	10
电话				比例	1:100
QQ				日期	

图 10-25　标高 7.15m 梁配筋图

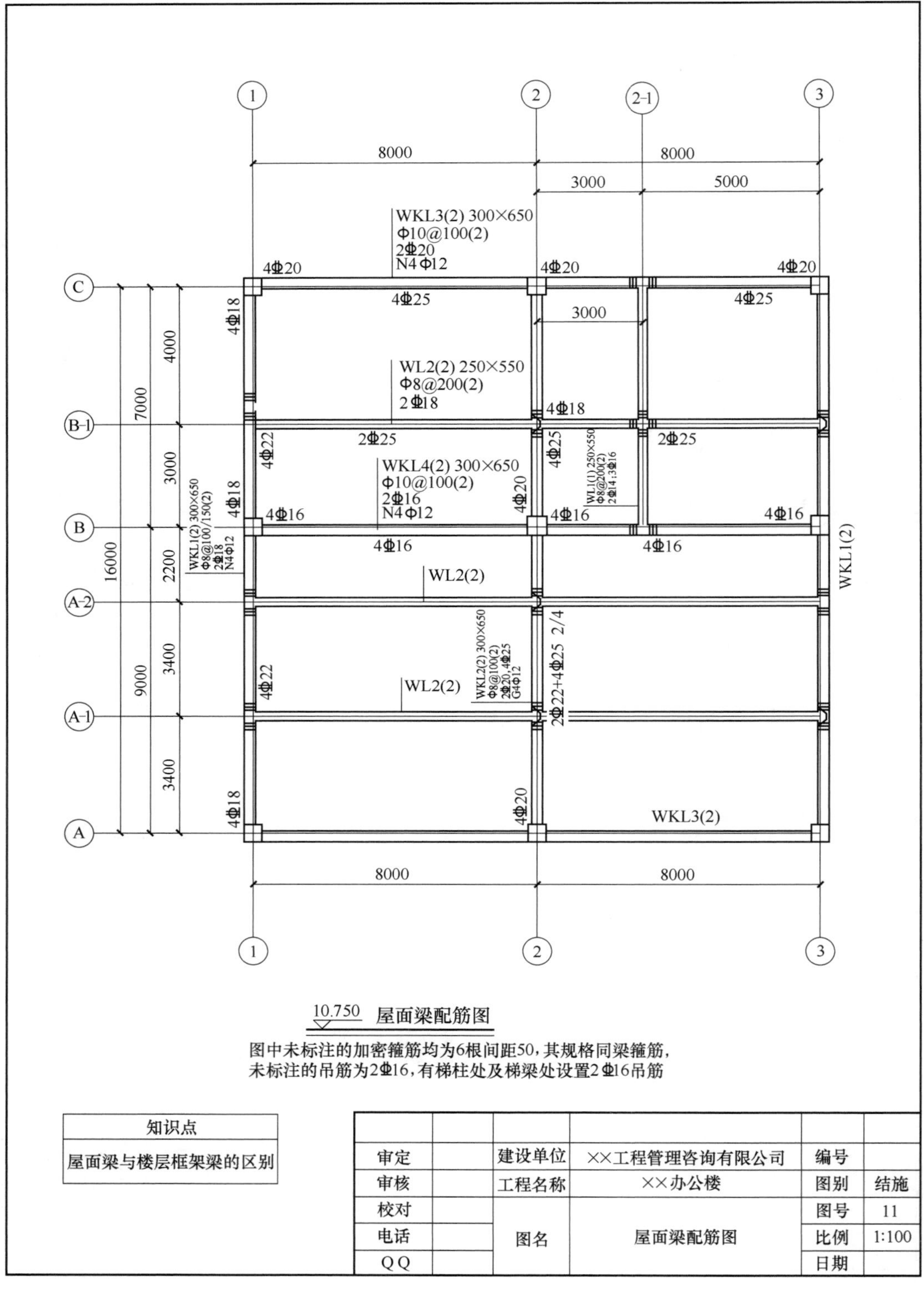

图 10-26 屋面梁配筋图

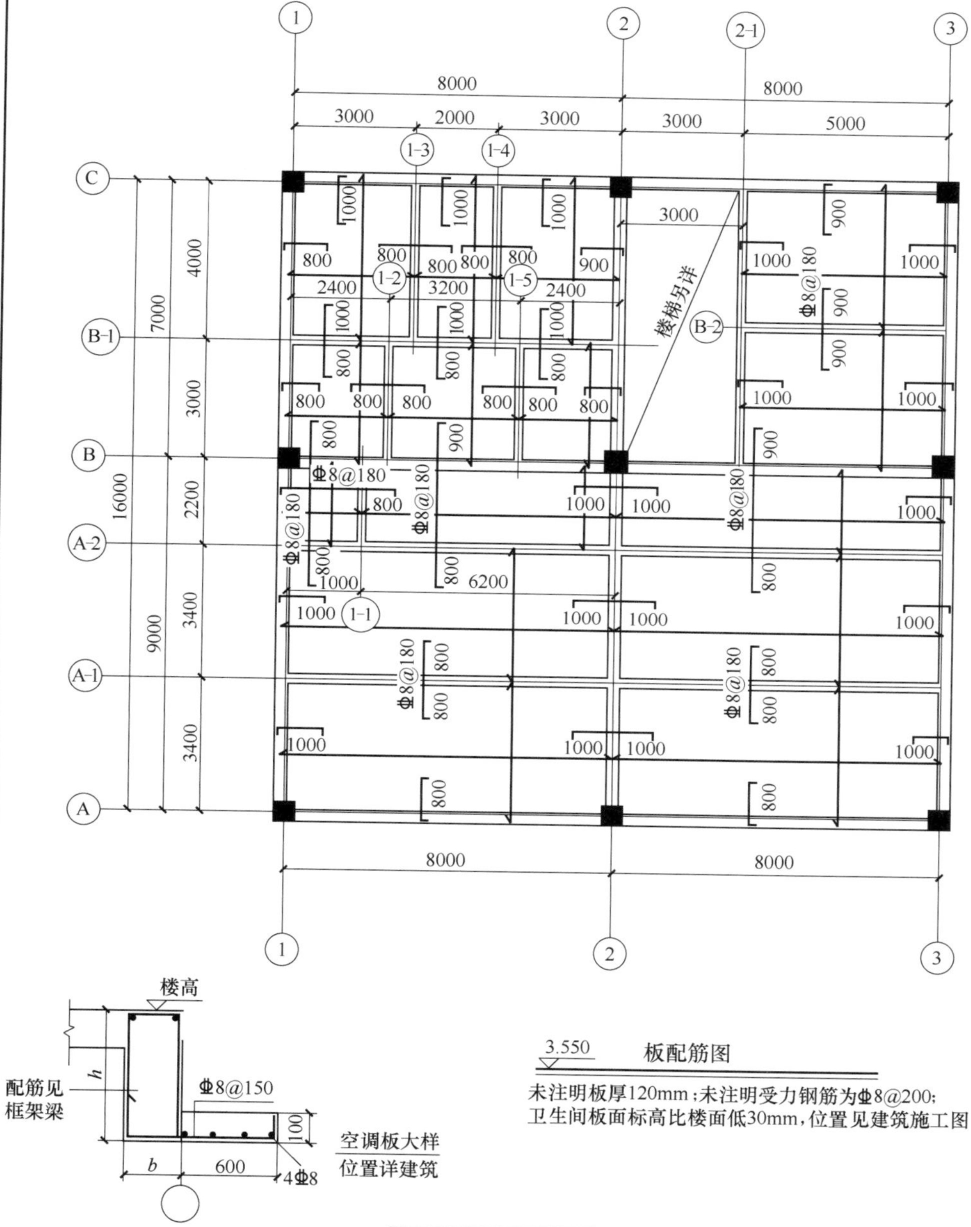

3.550　板配筋图

未注明板厚120mm；未注明受力钢筋为Φ8@200；
卫生间板面标高比楼面低30mm，位置见建筑施工图

楼高

配筋见框架梁

Φ8@150

空调板大样
位置详建筑

4Φ8

审定		建设单位	××工程管理咨询有限公司	编号	
审核		工程名称	××办公楼	图别	结施
校对		图名	标高3.15m板配筋图	图号	12
电话				比例	1:100
QQ				日期	

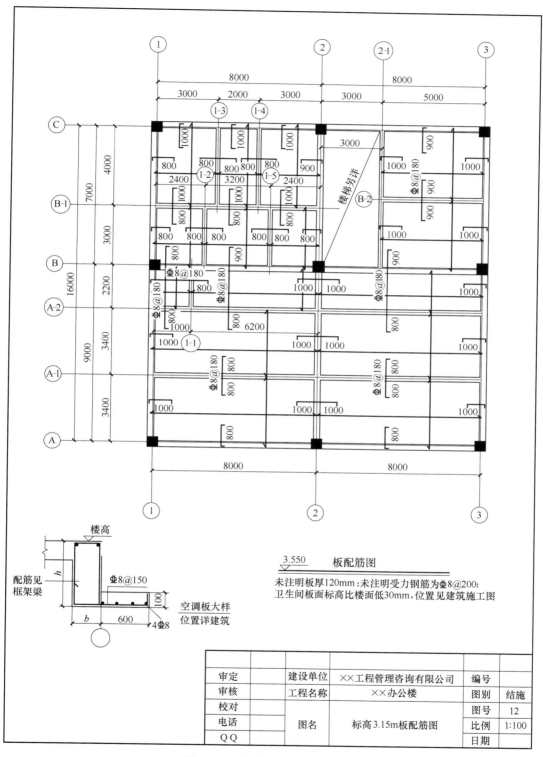

图 10-27　标高 3.15m 板配筋图

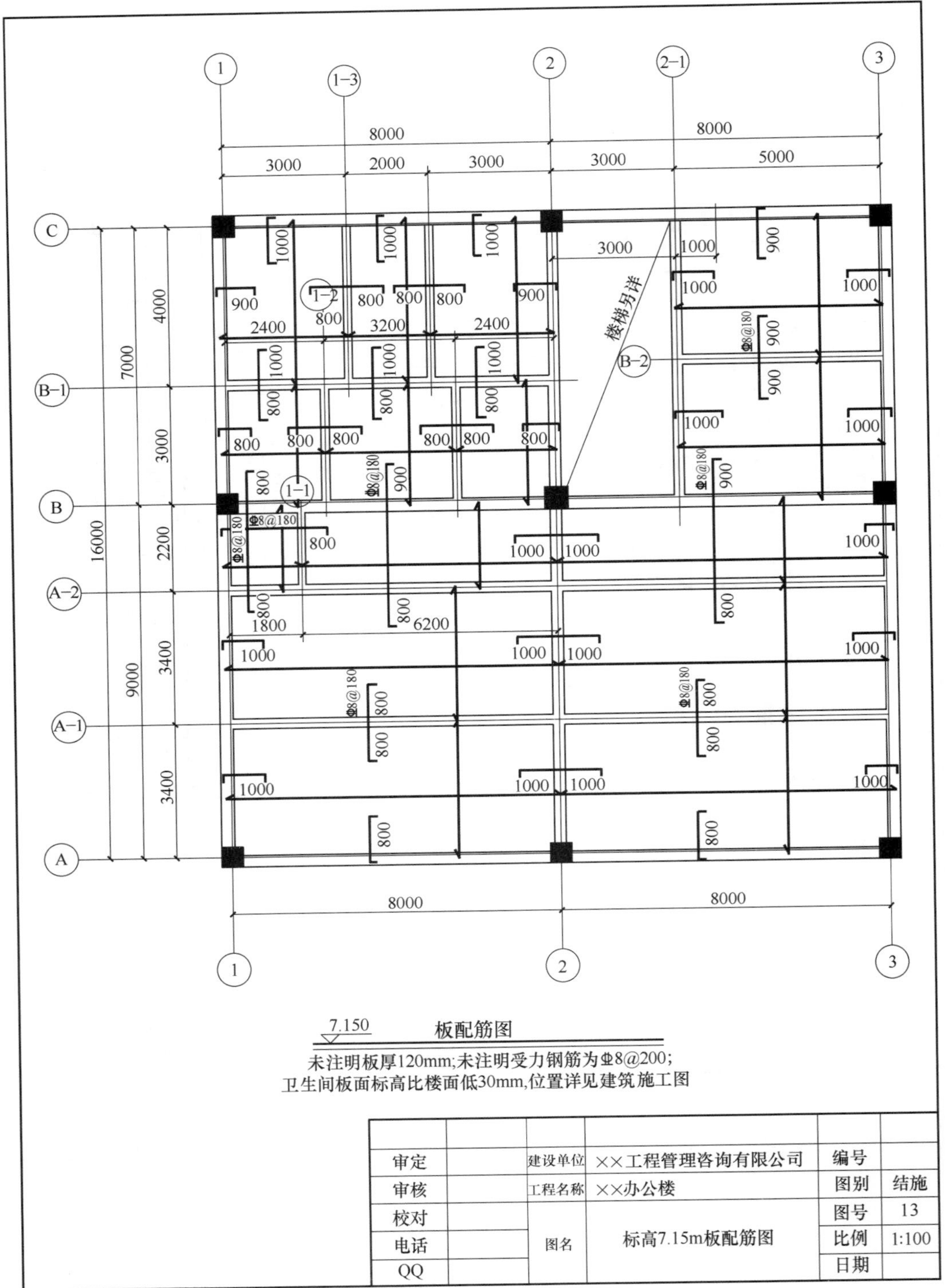

审定		建设单位	××工程管理咨询有限公司	编号	
审核		工程名称	××办公楼	图别	结施
校对		图名	标高7.15m板配筋图	图号	13
电话				比例	1:100
QQ				日期	

图 10-28　标高 7.15m 板配筋图

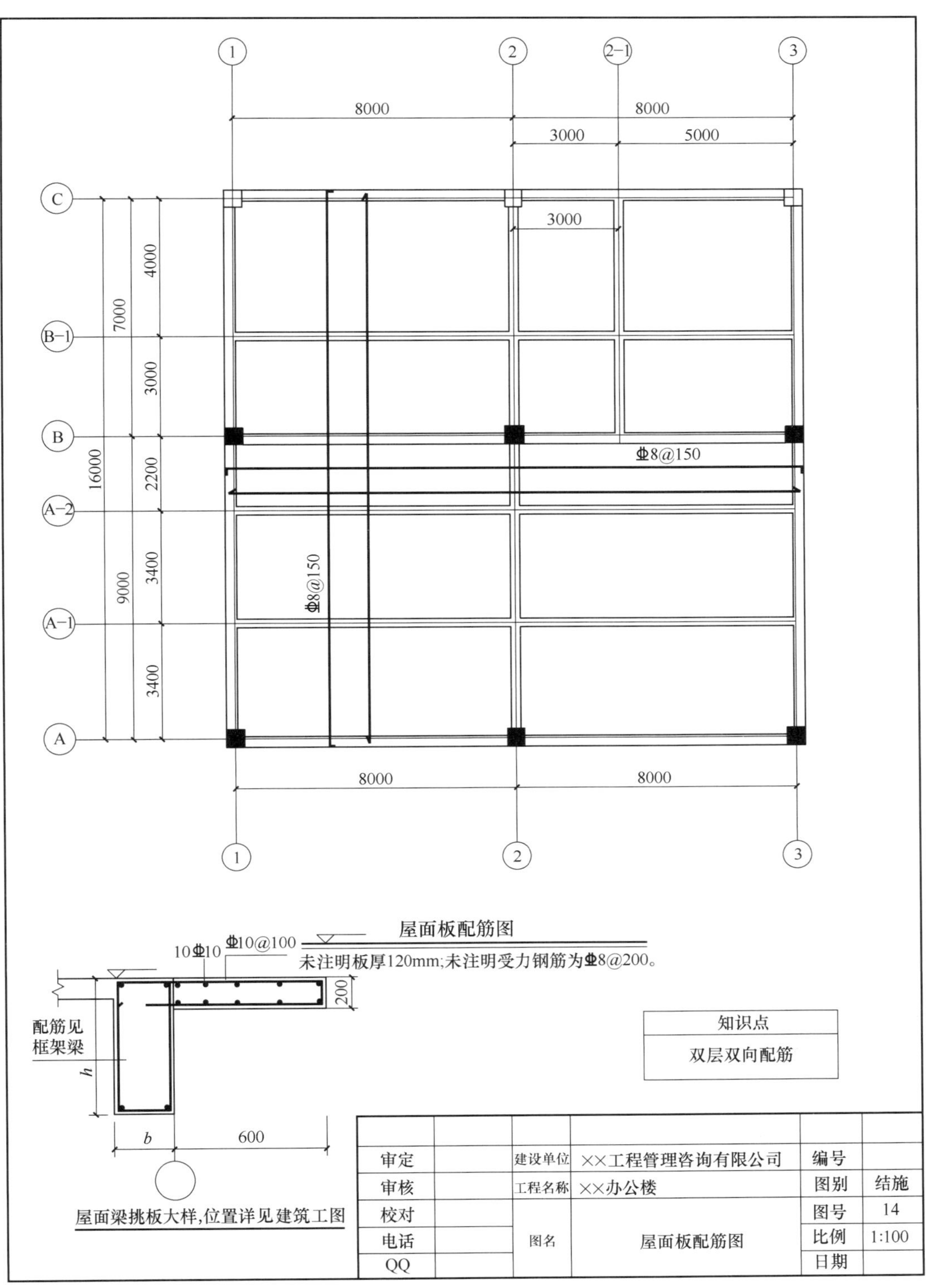

图 10-29　屋面板配筋图

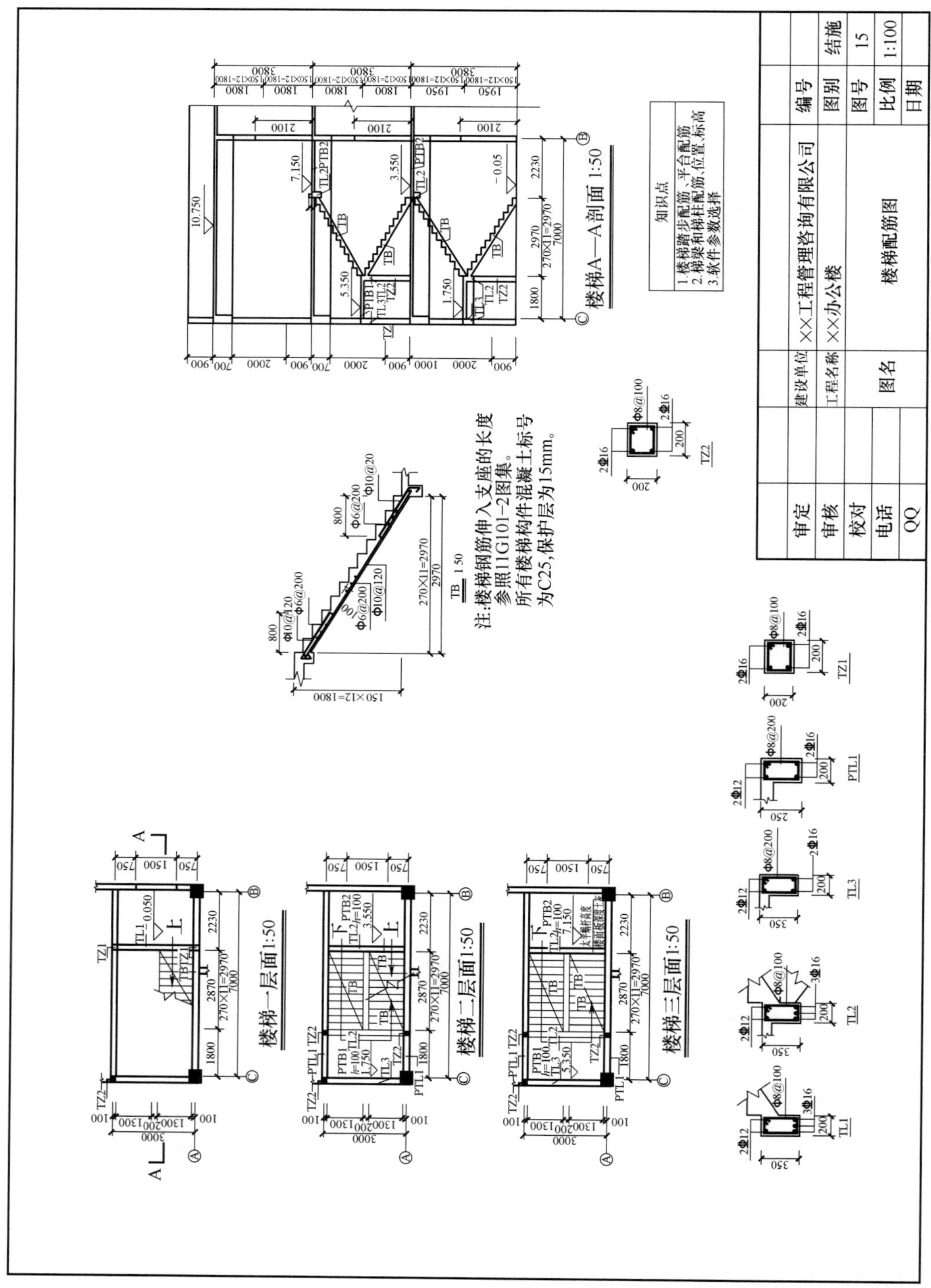
楼梯一层面1:50
楼梯二层面1:50
楼梯三层面1:50
楼梯A—A剖面 1:50
知识点
1.楼梯踏步配筋、平台配筋
2.梯梁和梯柱配筋、位置、标高
3.软件参数选择
注:楼梯钢筋伸入支座的长度参照11G101-2图集。
所有楼梯构件混凝土标号为C25,保护层为15mm。
TB 1:50
TZ1
TZ2
TL1
TL2
TL3
PTL1
审定
审核
校对
电话
QQ
建设单位
××工程管理咨询有限公司
工程名称
××办公楼
图名
楼梯配筋图
编号
结施
图别
图号
15
比例
1:100
日期

图 10-30　楼梯配筋图

10.1.3 咨询公司办公楼招标工程(分部分项)工程工程量清单

该工程分部分项工程量清单如表 10-1 所示。

工程名称：咨询公司办公楼土建

序 号	项目编码	项目名称	项目特征	计量单位	工程数量
	A.1	土、石方工程			
1	010104001001	机械场地平整 30cm 以内推土机 75km		m^2	268.6425
2	010104004005	挖掘机挖土方反铲挖掘机挖土深度 2.5m 以内		m^3	334.944
3	010104005016	挖掘机挖土自卸汽车运土方反铲挖掘机运距 10km 以内		m^3	68.0305
4	010106001002	回填土夯填		m^3	359.1167
5	010106001003	原土打夯		m^2	43.9206
	A.2	桩与地基基础工程			
6	010201001027	静力压桩机压预制方桩桩长在 30m 以内 类型：管桩		m^3	50.2
7	010201001030	送管桩桩长综合取定		m^3	5.0265
8	010201002002	电焊接桩包钢板		个	20
9	010201005001	截桩(单桩截面直径 500mm 以内)		根	20
	A.3	砌筑工程			
10	010302001007	实心砖墙混水砖墙 1/2 砖 1．厚度：100 2．砂浆：M7.5 混合砂浆		m^3	2.679
11	010302001007	实心砖墙混水砖墙 1/2 砖 1．厚度：80 2．砂浆：M7.5 混合砂浆		m^3	0.105
12	010302001008	实心砖墙混水砖墙 3/4 砖 砂浆：M10 水泥砂浆		m^3	29.189
13	010304001003	多孔砖墙 1 砖 砂浆：M7.5 混合砂浆		m^3	79.253
14	010304001012	加气混凝土砌块墙 砂浆：M7.5 混合砂浆		m^3	105.791
	A.4	混凝土、钢筋工程			
15	010401005001	承台桩基础商品混凝土 标号：C30		m^3	12.9424

续表

序号	项目编码	项目名称	项目特征	计量单位	工程数量
16	010402001001	现浇混凝土矩形柱商品混凝土 标号：C30		m^3	26.8875
17	010402001001	现浇混凝土矩形柱商品混凝土 标号：C25		m^3	0.662
18	010402001003	现浇混凝土构造柱商品混凝土 标号：C20		m^3	20.1525
19	010403001001	现浇混凝土基础梁商品混凝土 标号：C30		m^3	21.8136
20	010403002001	现浇混凝土单梁连续梁商品混凝土 1．类型：挡水墙 2．标号：C30		m^3	3.6459
21	010403002001	现浇混凝土单梁连续梁商品混凝土 标号：C30		m^3	75.4114
22	010403004001	现浇混凝土圈梁商品混凝土		m^3	8.6248
23	010403005001	现浇混凝土过梁商品混凝土 标号：C20		m^3	1.095
24	010405003001	现浇混凝土平板商品混凝土 标号：C30		m^3	77.6504
25	010405003001	现浇混凝土平板商品混凝土 1．标号：C30 2．位置：楼层平台		m^3	1.0751
26	010405007001	现浇混凝土天沟挑檐板商品混凝土 标号：C30		m^3	7.878
27	010405008001	现浇混凝土雨篷、阳台板商品混凝土 1．类型：空调板 2．标号：C30		m^3	0.3744
28	010406001001	现浇混凝土整体楼梯直形商品混凝土 标号：C25		m^2投影面	28.112
29	010407001009	现浇混凝土台阶三步混凝土商品混凝土		m^2	3.0525
30	010407001011	现浇混凝土压顶商混凝土 标号：C20		m^3	1.224
31	010416001002	现浇混凝土钢筋圆钢筋ϕ8		t	0.197
32	010416001003	现浇混凝土钢筋圆钢筋ϕ10		t	0.165
33	010416001004	现浇混凝土钢筋圆钢筋ϕ12		t	4.645
34	010416001036	现浇混凝土钢筋圆钢筋ϕ6.5		t	0.721
35	010416001037	现浇混凝土钢筋三级钢筋ϕ8		t	5.496

续表

序 号	项目编码	项目名称	项目特征	计量单位	工程数量
36	010416001017	现浇混凝土钢筋三级螺纹钢筋 ϕ10		t	0.188
37	010416001018	现浇混凝土钢筋二级螺纹钢筋 ϕ12		t	0.126
38	010416001019	现浇混凝土钢筋三级螺纹钢筋 ϕ14		t	0.18
39	010416001020	现浇混凝土钢筋三级螺纹钢筋 ϕ16		t	1.609
40	010416001021	现浇混凝土钢筋三级螺纹钢筋 ϕ18		t	2.849
41	010416001022	现浇混凝土钢筋三级螺纹钢筋 ϕ20		t	3.935
42	010416001023	现浇混凝土钢筋三级螺纹钢筋 ϕ22		t	4.237
43	010416001024	现浇混凝土钢筋三级螺纹钢筋 ϕ25		t	4.257
44	010416001035	现浇混凝土钢筋三级螺纹钢筋 ϕ12		t	0.606
45	010416001038	现浇混凝土钢筋二级螺纹钢筋 ϕ16		t	0.028
46	010416001031	现浇混凝土钢筋箍筋 ϕ6.5		t	0.86
47	010416001032	现浇混凝土钢筋箍筋 ϕ8		t	2.794
48	010416001033	现浇混凝土钢筋箍筋 ϕ10		t	4.278
49	010416001034	现浇混凝土钢筋箍筋 ϕ14		t	1.406
50	010416003001	钢筋网片制作		t	0.0215
51	010416003002	钢筋网片安装每网片在 8t 以内		t	0.0215
	A.6	金属结构工程			
52	010606009007	钢管扶手钢管栏杆 类型：楼梯间护窗栏杆		m	3
53	010606009007	钢管扶手钢管栏杆		m	16.6257
54	010606009007	钢管扶手钢管栏杆 类型：阳台护窗栏杆		m	3.7
55	010606009008	钢栏杆弯头 ϕ50 圆管		个	8
	A.7	屋面及防水工程			
56	010702001033	屋面改性沥青卷材防水热熔满铺双层 厚度：3		m^2	275.31

续表

序　号	项目编码	项目名称	项目特征	计量单位	工程数量
57	010702002014	屋面涂膜防水镇水粉隔离层		m^2	275.31
58	010702004017	屋面 UPVC 落水管直径 100mm		m	40.4
59	010702004019	屋面 UPVC 排水部件雨水口直径 100mm		个	4
60	010702004021	屋面 UPVC 排水部件弯头 90 度 $\phi 50$ 直径：100		个	4
61	010703002008	墙、地面聚氨酯 2mm 厚 1．类型：防滑地砖地面 2．厚度：1.8		m^2	33.065
62	010703002008	墙、地面聚氨酯 2mm 厚 1．类型：防滑地砖楼面 2．厚度：1.2		m^2	66.13
63	010703003001	墙、地面砂浆防水(潮)防水砂浆平面		m^2	27.42
64	010703004009	墙、地面变形缝清缝、填塞防水材料聚氯乙烯胶泥 材质：沥青胶泥		m	76.5986
	A.9	楼地面工程			
65	010901001012	楼地面干铺砾(碎)石垫层 1．类型：防滑地砖地面 2．厚度：100		m^3	3.3065
66	010901001012	楼地面干铺砾(碎)石垫层 1．类型：水泥地面 2．厚度：100		m^3	0.351
67	010901001012	楼地面干铺砾(碎)石垫层 1．类型：地砖地面 2．厚度：100		m^3	20.4648
68	010901001013	楼地面灌浆砾(碎)石垫层 1．类型：散水卵石灌 M2.5 混合砂浆 2．厚度：150		m^3	6.5881
69	010901001019	楼地面商品混凝土垫层不分格 1．标号：C15 2．厚度：60 3．类型：防滑地砖地面		m^3	1.9839

续表

序　号	项目编码	项目名称	项目特征	计量单位	工程数量
70	010901001019	楼地面商品混凝土垫层不分格 1．类型：基础垫层 2．标号：C15		m^3	7.9985
71	010901001019	楼地面商品混凝土垫层不分格 1．标号：C15 2．厚度：60 3．类型：水泥地面		m^3	0.2106
72	010901001019	楼地面商品混凝土垫层不分格 1．标号：C15 2．厚度：60 3．类型：地砖地面		m^3	12.2789
73	010902001001	楼地面混凝土或硬基层上水泥砂浆找平层 20mm 1．类型：屋面 2．砂浆：20 厚 1∶3 水泥砂浆		m^2	259.21
74	010902001001	楼地面混凝土或硬基层上水泥砂浆找平层 20mm 1．类型：防滑地砖楼面 2．砂浆：20 厚 1∶3 水泥砂浆		m^2	66.13
75	010902001001	楼地面混凝土或硬基层上水泥砂浆找平层 20mm 1．类型：地砖楼面 2．砂浆：20 厚 1∶3 水泥砂浆		m^2	409.295
76	010902001004	楼地面细石混凝土找平层 30mm 1．标号：C20 2．厚度：40 3．类型：防滑地砖地面		m^2	33.065
77	010902001004	楼地面细石混凝土找平层 30mm 1．类型：防滑地砖楼面 2．厚度：30		m^2	33.065
78	010903001001	水泥砂浆楼地面 20mm 1．类型：水泥地面 2．砂浆：20 厚 1∶2 水泥砂浆		m^2	3.51
79	010903001001	水泥砂浆楼地面 20mm 1．类型：水泥楼面 2．砂浆：20 厚 1∶2 水泥砂浆		m^2	7.02

续表

序　号	项目编码	项目名称	项目特征	计量单位	工程数量
80	010903002001	细石混凝土楼地面 30mm 1．类型：屋面 2．厚度：40		m^2	259.21
81	010903002001	细石混凝土楼地面 30mm 1．标号：C20 2．厚度：50		m^2	39.69
82	010904001001	水泥砂浆踢脚板底 20mm 1．类型：水泥砂浆踢脚 2．砂浆：10 厚 1∶3 水泥砂浆，8 厚 1∶2.5 水泥砂浆		m	22.5
	A.10	抹灰工程			
83	011001001020	墙面墙裙抹水泥砂浆 20mm 砖墙 1．类型：外墙涂料 2．砂浆：12 厚 1∶3 水泥砂浆打底		m^2	102.24
84	011001001020	墙面墙裙抹水泥砂浆 20mm 砖墙 1．类型：外墙涂料 2．砂浆：6 厚 1∶2.5 水泥砂浆		m^2	102.24
85	011001001020	墙面墙裙抹水泥砂浆20mm砖墙 1．类型：外墙水泥砂浆 2．砂浆：12 厚 1∶3 水泥砂浆打底		m^2	52.02
86	011001001020	墙面墙裙抹水泥砂浆20mm砖墙 1．类型：外墙水泥砂浆 2．砂浆：8 厚 1∶2.5 水泥砂浆		m^2	52.02
87	011001001020	墙面墙裙抹水泥砂浆20mm砖墙 1．类型：地砖踢脚 2．砂浆：12 厚 1∶3 水泥砂浆		m^2	61.76
88	011001001021	墙面墙裙抹水泥砂浆 20mm 混凝土墙 1．类型：挑檐 2．砂浆：20 厚 1∶2 水泥砂浆		m^2	94.19

续表

序　号	项目编码	项目名称	项目特征	计量单位	工程数量
89	011001001026	墙面墙裙抹混合砂浆20mm砖墙 1．类型：乳胶漆墙面 2．砂浆：12 厚 1∶1∶6 水泥石灰膏砂浆打底		m^2	1 061.23
90	011001001026	墙面墙裙抹混合砂浆 20mm 砖墙 1．类型：乳胶漆墙面 2．砂浆：5 厚 1∶0.3∶3 水泥石灰膏砂浆打底		m^2	1 061.23
91	011001001044	墙面抹灰中加玻璃丝纤维网格布 类型：内墙不同材料面交接处		m^2	527.454
92	011001001044	墙面抹灰中加玻璃丝纤维网格布 类型：外墙满挂网，内侧交接面		m^2	687.3248
93	011001003002	零星项目抹水泥砂浆 1．类型：空调板 2．砂浆：20 厚 1∶2 水泥砂浆		m^2	8.35
94	011001003002	零星项目抹水泥砂浆 砂浆：1∶2 水泥砂浆护角线		m^2	19.2
95	011001004005	现浇混凝土面天棚一次抹灰混合砂浆 1．类型：乳胶漆顶棚 2．砂浆：12 厚 1∶0.3∶3 水泥石灰膏		m^2	649.98
96	011001005001	抹素水泥浆有 107 胶 类型：乳胶漆顶棚		m^2	649.9815
	A.11	建筑物超高人工、机械降效及水泵加压台班			
97	011101002001	建筑物超高加压水泵台班檐高 30m 以内		m^2	809.535
	A.12	措施项目			
98	011201001023	现浇混凝土基础垫层木模板		m^2	29.065

续表

序　号	项目编码	项目名称	项目特征	计量单位	工程数量
99	011201001027	现浇混凝土独立式桩承台复合模板钢支撑		m^2	34.72
100	011201001050	现浇混凝土矩形柱复合模板钢支撑 类型：构造柱		m^2	243.3824
101	011201001050	现浇混凝土矩形柱复合模板钢支撑 类型：框架柱		m^2	196.934
102	011201001050	现浇混凝土矩形柱复合模板钢支撑 类型：梯柱		m^2	12.168
103	011201001061	现浇混凝土基础梁复合模板钢支撑		m^2	151.2025
104	011201001065	现浇混凝土单梁、连续梁复合模板钢支撑		m^2	560.8567
105	011201001066	现浇混凝土单梁、连续梁复合模板木支撑 类型：挡水墙		m^2	36.2272
106	011201001068	现浇混凝土过梁复合木模板木支撑		m^2	18.06
107	011201001073	现浇混凝土圈梁直形竹胶板木支撑 类型：女儿墙压顶		m^2	12.24
108	011201001073	现浇混凝土圈梁直形竹胶板木支撑		m^2	85.5404
109	011201001092	现浇混凝土平板复合模板钢支撑		m^2	647.0865
110	011201001092	现浇混凝土平板复合模板钢支撑 位置：楼层平台		m^2	10.751
111	011201001101	现浇混凝土直形楼梯木模板木支撑		m^2	28.112
112	011201001103	现浇混凝土直形悬挑板(阳台雨篷)木模板木支撑 类型：空调板		m^2	3.744
113	011201001105	现浇混凝土台阶木模板木支撑		m^2	3.0525
114	011201001111	现浇混凝土挑檐天沟木模板木支撑		m^2	54.8

续表

序号	项目编码	项目名称	项目特征	计量单位	工程数量
115	011202001002	建筑物 20m 内垂直运输现浇框架结构		m^2	809.535
116	011204001001	综合脚手架钢管脚手架(高度 15m 以内)		m^2	809.535
117	011203001006	特、大型机械每安装、拆卸一次费用自升式塔式起重机		台次	1
118	011203002001	塔式起重机基础及轨道铺拆费用固定式基础(带配重)商品混凝土		座	1
119	011203003019	特、大型机械场外运输费用自升式塔式起重机		台次	1
	B	装饰装修工程			
	B.1	楼地面工程			
120	020102002003	地砖楼地面周长(1 600mm 以内) 1．类型：防滑地砖地面 2．厚度：8～10 3．砂浆：20 厚 1∶2 干硬性水泥砂浆		m^2	33.065
121	020102002003	地砖楼地面周长(1 600mm 以内) 1．类型：地砖地面 2．厚度：8～10 3．砂浆：20 厚 1∶2 干硬性水泥砂浆		m^2	204.6475
122	020102002003	地砖楼地面周长(1 600mm 以内) 1．类型：防滑地砖楼面 2．厚度：8～10 3．砂浆：5 厚 1∶1 水泥细砂		m^2	66.13
123	020102002003	地砖楼地面周长(1 600mm 以内) 1．类型：地砖楼面 2．厚度：8～10 3．砂浆：5 厚 1∶1 水泥细砂		m^2	409.295
124	020105003001	陶瓷地砖踢脚线 1．类型：地砖踢脚 2．砂浆：5 厚 1∶1 水泥砂浆 3．厚度：8 厚		m^2	67.275
	B.2	墙柱面工程			
125	020204003043	面砖(水泥砂浆粘贴)周长在 1 600mm 以内 1．类型：瓷砖墙面 2．砂浆：12 厚 1∶3 水泥砂浆打底 6 厚 1∶0.1∶2.5 水泥石灰膏砂浆		m^2	237.1418

续表

序　号	项目编码	项目名称	项目特征	计量单位	工程数量
126	020204003043	面砖(水泥砂浆粘贴)周长在1 600mm以内 1．类型：外墙面砖 2．砂浆：10厚1∶3水泥砂浆打底，10厚1∶2水泥砂浆		m^2	375.7601
	B.3	天棚工程			
127	020302001070	铝合金轻型条板天棚龙骨中型		m^2	99.195
128	020302001105	空腹PVC扣板天棚面层		m^2	99.195
	B.4	门窗工程			
129	020401005004	成品门安装		m^2	51.975
130	020402001001	金属平开门		m^2	11.7
131	020406001001	金属推拉窗		m^2	76.05
132	020406002001	金属平开窗		m^2	12.15
133	020406004001	金属百叶窗		m^2	18.4
	B.5	油漆、涂料、裱糊工程			
134	020506001001	乳胶漆二遍抹灰面 类型：乳胶漆顶棚		m^2	649.9815
135	020506001001	乳胶漆二遍抹灰面 类型：乳胶漆墙面		m^2	1 061.2254
136	020506001021	界面剂 类型：瓷砖墙面		m^2	237.1418
137	020506001021	界面剂 类型：乳胶漆墙面		m^2	1 061.2254
138	020506001021	界面剂 类型：外墙涂料		m^2	102.2352
139	020506001021	界面剂 类型：外墙面砖		m^2	375.7601
140	020506001021	界面剂 类型：外墙水泥砂浆		m^2	52.02
141	020506001021	界面剂 类型：水泥砂浆踢脚		m^2	3.375
142	020506001021	界面剂 类型：地砖踢脚		m^2	67.275
143	020507001013	外墙JH801涂料抹灰面		m^2	102.2352
		补充分部			
144	B001	1∶1水泥砂浆勾缝		m^2	375.7601

10.2　科技楼工程设计实例

10.2.1　科技楼建筑施工图

某科技楼建筑施工图如图 10-33～图 10-41 所示。

校对	设计号	XXXX科技有限公司 综合楼		工程图纸目录	总经理
	XXXXX-XX-X				总工程师

序号	图别	图号	标准图号	图纸名称	版次
1	建施	01A		建筑设计说明（一）	02
2	建施	01B		建筑设计说明（二）	02
3	建施	02		一层平面图	02
4	建施	03		二层平面图	02
5	建施	04		三层平面图	02
6	建施	05		屋顶平面图	02
7	建施	06		①—⑤ 轴立面图　⑤—① 轴立面图	02
8	建施	07		1—1 剖面图　Ⓐ—Ⓒ 轴立面图　Ⓒ—Ⓐ 轴立面图	02
9	建施	08		楼梯间详图	02
10	建施	09		洗手间大样、门窗表及门窗分格示意	02

编号

共 1 页　第 1 页

图 10-31　科技楼建筑施工图目录

建筑设计说明

1 设计依据

1.1 该市建设规划管理、消防、卫生防疫、劳动安全等有关主管部门对本工程初步设计的审批意见。

1.2 经批准的本工程初步设计及建设单位的设计要求。

1.3 现行的国家有关建筑设计规范、规程和规定。

2 项目概况

2.1 本工程为xxxx科技有限公司综合楼，位于xx经济技术开发区xx街以北，xx路以西。

2.2 本厂房占地面积269.22m²，建筑面积792.55m²。

2.3 建筑层数、高度：地上3层，建筑高度11.700m。

2.4 本建筑为钢筋混凝土框架结构，建筑结构的类别为3类，设计使用年限为50年，抗震设防烈度为七度。

2.5 耐火等级：耐火等级为二级，根据《建筑设计防火规范》GB 50016—2006进行设计。

3 设计标高

3.1 本工程±0.000相当于绝对标高34.250m，室内外高差0.450m。

3.2 各层标注标高为完成面标高（建筑面标高），屋面标高为结构面标高。

3.3 本工程标高以m为单位，总平面尺寸以m为单位，其他尺寸以mm为单位。

4 墙体工程

4.1 墙体的基础部分见结施。

4.2 外墙 非承重的外围护墙采用300厚陶粒混凝土砌块外贴60厚挤塑聚苯板保温构造。

外墙外保温构造做法参见国标02J121－1第A3页详图，砌块和砂浆标号见结施。

挤塑聚苯板λ=0.030W/(m·K)，ρ>25kg/m³，氧指数>30%。

4.3 内墙。非承重的内隔墙及部分管道井采用100、200厚陶粒混凝土小型空心砌块其构造和技术要求参见国标02J102－2 （33）（34）

4.4 常规基础的隔墙除另有要求外，位于楼层的隔墙可直接安装于结构梁（板）面上。

4.5 墙身防潮层：在室内地面下约0.06m处做20mm厚1：2.5水泥砂浆内掺水泥重量3%～5%的防水剂的墙身防潮层。

4.6 墙体留洞及封堵。

4.6.1 砌筑墙留洞见建施和设备图；砌筑墙体预留洞过梁见结施说明。

4.6.2 预留洞的封堵：砌筑墙留洞待管道设备安装完毕后，用C15细石混凝土填实，其中电气电缆井洞封堵参见国标D701－1～3防火封堵节点详图。

5 屋面工程

5.1 屋面部分：上人屋面，屋面防水等级为三级，防水层合理使用年限为10年，屋面保温材料为聚苯乙烯泡沫塑料板，导热系数λ=0.042W/(m·K)，

ρ>18kg/m³，氧指数>30%；有关技术要求及保护措施，由生产厂家负责保证，应符合《屋面工程技术规范》相关要求。

保温与垂直墙间为30宽空隙填岩棉条。

屋面构造做法如下（由上至下）：

1 铺块材300×300×25水泥砖。

2 粗砂垫层25厚。

3 SBS改性沥青防水卷材4厚。

4 1：3水泥砂浆找平层20厚。

5 1：8水泥膨胀珍珠岩找坡，最薄处30厚。

6 120厚聚苯乙烯泡沫塑料板保温层。

7 1：3水泥砂浆找平层20厚。

8 钢筋混凝土屋面板。

9 1：3水泥砂浆抹灰20厚。

5.2 屋面做法及屋面节点索引见"屋面平面图"，雨蓬等见"各层平面图"及有关详图。

5.3 屋面为有组织排水，采用PVC雨水管及雨水斗，具体尺寸详见屋顶平面图。

6 门窗工程

6.1 建筑外窗的气密性依据现行国家标准《建筑外窗气密性能分级及其检测方法》GB7107－2002，不得低于4级。

外窗的保温性能依据现行国家标准《建筑外窗保温性能分级及其检测方法》GB8484－2002，不得低于7级。

6.2 门窗玻璃的选用应遵照《建筑玻璃应用技术规程》JGJ113和《建筑安全玻璃管理规定》发改运行[2003]2116号及地方主管部门的有关规定。

6.3 门窗立面均表示洞口尺寸，门窗加工尺寸要按照装修面厚度由承包商予以调整。

6.4 门窗立樘：外门窗立樘详墙身节点图，内门窗立樘除图中另有注明者外，双向平开门立樘墙中，单向平开门立樘开启方向墙面平。

6.5 门窗选料、颜色、玻璃见"门窗表"附注，门窗五金件应符合国家标准要求；木门制作时对木材均需要进行干燥处理，含水率不得大于下列数值：门扇12%，门框14%；门窗上玻璃厚度应根据玻璃的分格尺寸及所处的位置由厂家负责确定。

6.6 平开防火门应设闭门器，双扇平开防火门安装闭门器和顺序器，常开防火门须安装信号控制关闭和反馈装置。

7 外装修工程

7.1 外装修设计见"立面图"及外墙详图，贴面砖做法参见国标05J909的相关要求。

7.2 承包商进行二次设计轻钢结构、装饰物等，经确认后，向建筑设计单位提供预埋件的设置要求。

7.3 设有外墙保温的建筑构造详见索引标准图及外墙详图，外墙保温及饰面工程应由专业队伍施工，所有材料应有法定检测部门出具的检测报告和出厂合格证，确保工程质量。

7.4 外装修选用的各项材料其材质、规格、颜色等，均由施工单位提供样板，经建设和设计单位确认后进行封样，并据此验收。

8 内装修工程

8.1 内装修工程执行《建筑内部装修设计防火规范》GB50222，楼地面部分执行《建筑地面设计规范》GB50037。

8.2 楼地面构造交接处和地坪高度变化处，除图中另有注明者外均位于齐平门扇开启面处。

8.3 凡设有地漏房间应做防水层，图中未注明整个房间做坡度者，均在地漏周围1m范围内做1%～2%坡度坡向地漏。

有水房间的楼地面应低于相邻房间>20mm或做挡水门槛，有大量排水的应设排水沟和集水坑。

8.4 内装修选用的各项材料，均由施工单位制作样板和选样，经确认后进行封样，并据此进行验收。

9 油漆涂料工程

9.1 室内装修所采用的油漆涂料见"室内装修做法表"。

9.2 外门颜色、内木门油漆选用色均由甲方确认（含门套构造）。

9.3 室内外各项露明金属件的油漆为刷防锈漆2道后再做同室内外部位相同颜色的漆。

9.4 各项油漆均由施工单位制作样板，经确认后进行封样，并据此进行验收。

10 室外工程（室外设施）

钢筋混凝土雨篷、室外台阶、坡道、散水做法见国标02J003及墙身节点详图。

11 建筑设备、设施工程

11.1 卫生洁具、成品隔断由建设单位与设计单位商定，并应与施工配合。

11.2 灯具等影响美观的器具须经建设单位与设计单位确认样品后，方可批量加工、安装。

12 其他施工中注意事项

12.1 图中所选用标准图中有对结构工种的预埋件、预留洞，如楼梯、平台钢栏杆、门窗、建筑配件等，本图所标注的各种留洞与预埋件应与各工种密切配合后，确认无误方可施工。

12.2 两种材料的墙体交接处，应根据饰面材质在做饰面前加钉金属网或在施工中加贴玻璃丝网格布，防止裂缝。

12.3 预埋木砖及贴邻墙体的木质面均做防腐处理，露明铁件均做防锈处理。

12.4 门窗过梁见结施图。

12.5 楼板留洞的封堵：待设备管线安装完毕后，用C20细石混凝土封堵密实，各电缆洞、井的防火封堵做法参见国标D701－1～3节点详图。

12.6 施工中应严格执行国家各项施工质量验收规范。

13 节能设计

本工程严格按《公共建筑节能设计标准》DB21/T1477－2006和J10923－2007进行设计。

建筑物围护结构传热系数设计值

建筑物的体型系数： S=F0/V0=1127.02/2879.48=0.38			
围护结构部位		标准传热系数限值 W/(m²·K)	设计采用的传热系数值 W/(m²·K)
屋面	非透明部分	≤0.35	0.35
	透明部分	≤2.6	——
单一向外窗（包括透明幕墙）	东向窗墙面积比： 0.20	≤2.8	<2.5
	南向窗墙面积比： 0.04	≤2.8	<2.5
	西向窗墙面积比： 0.23	≤2.5	<2.5
	北向窗墙面积比： 0.10	≤2.8	<2.5
外门	透明部分	≤2.6	<2.5
	非透明部分	≤1.5	1.4
外墙（包括非透明幕墙）		≤0.45	0.40
底面接触室外空气的架空或外挑楼板		≤0.5	——
非采暖房间与采暖房间的隔墙或楼板		≤0.8	——

室内装修构造表

类别	材料	构造做法、选用标准图集号	备注	所在位置
地面	磨光花岗石板地面	国标05J909第LD20页，由甲方确定石板规格及颜色	见建施－01B（图二）	一层办公室、楼梯间、门厅
	彩色釉面砖地面	国标05J909第LD15页，由甲方确定地砖规格及颜色	见建施－01B（图二）	洗手间
	保温地面	国标05J909第LD90页	见建施－01B（图二）	外墙周边从外墙内侧算起2.0m范围内
楼面	磨光花岗石板楼面	国标05J909第LD20页，由甲方确定石板规格及颜色	见建施－01B（图二）	二~三层办公楼的楼面、楼梯间
	彩色釉面砖楼面	国标05J909第LD15页，由甲方确定地砖规格及颜色	见建施－01B（图二）	洗手间
踢脚线	花岗岩踢脚	国标05J909第TJ9页，由甲方确定石板规格及颜色	见建施－01B（图三）	楼地面为花岗石板的房间
	水泥砂浆踢脚	国标05J909第TJ2页	见建施－01B（图三）	楼地面为水泥砂浆或混凝土面层的房间
内墙面	乳胶漆墙面	国标05J909第NQ6页，面层刷白色高级乳胶漆		除洗手间以外的内墙面
	釉面砖墙面	国标05J909第NQ27页，釉面砖规格、颜色由甲方确定		洗手间
天棚	乳胶漆顶棚	国标05J909第DP7页，面层刷白色高级乳胶漆		除洗手间以外顶棚基层为混凝土的房间
	铝合金条板吊顶	国标05J909第DP19页，铝合金条板规格、颜色由甲方确定		洗手间（吊顶下净高2.400）

采用标准图集目录

编号	图集代号	图集名称	备注
1	99J201－1	平屋面建筑构造(一)	国标
2	02J121－1	外墙外保温建筑构造（一）	国标
3	02J003	室外工程	国标
4	02J915	公共建筑卫生间	国标
5	06J204	屋面节能建筑构造	国标
6	05J909	工程做法	国标
11	02J611－1	钢、钢木大门	国标
12	06J607－1	建筑节能门窗（一）	国标

图 10-32 建筑设计说明(一)

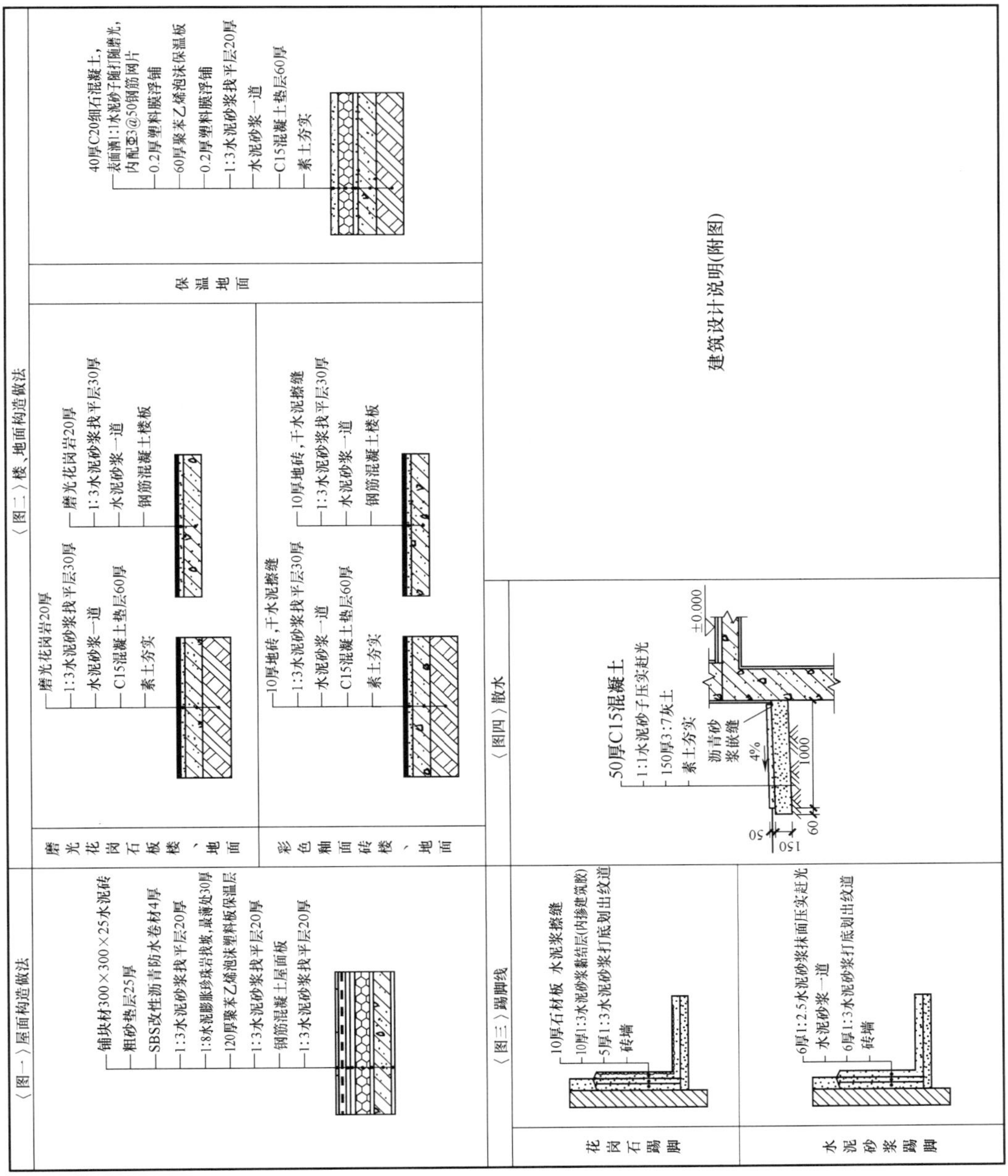

〈图一〉屋面构造做法

- 铺块材300×300×25水泥砖
- 粗砂垫层25厚
- SBS改性沥青防水卷材4厚
- 1:3水泥砂浆找平层20厚
- 1:8水泥膨胀珍珠岩找坡,最薄处30厚
- 120厚聚苯乙烯泡沫塑料板保温层
- 1:3水泥砂浆找平层20厚
- 钢筋混凝土屋面板
- 1:3水泥砂浆找平层20厚

〈图二〉楼、地面构造做法

磨光花岗石板楼、地面

- 磨光花岗岩20厚
- 1:3水泥砂浆找平层30厚
- 水泥砂浆一道
- C15混凝土垫层60厚
- 素土夯实

- 磨光花岗岩20厚
- 1:3水泥砂浆找平层30厚
- 水泥砂浆一道
- 钢筋混凝土楼板

彩色釉面砖楼、地面

- 10厚地砖,干水泥擦缝
- 1:3水泥砂浆找平层30厚
- 水泥砂浆一道
- C15混凝土垫层60厚
- 素土夯实

- 10厚地砖,干水泥擦缝
- 1:3水泥砂浆找平层30厚
- 水泥砂浆一道
- 钢筋混凝土楼板

保温地面

- 40厚C20细石混凝土,表面洒1:1水泥砂子随打随磨光,内配Φ3@50钢筋网片
- 0.2厚塑料膜浮铺
- 60厚聚苯乙烯泡沫保温板
- 0.2厚塑料膜浮铺
- 1:3水泥砂浆找平层20厚
- 水泥砂浆一道
- C15混凝土垫层60厚
- 素土夯实

〈图三〉踢脚线

花岗石踢脚

- 10厚石材板 水泥浆擦缝
- 10厚1:3水泥砂浆黏结层(内掺建筑胶)
- 5厚1:3水泥砂浆打底划出纹道
- 砖墙

水泥砂浆踢脚

- 6厚1:2.5水泥砂浆抹面压实赶光
- 水泥砂浆一道
- 6厚1:3水泥砂浆打底划出纹道
- 砖墙

〈图四〉散水

- 50厚C15混凝土
- 1:1水泥砂子压实赶光
- 150厚3:7灰土
- 素土夯实

沥青砂浆嵌缝

4%

±0.000

50　150　60　1000

建筑设计说明(附图)

图 10-33 建筑设计说明(二)

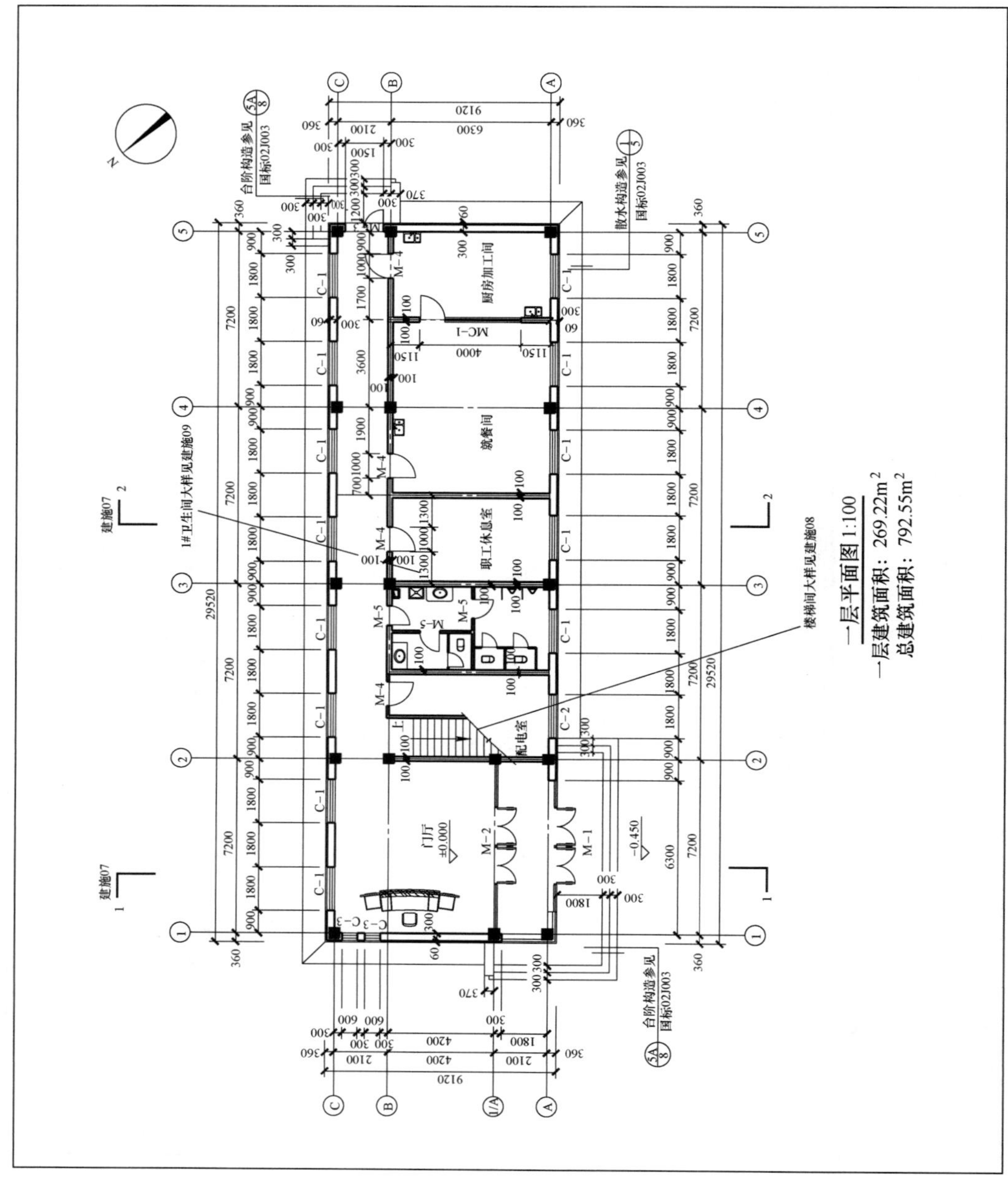
一层平面图 1:100
一层建筑面积：269.22m²
总建筑面积：792.55m²
厨房加工间
就餐间
职工休息室
配电室
门厅

图 10-34　一层平面图

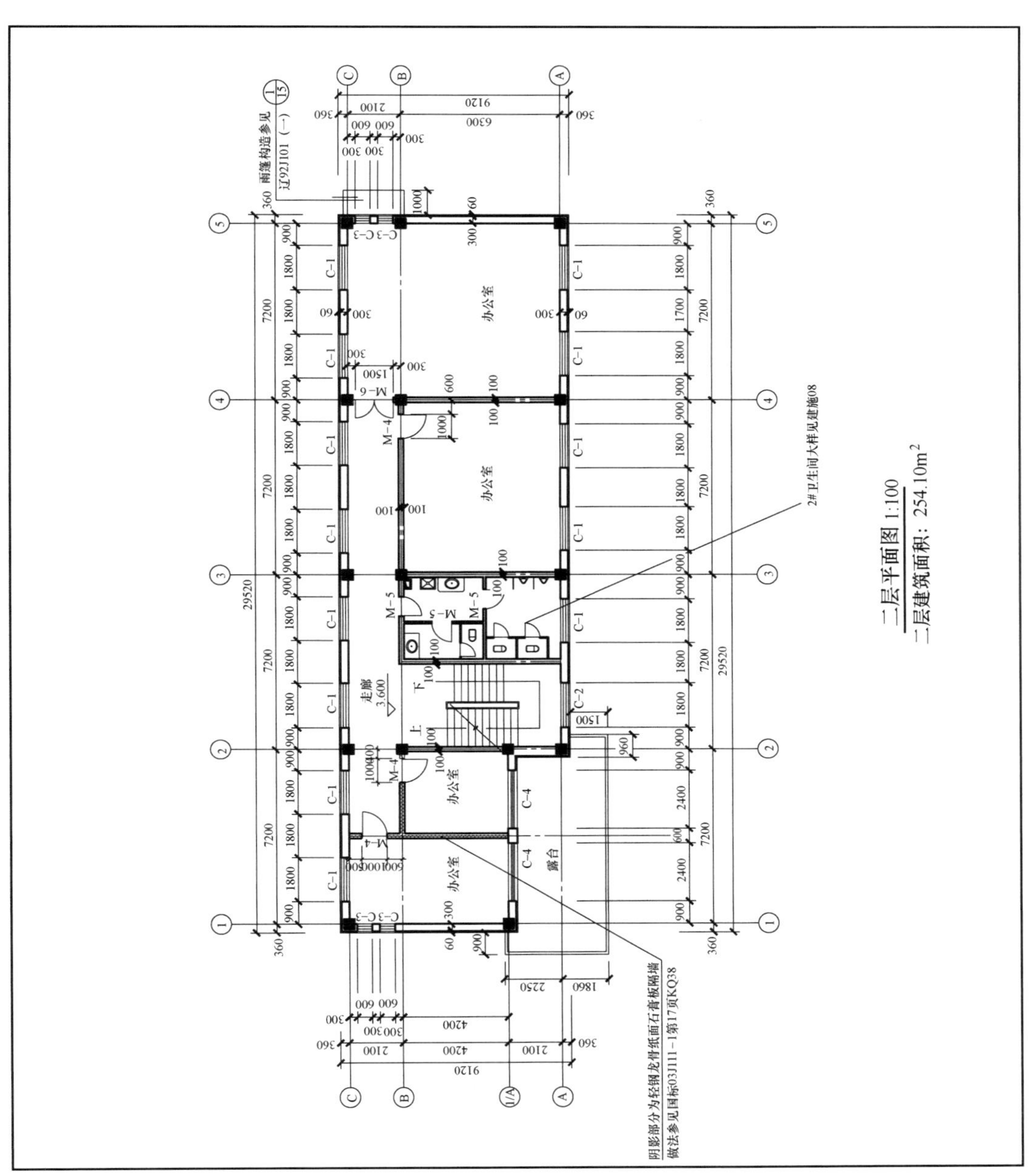

图 10-35 二层平面图

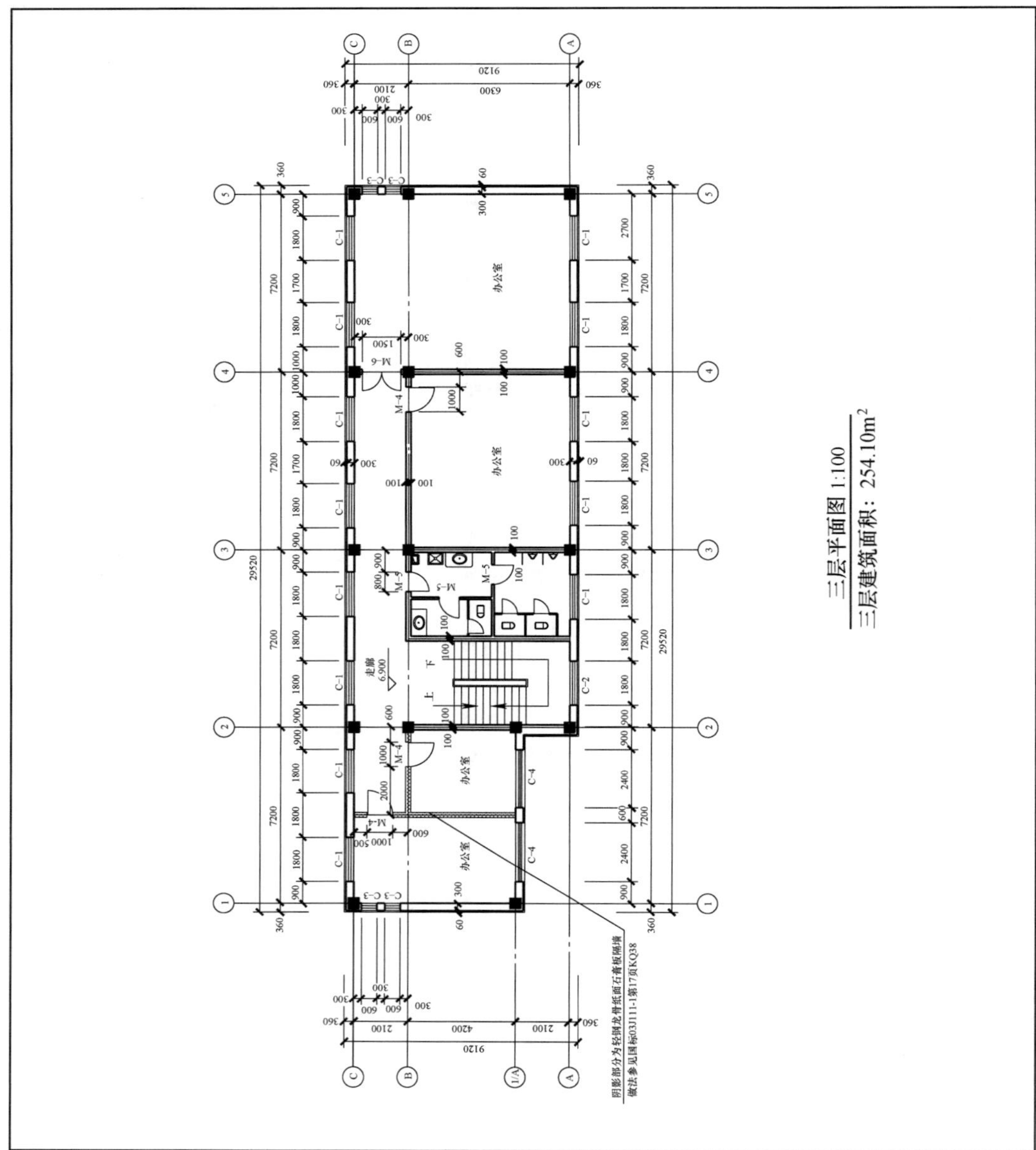
三层平面图 1:100
三层建筑面积：254.10m2
办公室
走廊
6.900
阴影部分为轻钢龙骨纸面石膏板隔墙
做法参见国标03J111-1第17页KQ38

图 10-36　三层平面图

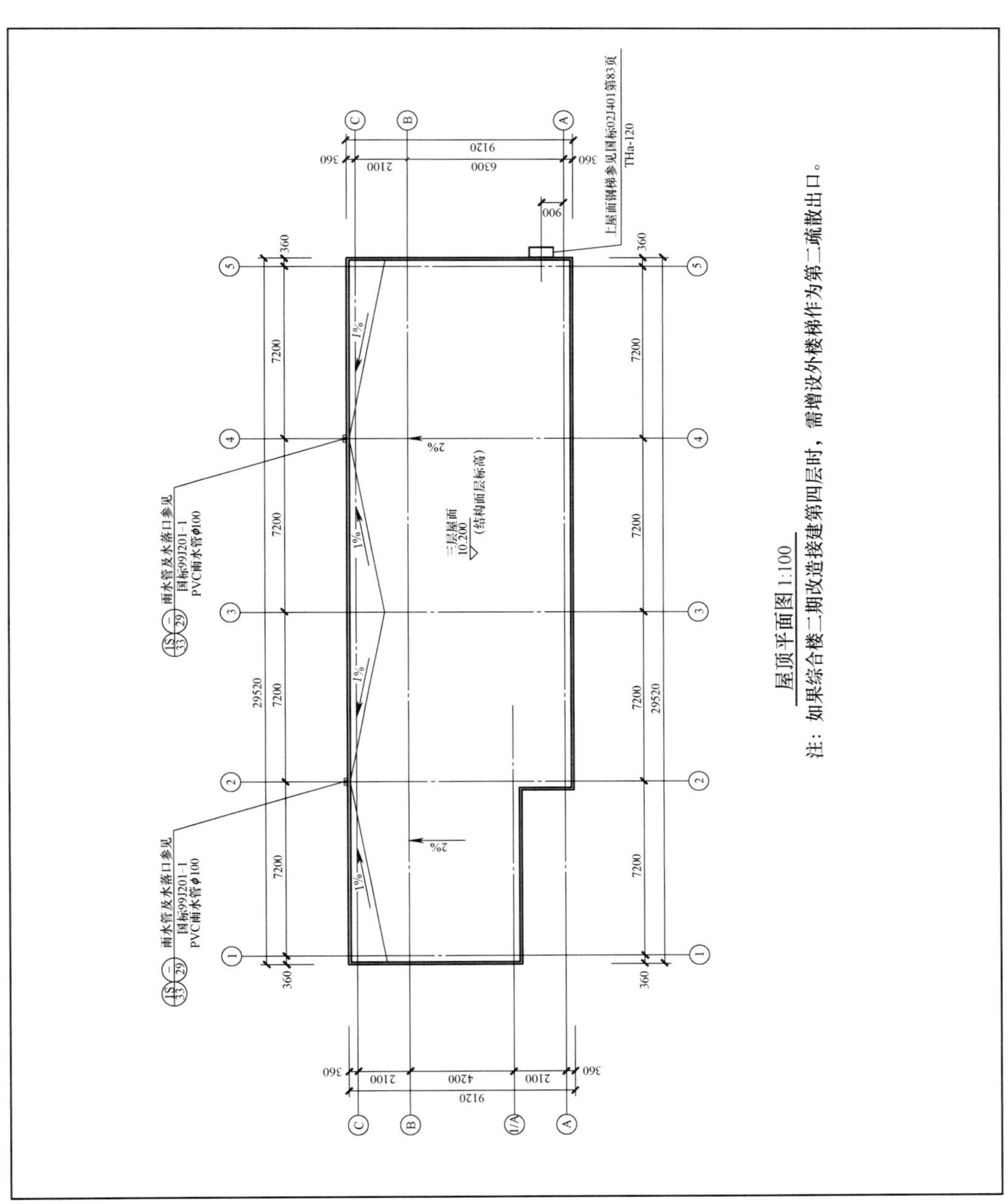
上屋面钢梯参见国标02J401第83页
THa-120
雨水管及水落口参见
国标99J201-1
PVC雨水管φ100
三层屋面
10.200
(结构面层标高)
2%
1%
9120
2100
6300
4200
360
900
7200
29520
屋顶平面图 1:100
注：如果综合楼二期改造接建第四层时，需增设外楼梯作为第二疏散出口。

图 10-37　屋顶平面图

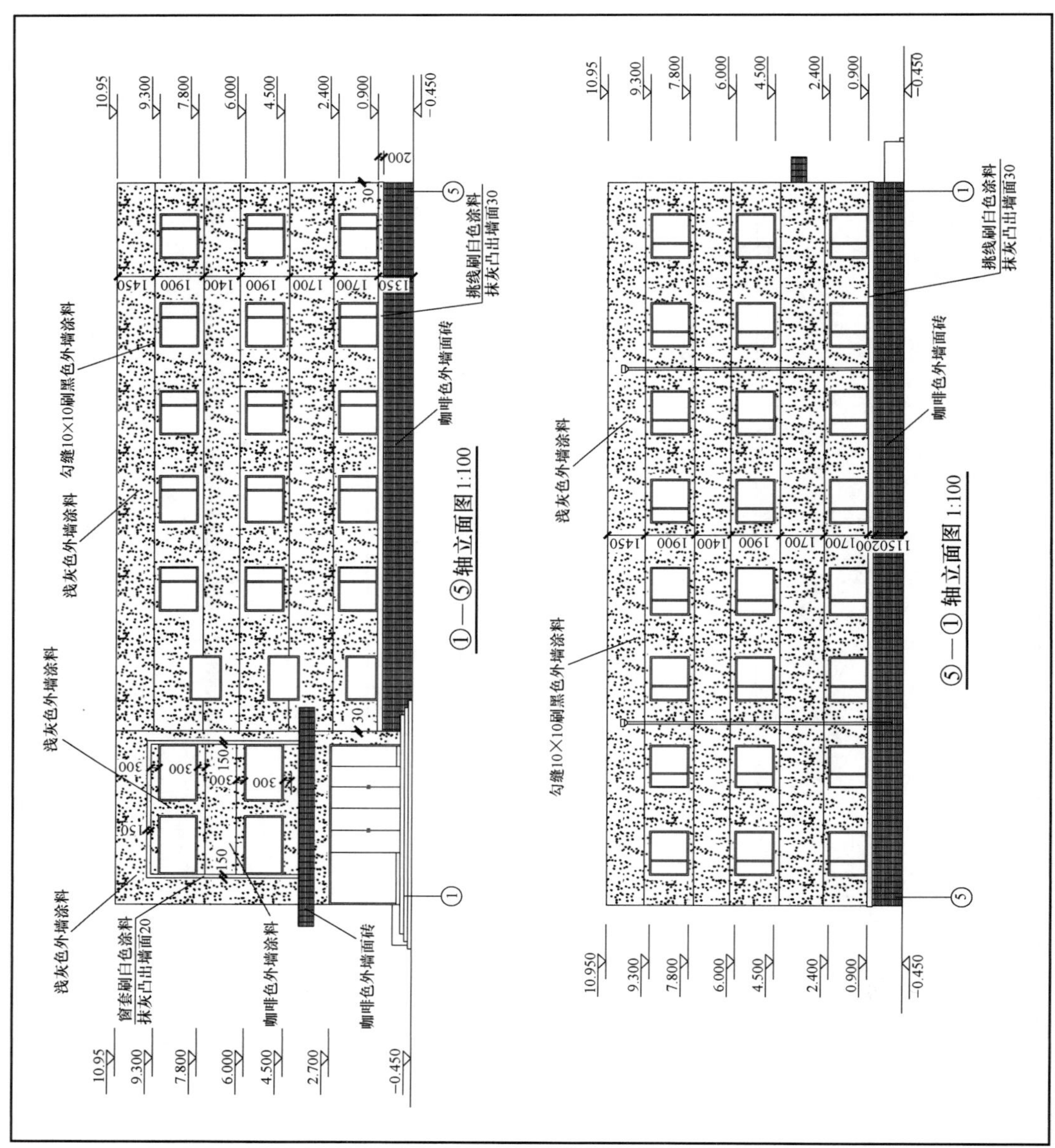

图 10-38　①—⑤轴立面图和⑤—①轴立面图

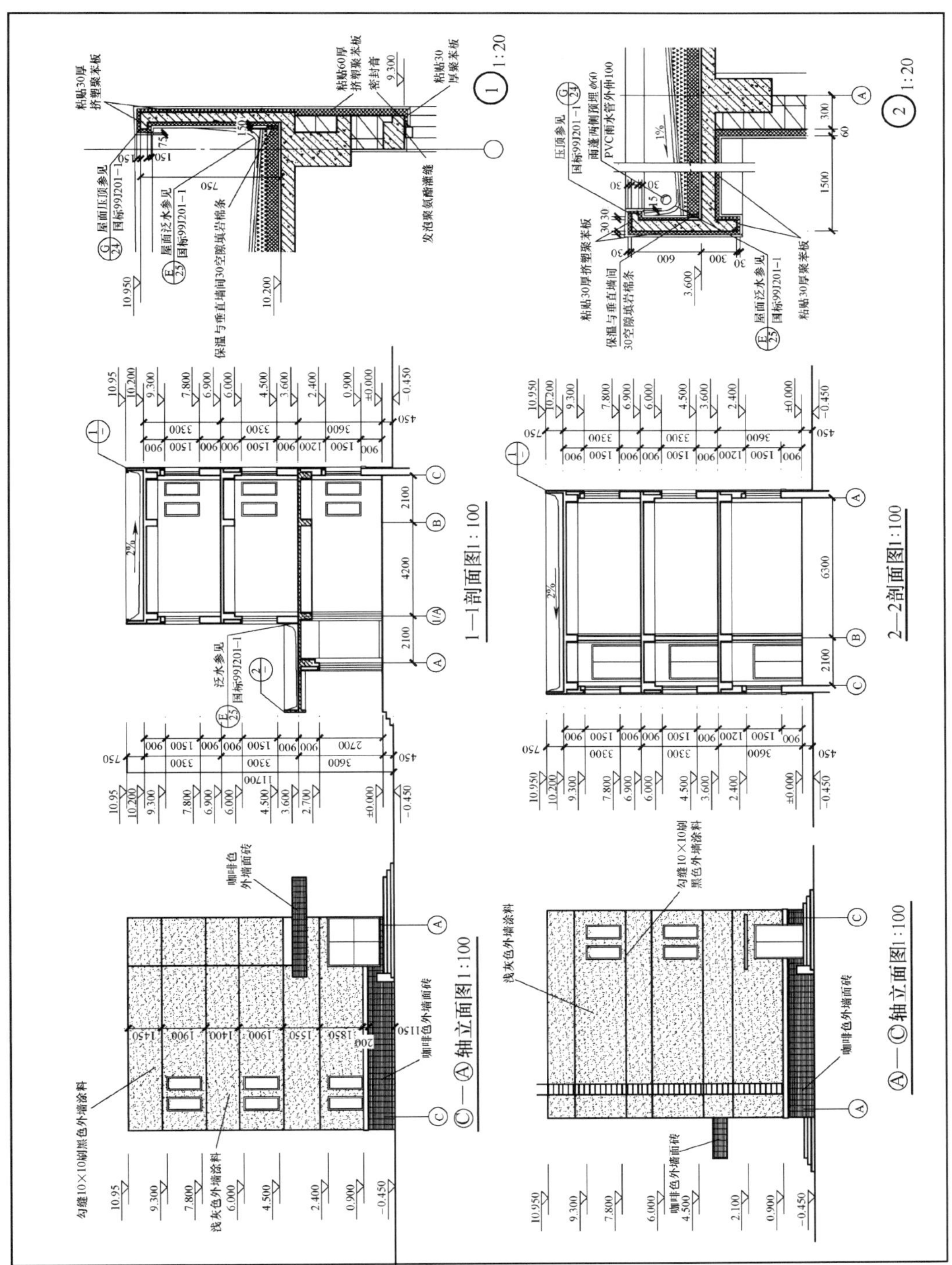

图 10-39　1—1 剖面图、Ⓐ—Ⓒ轴立面图和Ⓒ—Ⓐ轴立面图

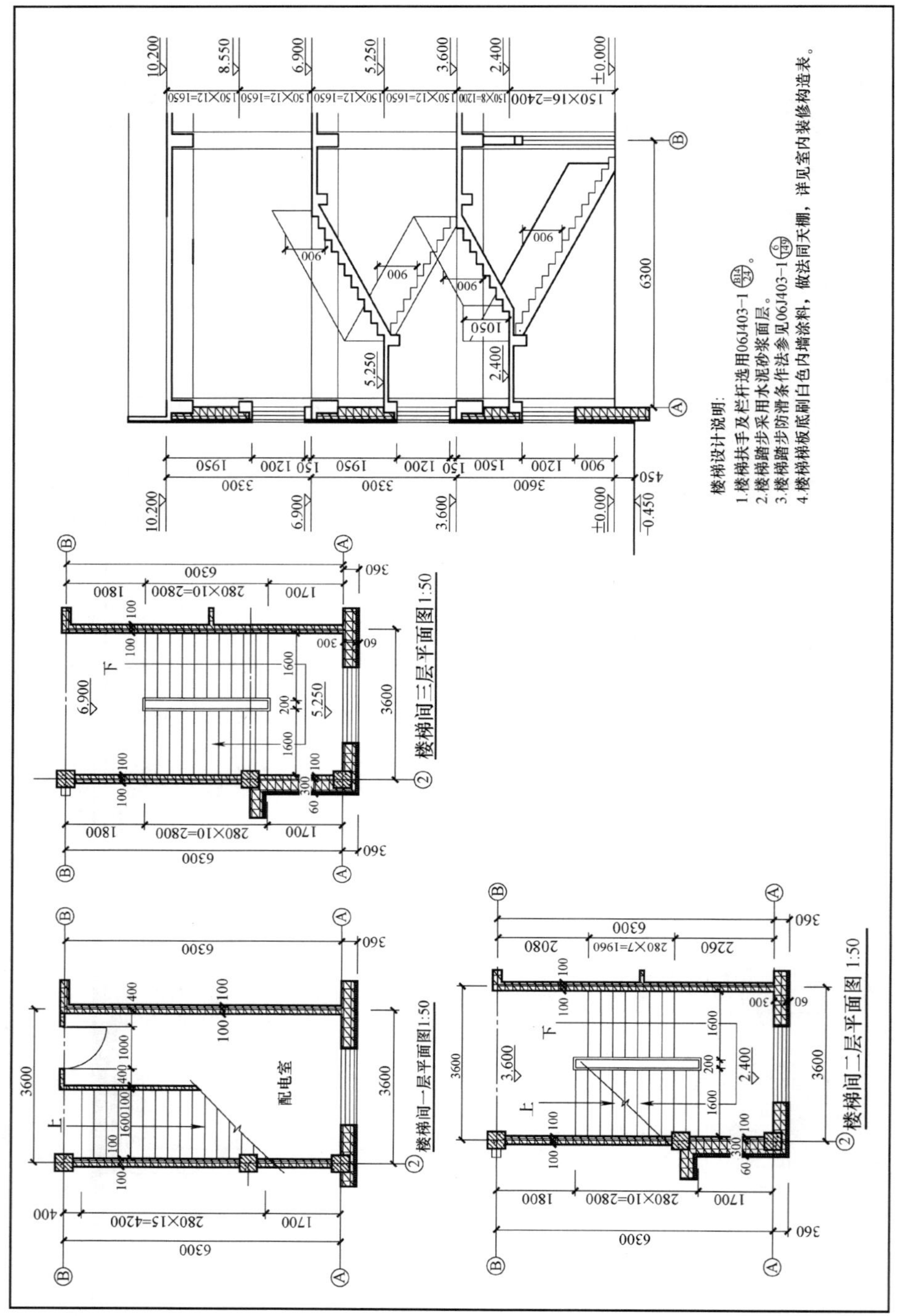
楼梯设计说明:
1.楼梯扶手及栏杆选用06J403-1 B14/24。
2.楼梯踏步采用水泥砂浆面层。
3.楼梯踏步防滑条作法参见06J403-1 6/149
4.楼梯梯板底刷白色内墙涂料，做法同天棚，详见室内装修构造表。
楼梯间一层平面图 1:50
楼梯间二层平面图 1:50
楼梯间三层平面图 1:50
配电室

图 10-40　楼梯间详图

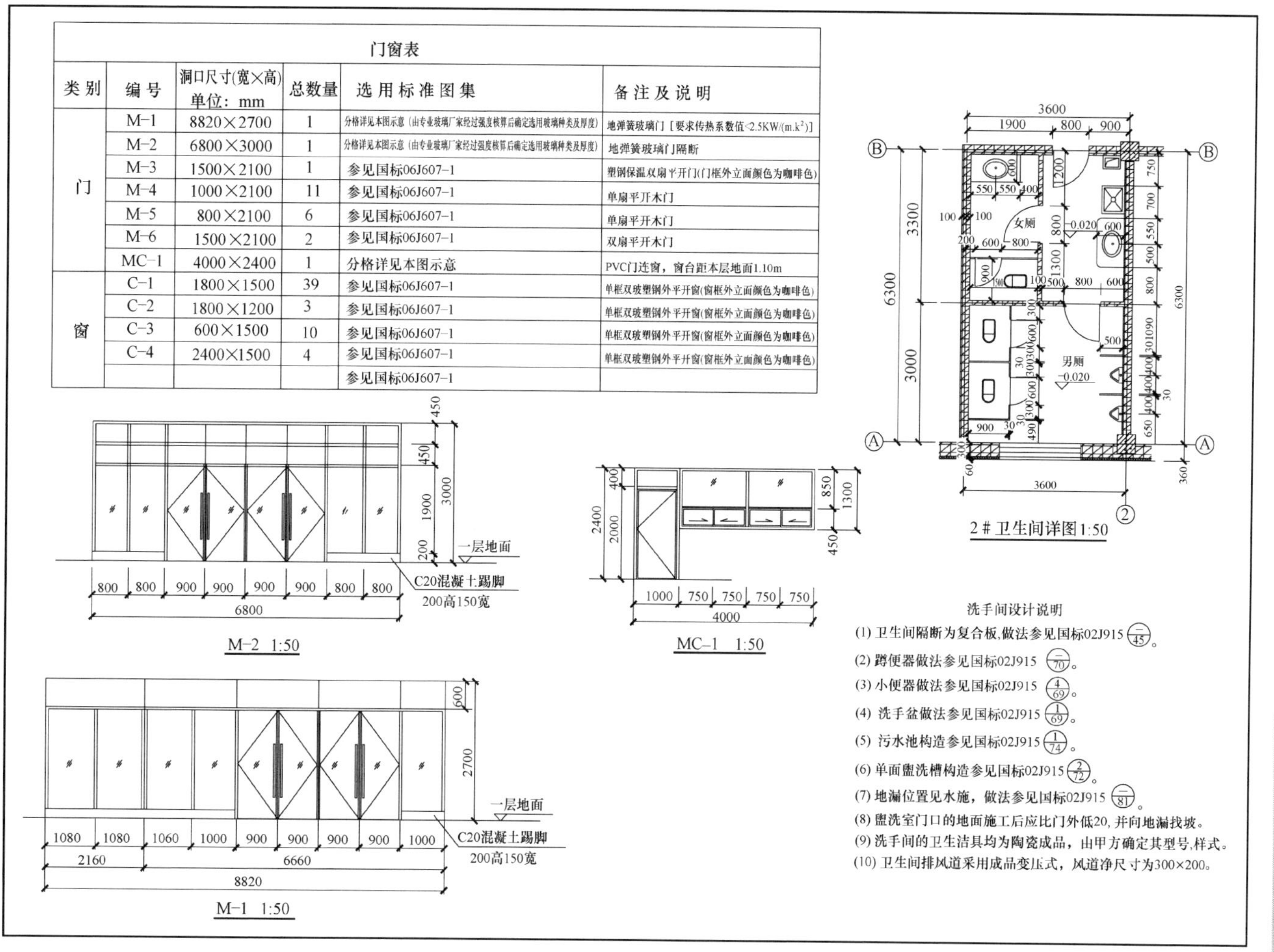

门窗表

类别	编号	洞口尺寸(宽×高) 单位：mm	总数量	选用标准图集	备注及说明
门	M-1	8820×2700	1	分格详见本图示意（由专业玻璃厂家经过强度核算后确定选用玻璃种类及厚度）	地弹簧玻璃门［要求传热系数值≤2.5KW/(m.k²)］
	M-2	6800×3000	1	分格详见本图示意（由专业玻璃厂家经过强度核算后确定选用玻璃种类及厚度）	地弹簧玻璃门隔断
	M-3	1500×2100	1	参见国标06J607-1	塑钢保温双扇平开门(门框外立面颜色为咖啡色)
	M-4	1000×2100	11	参见国标06J607-1	单扇平开木门
	M-5	800×2100	6	参见国标06J607-1	单扇平开木门
	M-6	1500×2100	2	参见国标06J607-1	双扇平开木门
	MC-1	4000×2400	1	分格详见本图示意	PVC门连窗，窗台距本层地面1.10m
窗	C-1	1800×1500	39	参见国标06J607-1	单框双玻塑钢外平开窗(窗框外立面颜色为咖啡色)
	C-2	1800×1200	3	参见国标06J607-1	单框双玻塑钢外平开窗(窗框外立面颜色为咖啡色)
	C-3	600×1500	10	参见国标06J607-1	单框双玻塑钢外平开窗(窗框外立面颜色为咖啡色)
	C-4	2400×1500	4	参见国标06J607-1	单框双玻塑钢外平开窗(窗框外立面颜色为咖啡色)
				参见国标06J607-1	

图 10-41　卫生间详图、门窗表及门窗分格示意

10.2.2　科技楼结构施工图

设计号	XXXX科技有限公司				院　长
xxxxx-xx-x	综合楼			工程图纸目录	总工程师
序号	图别	图号	标准图号	图纸名称	备　注
1	结施	01A		结构设计总说明（一）	
2	结施	01B		结构设计总说明（二）	
3	结施	02		基础平面布置图	
4	结施	03		基础详图	
5	结施	04		柱配筋图	
6	结施	05		一层梁配筋图	
7	结施	06		一层板配筋图	
8	结施	07		二层梁配筋图	
9	结施	08		二层板配筋图	
10	结施	09		三层梁配筋图	
11	结施	10		三层板配筋图	
12	结施	11		楼梯配筋图	

校对　编号　共1页第1页

图 10-42　科技楼结构施工图目录

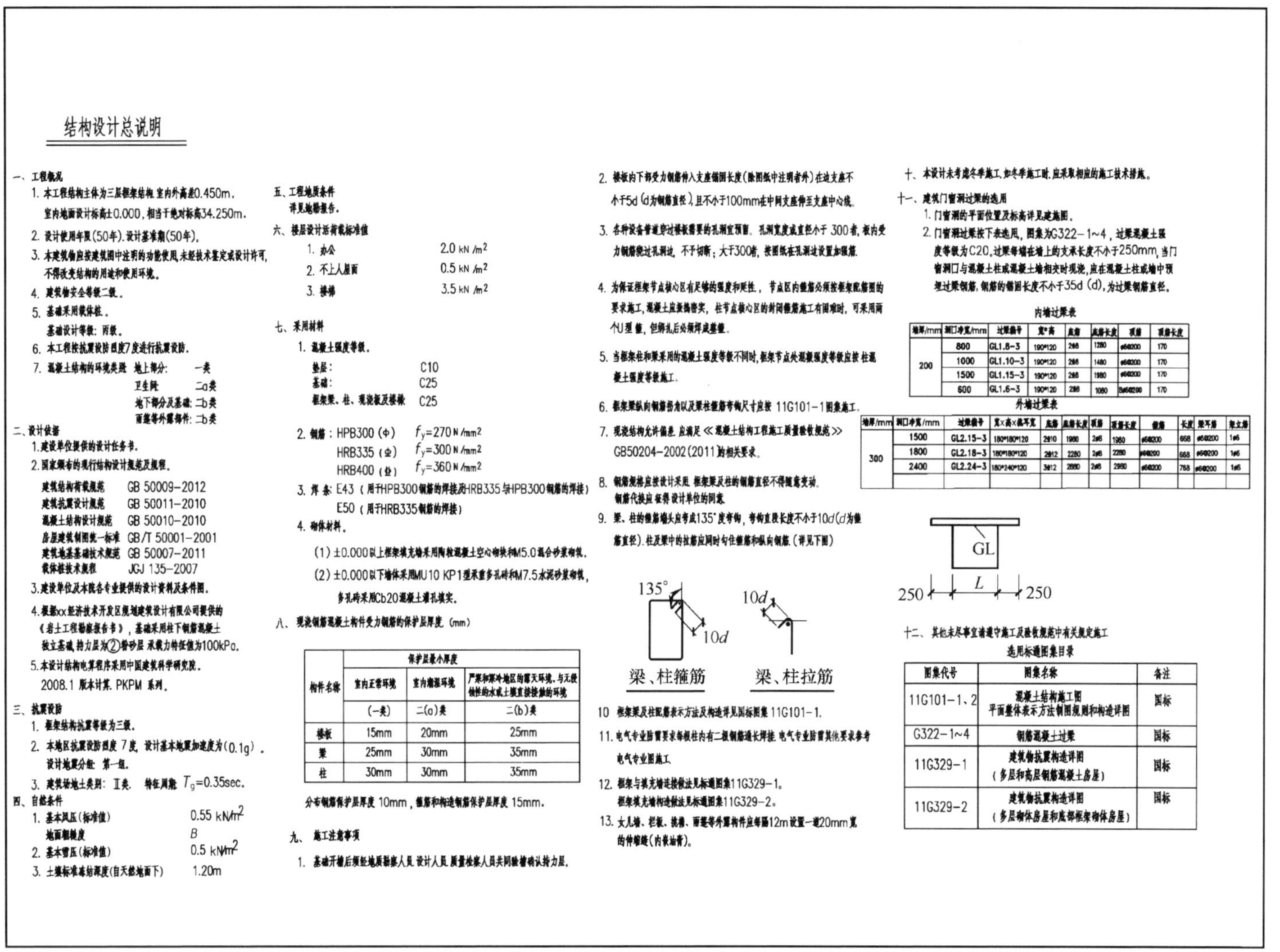

结构设计总说明

一、工程概况

1. 本工程结构主体为三层框架结构 室内外高差0.450m.
   室内地面设计标高±0.000,相当于绝对标高34.250m.
2. 设计使用年限(50年).设计基准期(50年).
3. 本建筑物应按建筑图中注明的功能使用,未经技术鉴定或设计许可,不得改变结构的用途和使用环境。
4. 建筑物安全等级二级.
5. 基础采用载体桩.
   基础设计等级: 丙级.
6. 本工程按抗震设防烈度7度进行抗震设防.
7. 混凝土结构的环境类别 地上部分: 一类
   卫生间 二a类
   地下部分及基础: 二b类
   雨篷等外露构件: 二b类

二、设计依据

1. 建设单位提供的设计任务书.
2. 国家颁布的现行结构设计规范及规程.
   - 建筑结构荷载规范 GB 50009-2012
   - 建筑抗震设计规范 GB 50011-2010
   - 混凝土结构设计规范 GB 50010-2010
   - 房屋建筑制图统一标准 GB/T 50001-2001
   - 建筑地基基础技术规范 GB 50007-2011
   - 载体桩技术规程 JGJ 135-2007
3. 建设单位及本院各专业提供的设计资料及条件图.
4. 根据xx经济技术开发区规划建筑设计有限公司提供的《岩土工程勘察报告书》,基础采用柱下钢筋混凝土独立基础,持力层为②粉砂层 承载力特征值为100kPa.
5. 本设计结构电算程序采用中国建筑科学研究院.
   2008.1 版本计算. PKPM 系列.

三、抗震设防

1. 框架结构抗震等级为三级.
2. 本地区抗震设防烈度 7度, 设计基本地震加速度为(0.1g).
   设计地震分组: 第一组.
3. 建筑场地土类别: Ⅱ类. 特征周期 T_g=0.35sec.

四、自然条件

1. 基本风压(标准值) 0.55 kN/m²
   地面粗糙度 B
2. 基本雪压(标准值) 0.5 kN/m²
3. 土壤标准冻结深度(自天然地面下) 1.20m

五、工程地质条件
   详见地勘报告.

六、楼层设计活荷载标准值

1. 办公 2.0 kN/m²
2. 不上人屋面 0.5 kN/m²
3. 楼梯 3.5 kN/m²

七、采用材料

1. 混凝土强度等级.
   - 垫层: C10
   - 基础: C25
   - 框架梁、柱、现浇板及楼梯 C25
2. 钢筋: HPB300 (Φ) f_y=270 N/mm²
   HRB335 (Φ) f_y=300 N/mm²
   HRB400 (Φ) f_y=360 N/mm²
3. 焊条: E43 (用于HPB300钢筋的焊接及HRB335与HPB300钢筋的焊接)
   E50 (用于HRB335钢筋的焊接)
4. 砌体材料.
   (1) ±0.000以上框架填充墙采用陶粒混凝土空心砌块和M5.0混合砂浆砌筑.
   (2) ±0.000以下墙体采用MU10 KP1型承重多孔砖和M7.5水泥砂浆砌筑,多孔砖采用Cb20混凝土灌孔填实.

八、现浇钢筋混凝土构件受力钢筋的保护层厚度 (mm)

构件名称	保护层最小厚度		
	室内正常环境	室内潮湿环境	严寒和寒冷地区的露天环境、与无侵蚀性的水或土壤直接接触的环境
	(一类)	二(a)类	二(b)类
楼板	15mm	20mm	25mm
梁	25mm	30mm	35mm
柱	30mm	30mm	35mm

分布钢筋保护层厚度 10mm,箍筋和构造钢筋保护层厚度 15mm.

九、施工注意事项

1. 基础开槽后须经地质勘察人员 设计人员 质量检察人员共同验槽确认持力层.
2. 楼板内下部受力钢筋伸入支座锚固长度(除图纸中注明者外)在边支座不小于5d (d为钢筋直径),且不小于100mm在中间支座伸至支座中心线。
3. 各种设备管道穿过楼板需要的孔洞宜预留。孔洞宽度或直径小于 300者,板内受力钢筋绕过孔洞边,不予切断;大于300者,按图纸在孔洞边设置加强筋.
4. 为保证框架节点核心区有足够的强度和延性, 节点区内箍筋必须按框架配筋图的要求施工,混凝土应振捣密实,柱节点核心区的封闭箍筋施工有困难时,可采用两个U型箍,但绑扎后必须焊成整箍。
5. 当框架柱和梁采用的混凝土强度等级不同时,框架节点处混凝强度等级应按柱混凝土强度等级施工。
6. 框架梁纵向钢筋拐角以及梁柱箍筋弯钩尺寸应按 11G101-1图集施工。
7. 现浇结构允许偏差 应满足《混凝土结构工程施工质量验收规范》GB50204-2002(2011)的相关要求。
8. 钢筋规格应按设计采用 框架梁及柱的钢筋直径不得随意变动。
   钢筋代换应征得设计单位的同意
9. 梁、柱的箍筋端头应弯成135°度弯钩,弯钩直段长度不小于10d(d为箍筋直径).柱及梁中的拉筋应同时勾住箍筋和纵向钢筋.(详见下图)

10. 框架梁及柱配筋表示方法及构造详见国标图集 11G101-1.
11. 电气专业防雷要求每根柱内有二根钢筋通长焊接.电气专业防雷其他要求参考电气专业图施工.
12. 框架与填充墙连接做法见标通图集11G329-1。
    框架填充墙构造做法见标通图集11G329-2。
13. 女儿墙、栏板、挑檐、雨篷等外露构件应每隔12m设置一道20mm宽的伸缩缝(内嵌油膏)。

十、本设计未考虑冬季施工,如冬季施工时,应采取相应的施工技术措施。

十一、建筑门窗洞过梁的选用

1. 门窗洞的平面位置及标高详见建施图.
2. 门窗洞过梁按下表选用,图集为G322-1~4,过梁混凝土强度等级为C20,过梁每端在墙上的支承长度不小于250mm,当门窗洞口与混凝土柱或混凝土墙相交时现浇,应在混凝土柱或墙中预埋过梁钢筋,钢筋的锚固长度不小于35d (d),为过梁钢筋直径。

内墙过梁表

墙厚/mm	洞口净宽/mm	过梁编号	宽*高	底筋	底筋长度	顶筋	顶筋长度
200	800	GL1.8-3	190*120	2⌀8	1280	ф6@200	170
	1000	GL1.10-3	190*120	2⌀8	1480	ф6@200	170
	1500	GL1.15-3	190*120	2⌀8	1980	ф6@200	170
	600	GL1.6-3	190*120	2⌀8	1080	8ф6@200	170

外墙过梁表

墙厚/mm	洞口净宽/mm	过梁编号	宽×高×挑耳宽	底筋	底筋长度	顶筋	顶筋长度	箍筋	长度	梁耳筋	架立筋
300	1500	GL2.15-3	180*180*120	2⌀10	1980	2⌀8	1980	ф6@200	668	ф6@200	1ф6
	1800	GL2.18-3	180*180*120	2⌀12	2280	2⌀8	2280	ф6@200	668	ф6@200	1ф6
	2400	GL2.24-3	180*240*120	3⌀12	2880	2⌀8	2980	ф6@200	788	ф6@200	1ф6

十二、其他未尽事宜请遵守施工及验收规范中有关规定施工

选用标通图集目录

图集代号	图集名称	备注
11G101-1、2	混凝土结构施工图 平面整体表示方法制图规则和构造详图	国标
G322-1~4	钢筋混凝土过梁	国标
11G329-1	建筑物抗震构造详图(多层和高层钢筋混凝土房屋)	国标
11G329-2	建筑物抗震构造详图(多层砌体房屋和底部框架砌体房屋)	国标

图 10-43　结构设计总说明(一)

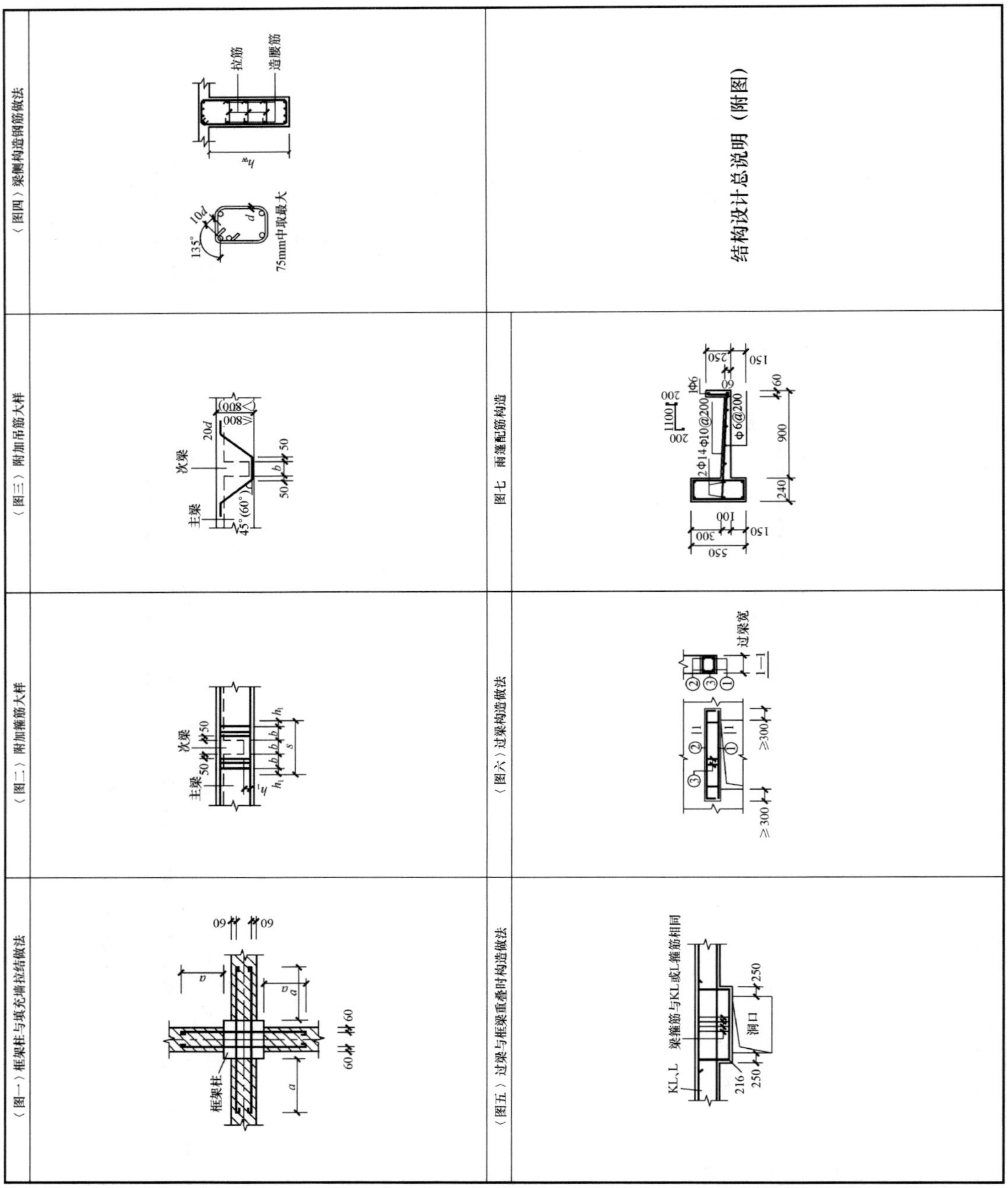

（图一）框架柱与填充墙拉结做法

框架柱 a a a 60 60 60 60

（图二）附加箍筋大样

主梁 次梁 50 50 h_1 b b b h_1 s

（图三）附加吊筋大样

主梁 次梁 20d 45°(60°) ≤800 (>800) 50 b 50

（图四）梁侧构造钢筋做法

135° 10d d 75mm中取最大 h_w 拉筋 造腰筋

（图五）过梁与框梁重叠时构造做法

KL、L 梁箍筋与KL或L箍筋相同 216 250 洞口 250

（图六）过梁构造做法

③ ② 1 ① 1 ≥300 ≥300 ② ③ ① 1—1 过梁宽

图七 雨篷配筋构造

1100 200 200 2Φ14 Φ10@200 Φ6 Φ6@200 550 300 100 150 250 60 150 240 900 60

结构设计总说明（附图）

图 10-44 结构设计总说明(二)

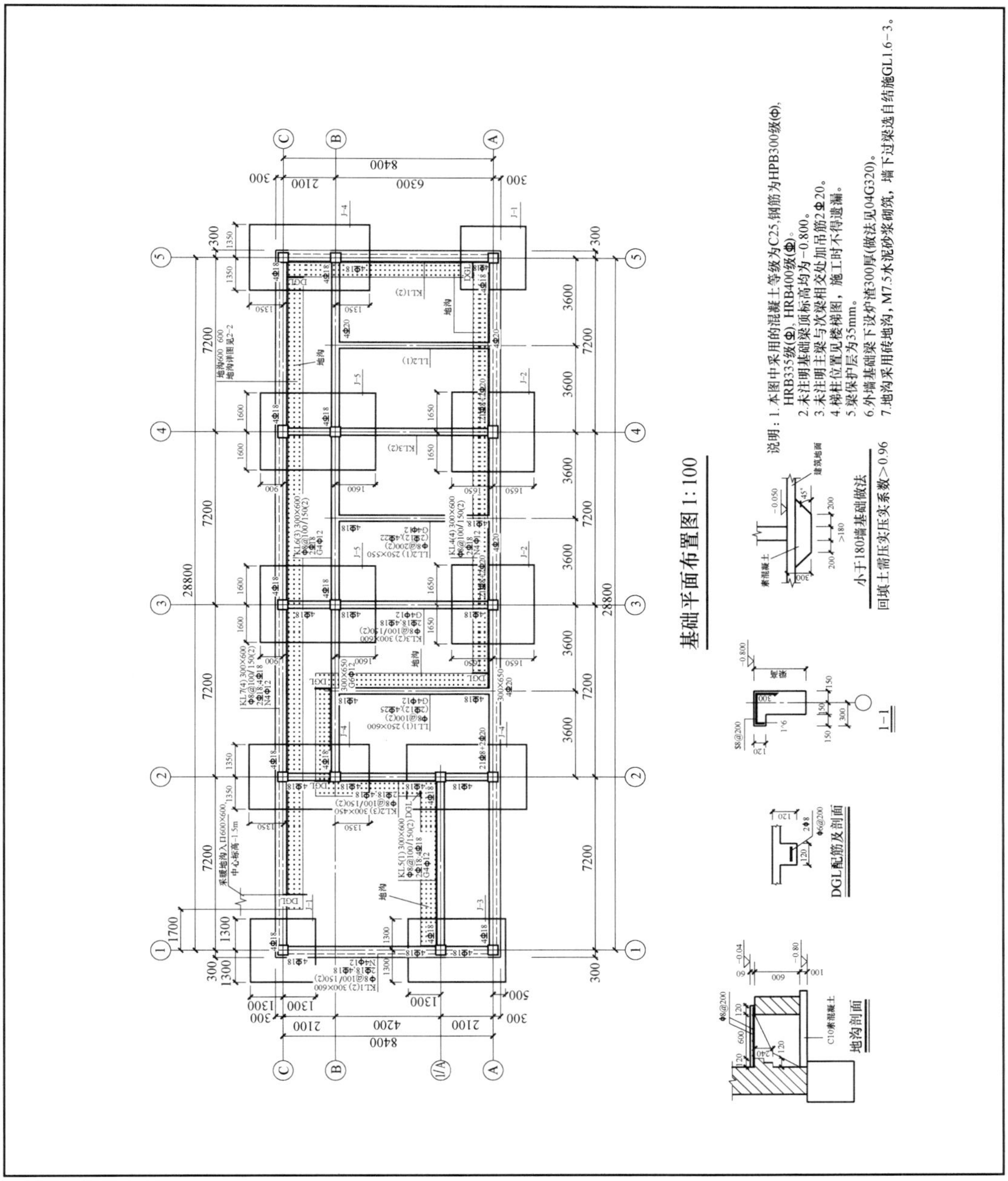

基础平面布置图 1:100

说明：1.本图中采用的混凝土等级为C25,钢筋为HPB300级(Φ)，HRB335级(Φ)、HRB400级(Φ)。
2.未注明基础梁顶标高均为-0.800。
3.未注明主梁与次梁相交处加吊筋2Φ20。
4.梯柱位置见楼梯图，施工时不得遗漏。
5.梁保护层为35mm。
6.外墙基础梁下设炉渣300厚(做法见04G320)。
7.地沟采用砖地沟，M7.5水泥砂浆砌筑，墙下过梁选自结施GL1.6-3。

小于180墙基础做法
回填土需压实压实系数>0.96

DGL配筋及剖面

地沟剖面

图 10-45 基础平面布置图

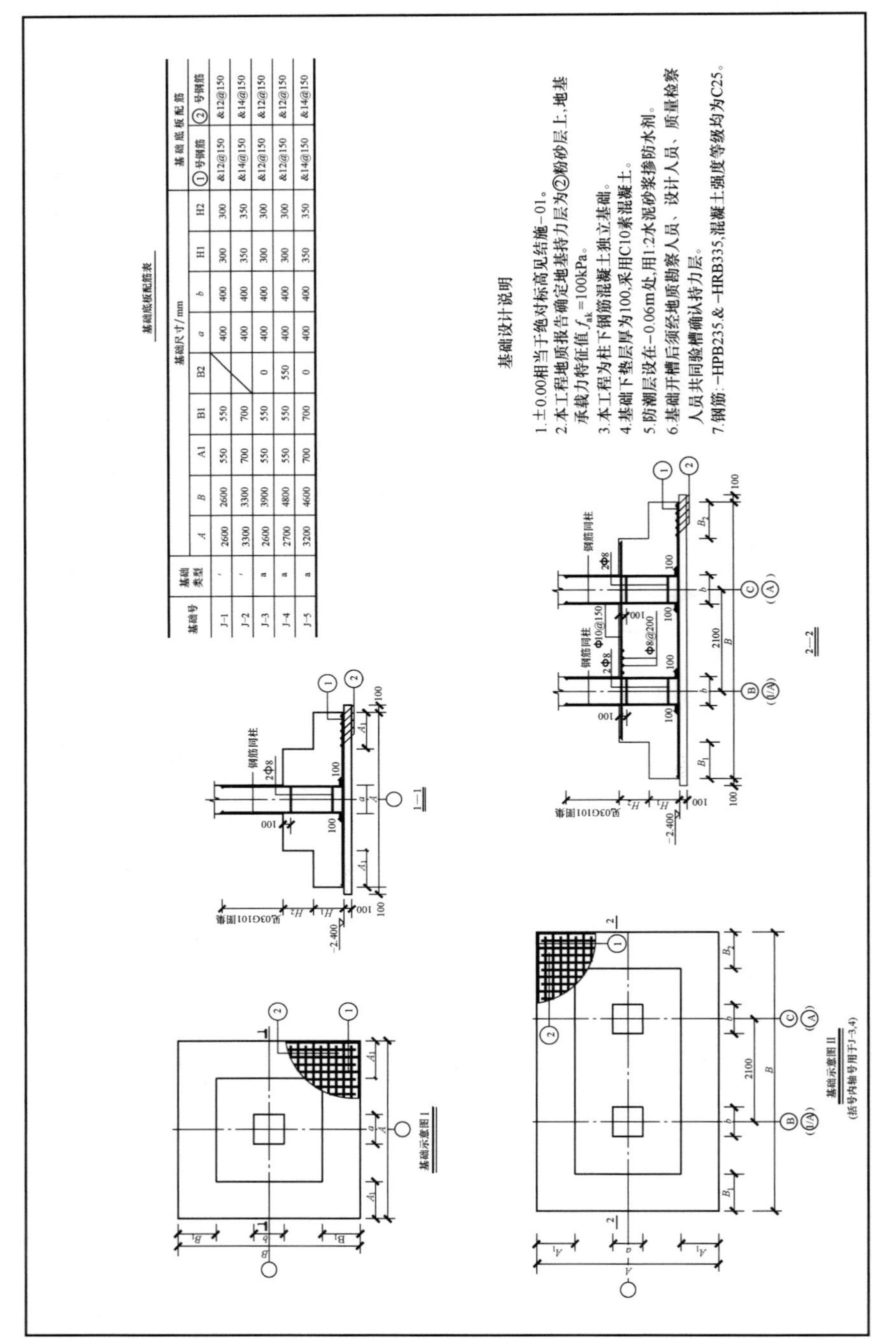

基础号	基础类型	基础尺寸/mm									基础底板配筋	
		A	B	A1	B1	B2	a	b	H1	H2	①号钢筋	②号钢筋
J-1	'	2600	2600	550	550		400	400	300	300	&12@150	&12@150
J-2	'	3300	3300	700	700		400	400	350	350	&14@150	&14@150
J-3	a	2600	3900	550	550	0	400	400	300	300	&12@150	&12@150
J-4	a	2700	4800	550	550	550	400	400	300	300	&12@150	&12@150
J-5	a	3200	4600	700	700	0	400	400	350	350	&14@150	&14@150

图 10-46 基础详图

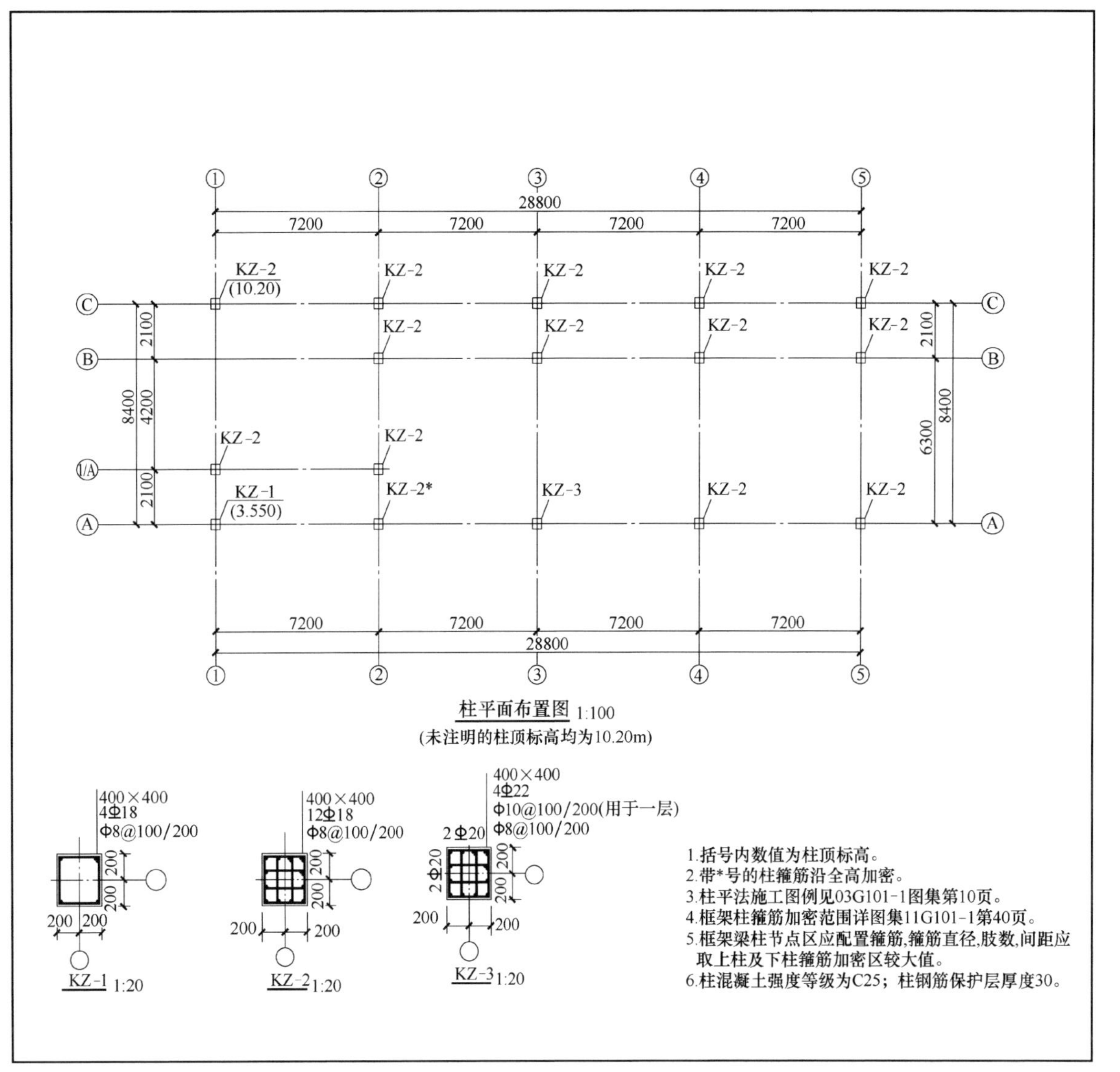
柱平面布置图 1:100
(未注明的柱顶标高均为10.20m)
KZ-1 1:20
400×400
4Φ18
Φ8@100/200
KZ-2 1:20
400×400
12Φ18
Φ8@100/200
KZ-3 1:20
400×400
4Φ22
Φ10@100/200(用于一层)
Φ8@100/200
2Φ20
1.括号内数值为柱顶标高。
2.带*号的柱箍筋沿全高加密。
3.柱平法施工图例见03G101-1图集第10页。
4.框架柱箍筋加密范围详图集11G101-1第40页。
5.框架梁柱节点区应配置箍筋,箍筋直径,肢数,间距应取上柱及下柱箍筋加密区较大值。
6.柱混凝土强度等级为C25；柱钢筋保护层厚度30。

图 10-47　柱配筋图

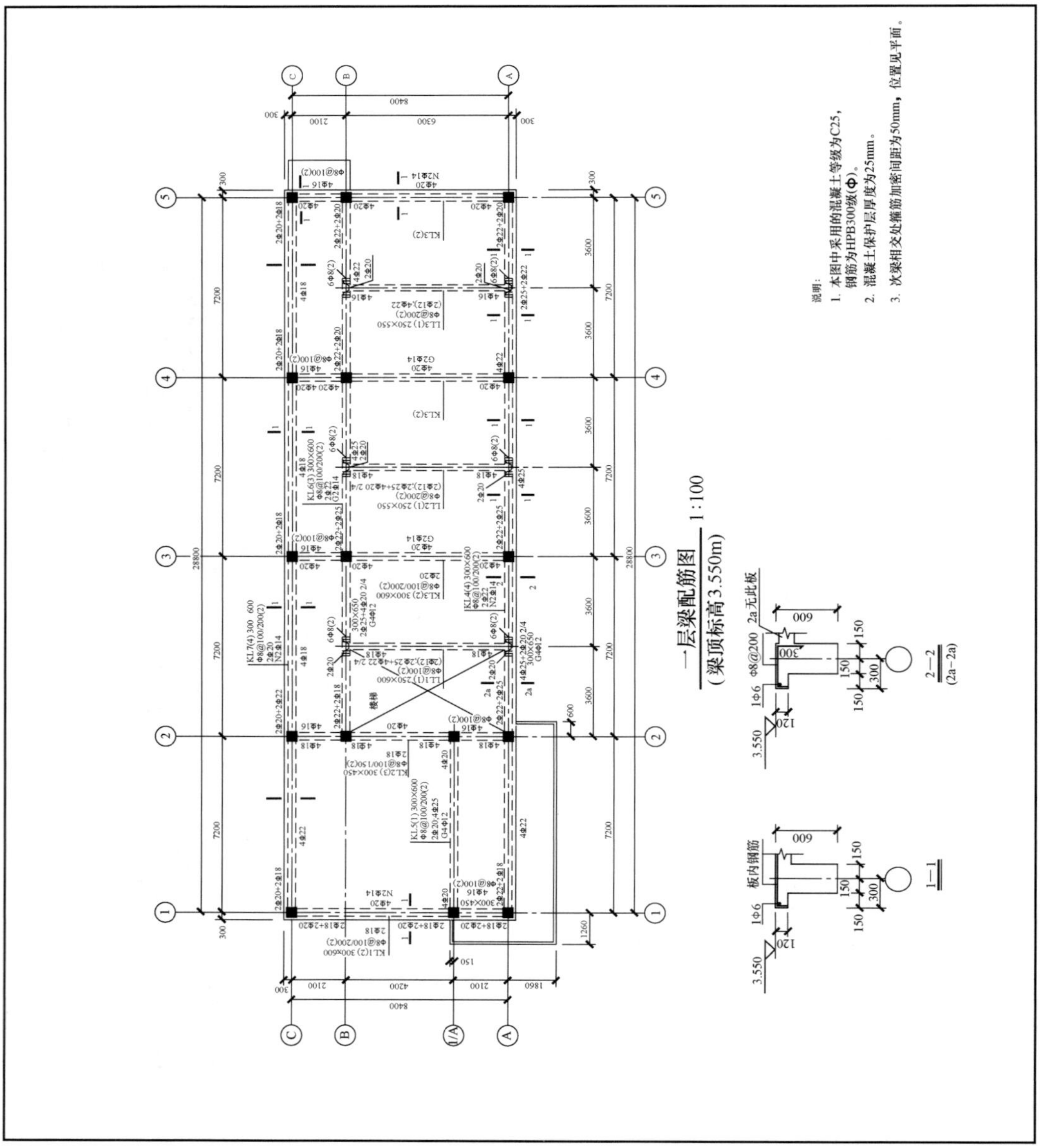

一层梁配筋图 1:100

(梁顶标高3.550m)

说明：

1. 本图中采用的混凝土等级为C25，钢筋为HPB300级(Φ)。
2. 混凝土保护层厚度为25mm。
3. 次梁相交处箍筋加密间距为50mm，位置见平面。

图 10-48　一层梁配筋图

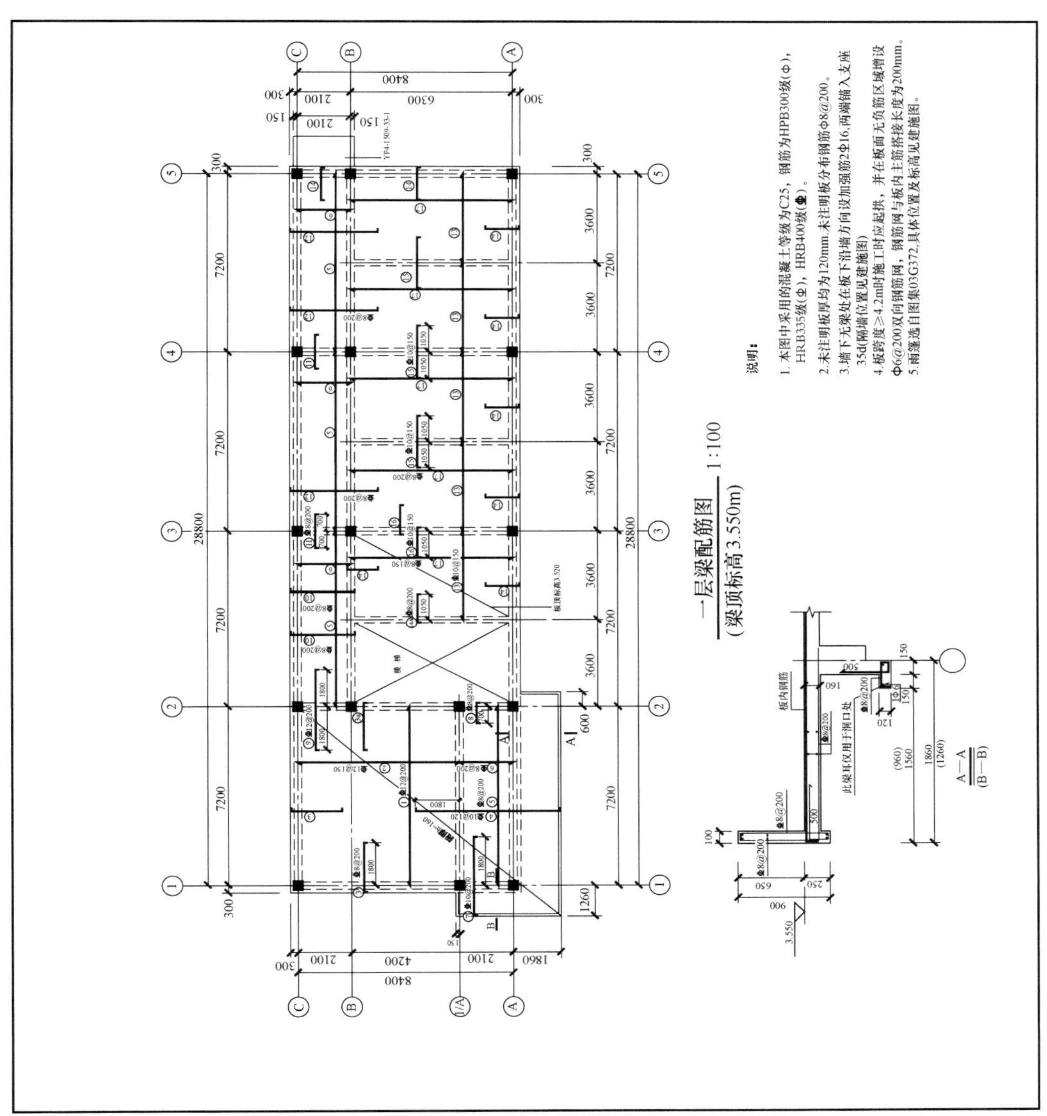

图 10-49　一层板配筋图

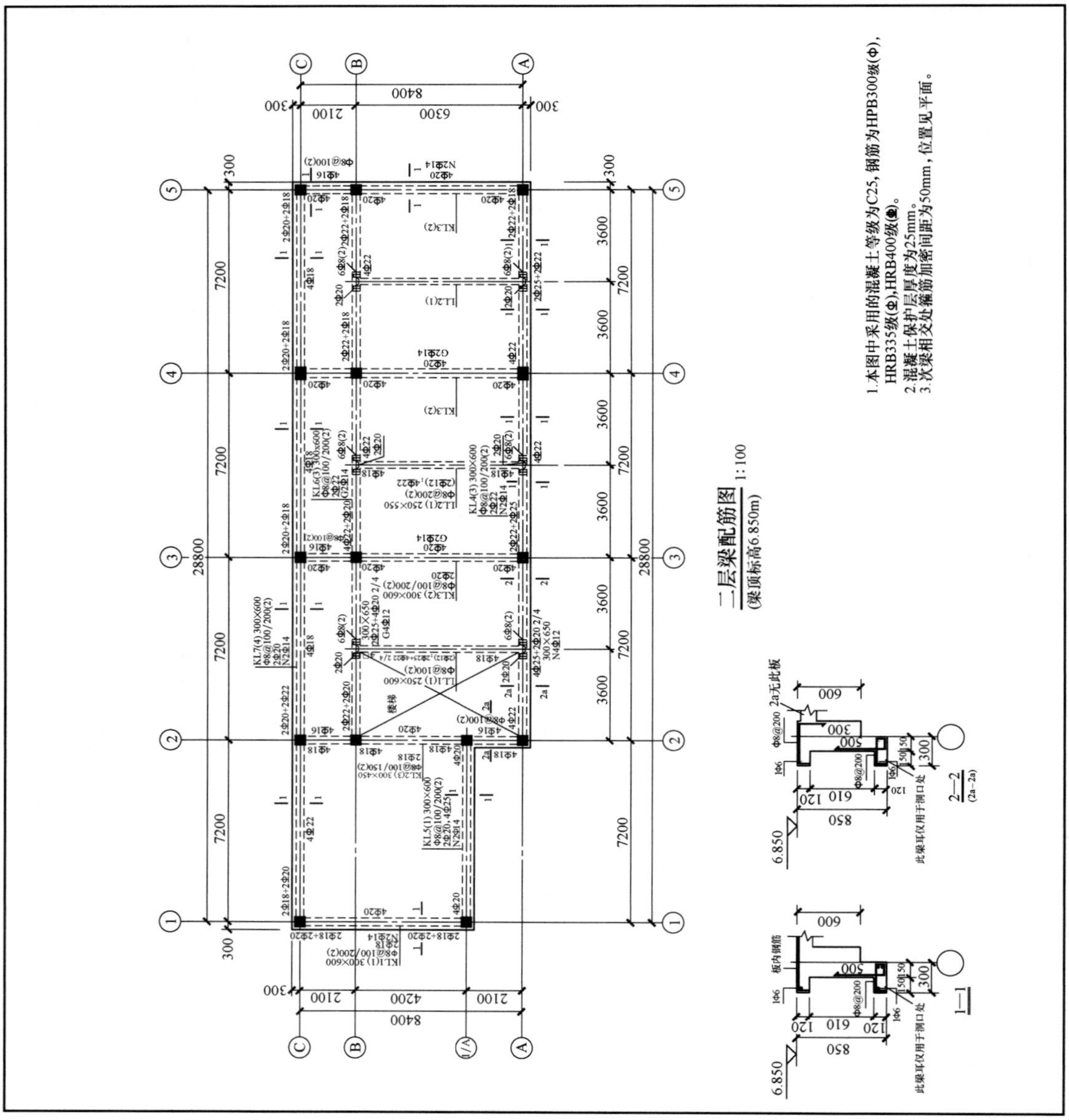

二层梁配筋图 1:100
(梁顶标高6.850m)

1.本图中采用的混凝土等级为C25，钢筋为HPB300级(Φ)，HRB335级(Φ),HRB400级(Φ)。
2.混凝土保护层厚度为25mm。
3.次梁相交处箍筋加密间距为50mm，位置见平面。

图 10-50　二层梁配筋图

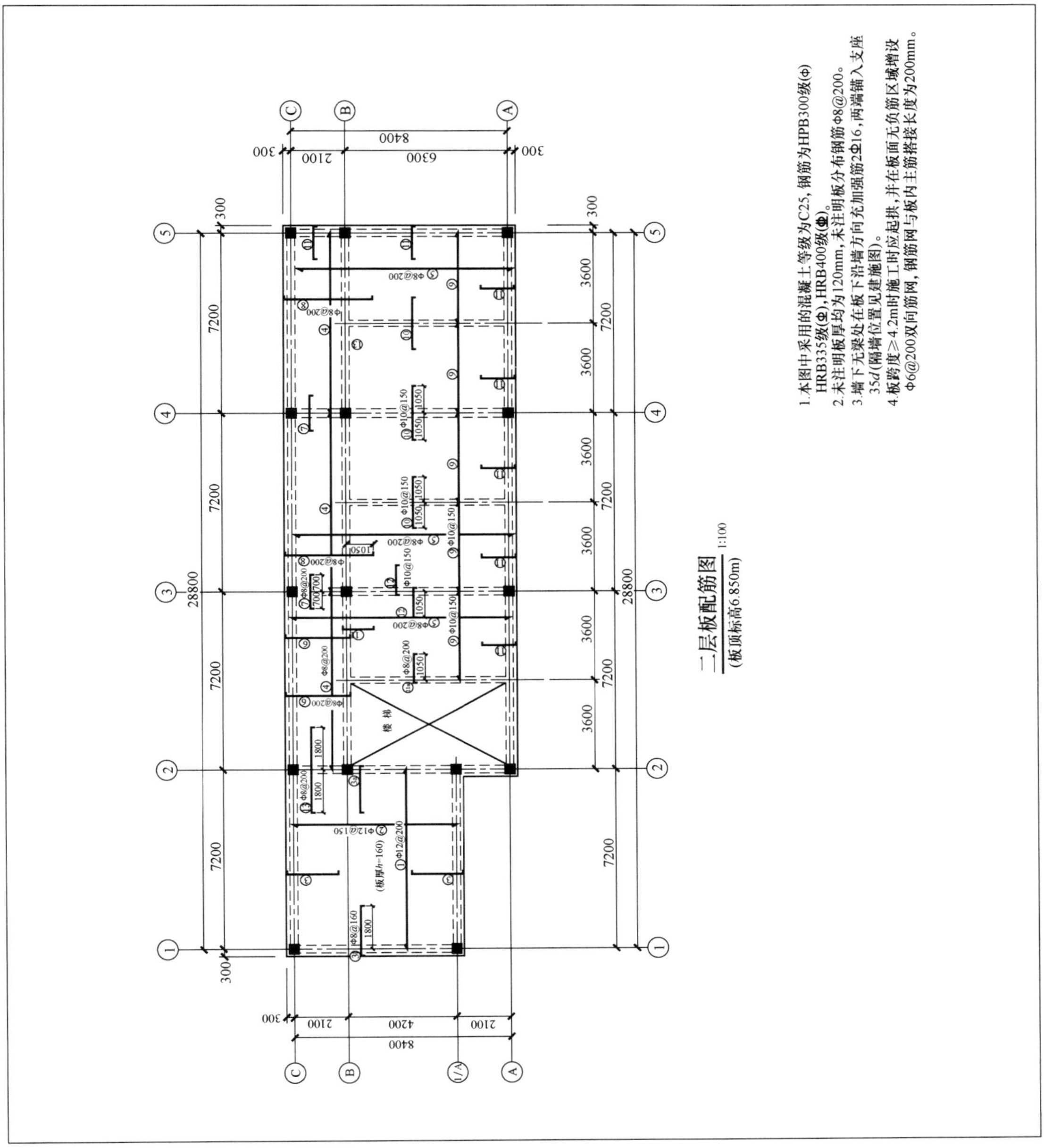

二层板配筋图 1:100
(板顶标高6.850m)

1.本图中采用的混凝土等级为C25，钢筋为HPB300级(Φ)
HRB335级(Φ)，HRB400级(Φ)。
2.未注明板厚均为120mm，未注明板分布钢筋Φ8@200。
3.墙下无梁处在板下沿墙方向充加强筋2Φ16，两端锚入支座35d(隔墙位置见建施图)。
4.板跨度≥4.2m时施工时应起拱，并在板面无负筋区域增设Φ6@200双向筋网，钢筋网与板内主筋搭接长度为200mm。

图 10-51　二层板配筋图

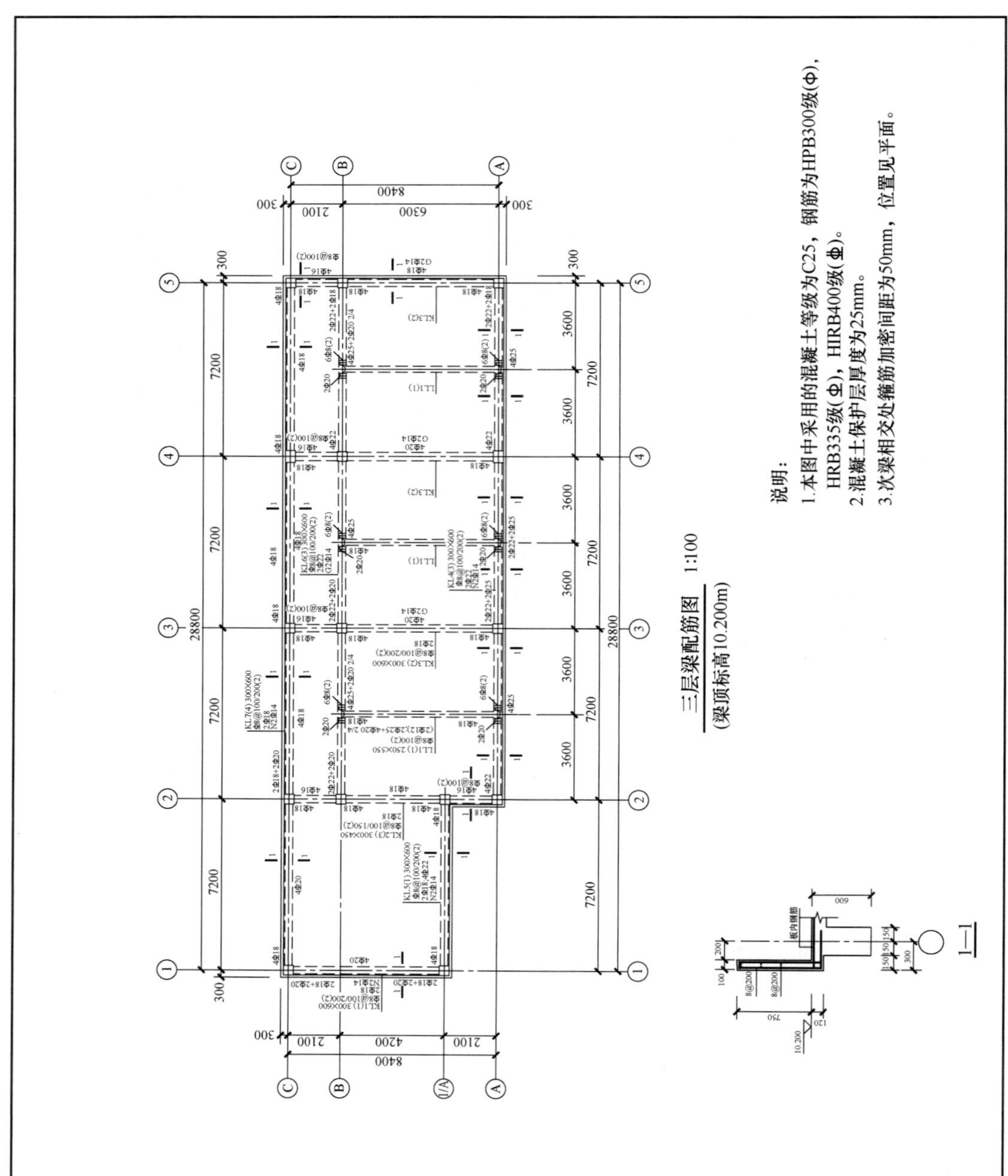

图 10-52 三层梁配筋图

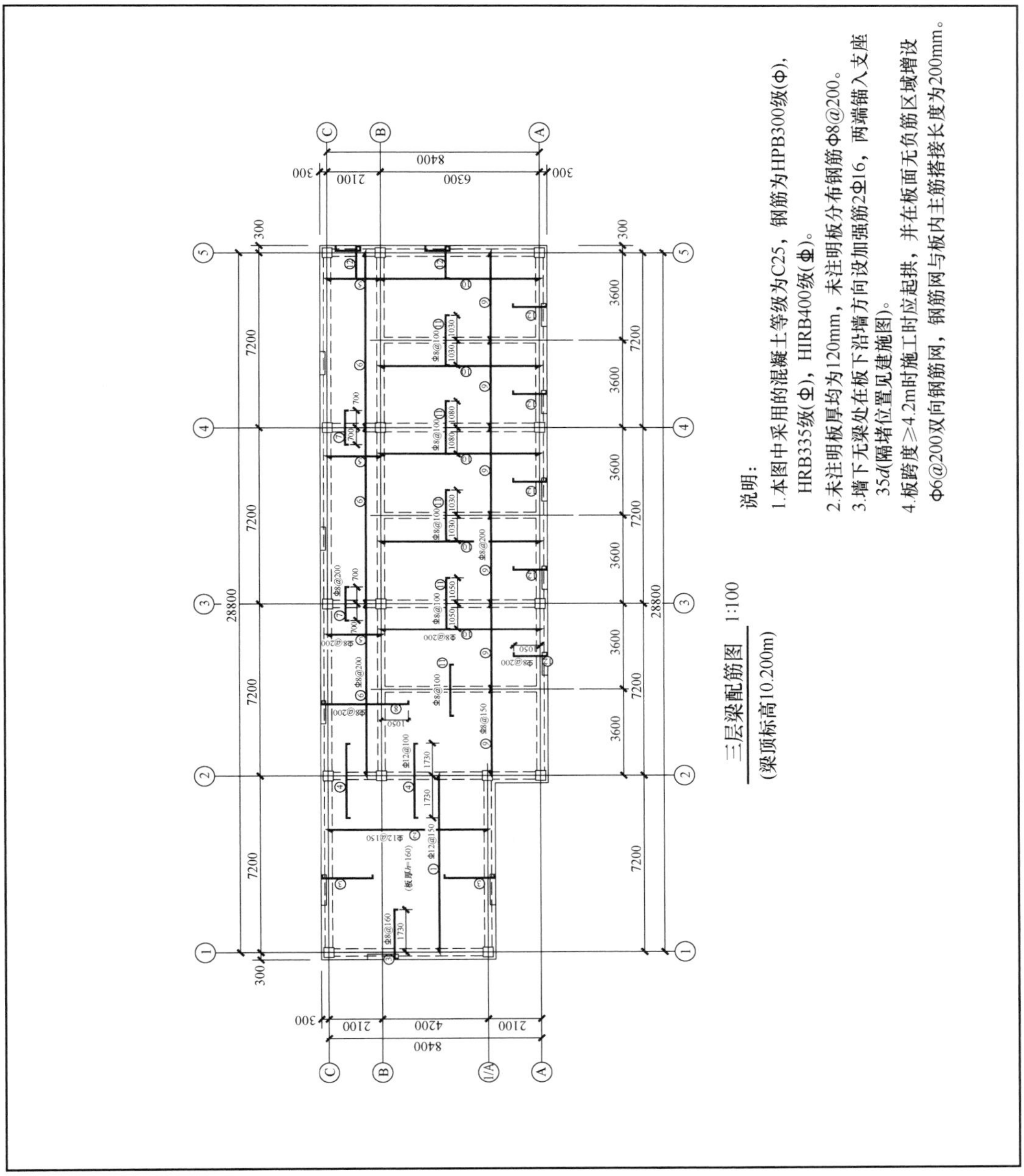

三层梁配筋图　1:100
(梁顶标高10.200m)

说明：

1.本图中采用的混凝土等级为C25，钢筋为HPB300级(Φ)，HRB335级(Φ)，HRB400级(Φ)。

2.未注明板厚均为120mm，未注明板分布钢筋Φ8@200。

3.墙下无梁处在板下沿墙方向设加强筋2Φ16，两端锚入支座35d(隔堵位置见建施图)。

4.板跨度≥4.2m时施工时应起拱，并在板面无负筋区域增设Φ6@200双向钢筋网，钢筋网与板内主筋搭接长度为200mm。

图 10-53　三层板配筋图

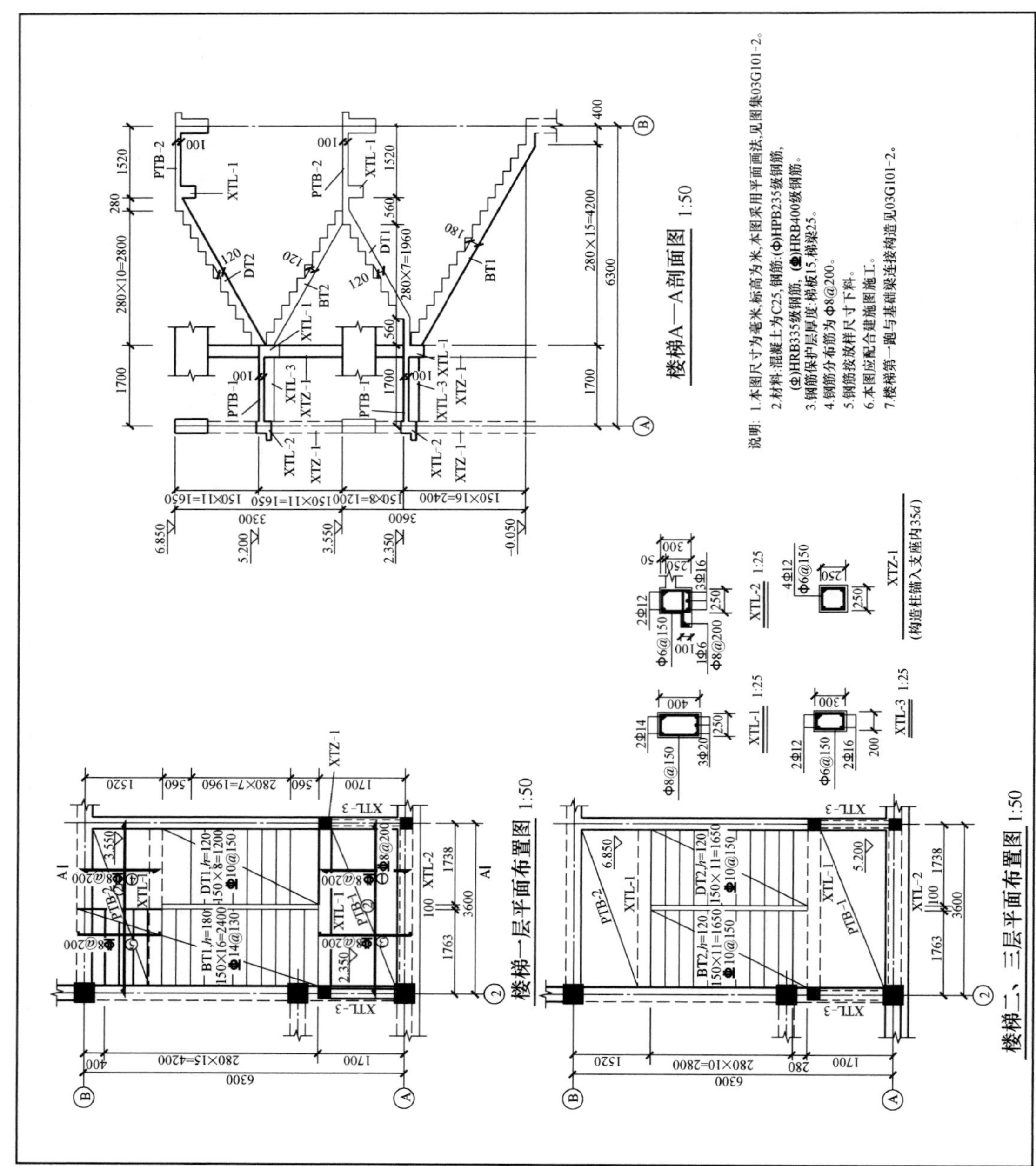
楼梯A—A剖面图 1:50
楼梯一层平面布置图 1:50
楼梯二、三层平面布置图 1:50
XTL-1 1:25
XTL-2 1:25
XTL-3 1:25
XTZ-1
(构造柱锚入支座内35d)
说明：1.本图尺寸为毫米,标高为米,本图采用平面画法,见图集03G101-2。
2.材料:混凝土为C25,钢筋:(Φ)HPB235级钢筋,
(Φ)HRB335级钢筋, (Φ)HRB400级钢筋。
3.钢筋保护层厚度:梯板15,梯梁25。
4.钢筋分布筋为Φ8@200。
5.钢筋按放样尺寸下料。
6.本图应配合建施图施工。
7.楼梯第一跑与基础梁连接构造见03G101-2。

图 10-54 楼梯配筋图

参 考 文 献

[1] 齐宝库，黄昌铁．工程估价[M]．2 版．大连：大连理工大学出版社，2011．
[2] 齐宝库．工程造价案例分析[M]．北京：中国城市出版社，2014．
[3] 柯洪．工程造价管理[M]．北京：中国计划出版社，2014．
[4] 贾宏俊．建设工程技术与计量[M]．北京：中国计划出版社，2014．
[5] 谭大璐．工程估价[M]．3 版．北京：中国建筑工业出版社，2008．
[6] 曾繁伟．工程估价学[M]．北京：中国经济出版社，2005．
[7] 王雪青．工程估价[M]．北京：中国建筑工业出版社，2006．
[8] 吴凯．工程估价[M]．北京：化学工业出版社，2011．
[9] 闫文周，李芊．工程估价[M]．北京：化学工业出版社，2010．
[10] 尹贻林，严玲．工程造价概述[M]．北京：人民交通出版社，2009．
[11] 周和生，尹贻林．工程造价咨询手册[M]．天津：天津大学出版社，2012．
[12] 张月明，赵乐宁．工程量清单计价及示例[M]．北京：中国建筑工业出版社，2004．
[13] 马楠，张国兴，韩英爱．工程造价管理[M]．北京：机械工业出版社，2009．
[14] 邢莉燕，王坚，梁振辉．工程估价[M]．北京：中国计划出版社，2004．
[15] 张秀德，管锡珺．安装工程定额与预算[M]．北京：中国电力出版社，2004．
[16] 李崇仁．建筑工程工程量快速计算方法[M]．北京：中国计划出版社，2006．
[17] 建设工程工程量清单计价规范[M]．北京：中国计划出版社，2013．
[18] 袁建新，迟晓明．施工图预算与工程造价控制[M]．北京：中国建筑工业出版社，2000．
[19] 邢莉燕，王坚，梁振辉．工程估价[M]．北京：中国计划出版社，2004．
[20] 李永生．钢筋工[M]．北京：机械工业出版社，2007．
[21] 李希伦．建设工程工程量清单计价编制实用手册[M]．北京：中国计划出版社，2003．
[22] 郝增锁，郝晓明．建筑工程量快速计算实用公式与范例[M]．北京：中国建筑工业出版社，2010．
[23] 《房屋建筑与装饰工程工程量计算规范》(GB 50854—2013)．北京：中国计划出版社，2013．
[24] 《全国统一建筑工程预算工程量计算规则》(GJD_{GZ}—101-95)．北京：中国计划出版社，2001．
[25] 中国建筑标准研究院．混凝土结构施工图平面整体表示方法制图规则和构造详图(11G101－1)[M]．北京：中国计划出版社，2011．
[26] 历年注册造价工程师考试真题．